信息系统集成方法与技术

冯　径　马玮骏　编著

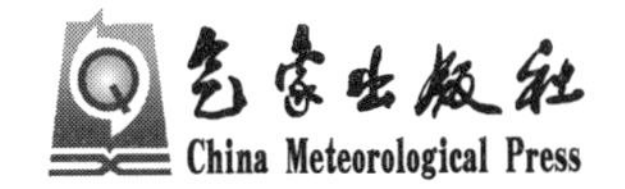

内 容 简 介

本书从信息系统集成的角度，分 8 章介绍信息系统集成的基本方法、实现技术和最新发展，对信息系统集成的基本概念、发展过程、体系结构、技术基础、网络环境、原理方法和应用案例进行了较为全面的探讨。书中以气象水文信息系统集成方面的研究成果为依据，结合当前 IT 热点技术的发展，从数据表示与存储、数据挖掘、语义本体，到多 Agent、SOA、Web Services、网格计算和云计算；从.NET 和 J2EE 技术框架，到相关支持产品，系统地阐述了数据集成方法与技术、应用集成方法与技术和分布式计算技术对系统集成的影响，并提供了大量设计分析案例。

本书适合于从事计算机应用、电子信息工程等研究和实践的科技工作者和工程技术人员阅读，特别是对气象水文领域的信息系统从业人员具有很强的理论与实践指导，也适合信息系统建设规划和使用管理人员阅读，还可以作为高等院校研究生和高年级本科生计算机应用相关课程参考教材。

图书在版编目(CIP)数据

信息系统集成方法与技术 / 冯径　马玮骏编著.
—北京：气象出版社，2012.6
ISBN 978-7-5029-5495-6

Ⅰ.①信…　Ⅱ.①冯…②马…　Ⅲ.①计算机系统—信息系统—系统工程　Ⅳ.①TP391

中国版本图书馆 CIP 数据核字(2012)第 101242 号

出版发行：气象出版社
地　　址：北京市海淀区中关村南大街 46 号
邮政编码：100081
网　　址：http://www.cmp.cma.gov.cn
E-mail：qxcbs@cma.gov.cn
电　　话：总编室：010-68407112；发行部：010-68409198
责任编辑：朱文琴　李太宇
终　　审：章澄昌
封面设计：博雅思企划
责任技编：吴庭芳
印 刷 者：北京中新伟业印刷有限公司
开　　本：787 mm×1092 mm　1/16
印　　张：20.5
字　　数：525 千字
版　　次：2012 年 7 月第 1 版
印　　次：2012 年 7 月第 1 次印刷
定　　价：60.00 元

序 言

随着气象水文信息化建设的不断深入，水资源、水环境、水安全、气象水文预报预警和综合利用等需求越来越大，不仅在业务流程上呈现出水利、水务、防汛抗旱、防灾减灾和公众服务等方面的一体化，而且在技术上也呈现出多源数据资源的虚拟化共享和应用系统的Web化特征。新的“数字”表达和可视化工具，如地理信息系统(GIS)，这一独特的信息系统(或工具)被广泛应用到各种气象水文信息系统升级改造中，网络覆盖的范围从部门内部扩大到全行业甚至相关行业。这些变化意味着信息系统集成不仅仅是纵向的，将不同历史阶段的信息资源和计算资源加以整合和再利用；还包括横向的，将以往独立运行的系统进行关联和重组，以满足更高层管理目标。例如，防汛抗旱需要汇集水雨情、旱情和气象的实时数据，整合业务、空间和社会经济文化的数据库和模型库，改造和重新设计洪水预报、防洪调度、旱情管理和气象雷达资料管理等应用系统。如此浩繁的工程需要我们以全新的视角去考虑系统的技术体系以求最终便于集成。

在纷繁复杂的应用需求和眼花缭乱的信息技术面前，IT研发和设计工作者应该怎样选择用最合适的技术解决用户所需？怎样使历史积累的数据资源、算法资源和软件资源使之在新的信息系统中焕发生命活力？怎样从技术基础和发展趋势的角度提高系统的可扩展性？诸多问题困扰着每一项信息化工程，也成为项目的使用主体和研制主体共同关系的核心问题。

本书内容丰富，系统性、可读性强，不仅包括一般的基本概念、方法与技术，也包含了核心机制分析和适用场合举例。特别是在新技术的应用上，针对当前热点，如数据集成的数据表示与存储、数据挖掘、语义本体，应用集成的多Agent、SOA、Web Services、网格计算和云计算，均给出了深入的分析和应用实例。本书结构合理，内容安排得当，理论联系实际，使读者能够从分布式计算技术发展的高度，了解和掌握信息系统集成的本质。本书易于理解和掌握，是一本最新信息系统集成、实用技术及其在气象水文领域应用的参考书。

本书的作者长期从事计算机网络和信息处理技术的教学和科研工作，主持和参与多项国家和军队的重大科研项目和气象水文信息系统建设项目，获多项军队科技进步奖，具有坚实的理论基础和实际工作经验。作者结合自身的经验和体会，对气象水文信息系统集成方法和技术给出了系统的阐述，详细介绍系统集成的基本方法、实现技术及其在典型信息系统集成项目中的具体应用案例。他们在教学、科研和学习等各项工作都十分繁忙的情况下，坚持不懈地完成了此书的编写，如今能够有机会与读者见面，是一件十分有意义的事情。我衷心希望本书能够有益于我国气象水文信息化建设事业的深入发展。

张建云*

2012 年 3 月

---

* 张建云，南京水利科学研究院院长，中国工程院院士。

前　言

进入21世纪以来，信息系统集成方法和技术有了全新的发展，从早期的管理信息系统MIS(Management Information System)向业务处理信息系统全面发展。早期的MIS是能提供企业管理所需信息以支持生产经营和决策的人机系统。其主要任务是最大限度地利用现代计算机及网络通讯技术加强企业的信息管理，通过对企业拥有的人力、物力、财力、设备、技术等资源的调查了解，建立正确的数据，加工处理并编制成各种信息资料及时提供给管理人员，以便进行正确的决策，不断提高企业的管理水平和经济效益。

而今的业务处理信息系统，处理各行各业常规业务和综合服务，大多根据实际业务流程抽象出信息处理流程和方法，实现网络化、自动化的快捷事务处理，如电子银行、电子机票、气象水文监测和预报、医疗信息系统、市政公共服务信息系统等。不仅需要接入原来MIS的信息，还与各种辅助决策系统(DSS)和与上下级对口系统及外界交换信息，同时大量新的信息系统框架和工具的出现，如.NET和J2EE，消息中间件和地理信息系统，对信息系统设计、开发和集成产生了巨大的影响。

解放军理工大学气象学院作为全军唯一从事大气科学、海洋科学和空间科学人才培养和科学研究的专业院校，不仅探索本学科的前沿科学理论，也从事气象水文探测、信号与信息处理等工程技术实践。我们有幸在“十五”和“十一五”期间承担了大量国家和军队气象水文信息化建设项目，培养了数以百计的信号与信息处理方向研究生，在气象水文信息系统集成方面积累了丰富的经验。结合我们多年的教学和科研经验，组织相关人员撰写此书，希望对关心本领域信息系统集成方法和技术发展以及从事信息技术服务的人员提供一定帮助。

本书共从分8章，从信息系统集成的需求，向读者介绍信息系统集成的基本方法、实现技术和最新发展。对信息系统集成的基本概念、发展过程、体系结构、技术基础、网络环境、原理方法和应用案例进行了较为全面的探讨。

第1章，信息系统集成的概念，介绍信息系统基本概念，系统集成基本概念，信息系统集成标准化工作和系统集成体系结构框架。

第2章，信息系统开发过程管理，从信息系统的生命周期入手，介绍系统集成对新建系统和老系统升级改造的切入点，在此基础上介绍系统集成的技术基础和必要网络支撑环境。

第3章，数据集成方法与技术，介绍在气象水文数据集成中常用的和最新的方法，包括数据的表示与存储，数据仓库与数据集市，数据挖掘，语义本体等实用技术。

第4章，应用集成方法与技术，介绍应用集成的类型与层次，.NET技术架构，J2EE技术架构以及两者中的核心技术和适应环境。

第5章，分布式计算对系统集成的影响，介绍当前流行的分布式计算技术的概念和内涵，包括多Agent技术，面向服务的体系结构(SOA)，网格和云计算。

第6章，典型技术应用示例，选择在气象水文行业有代表性的信息系统集成案例，分析其中关键技术的设计思路，包括基于工作流技术的管理信息系统，基于SOA的防汛抗旱应用支撑平台，支持网格化服务的气象水文数据中心。

第7章，气象水文信息网络系统设计案例，以某气象水文信息网络系统的设计为例，给出一个大中型信息系统综合利用各种IT技术，如何将用户需求转换成技术方案的过程，包括系统总体框架和各分系统的设计。

第8章，信息系统综合管理，介绍了应用服务运行、网络通信、系统安全监控管理技术。

通过本书，我们想把信息系统集成的基本原理、方法和技术及其在气象水文领域的应用情况介绍给读者，同时也为读者在日后信息化建设的实际工作提供技术参考。

本书内容的选取，充分吸收了团队成员在实际科研工作中的成果、经验和体会，可以说是集体智慧的结晶。冯径教授设计、组织了全书的编写，撰写了第6章部分内容和第1章、第2章、第7章，并完成全书的统稿工作；马玮骏博士编写了第6章部分内容和第8章；其中周爱霞博士编写了第3章部分内容，并对全书进行了校对；王占峰、翁年凤、谭明超、舒晓村、孙春风、黄立威、徐攀和沈晔结合他们在攻读硕士和博士学位期间的研究工作，为本书的第3章、第4章和第5章提供宝贵素材。盛宝隽同志为本书收集、整理了大量资料；王锦洲、蒋磊、张梁梁等硕士研究生为本书插图付出了辛勤的劳动。在此，谨向他们表示深深的谢意！

特别要感谢张建云院士，他不仅领导了本书引用的水利行业相关信息化建设项目，提供了科研机会和建设性的指导原则，还在百忙中为本书提出了宝贵意见和作序。感谢国务院南水北调建委会专家组专家孙荣久教授、水利部信息中心吴礼福主任和总参气象水文局王业桂总工为本书提供了重要的项目支撑和技术咨询。还要感谢气象出版社。对我们给予了极大地信任和支持，为本书的出版提供了有力的保证。书中如有疏漏和不妥之处，敬请读者不吝赐教。

冯　径

2012年3月于南京

目　录

第1章　信息系统集成的概念

1.1　信息系统基本概念

1.1.1　信息系统及其主要类型

系统(system)是由互相关联、互相制约、互相作用的若干组成部分构成的具有某种功能的有机整体,可通过以下特性来描述和区分:结构特性、行为特性、互连特性和功能特性。其中,结构由其组成部分及其组合关系决定;行为包括输入、处理和输出的物质(如材料、能量或信息);互联指各部分彼此在功能上和结构上的关系;功能包括系统本身的作用和各组成部分的功能。因此,系统是有边界、有规则的,可分为自然系统和人为系统两大类。本书研究的信息系统属于人为系统,是以"信息"为处理、生产和管理对象的系统[1,2]。

信息(information)作为一个概念,从日常生活使用到技术术语,包含多重意思。一般而言,信息与约束、通信、控制、数据、形式、指令、知识、含义、精神、方案、感知和表达等内涵密切相关。从词源的角度,信息源于拉丁语的告知(informare),表示给出头脑中的一个想法或形态(form)。而在古希腊语中,form这个词也具有想法、形式等意思,并被广泛地用于技术性和哲学性的事件感知上。因此,通常情况下,信息与情报、指令、教育和训练等活动相关,是人类可认知的数据[3,4]。

信息系统是指采用信息技术开发的支持业务运营、管理和决策制定的系统,它涉及人—机交互、算法处理、数据和技术。信息系统以信息和计算理论为基础,其活动包括信息收集、处理、存储、分发和使用,并具有社会和组织属性。典型的信息系统包括人、流程、数据、软件和硬件。今天的信息系统,特别隐含了基于计算机的信息系统的含义,因此本书提及的信息系统都指计算机的信息系统。当我们研究计算机信息系统时,必须跟踪计算机科学领域的发展,包括计算机原理、软硬件设计、应用及其对社会的影响。而一个组织机构或行业的信息系统,则关注内部的信息处理和与其他相关机构的信息共享。

从理论基础来看,信息系统的分析、设计和开发遵从信息系统工程提供的一套完整、科学、实用的理论、手段、方法、技术等研究与开发体系。信息系统工程是信息科学、管理科学、系统科学、计算机科学与通信技术相结合的综合性、交叉性、具有独特风格的应用学科,其主要任务是研究信息处理过程内在的规律,基于计算机等现代化手段的形式化表达和处理规律等。

从技术层面来看,信息系统可分为独立的或综合的,成批处理的或联机的。

独立的系统是为了满足某个特定的应用领域(如,人事管理)而设计的,通常不对外进行数据交换，具有自己的数据存储形式，相对来说，可集成性较差。

综合的信息系统通常关联若干个业务部门和应用，例如，企业信息管理系统(MIS)，包含财务管理、人力资源管理、产品订单管理、工资管理等多个职能部门的功能，相互之间要求能从其他子系统中找到数据。如实际工资的计算，要根据人员工资类别、生产利润和实际工作量等因素，即多个系统通过它们使用的数据而被综合在一起，可以利用一个资源共享的数据库来达到综合的目的。由于各子系统用户和数据相对独立，而又有关联，需要统一设计系统运行模式、共享数据结构和数据流程。

在成批处理系统中，将事务和数据分批地处理或产生报表。例如，银行将大量的支票编码，在一天结束时，将所在支票分批、排序并进行处理。又如，为了防止航空公司在不同售票点同时出售某一航班的最后一张机票，航空公司系统订票必须是联机的，以反映数据库当前的状态。多数联机信息系统也有成批处理的要求。

随着信息化程度的提高，早期大批独立系统形成了一个个"信息孤岛"，成为进一步发展的障碍，甚至本身也已经失去了使用价值，不得不重新设计、整合。这也是为什么当今的信息系统更加强调顶层设计和可集成性的原因。

从使用对象和抽象功能来看，信息系统通常可以分为业务处理系统、管理信息系统和决策支持系统等。

业务处理系统通常供普通业务人员使用，处理各行各业常规业务，大多根据实际业务流程抽象出信息处理流程和方法，实现网络化、自动化的快捷事务处理，如电子银行、电子机票、气象水文监测和预报、医疗信息系统、市政公共服务的各种抄表交费系统等。

管理信息系统简称 MIS(Management Information System)，是能提供企业管理所需信息以支持生产经营和决策的人机系统。其主要任务是最大限度地利用现代计算机及网络通讯技术加强企业的信息管理，通过对企业拥有的人力、物力、财力、设备、技术等资源的调查了解，建立正确的数据，加工处理并编制成各种信息资料及时提供给管理人员，以便进行正确的决策，不断提高企业的管理水平和经济效益。一个完整的 MIS 应包括：辅助决策系统(DSS)、工业控制系统(CCS)、办公自动化系统(OA)以及数据库、模型库、方法库、知识库和与上级机关及外界交换信息的接口[5]。

决策支持系统简称 DSS (Decision Support System)是辅助决策者通过数据、模型和知识，以人机交互方式进行半结构化或非结构化决策的计算机应用系统。它是管理信息系统(MIS)向更高一级发展而产生的先进信息管理系统，为决策者提供分析问题、建立模型、模拟决策过程和方案的环境，调用各种信息资源和分析工具，帮助决策者提高决策水平和质量。由于各个领域的知识大相径庭，决策支持系统必须依赖领域专家的知识，建立相应的知识库和模型库，但其结构表达、数据管理、模型构造与匹配等算法具有一定的通用性。

随着计算机及其信息处理技术的不断发展，进入 21 世纪后，"数字"工程成为大型综合性信息系统的典型代表，如数字地球、数字黄河、数字城市、数字博物馆等，地理信息系统(GIS)这一独特的信息系统(或工具)也被广泛应用到与市政管理、公益事业、交通运输、旅游服务和军事领域等信息系统中。

1.1.2 信息系统的基本功能

按用户需求的描述语言说，信息系统要具备组织信息、寻找信息、分析信息和从老信息中产生新信息的功能，以使用户更容易的进行上述操作，帮助用户获得信息优势。

用系统设计的描述语言说，信息系统要具备五个基本功能：输入、存储、处理、输出和控制。

输入功能：信息系统的输入功能决定于系统所要达到的目的及系统的能力和信息环境的许可。

存储功能：存储功能指的是系统存储各种信息资料和数据的能力。

处理功能：各种信息处理的能力，如图形图像数据处理、基于特定报文格式和边界值约束的报文接收预处理、基于常规数学统计方法的统计分析处理、基于数据仓库技术的联机分析处理（OLAP）和数据挖掘（DM）处理等。

输出功能：保证最终用户需求的各种显示、打印、保存、发布和交换的格式转换及映射功能。

控制功能：对整个信息输入、处理、存储、传输、输出等环节通过各种程序进行控制，必要时对构成系统的各种信息处理设备进行控制和管理。

特定用途的信息系统的具体功能要通过反复多次的需求分析来确定，要经历从用户需求描述到系统需求描述的过程，最终形成《需求规格说明书》。一个系统的需求规格说明书，是将用户需求结合拟采用的计算机软件技术和编程规范形成的重要技术文档，可以说是该信息系统成败的关键。它不仅是指导后续设计和开发工作的法律性文件，也是今后开发过程中质量跟踪和系统验收的依据。

1.1.3　信息系统的结构和层次

信息系统的结构是指各部件的构成框架，对部件的不同理解构成了不同的结构方式。层次化的描述方法，是刻画结构的一种常用手段，对于计算机化的系统而言，常以裸机为核心（最底层），逐步向上，用一个抽象的名词命名一个层次的核心功能，区分与其他层的任务，达到模块化设计、简化实现的目的。因此，信息系统层的划分非常重要，要满足功能域界定明确、上下层接口清晰、服务调用简单、每层功能足以独立开发等特点。

（1）概念结构。从概念上看，信息系统由四大部件组成，即信息源、信息处理器、信息用户和信息管理者。其中，信息源是信息的产生地；信息处理器负责信息的传输、加工、保存等；信息用户是信息的使用者，并利用信息进行决策；信息管理者负责信息系统的设计、实现和实现后的运行、协调。

（2）功能结构。从使用的角度看，信息系统总是具有一个目标和多种功能，各种功能之间又有各种信息联系，构成一个有机结合的整体，形成一个功能结构。

（3）软件结构。支持信息系统各种功能的软件系统或软件模块所组成的系统结构，是信息系统的软件结构。

（4）硬件结构。信息系统的硬件结构说明硬件的组成及其连接方式和硬件所能达到的功能。通常，硬件结构所关心的主要问题是用微机网还是小型机及终端组成。

此外，如果从开放系统的互联、互通、互操作的角度出发，信息系统具有层次结构，即可以将信息系统划分为物理层、操作系统层、工具层、数据层、功能层和用户层等层次。

- 物理层。由网络硬件及通信设施组成，是网络操作系统的物质基础。

- 操作系统层。由各种操作系统组成，如 Windows NT、Linux、UNIX 等。主要用来支持管理各种软件。
- 工具层。由各种 DBMS(数据库管理系统)、CASE(计算机辅助软件工程)、中间件、构件等组成，它支持管理信息系统的数据模型，使数据模型能更好地为应用程序服务。
- 数据层。由信息系统的数据模型组成，是信息系统的核心层。
- 功能层。是信息系统的功能的集合。
- 业务层。是信息系统的业务模型，表现为各种各样的物流、资金流、信息流。
- 用户层。实现用户和信息系统的交互。

当然，可以根据不同的标准建立信息系统的层次结构模型，目的是为了便于对信息系统进行描述以及设计和开发。

1.1.4 信息系统的发展趋势

新信息系统的开发涉及到计算机技术基础与运行环境：包括计算机硬件技术、计算机软件技术、计算机网络技术和数据库技术。因此，上述任何领域的发展都将影响到信息系统的变化[6,7]。

进入 21 世纪以来，计算机科学与技术在历经了半个世纪的发展后，依然呈现出强劲的发展势头，但面临着以下问题和挑战：

(1)信息系统的复杂性越来越大，带来了集成与管理的巨大困难，迫使人们寻求自组织的智能管理方法；

(2)分布式系统的无处不在，带来了资源、成本和效率的严重失衡，迫使人们探索自适应的按需获取方法；

(3)信息系统的可靠性和安全性问题，带来了新的信任困扰，迫使人们研究有信誉和防范的可信计算、可信网络、可信存储等 XTrust 解决方案。

有专家认为，突破的重点方向是：可扩展性、低功耗和可靠安全。

由此，计算机科学与技术关注的问题是从如何最好地设计、构造、分析和编程计算机，转化为如何最好地设计、构造、分析和操作网络。

人们对计算机的认识也从“狭义工具论”，发展为构成人类的一种新的思维方式——计算思维，这是一种普适的思维，因为人们生来就知道有计算机这种设备，从电话、电视、白色家电等居家生活，到工作、旅行等户外活动，计算机化这种设备随处可见，不难想象人们对所遇到的每件事都可能思考“如果用计算机来处理会怎么样?”这个问题。随之而来的是信息系统的模式从人一机模式转向人一机一物模式。

从计算模式上来看，出现了集中一分散交替主导的现象，例如：大型主机一网格计算一云计算。它们不是简单的取代，而是共生：物理的计算设备、存储设备、网络设备依然向着“更快”、“更高”、“更强”发展，即速度更快、性能更高、可靠性更强；资源的共享和提供却随着服务模式和机制的转变，变得更加便宜和“虚拟”。

2010 年国际上最快的高性能计算机，我国的天河—1A，实测运算速度达到每秒 2570 万亿次(2.57PFlop/s)，而单个海量数据存储系统的容量也已达到了 PB 级以上规模。拥有物理设备已不再是得到高性能的计算和存储服务的前提，可以借助于高速网络，经由 Web，向专门的服务提供商“租用”。

在新的计算机网络、分布式处理、数据库管理、编程语言、人工智能、多媒体、智能物理设备、软件工程等技术的推动下，信息系统将具有泛在性，即无处不在，朝着普适化、智能化、网络化和可定制化、可租用化发展，这就是云计算的核心概念：基础设施即服务（IaaS），平台即服务（PaaS），软件即服务（SaaS）。当我们构造一个新的信息系统时，也许最重要是业务流程的描述和确定以何种方式使用何种资源，技巧性的程序设计将变得不再重要。

1.2　系统集成基本概念

1.2.1　系统集成的含义

计算机信息系统集成通常称为计算机系统集成，简称系统集成。1999 年信息产业部颁发的《计算机信息系统集成资质管理办法（试行）》第二条指出，计算机信息系统集成是指从事计算机应用系统工程和网络系统工程总体策划、设计、开发、实施、服务及保障的全过程。

所谓集成是指一个整体的各部分之间能彼此有机地和协调地工作，以发挥整体效益，达到整体优化的目的。如果集成的各个分离部分原本就是一个个分系统，则这种集成就是系统集成[8]。

在以往的信息系统中，往往是由设备供应商做系统集成工作，而此时的系统集成仅仅是将各种硬件设备安装、连接在一起，达到设备级的互连互通。随着信息技术的日新月异和网络化应用系统的普及，使得用户在高性能产品、网络协议、网络架构、应用软件、系统管理体系等诸多方面难以选择，便要求系统集成对上述问题提供的一个完整的解决方案。

系统集成的内容包括技术环境的集成、数据环境的集成和应用程序的集成。对于大型信息系统的设计者来说，如何理解它的体系结构，如何实现它的系统集成，是保证该系统最终成败的关键，也是所谓“顶层设计”应当解决的问题。

一般而言，信息系统的集成包含软硬件、技术和人员的集成，而且必须是“一把手”工程，因为涉及全局的信息系统工程关系到一个组织业务流程和机构职能的改变，由此导致人员的重组。系统集成的本质含义是通过思想观念的转变、组织机构的重组、流程（过程）的重构以及计算机系统的开放互连，使整个企业或合作伙伴彼此协调地工作，从而发挥整体上的最大效益。

1.2.2　系统集成的任务

可以从 5 个层次对信息系统集成的任务进行描述。

(1)支撑系统集成

支撑系统的集成也称平台的集成，是信息系统集成的重要基础。一般来说，由网络平台、操作系统平台、数据库平台和服务器平台共同构建的基础支撑平台用于实现数据处理、数据传输和数据存储组织；由开发工具平台等组成的应用软件开发平台是直接为应用软件的开发提供开发工具和环境。支撑系统的集成使不同的平台之间能够协调一致地工作，达到系统整体性能的良好满意度。

(2)信息集成

信息集成的目标是将分布在信息系统环境中的自治和异构的局部数据源中的信息有效地集成，实现各信息子系统间的信息共享。同时，信息集成还需解决数据、信息和知识(包括经验)之间的有效转换问题。

(3)技术集成

技术集成是整个信息系统集成中的核心。无论是功能目标及需求的实现，还是支撑系统之间的集成，实际上都是通过各种技术之间的集成来实现的。技术集成可分为硬技术集成、软技术集成及工具集成。

硬技术集成的内容主要包括：计算机技术、通信网络技术、数据库技术、数据仓库技术、软件重用技术等信息技术；以及模拟技术、预测技术、分析技术等管理技术。

软技术集成主要指信息系统集成中的方法及其模型集成，包括系统开发方法集成和管理方法集成。如面向对象方法、结构化方法、原型方法、生命周期方法、信息工程方法等。

工具集成是指由多个工具集合在一起的模块集。主要用于将硬技术和软技术集成为一个整体，服务于组织的管理功能。

(4)应用功能集成

对信息的需求决定了对集成系统功能的需求。应用功能的集成是在集成系统的整体功能目标的统一框架下将各应用系统的功能按特定的开放协议、标准或规范集合在一起，从而成为一种一体化的多功能系统，以便互为调用、互相通信，更好地发挥集成化信息系统的作用。

(5)人的集成

系统集成必须通过人的作用将多种硬件和软件技术，将各个单独的信息系统重新优化和组合，形成一个统一的综合系统。人的集成在系统集成中起着关键的作用。人的集成包括人与技术的集成和人—机协同。集成化信息系统实质上是一个以人为主的智能化的人—机综合系统，因而，人的集成是集成化信息系统建设的重要内容，也是集成化系统能否成功的关键。

1.2.3 信息系统集成的需求

1973年，美国学者约瑟夫·哈林顿(Joseph Harlinton)针对企业面临的市场激励竞争的形势提出了组织企业生产活动的两个基本观点，一是企业的生产活动是一个不可分割的整体，其各个环节彼此紧密相关；二是就其本质而言，整个生产活动是一个数据采集、传递和加工处理的过程，因此，最终形成的产品可被视为“数据”的物化表现。哈林顿的观点得到社会的广泛认可，成为企业信息化的重要依据。

与企业活动相比，军事活动更有其严酷的一面。一个企业如果不能使用好信息技术这一杠杆，至多会导致该企业被淘汰，使得该企业的所有从业人员不得不重新寻找工作机会。而一个军队如果在信息化建设上吃了败仗，就有可能导致现代战争的灭顶之灾，使国家尊严、领土安全和人民生命受到威胁。

随着计算机网络应用的深化和普及，人们对信息的渴求越来越大，这种情形使得网络覆盖范围的扩大和入网机器的增加成为必然，导致以下几种变化：

(1)集中式向分布式过渡——在不浪费原有的软硬件资源的前提下，扩大整体数据容量和连接数，分担负荷，提高可缩放性。

(2)网络服务层面不断提高——对象技术、中间件概念、组件化软件开发，使得公共服务(如名录服务、事件服务、查询服务、并发控制、消息通信服务和安全服务等)和具体业务功能相分离，提高了软件的复用和跨平台的互操作性。

(3)WEB技术被普遍接受——WEB技术对人类社会的影响比因特网本身更大，正是由于这种网络化的多媒体数据表现能力，才使得网络的使用走出象牙之塔。如今浏览器、服务器和数据库这种三层模式，较好地解决了客户端应用的轻型化，提高了系统整体的可靠性和可维护性。

(4)网格思想和技术的认同和使用——网格的目标是把网络上的资源进行按需整合，实现计算资源、存储资源、信息资源、知识资源等的按需获取和安全共享，消除信息孤岛和资源孤岛。

上述变化意味着信息系统必将伴随着信息技术和应用需求的发展而发展，集成不仅仅是纵向的将不同历史阶段的信息资源和计算资源加以整合和再利用，还包括横向的将以往单独运行的分离系统进行关联和重组，以满足更高层管理目标。

但从信息化建设的发展历程来看，大都需要经历从初级向高级发展过程，这是信息积累和人们认知发展的必然过程。这些发展可以归纳为三个阶段：

(1)信息技术的局部应用阶段(或单元技术应用阶段)

该阶段往往起始于单位购置第一台计算机，其应用常仅限于对内部某些部门信息的数字化处理，其目的仅限于数据的重复使用和更改。此阶段的特征是，内部信息均以静态的、孤立的状态存在。当内部各部门的基本数据实现数字化后，数字化交流成为需求，开始设立信息中心、网管中心等专门的信息技术服务部门，但还没有进行有目的的内部信息整合。

(2)内部跨部门信息整合阶段(或信息集成阶段)

信息技术的深入应用，使他们开始有意识地重组机构以体现信息技术应用的优势。在企业，组织结构趋于扁平化，以团队或项目组形式进行业务运行；而在军队，也逐步开始了以协同单位为对象的指挥自动化信息系统研制。该阶段的特征包括：信息沟通和数据交换基于统一的标准，不存在任何障碍；工作流管理系统维护着信息流动的规范化；资金流、物流和信息流的互动成为可能。但是，其资源的整合局限在单位内部，缺乏和外部资源的及时互动。

(3)与外部的信息整合和信息互动阶段(或跨企业/行业信息集成阶段)

处于该阶段的企业实际上已成为一个开放的社会信息系统，能够按其核心能力提供模块化的对外服务和内部能力的灵活重组，以创造价值为中心，对产品实行跨越整个生命周期的跟踪管理。

高技术下典型信息系统，通常包括网络环境下多种硬件和软件平台，运行各种商业、科学计算及工程应用程序，这些平台可能是不兼容的。用户希望把所有不同的系统连接起来(不管这些系统运行在哪些供应商平台上)，构成一个完整的企业级(Enterprise-Level)系统，或以统一的用户操作和管理视图来使用系统，使得多个平台之间具有可互操作性。为了把这些异构的系统连接起来，并且把应用程序从一种系统移植到另一种系统上，现存的专有系统必须适应标准的接口，进而向开放系统过渡。因此，系统集成是开放系统驱动的，是计算机技术发展的必然趋势。

1.2.4 信息系统集成的关键技术

在网络化信息系统的技术框架下，有如下几个关键的活动层次：

(1)连接通道(channels)

它能够在必要时对任何授权用户开放，包括长期用户(垂直归口部门和横向对口部门)以及临时用户(如临时协同机构)。

(2)数据(data)

它可以作为集成的知识库被拥有，能被整个业务链(如指挥链、保障链、情报链等)上任何指定的授权者使用。

(3)工作流管理过程(work-flow managing process)

它跨越整个工作环节，定义谁在何时以及何种级别上访问该过程。内部的、合作的以及外部的资源均成为立即重定义的、基于战略决策需求的能力概念。

(4)应用服务(application services)

它能被开发、添加、删除、增强和以合适的方式向用户开放，可分成基本工具集和面向特殊对象的应用服务，当组织关系调整时，只需重新定义特殊对象服务的属性。

这一体系可以通俗地概括为三个字：网、库、链。网，是指应用网络技术，建立单位内部的、与隶属部门相关的、与业务部门相关等通讯平台，它不仅是物理上的网络连接，同时应具有安全性、开放性、可扩展性；库，是指应建立相应的装备数据、各种管理数据、业务数据等信息资源库，没有数据库的支撑，没有数据的唯一性、动态性作保证，网络就成了无源之河；链，是指信息化的平台建设，以核心工作数据流为主线，以提高部队管理效益、反应灵敏为目标，以支持武器装备新技术应用和指挥控制一体化为发展方向，形成各种数据流和物资流(包括人员流动)的同步。

其关键技术包括支撑技术和集成技术。其中支撑技术由计算机网络、数据库以及异构对象间的互操作技术等组成，这方面要严格执行标准，对于无标准可循的个别技术要在研发的同时制定暂行规范，要创造性地使用基于服务(services-based)的概念，逐步向代理和组件方向过渡；集成技术需要以下两个关键技术的支持，一是信息共享模型的研究，确定各应用软件之间的信息交换与共享的元数据表示方法和结构，二是应用软件集成方法的研究，包括应用软件交互接口的定义和标准化，应用软件封装技术等，需要一些新型的应用基础软件或中间件，如协同感知、协调控制、共享工作空间，群体决策支持、协商支持等。

值得注意是网格计算和云计算技术，它可以用来解决网络环境下的松耦合分布式系统的“逻辑集成”，对于合作伙伴之间资源的灵活配置、提高系统的抗毁性和利用分散资源解决复杂问题具有独特的优势。

网格计算(grid computing)是建立在现代计算机网络、Web 技术、分布式处理、并行计算基础上的网络化的分布式计算，它为在地理上分散的用户之间提供动态的、可靠的协同工作所需的软硬件支持环境。虽然目前网格还没有一个公认的定义，但其核心思想是去中心化和虚拟化，即处于网格中的资源是可协调的而不仅仅是集中控制，使用标准的、开放式的、通用目的的协议和接口，在合作伙伴之间提供安全、可靠的、高质量的资源共享服务。体现了“不为我有，但为我用”。

云计算(cloud computing)是基于 Internet 的计算，可共享的软件、信息等资源按用户需求提供到某个计算机上(这方面很像网格)。云计算具有动态可扩展和跨越 Internet 共享虚拟服务资源的属性。“云”状的图标在网络拓扑结构中常被表示成一个抽象的网络，可以象征一个企业、组织。因此用“云计算”来表达由一个组织提供在线的公共业务应用服务，这种服务可以通过浏览器访问，并且所有用户使用相同的单个服务访问点。大多数云计算基础设施由数据中心和可靠的递送服务器组成，并提供单点登录授权。

如果说网格计算表达了一种合作伙伴之间虚拟的资源共享思想，云计算则更体现了对外服务的提供，从商业角度说，它呈现了一种在 Internet 环境下，服务提供者和消费者之间新的供求方式——购买计算和信息服务，而不是购买软硬件资源。

1.2.5　信息系统集成的原则

系统集成通过硬件平台、网络通信平台、数据库平台、工具平台、应用软件平台将各类资源有机、高效地集成到一起，形成一个完整的工作平台。系统集成工作的好坏对系统开发、维护有极大的影响。因此，在技术上应遵循下述原则。

(1)开放性

一个集成的信息系统必然是一个开放的信息系统。只有开放的系统才能满足可互操作性、可移植性以及可伸缩性的要求，才可能与另一个标准兼容的系统实现“无缝”的互操作，应用程序才可能由一种系统移植到另一种系统，不断地为系统的扩展、升级创造条件。

系统硬软件平台、通信接口、软件开发工具、网络结构的选择要遵循工业开放标准，这是关系到系统生命周期长短的重要问题。对于稍具规模的信息系统，其系统硬软件平台很难由单一厂商提供，即使由单一厂商提供也存在着扩充和保护原有投资的问题，不是一个厂商就能解决得了的。由不同厂商提供的系统平台要集成在一个系统中，就存在着接口的标准化和开放问题，它们的连接都依赖于开放标准。所以，开放标准已经成为建设信息系统首先应该考虑的问题。

(2)结构化

复杂系统设计的最基本方法依然是采用结构化系统的分析设计方法。把一个复杂系统分解成相对独立和简单的子系统，每一个子系统又分解成更简单的模块，这样自顶向下逐层模块化分解，直到底层每一个模块都是可具体说明和执行的为止。这一思想至今仍是复杂系统设计的精髓。

(3)先进性

系统的先进性是建立在技术先进性之上的。一方面是指信息系统集成必须在先进的系统总体集成理论指导下进行；另一方面是指系统设计和完成要建立在技术的先进性之上。只有先进的技术才有较强的发展生命力，才能确保系统的优势和较长的生存周期。

系统的先进性还表现在系统设计的先进性：先进技术有机的集成、问题划分合理，应用软件符合人们认知特点等。系统设计的先进性贯穿在系统开发的整个生命周期，乃至整个系统生存周期的各个环节，一定要认真对待。

(4)主流化

系统构成的每一个产品应属于该产品发展的主流，有可靠的技术支持，有成熟的使用环境，并具有良好的升级发展势头。

(5)综合性

信息系统集成是一个包括管理、组织、人、设备、方法、技术和工具等为一体的综合集成。也就是说，在系统集成方法框架中既要考虑技术因素，还要考虑包括管理和人在内的一些其他重要因素，否则系统集成效果会不理想。比如集成程度很复杂的计算机集成制造系统，就是通过实施企业业务再造工程，从根本上对业务流程和经营过程进行重新思考和再设计，并把“人”这一因素有机集成在系统中，以实现对组织管理和人进行系统集成，从而取得非常好的应用效果。

(6)全局最优性

由于系统的要素及其环境的不断变化，系统集成必须长期规划，系统集成的总目标是全寿命期的全局最优，系统的可扩展性、可升级性和可维护性设计是系统规划设计的重要组成部分。

1.3 信息系统集成标准化工作

1.3.1 信息系统集成标准规范

计算机信息系统集成标准可分为四大类：信息技术标准、国家信息化工程支持标准和面向行业应用的信息系统标准、工程标准和计算机信息系统集成通用标准。各大类标准又包含子系列标准。计算机信息系统集成标准体系结构如图 1.1 所示[9]。

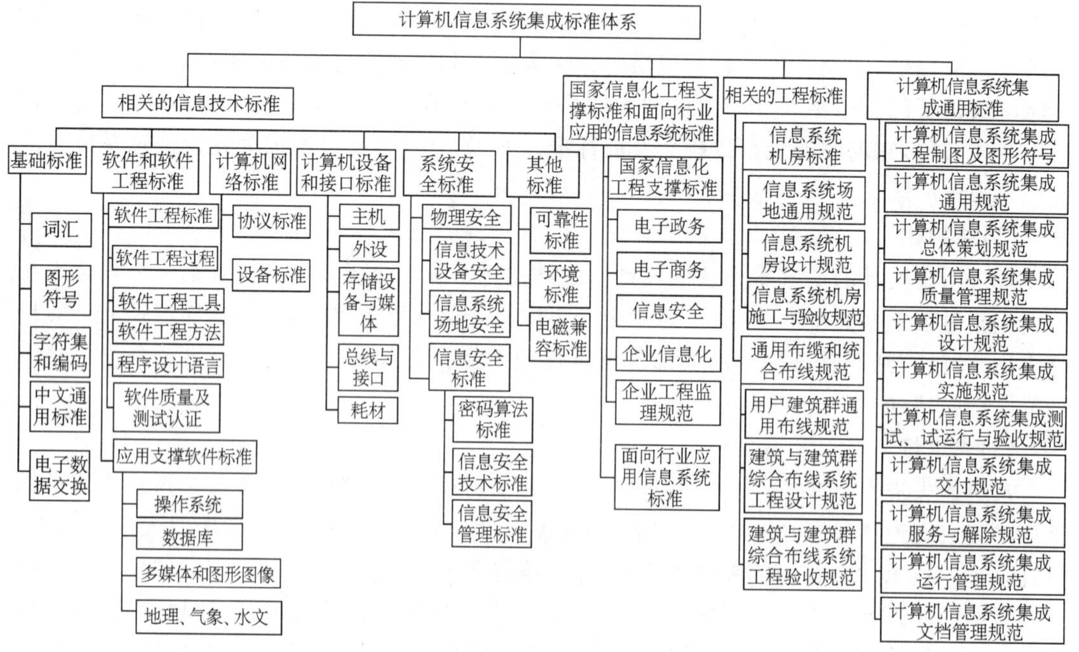

图 1.1 计算机信息系统集成标准体系结构

该标准体系中，前大类的极大部分已有现行有效的相关标准，有些标准正在制定或修订，有些已经列入制定规划中，这些标准绝大部分可从信息技术目录总汇中查到。只有最后一部分“计算机信息系统集成通用标准”直接面向计算机信息系统集成，急需相应的标准来规范市场有序发展，为产业提供技术支持、保障和服务。

鉴于目前计算机及网络工程制图及图形符号不统一、不规范以及“计算机信息系统集成”工程尚无一个通用的要求和实施规则的现状，须尽快制定下列两个标准。

(1)计算机信息系统工程制图及图形符号

本标准适用于计算机信息系统工程，主要内容包括工程制图的有关规定以及相关的图形符号所表达的涵义。

(2)计算机信息系统集成通用规范

本规范规定计算机信息系统集成各阶段的通用要求，主要内容包括计算机信息系统的总体策划、系统设计、软硬件开发、实施、测试、验收及服务保障等各阶段的基本要求和实施规则。

通常第一个标准适合由国家统一制定与颁布，即国标(GB)；而第二个标准由于行业信息系统的功能、特点等的差异，通常适宜以行业标准的形式制定与颁布。如国家环保总局于2008年2月实施《环境信息系统集成技术规范》(HJ/T 418－2007)。该标准规定了环境信息系统总体集成框架及应用集成、数据集成和网络集成的技术要求。该规范对于我们研究和实施气象水文信息系统集成有参考价值。

1.3.2 信息系统集成服务范式

大多数信息系统集成旨在根据用户的业务需求和质量要求，规划、设计、整合基础硬件平台、系统软件平台、支撑软件系统、应用软件系统、安全防护体系及其他相关功能，建构跨厂商、多协议、面向各种应用的互联、互操作的计算机信息系统[10~12]。

对于新建计算机信息系统，要根据业务需求和质量要求，构建完备的、全生命周期的计算机信息系统的系统集成服务。

对于改、扩建计算机信息系统，要根据业务需求、质量要求、既有系统的现状和需求，整合、构建新增计算机信息系统功能，并保证新增系统与既有系统的充分融合。

很显然，改、扩建计算机信息系统的集成服务更加困难，通常作为一个专门项目，进行完整的需求管理、规划设计和项目实施。

1.3.2.1 需求管理

在系统集成项目的整个生命周期，识别、确认整体建设目标、功能要求，分析项目的各个不同任务，明确需求，确认需求范围，跟踪需求变更[13,14]。

(1)需求识别

经调研、沟通、讨论，识别用户实际的或可能的需求，包括功能、性能、安全性、可靠性、健壮性、业务流程和目标、环境、投资效率、进度等各方面需求。

(2)需求分析

充分理解用户的业务流程和建设目标，细化识别的需求，分析需求的关联、合理与不合理、限制与条件，以及项目建设的质量控制目标、TCO(Total cost of ownership，总体拥有成本)的可能、建设风险等。

(3)需求范围

基于需求识别和分析，明确项目建设范围，确认可以明确的需求、不明确但有实际目标的需求、潜在的业务需求及其他模糊需求，降低需求变更频度。

(4)需求变更

项目实施过程中，明确需求范围、跟踪需求变化，控制必须的和可能的需求变更，分析和降低需求变更风险。

(5)需求确认

需求或变更需求明确后，应达成建设方与用户方的共同理解，并经用户确认。

(6)需求文档

应科学、规范管理需求管理过程中形成的文档，包括《用户需求说明书》、《需求分析说明书》、《需求确认说明书》、《需求变更说明书》、《需求变更确认说明书》等。

1.3.2.2 规划设计

(一)信息资源规划设计

(1)信息资源识别和整合

应根据需求分析确定的需求，分析、识别用户的信息资源，明确信息资源规划的目标、原则、内容和实施规范。

(2)系统整体设计

在信息资源识别和整合的基础上充分考虑环境因素，设计系统整体框架、功能要求、质量目标、安全目标等，制定项目管理预案，保证系统的高可用性、高可靠性、安全性、健壮性和可扩展性，降低TCO。

(3)资源整合配置规划

整合用户管理、业务、技术、设备、人员等及其相互关联的各类资源，以及与外部关联的资源，按照系统整体设计原则，划分资源类型和分布，确定资源整合技术，制定资源配置、管理规划。

(4)基础平台设计

根据需求管理和信息资源规划设计的结果，规划、设计计算机信息系统的硬件基础平台、系统软件平台、支撑软件；构建计算机信息系统基础平台的技术策略；产品性能要求和选择策略；配置和部署方案。

(二)数据管理规划

(1)数据存储

根据需求管理和信息资源规划设计的结果，规划、设计计算机信息系统数据存储平台，如服务器设备、集群系统、存储阵列、存储网络等，及支撑数据存储平台运行的支撑软件平台；数据存储管理的技术策略、产品性能要求和选择策略；配置和部署方案。

(2)数据管理

根据需求管理的结果，规划、设计数据管理方案，包括数据完整性、安全性；备份、冗灾策略和数据恢复策略。

(3)数据交换

应规划、设计数据安全交换平台，保证网络之间数据交换的完整性、可靠性、安全性，制定数据交换事件恢复策略。

(三)应用系统规划

根据需求管理和信息资源规划设计的结果，规划、设计应用系统整体架构、标准设计、功能模块、技术路线、开发手段、安全性、配置和部署方案、调试和维护、研发团队等。

(四)业务融合规划

根据需求管理和信息资源规划设计的结果，充分考虑业务需求与信息技术的融合，实现业务流程的改进，提高业务运营水平。

(五)信息安全规划

(1)风险管理

应在需求管理、信息资源规划设计中，识别、分析、评估潜在的风险因素(威胁、漏洞、脆弱性、系统健壮性及安全管理等)，制定风险应对策略，采取风险管理措施，消除、弱化风险，并将残余风险控制在可接受范围内。

(2)整体信息安全防御体系

根据需求管理和信息资源规划设计的结果，规划、设计整体信息安全防御体系，包括安全技术、安全产品、实体安全、产品和架构安全、信息资源安全、安全策略、安全机制、安全级别、安全服务等。

(3)安全平台

应根据信息安全规划与设计，识别、分析、评估安全平台的安全性和可靠性，包括安全产品、安全技术、安全模块等。

(4)病毒防护

应根据信息安全规划与设计，规划、设计病毒防护体系，包括网络病毒防护、桌面病毒防护、攻击防护、安全监控和响应等，制定病毒预防和恢复策略。

(5)安全策略

应根据需求管理、信息资源规划设计和信息安全规划与设计，制定信息安全策略，包括物理环境、基础平台、数据管理、应用软件、事件管理等。

(6)安全机制

应根据需求管理、信息资源规划设计和信息安全规划与设计，定义不同的安全机制，如加密机制、访问控制机制、身份认证机制、数据完整性机制、数字签名机制等。

(7)非传统信息安全

应充分考虑非传统信息安全的威胁，如木马、网络钓鱼及引诱、欺骗等。

1.3.2.3 项目实施

(1)质量控制[15,16]

应根据需求，明确质量控制目标，制定全面质量管理方案，采用 PDCA(计划执行检查行动)管理模式,保证项目优质高效。

(2)管理机制和职责

应根据质量控制目标,确定项目组织和管理机制,明确项目参与人员的职责。

(3)团队管理

应确立良好的服务能力管理,建设高效的项目管理团队。项目参与人员应有责任意识,主动协作、沟通,互相学习,共同达成项目目标。

(4)进度计划和管理

应合理调度资源,确定项目时间,制定经济、有效的进度计划。在项目执行期间,适时调整、优化项目进度。

(5)物资和资金管控

应在项目实施现场,加强设备、物资、材料进场检验、使用管理,根据进度计划和工程需要,确定资金需求,控制资金使用。

(6)协调沟通机制

在项目实施过程中,应重视与业主、监理及项目团队自身的协调、沟通、交流,适时调整、优化项目管理,保证项目顺利实施。

(7)文档管理

应在项目实施的需求调研分析、系统总体和详细设计、系统调试测试、系统试运行等阶段,实施严格规范的文档管理。

(8)测试与试运行

项目实施完成后,应测试系统的性能指标、各项功能,及系统可靠性、稳定性、安全性,并在试运行过程中,测试系统整体运行状态。

(9)验收

应在项目实施过程中分阶段验收,并在系统试运行结束后,组织竣工验收。验收应提供项目实施报告、测试和试运行报告、资金使用情况报告,及项目实施过程中形成的所有文档;应根据合同要求确定验收流程和验收内容;形成最终验收报告。

1.4 系统集成体系结构框架

1.4.1 体系结构一般概念

体系结构是组成系统各部件的结构、相互关系以及制约他们设计和随时间演进的原则和指南,是由图,文字和表项组成的集合。简单的体系结构可用一种层次化的图形描述,它抽象地定义一个系统的业务处理过程和规则、组成结构、技术框架和产品[17]。

信息系统体系结构是一个综合复杂的问题,严格地讲,它应该不仅仅是技术问题,还存在着行政管理、标准制度等问题。就是单纯考虑技术因素,信息系统体系结构也涉及多方面的视角。我们认为,信息系统体系结构是从宏观上、战略上对信息系统的各个组成部分及其关系的描述。这里的“组成部分”包括硬件、软件、数据资源、人员、文档、规程等;“关系”包括要素的层次、布局、界限、接口等。

与信息系统建模类似，对于信息系统体系结构的描述无法用一个单一的图示工具或文档工具来完成，而应该是针对体系结构的不同要素分别进行说明。信息系统体系结构的要素主要包括拓扑结构、层次结构和计算模式。

1.4.1.1　信息系统的拓扑结构

信息系统拓扑结构将信息系统的各个组成部分按照物理分布抽象成不同的节点，不考虑每个节点内部的硬件、软件、数据库等具体构成和模式，只考虑信息系统在外形上的结构。一般来说，信息系统的拓扑结构主要有点状、线型、星型、网状等[18]。

(1)点状的信息系统拓扑结构

点状的信息系统拓扑结构表示信息系统的所有组成部分在物理上全部集中在一个计算机上，我们常说的“单机版系统”等低端系统就属于这种拓扑结构。但是，需要注意的是，拓扑结构与计算模式是两回事，点状拓扑结构的信息系统并不意味着其计算模式就不能是 C/S 模式或 B/S 模式的，客户端软件、服务器软件以及中间件可以在同一台计算机上，浏览器、Web 服务器和数据库服务器也可以在同一台计算机上。同样，对于信息系统体系结构的另一个要素——层次结构来说，点状拓扑结构的信息系统并不意味着层次上的不完整，“麻雀虽小，五脏俱全”。所以，可以看出，信息系统体系结构的三个要素的角度不同，相互之间没有对应关系。

(2)线型的信息系统拓扑结构

线型的信息系统拓扑结构表示信息系统的各个节点之间相互平等，各个节点相互独立，节点之间有严格的顺序设定，一个节点有且只有一个后序节点(终止节点除外)，一个节点有且只有一个前序节点(起始节点除外)。没有中心服务器的具有工作流性质的信息系统(如生产线、事务处理)就属于这种结构。

(3)星型的信息系统拓扑结构

星型的信息系统拓扑结构比较常见，中等规模的信息系统大部分采用这种拓扑结构。这种结构最显著的特征是它有一个中心节点。这个中心节点与星型网络拓扑中的中心节点不一样，在星型网络拓扑的中心，节点一般是交换设备，而星型信息系统拓扑结构中的中心节点是在整个信息系统中(而不仅仅是在物理分布上)处于核心地位，为其他节点提供高速计算、大容量数据存储与服务、文件共享等。它应该是计算中心，而不仅仅是网络中心，虽然这两者在很多情况下配置在一起。

星型拓扑结构将多个节点连接到一个中心节点，或者说从一个中心节点辐射到其他节点。中心节点有管理控制和数据处理的能力，信息系统的可靠性很大程度上取决于中心节点的可靠性，它的故障将引起全系统的失败。

在星型结构中，只能有一个数据库主机，整个系统的信息资源全部集中在这个主机内。数据库主机内有一个或多个数据库，这个数据库的数据采集、录入、管理、更新及维护都由数据库主机完成。

星型结构是一种最简单的系统构成形式。由于全系统只有一个中心节点，因而系统构成、运行维护都非常简单。

星型结构存在一些缺点，由于整个系统中只有一个中心节点，因此，一旦主机出现故障，将导致全系统的瘫痪。由于整个系统的数据库与信息全部出自这个主机，为了要向系统提供内容丰富的信息资源，主机必须采用冗余配置。

(4)网状的信息系统拓扑结构

网状的信息系统拓扑结构是目前大规模基于广域网的信息系统的常用结构，它不存在单一的中心节点，当然这并不意味着不存在中心节点，它既可以没有中心节点，也可以有多个中心节点，即由多个星型结构组成。

1.4.1.2 信息系统的层次结构

下面介绍开放系统体系结构的一般模型和信息系统的层次模型。

(一)开放系统体系结构

一般来说，开放系统是一种网络环境下的系统，它能够让不同系统下的用户互相操作，相互利用对方的资源。在这种系统中，硬件和软件都是开放的，软件可在系统的任一节点上运行，可以移植使用。开放系统往往在一个标准体系下，由互不兼容的系统组成，能为异构环境提供互操作能力，有时还允许用户根据不同工作环境的需要动态地重组系统。可以说，"开放"意味着标准化，意味着与平台无关，还意味着多种异构组分的互连、互通、互操作。

开放系统技术始于20世纪80年代至90年代之间，已成为当前计算机界的一大热门话题和技术研究重点，其典型代表是ISO提出的开放系统互连(OSI)模型[19]。

开放系统有两个最基本的特点：

(1)开放系统所采用的规范是厂家中立的或与厂家无关的。

(2)开放系统允许用不同厂家的产品替换，这种替换包括对整个系统及其组成部件(模块)的替换。

与开放系统相对应的是专有系统，专有系统的不同之处在于它所采用的规范是专有的，而不是厂家中立的。另外，专有系统不允许由不同厂家的产品替换。介于开放系统和专有系统之间还有一类系统，称为可移植的专有系统。它的特点是其所采用的规范有可能是厂家中立的，而它的组成部件允许具有许可证的厂家产品替换。由此可见，开放系统是一种理想的系统，它的发展和应用不再受某个厂家的限制。

(二)独立信息系统体系结构

如果单独考虑单个信息系统，则有一个具有一般意义的层次模型，即物理层、操作系统层、工具层、数据层、功能层、业务层和用户层[20]。

物理层由网络硬件及通信设施组成，它是网络操作系统的物质基础，为实现操作系统的各种功能而进行不同的硬件配置。

操作系统层一般由UNIX、Windows 2000/2003等操作系统组成，它支持、管理软件工具，为实现软件工具的各种功能而产生各种进程。

工具层由各种DBMS(数据库管理系统)、CASE(计算机辅助软件工程)、中间件、构件等组成，它支持、管理信息系统的数据模型，并使数据模型能更好地为应用程序服务。

数据层由信息系统的数据模型组成，它是信息系统的核心层。所谓数据模型，就是信息系统的E-R(实体联系)图加上与之紧密相关的各种数据字典。针对某个具体的DBMS(数据库管理系统)，数据模型就具体化为基本表、中间表、临时表、视图、关系、索引、主键、外键、参照完整性约束、值域、触发器、过程和各种数据字典。这种具体的数据模型通常被称为物理数据模型，它支持相应信息系统的特殊功能，即支持特殊的功能模型。

功能层是信息系统功能的集合，每一项功能对应一个图标或一个窗口，由鼠标激活后实现具体的功能。一个信息系统的基本功能项目是有限的，但基本功能项目的排列组合是无限的，有限的基本功能项目支持无限的组合功能项目，构成了信息系统的复杂业务模型。

业务层是信息系统的业务模型，表现为各种各样的物流、资金流、信息流。这“三流”的本质在网络中集中表现为数据流，因为计算机只认识数据。

在用户层，用户通过鼠标与键盘操作信息系统，其操作方式是面向对象，而不是面向过程；是面向窗口界面，而不是面向字符界面。因此用户是主动操作，而不是被动操作，从而体现了用户是信息系统的主人，不是信息系统的奴隶。在用户主动操作的过程中，有限的基本功能可以支持无限的组合功能。数据流的“一流”反映出来的“三流”将随着用户指挥棒的指挥而得到淋漓尽致的发挥，充分展示信息系统的功能。

以上所述的信息系统七层结构从宏观上揭开了信息系统的“内部秘密”，从微观上给设计者、实现者和用户指明了新的航向。

工具层、操作系统层、物理层三层的有机组合与合理配置，属于系统硬件与系统软件的集成问题，是多数系统集成商所能胜任的工作，也是系统集成中最容易做的事情。它是整个信息系统集成的物质基础。

数据层的最高目标是实现数据集成，它是信息系统集成的核心，是系统集成的重点和难点，是多数系统集成商想干而不敢干或不能干的事情。实现数据集成的方法是采用面向数据而不是采用面向功能的设计方法。

只要企业单位的业务方向和业务内容不变，其元数据(Metadata)就是稳定的，而对元数据的处理是可变的。用不变的元数据对付可变的处理方法，就是面向数据设计的基本原理。面向数据设计的实现方式是使用 CASE 工具。然后，由 CASE 工具自动将概念数据模型转化为物理数据模型(PDM)。

物理数据模型生成以后，就可以用工具层中面向对象的开发工具，设计并实现功能模型中的各种功能，如录入、删除、修改、统计、查询、报表等各种操作。每项功能对应相应的图标或窗口，用户根据业务层的业务模型，随心所欲地进行操作，轻松愉快地实现企业网上的各种需求。

1.4.2　系统集成体系结构案例

1.4.2.1　案例一：计算机网络模型

OSI/RM (Open System Interconnection Reference Model，开放式系统互联参考模型)是国际标准化组织 ISO 在 1979 年提出的用于开放系统体系结构的开放系统互连模型，是一种定义连接异构计算机的标准体系结构，即计算机网络的标准体系结构。作为一个以计算机网络为主要功能的特殊系统，OSI 参考模型自下而上定义了物理层、数据链路层、网络层、传输层、会话层、表示层和应用层七层，也称七层协议[21,22]。

工业界以分组交换和存储转发为核心技术，开发了基于 TCP/IP 的互联网，由此形成了 Internet 体系结构参考模型，自下而上分为四层：网络接口层、网络层、传输层和应用层。

两者的异同如图 1.2 所示。不难看出，TCP/IP 结构中的网络接口层包含了 OSI 下两层的功能,从产品实现的角度,网络接口层通常通过一个网络适配器(俗称网卡)出现在系统中,虽然其中的数据链路和物理层在具体功能和学术研究上确实有很大的不同,但对于互联网来说,这个"产品层"已经不需要细分了。同样基于互联网的传统应用,如文件传输(FTP)、电子邮件(E-Mail)、远程登录(Telnet)、WWW 服务等,已作为可单独使用的"业务"封装在一个软件中,集成了应用、表示和会话层的功能。

OSI	TCP/IP
应用层 表示层 会话层	应用层 SNMP、DNS、FTP、 TFTP、TELNET
传输层	传送层 TCP、UDP
网络层	网际层 ICMP、IP、ARP/RARP
数据链路层 物理层	网络接口层 ETHERNET、ARP Anet、 FDDI ethers

图 1.2　OSI 与 TCP/IP 体系结构参考模型

由此可见,一个系统的结构和层次反映了设计理念和产品形态。严格来说,OSI 体系结构不是一个真实网络系统的体系结构,因为它不包含协议实体(实现层功能的软件),但它作为网络研究的参考模型,对实际网络系统有重要的参考意义。

1.4.2.2　案例二:C^{4}ISR 体系结构

美军从 20 世纪 90 年代初开始研究 C^{4}ISR(Command, Control, Communications, Computers, Intelligence, Surveillance, and Reconnaissance)体系结构,到 1997 年 12 月,发布了发布框架的 Version 2.0,使得 Version 1.0 中提出的概念得以成熟和扩展。C^{4}ISR 体系结构框架是为指挥、军事服务和国防代理找到一个统一的方法,遵循该方法可以开发各种体系结构。其内容很容易被扩展到其他国防功能域,例如单兵管理、空军系统、海军系统、联合作战系统等,通过快速合成"go-to-war"需求和合理的投资,改进战斗系统的操作能力和工程效率[23,24]。

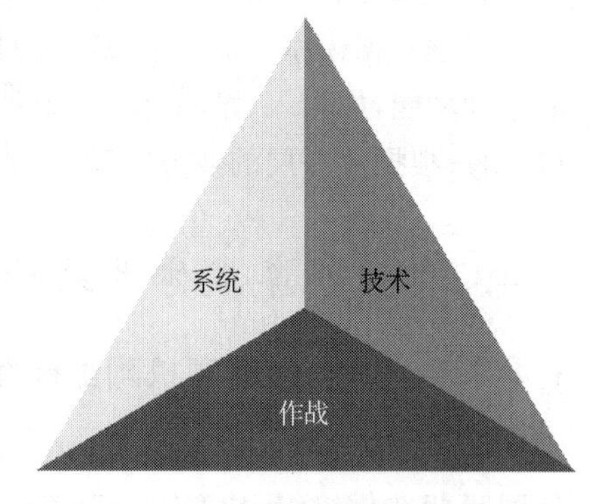

图 1.3　C^{4}ISR 体系结构框架描述视图

C^{4}ISR 体系结构框架 Version 2.0 提出从作战(operational)、系统(system)、技术(technical)三个视图(view)来定义体系结构(如图 1.3 所示)。

其中作战视图描述关于任务和活动,作战单元,以及完成或支持一个军事行动所需要的信息流。

系统视图描述为战斗功能提供的连接和支持,展示了多个系统如何联接和互操作,可以描述内部结构和特殊的系统操作。对于单个系统而言,系统视图包括物理连接,场所,关键节点标识,电路,网络,战斗平台等,还包括具体系统和组件性能参数(如平均故障时间

MTBF,可维性、可利用率等),它关联到作战视图的物理资源及其性能属性在技术体系结构中的定义。系统体系结构被期望解决全系统范围内的关联问题,从传感器到信息处理系统、通信系统直到获得完成其目标的信息。

技术视图提供技术上的系统实现指导,据此产生工程规范,建立公共组件和开发产品线,要收集技术标准、惯例、规则和管理系统服务、结构和关系的标准说明。它描述管理和支配系统各部分的安排、相互作用和相互依赖的最小规则集合,其目的是保证系统满足指定的需求集合,容易集成和促进跨越系统的互操作性和在相关体系结构中的兼容性。

C⁴ISR体系结构还要求提供即插即用(plug and play)和系统重构机制,保证战斗信息必须能够实时联到一个联合的,全球的环境中;必须使得合并的信息技术具有一致的、可控制的技术组件配置,遵从技术的构建代码(building codes)。

为了一致性和可集成性,体系结构描述必须提供各种视图之间显式的关联(如图1.4所示)。这种关联必须从集成使命的作战需求和效率度量到支持系统特性,直到具体的技术标准管理均能提供紧密的检查跟踪。

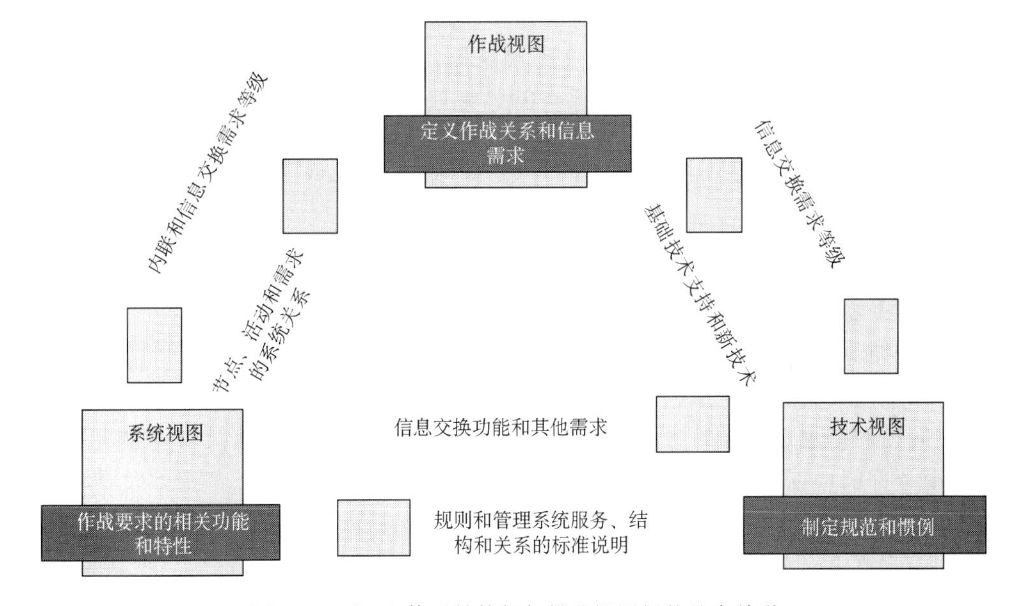

图1.4　C⁴ISR体系结构框架描述视图间的基本关联

由此可见,一个超大规模的信息系统的体系结构设计,本身就是一个复杂的系统工程,此时体系结构作为一个产品,可成为其他后续产品的信息源。该产品也是分级表达了,每一级必须规定公共属性和定义、公共任务列表、公共活动集合、公共操作环境,规定互操作的形式和接口、数据交换标准和公共的信息组织和共享方法等。

例如C⁴ISR给出的信息系统互操作参考模型,定义了五级互操作级别,每个级别特殊的能力借助于四个属性来描述:过程,应用,基础设施和数据(procedures, applications, infrastructure, and data)—PAID。

- Level 0— Isolated(孤岛的):系统间没有直接的电子连接;
- Level 1—Connected(物理连接的):系统间有电子连接,但其操作是同构的对等交换(如“text,” e-mail 或 fixed)

- Level 2— Functional(功能相关的):是分布式的系统,局域网(LAN),允许异构的数据集合在系统间传递,但通常只有逻辑数据模型被同意跨程序,每个程序自定义自己的物理数据模型。
- Level 3— Domain(域内的):系统被集成,经由广域网(WAN)连接,允许多用户访问数据,信息在独立的应用中共享,有一个基于域的数据模型(逻辑的和物理的)
- Level 4— Enterprise(域间的):允许系统的操作在分布式全球信息空间跨越多个域进行,多个用户可以同时访问和交互复杂数据,数据和应用完全独立,虚拟办公室成为可能。

1.4.2.3 案例三:财务信息管理系统结构

前两个案例对某个领域的系统建设有广泛的指导意义,属于"标准"级的体系结构,在面对具体系统设计时,可以根据应用需求和特点加以裁剪和补充。财务工作流程和软件功能模块相对规范,但也有根据用户需求定制的部分,如报表种类和往来账目的管理等。因此大多数商用财务软件提供会计业务功能,而财务管理需要开放接口,具有典型的集成性。本案给出一个特定应用场合下的财务管理信息系统结构,分析从需求到结构设计的过程。

基本需求:本系统用于科研院所的综合财务管理,利用计算机、网络等信息技术,以"用友"核算软件为基础,实现会计核算和财务管理一体化为目标,建立会计电算化系统与财务管理信息系统的无缝链接,实现财务核算与财务管理在单位经济业务信息利用上的同步,在进一步加强单位财务管理的同时,又满足会计核算的需要[25]。

功能需求:财务信息系统主要由财务信息结算平台,财务管理辅助信息平台,财务信息分析平台,财务基本信息维护平台,财务信息查询平台等五个子系统组成。

(1)财务结算子系统

该子系统以控制财政预算、项目余额、部门预算为基础,院内职工、结算部门和财务人员可以通过院内网络进行不同的网上交易和数据处理,不同层次管理人员可以对交易信息流转审批,财务部门根据结算信息生成凭证信息导入商品财务软件中。

(2)财务管理辅助信息子系统

该功能主要由财务部门使用。主要包括财政预算、会计科目、经济分类、项目信息、个人信息、部门信息、往来单位等基本信息维护;核算系统和结算系统余额校核监控,票据管理,台账管理、内部报表管理等。

(3)财务信息分析子系统

可以根据固定格式对财务信息进行分析,也可自定义进行分析。

(4)财务基本信息维护子系统

该子系统负责用户密钥的定制和维护、数据的备份和恢复、不同子系统间数据交换,开发软件、商品化软件、财政部门软件、银行系统、税务部门之间接口开发维护,短信中心设计和维护、业务流转设计及维护、系统安全设计维护等功能。

(5)财务查询子系统

该子系统供所有人员使用,不同的用户按其角色登录系统后,可以查询不同的信息。信息内容包括:财政经费执行情况、院内财务状况、所财务状况、个人负责项目财务状况、工资信息、公积金信息、发票信息、项目基本信息、支票信息等。

系统接口包括核算软件和结算子系统、网上银行和财务管理系统、财务管理系统和科研管理系统的接口维护和数据传输等功能。

运行环境要求：开发平台采用 Microsoft Visual Studio. NET 2003 开发，开发语言为 C＃，数据库采用 Microsoft SQL Server 2000。

按照上述信息，首先可以确定该系统是在网络环境下使用的，有些功能适合采用客户机/服务器(C/S)结构模式，但大部分功能更适合用浏览器/服务器(B/S)结构模式，无论哪种，都需要有数据库支撑。因此，根据一般 B/S 模式的信息系统三层结构，该系统至少可以分为应用系统、服务中间件和数据库三层，系统管理和安全策略贯穿各层次，最下面是网络基础设施。由于本系统不涉及网络建设，因此，只考虑在现有的条件下各种网络接入终端的数据访问和数据接入。如各种转账原则上通过网上银行进行，而本系统通过调用“外部应用接口”服务，实现与网上银行的集成。由于系统使用单位是科研院所，所以其财务信息要与“科研管理”系统有接口，共享项目往来账目等信息，还要与在用的“用友”软件有接口，保持对外财务报表的一致性。考虑上述因素后，大致的系统结构如图 1.5 所示。

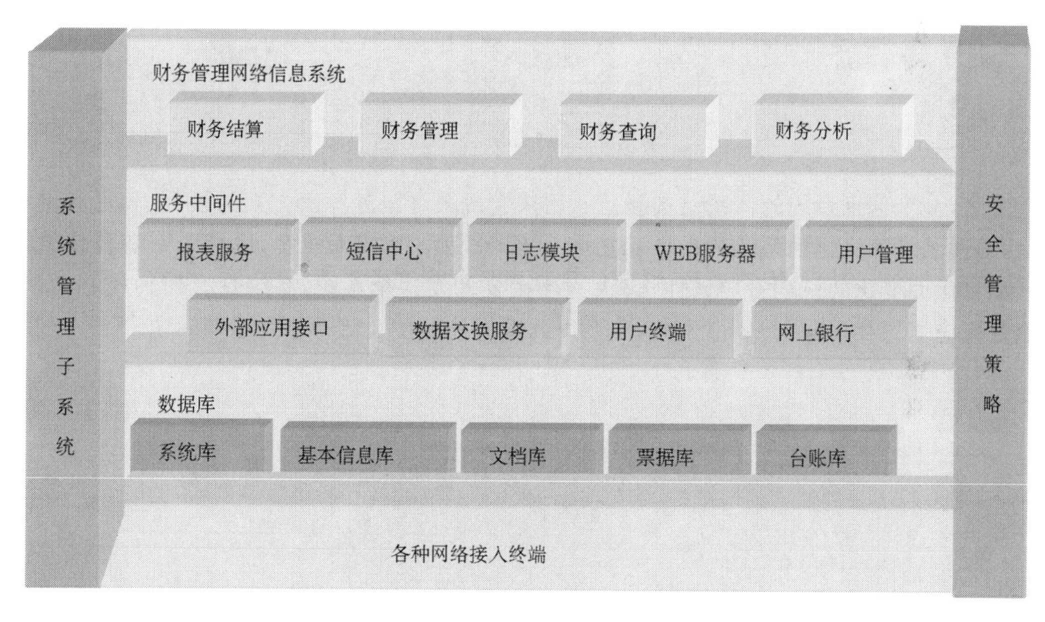

图 1.5　某财务信息管理系统体系结构

因为基于网络，功能和技术层面的结构图还不足以说明系统的部署和使用方式，通常需要补充一个网络部署结构图，说明各子系统可能的使用场所(如图 1.6 所示)。

接下来，就可以逐层展开设计，细化各组成部分的功能和具体控制机制，设计数据库结构、角色分配和管理权限、审批工作流等实现细节。

通过三个案例，可以看出，一个信息系统的结构和层次取决于三个主要因素：技术层面确定是独立系统，还是联机系统；使用范畴确定是业务处理，还是信息管理，或两者兼有；系统规模确定是集中控制，还是分布式控制。前两个案例代表大规模系统，通常采用分布式控制；而最后一个案例，虽然也依托网络环境，但用户基本上属于同一个机构，同城分部，核心数据可位于一个物理服务器，因此基本上采用集中控制。

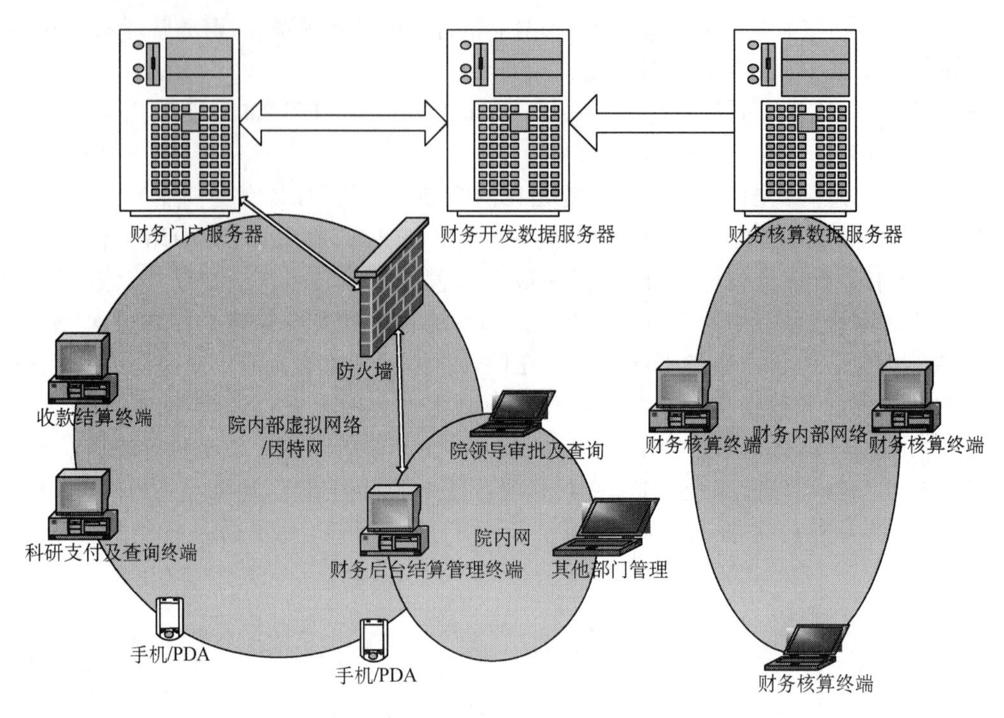

图 1.6　系统部署结构图

总之，一个信息系统的体系结构涵盖了用来实现最终服务解决方案的硬件、软件和网络能力，描述了计算机化的系统的设计和功能分布，作为一个技术档案，应具备不随具体软硬件产品变化而变化的长期指导属性，解决为什么要开发这个系统，系统具有何种核心功能，什么数据应当保存，相关组件位于何处，系统处理何种事件及活动等一系列问题。

第2章 信息系统开发过程管理

2.1 信息系统的生命周期

2.1.1 系统立项与合同

信息系统项目的来源一般有两个渠道,一是自主研发的"非订单系统",二是为用户开发的"订单系统"。前者需要立项,后者需要签订合同。所以"立项"和"合同"是IT企业软件项目(或产品)的两个源头。一旦立项或者签订合同成功,企业领导或软件管理部门就要下达"任务书"[26~28]。

相关文档包括《立项建议书》、《合同》和《任务书》。

该步骤也可叫"项目可行性分析",可行性分析是立项的前提,立项是可行性分析的结果。对于软件企业,一般不叫项目可行性分析,只有在学校、机关、科研所等单位,才叫项目可行性分析。

2.1.2 系统需求

需求分析的输入是系统《合同》或《立项建议书》,输出是《用户需求报告》/《需求规格说明书》。从根本上讲,系统需求就是为了解决现实世界中的特定问题,系统必须展现的属性。系统需求的属性主要是可验证性、优先级和唯一性。

需求来源:系统目的、行业知识、软件受众、运行环境、组织环境;需求角色:用户、客户、市场分析人员、软件分析师。

需求的描述工具:

(1)实体—关系模型:明确描述应用系统的概念结构数据模型,E-R模型即是表达用户需求的工具,又是数据库概念设计的工具,在需求分析中又叫E-R模型,在数据库设计中叫做概念数据模型(CDM)。

(2)数据流图:先画出顶层数据流图,它清晰地反映了系统的全貌,再逐层画出底层系统的数据流图,具体描述每个加工的处理过程和方法。描述符号主要有4种,数据源或数据库,数据流动的连线,数据加工或处理包,输入或输出文件。

(3)用例图:用于定义系统的行为、展示角色与用例之间的项目作用。

(4)活动图:用于描述系统行为,在需求阶段,可以配合用例图说明复杂的交互过程。

2.1.3 系统策划

系统策划的输入是《合同》或《立项建议书》、《任务书》、《用户需求报告》，输出是《软件开发计划》，应该包括质量保证计划，软件配置管理计划，测试计划、评审计划。要使策划工作十分准确是非常困难的事。

系统策划共分 4 个步骤：

(1)估计软件工作产品的规模、工作量、费用及所需的资源；

(2)制定时间表；

(3)鉴别和评估风险；

(4)与相关的组或人协商策划中的有关约定；

通常可借助于 word＋Project 编写《软件开发计划》。

2.1.4 系统设计

系统设计是软件工程过程的核心，它是一个把需求转换为软件表达式的过程，这种表达式开始只是描述一个软件的概貌，经过不断细化，成为一个非常接近于代码的设计表达式。软件需求为设计提供信息、功能和行为模型。从项目管理的角度看，软件设计分为概要设计和详细设计。前者注重框架上的设计，后者注重微观上和框架内的设计。概要设计把需求转换为数据和软件体系结构，而详细设计把体系结构细化，产生详细的数据结构和算法。分析就是提取并固化用户需求、为问题域建立精确模型的过程[30]。

设计时要遵从成本、性能和质量约束的前提，将需求映射到系统实现。实施过程中分析和设计之间的基线是模糊的，即使不是同步进行也要迭代进行。逐步细化是一种自顶向下的设计策略，程序的体系结构开发是由过程细节层次不断细化而成的，分层的开发则是以逐步的方式由分解一个功能直到获得编程语言[31,32]。细化实际上是一个详细描述的过程，在高层抽象定义时，我们从功能说明或者信息描述开始，说明功能或者信息的概念，而不给出功能内部的工作细节或者信息的内部结构。细化则是设计者在原始说明的基础上精简详细说明，随之细化的深入给出更多的细节。

2.1.4.1 面向过程设计

可利用的工具包括：流程图、N-S 图、程序设计语言和决策表。设计时考虑如何将每个业务流程与软件处理过程进行映射，在描述流程的处理实体时，可采用模块化方法，每个模块的功能粒度随流程在整个系统的层次不同而不同。这种设计方法用在概要设计阶段，可以容易被人们所理解，便于与用户、非编程人员交流，但由于其分析模型和设计模型不是同构的，因此分析模型到设计模型的转换非常复杂，不方便软件开发过程中的一致性追踪。

2.1.4.2 面向数据设计

以 E-R 模型为基础，按照一定的规则将概念数据模型(CDM)转换成能被某种数据库管理系统接受的物理数据模型(PDM)。这种方法常用在与数据库相关的应用系统设计上，系统需要维护大量的数据库数据,80%以上的处理与数据库操作相关,因此数据模型的设计直接关系到系统的功能实现和性能。

实际系统中,无论采用哪种方法,都或多或少地涉及数据库设计,即使没有大量业务数据,也会出现系统运行时的权限、日志等数据。

2.1.4.3 面向对象设计

面向对象方法是将程序模块的规格说明组合到一起构成完整的程序,对象本身被定义为与其他模块连接的程序模块。采用面向对象的设计方法时,设计者可以创建自己的抽象数据类型和功能抽象,将真实世界的问题域映射到这些自己定义的抽象结构中。这种映射很自然,因为设计者可以创建任意多的抽象类型,另外,软件设计与系统中用到的数据对象的表示细节分离开,这些表示细节可以经历多次修改而不会给整体软件系统带来副作用。

当使用UML(统一建模语言)进行面向对象的系统设计时,可以从动态、静态和实现三个角度观察、分析和表达一个系统,设计的类可以直接映射成代码中的类。

2.1.4.4 主要设计要素

(一)功能设计

包括功能划分原则、实现映射、多语言支持等。在全面获取需求的基础上,需要综合考虑各种因素,将系统划分为多个功能模块。首先这些模块化设计的需要,为软件的开发、维护提供便利。其次,这也是理解、消化需求,将需求转化为系统设计的需要。在功能模块的划分上,需要考虑的因素有:

(1)首先是系统架构,系统架构影响着系统的运行、部署方式,从而影响着系统的实现方式。一个应用系统是集中式的还是分布式的?分布于哪些组织机构?采用客户端/服务器还是浏览器/服务器模式?

(2)其次是功能独立性,一个功能模块在功能上必须相对独立,模块内部必须是高内聚的,与其他模块的联系仅存在于接口层面上。

(二)接口设计

在软件设计中还必须确定对象间存在的接口及对象的整体结构。接口命名和参数命名应尽量做到具有较好的自解释性,使得其他开发者通过接口名称便可推测该接口所实现的功能,以及形参所对应的实参。

接口应当尽可能简单,做到一个接口对应一个相对独立的功能,避免出现回调。

(三)用户输入设计

计算机系统是由计算机硬件、软件和人共同构成的系统,人与硬件、软件的交叉部分即构成人一机界面,又称人一机接口或称用户界面。人一机界面是人与计算机之间传递、交换信息的媒介,是用户使用计算机系统的综合操作环境。通过人一机界面,用户可以向计算机系统提供命令、数据等输入信息,这些信息经过计算机系统处理后,又通过人一机界面把产生的输出信息呈现给用户。人一机界面的核心内容包括显示风格和用户操作方式,集中体现了计算机系统的输入输出功能,以及用户对系统的各个部件进行操作的控制功能。界面设计(interface design)主要是建立人一机之间界面的布局和交互的机制。

必须了解各种用户的习性、技能、知识结构和经验，以便预测不同类型的用户对人一机界面有什么不同的需求和反应，为人一机交互系统的分析设计提供依据，是设计出的人一机交互系统更加适合各类用户的使用。

对于偶然型用户，既没有计算机应用领域的专业知识，由缺少基本的计算机系统知识，不了解计算机系统的操作和功能，也许更加没有兴趣阅读操作手册，随着计算机系统的日益普及，这类用户已经越来越少。

对于生疏型用户，这类用户经常使用计算机系统，对计算机的性能及操作使用已经有一定程度的理解和经验，但他们往往对新的应用系统缺乏了解和熟悉。新系统的大多数用户都属于这一类型，这类用户一般愿意阅读操作手册或者培训教材，所具备的计算机方面的知识和经验可以帮助他们较快地熟悉系统，随着使用经验的增加，他们有可能成为熟练型甚至专家型用户。

对于熟练型用户，他们一般是专业技术人员，对计算机系统所要完成的工作任务有清楚地了解和思路，对计算机系统也有相当多的知识和经验，并且能熟练地操作使用。这类用户使用计算机系统的积极性较高，计算机系统已经成为他们改善专业工作的辅助手段。

对于专家型用户，他们使用计算机系统完成的工作任务及计算机系统都很精通，具有丰富的操作和使用计算机系统的知识和经验，乃至维护、扩展系统功能的能力。

人一机界面设计应当做到简洁、实用。确定用户是进行人一机界面设计的第一步，即确定应用系统用户的类型，不同类型的用户可能对人一机界面提出不同的需求。其次，在设计人一机界面时，应当尽可能减少用户的操作，使用户能更轻松、更方便地完成工作。人一机界面的代码应当与其他代码分离，特别是基于 Web 的用户界面，可以使用 MVC(模型视图控制)模式设计，以便于代码的维护。人一机界面设计还必须保持输入、输出方面的一致性，应用程序的不同部分之间，应当具有相似的界面风格、布局、人机交互方式等，这样有助于用户的学习和使用。对于用户的所有操作必须提供反馈，保证用户可以感觉到应用系统对用户操作做出了反应。界面设计还必须能够对可能出现的错误、异常等进行捕获和处理，同时增强可视化展现，使用户获得直观、逼真的操作体验。

(四)输出显示设计

随着地理信息系统(GIS)和各种智能终端的出现，人们对科学数据的可视化要求越来越高，个性化的输出显示设计显得尤为重要。除了基于地理信息领域的数据图层表达外，还有二维、三维数据展示，触摸幕和超大型幕墙的特殊显示操作等的支持。

(五)开发环境设计

在系统设计过程中，需求和功能设计具有较高的抽象层次，通常都具有通用性。而对于详细设计等设计底层实现细节时，就必须考虑到计算机系统可能的应用环境。如果应用系统需要部署到异构的环境中，在设计过程就需要采用不同的策略，尽可能地使系统移植到不同平台上所需要做的修改最小。如果不在设计阶段充分考虑这些影响应用软件部署的情况，一旦软件开发定型，后期再做修改和调整可能会牵扯到系统的许多模块，软件系统的修改将耗费大量的精力。而模块之间又有着千丝万缕的联系，修改将导致代码凌乱不堪，给后期的软件维护等工作带来无法估量的难度。

当采用像 C 这类需要编译执行的语言开发应用系统时，首先需要采用模块化设计，将平台相关的部分(如图形库等)独立出来。当需要将应用系统移植到不同平台时,只需要采用条件编译技术,将平台相关的模块替换,而无需修改代码。

对于像 Java 这类跨平台的开发语言,可以一次编译到处运行。当需要将应用系统移植到不同平台时,应尽量避免出现与平台相关的硬编码,如 Windows 平台下有盘符的概念,而在 Unix 或者 Linux 平台下只有目录的概念,而没有盘符的概念。如果需要可以将这些与平台相关的设定变为可配置项,或者提供打开对话框,让用户选择目录,而不要硬编码。当然,在 J2EE 环境下,如果根据实际情况,需要部署到不同的应用服务器,还要考虑不同应用服务器的容器所带来的差异性。

使用像 Python 这样的解释性语言开发的应用,也可以跨平台运行,可以不需要编译,运行时环境逐条解释代码并执行。与采用 JAVA 语言开发的应用类似,应尽量避免出现与平台相关的硬编码。同时,针对不同的库,其接口也可能存在差异。

2.1.5 系统建模

软件生命周期涉及三个模型:业务模型(对系统的业务流程的定义)、功能模型(描述系统功能)、数据模型(对系统数据结构的定义)[33,34]。

功能模型和业务模型在需求分析时建模,数据模型在设计时建模。通常,数据模型建模用 PD、ERWin 等专业数据建模工具;功能模型用功能点列表或用例表示;业务建模用自然语言加上流程图或时序图表示。

2.1.6 系统实现

宏观上,软件系统实现包括详细设计、编码实现、单元测试、系统测试和集成测试;微观上,软件实现指编程和单元测试。

2.1.7 系统测试

测试中心或者测试部门发现“不符合项”或“错误项”,且不能改正软件产品的错误,所以不能直接提高软件产品的质量。系统软件(操作系统、编译系统、数据库管理系统等不需要客户化的软件产品)和应用软件(具有客户化工组要求和用户定制的软件)的测试要求是不同的。

系统软件测试:发现错误 bug,对应的测试报告为 bug 测试报告。

应用软件测试:发现“不符合项”。

2.1.8 系统发布与实施

按照软件产品是否需要客户化改变以及改变的多少,是否需要重新做业务流程和需求规格定义来进行分类,软件的发布和实施要求也有所不同。通常系统软件通过相应级别的测试后可直接发布销售,因为她几乎不存在客户化改变需求(如操作系统、编译系统、数据库管理系统、Office 等)；而专业性很强的应用软件，新版本的发布不代表用户可直接购买安装，需要根据用户需求重新设计数据流程(如分行业 ERP 企业资源计划等)，裁剪功能模块，构造实用系统；而对于软件项目完成的为特定用户定制的软件系统，因为是量身定做，专用性强，通用性差，其发布和实施就不具备通常意义的市场价值，只能在很小的范围内使用[35]。

无论哪种类型的软件产品，在正式发布实施下一个版本前，都应保持当前版本的技术支持，做好维护工作。

2.1.9 系统维护

系统维护过程是系统开发过程的缩影，通常在设计时就要考虑软件的可维性等非功能要求。

可维护性：维护人员理解、掌握、修改被维护软件的难易程度。可维护软件应该具备以下 4 条性质：

(1)可理解性：软件功能模块化、结构化、代码风格化、文档清晰化。

(2)可测试性：文档规范化、代码注视化、测试会规划。

(3)可修改性：模块间低耦合、高内聚、程序块的单入口和单出口、数据局部化、公用模块组建化。

(4)可移植性：软件支持在不同的操作系统平台上运行，便于与用其他语言开发的软件交互、集成。

2.1.10 系统集成与重构

通常一个软件系统的最长生命期不超过 5 年。一来软硬件运行环境会发生变化，二来用户需求会不断改变。因此任何软件系统在进入维护期后，都面临着三种选择：版本升级，中止使用，系统重构时被替换[35~37]。

一般系统软件会采用升级版本的向下兼容的办法，维持用户群，但也不能保证所有的功能都无缝对接。因此，就会出现一些转换工具，为新老版本的数据产品提供转换、共享等。

应用软件的更新，特别是经由软件项目开发的系统，通常都是由用户提出改造要求，有的来自底层服务器、数据库等的升级，原系统不再支持新的运行环境；有的是由于系统运行多年后在功能和使用方式上不能适应新的形势；还有的是在信息化建设不断深入的大背景下，原先单独运行的系统要成为更大系统的有机部分，业务流程、数据来源都要进行重大调整。

此时，系统的集成和重构本身是作为一个新的项目出现的，老系统就成为需求分析的重要环节，为了简化移植难度，新系统的设计人员宁愿重新开发，但不要忘记了，老系统产生的数据是一笔宝贵的资源，不能被随意丢弃；老系统体现的操作风格也许已被用户接收并习惯，也要充分地尊重。因此，要准确定位系统集成的层次，如界面集成、数据集成、应用集成还是方法集成等，并给出可行的解决方案。具体的技术会在后续章节中描述。

2.2 系统集成的技术基础

2.2.1 需求建模

面向目标的需求建模技术在需求工程领域得到广泛关注，主要原因在于其提供了合适的抽象层次，为领域专家、需求工程师、软件设计师之间沟通与协作提供合适的视图。目标是对系统所要达到的目的的声明，包括待开发软件(software-to-be)及其环境。需求(requirement)定义为由单个软件代理实现的目标，而预期(expectation)则定义为由单个环境代理实现的目标。代理(Agent)指诸如角色、设备和软件等系统组成部分。根据约定断言(prescriptive assertions)对目标进行形式化，目标可能包括功能性的或者非功能性的系统属性，涉及低层次的关注点和高层次的关注点。

KAOS(Keep All Objectives Satisfied或者Knowledge Acquisition in automated Specification of software systems)是典型的面向目标的需求建模方法，分目标精炼(goal elaboration step)、对象建模(object modeling step)、代理建模(agent modeling step)和实施(operationalization step)四步[38,39]。

目标精炼图(如图2.1所示)首先从对系统的初步描述获得，通过从原始资料中搜索高频度的自然语言关键词获得初步目标，并针对已获得的初步目标询问why和how进一步获得更多的目标，目标精炼又分为“和精炼”(AND-refinement)和“或精炼”(OR-refinement)。和精炼将目标与一系列子目标关联，所有子目标的实现是实现总目标的充分条件；或精炼将目标与多个候选目标关联，某一个子目标的实现是实现总目标的充分条件。

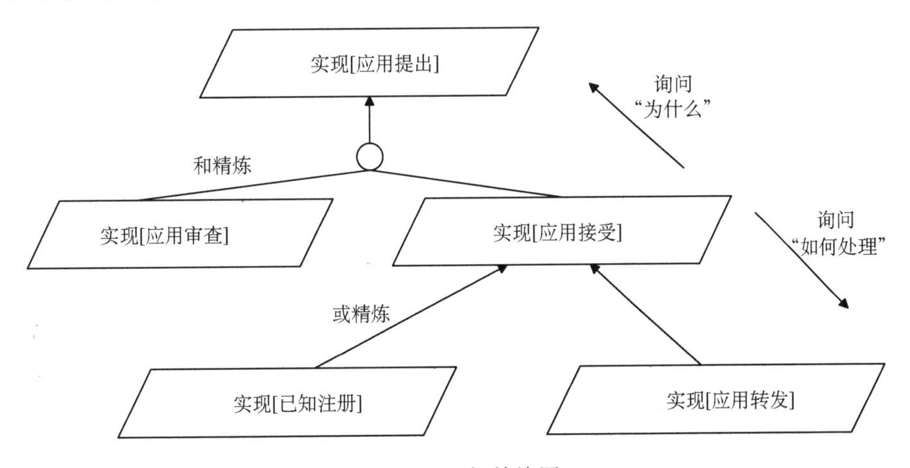

图2.1 目标精炼图

对象建模从目标规范中获得概念类、属性和关联；代理建模识别代理及其监视/控制能力，以及将目标分配给代理的可能方案；最后的实施从目标规范中识别操作及其领域前件、后件，并获得增强的前件、后件和触发条件。与此同时，处理对目标冲突和阻碍目标实现的意外情况。通过事先定义的冲突模式识别目标之间的冲突，对应于某个模式的冲突使用相应的冲突解决方法。例如针对边界条件冲突(boundary condition for conflict)模式的冲突可以使用目标弱化的方法加以解决。

KAOS提供了可选的形式化方法，该形式化方法基于实时线性暂态逻辑(RT-LTL)。通过形式化方法可以精确描述目标，并提供形式化推理技术帮助识别目标之间的冲突以及目标达成的程度。目标的形式化定义开始于目标所关注的对象的断言，对象基于对象模型声明，声明关注对象的时间顺序以期望达成特定目标。目标声明的形式如下：C=>opT，其中C和T是关于当前环境和目标环境的断言，op为时间操作符，表示目标环境T相对于当前环境C的时间特性。"◇"表示将来的某个时刻断言为真，"□"表示将来的所有时刻断言为真，"●"表示先前的状态断言为真，"@"表示断言刚刚变为真。

目标声明的例子如图2.2所示。

Goal Achieve[PackageSortedToDestination]
InformalDef If a package is received at a sort facility, then the package will eventually be forwarded to its known destination.
FormalDef p: Package, sf: SortFacility
Received(p, sf)) => ◇Forwarded(p, p. Destination)

图2.2 目标声明

声明目标的方式包括：

Achieve Goals(i. e. C=>◇T)，期望在将来某个时刻满足，目标最终会发生；

Cease Goals(i. e. C=>◇－T)，不允许在将来某个时刻满足，必须存在将来的某个状态，目标不会发生；

Maintain Goals(i. e. C=>T)，必须在将来的所有时刻都满足；

Avoid Goals(i. e. C=>－T)，将来的所有时刻都不满足。

通过询问why问题可以将低层次目标追溯到高层次目标，通过询问how问题可以将高层次目标分解为更多低层次目标，目标精炼直到目标可以被分配给单个代理为止。而只有当代理具有实现目标所需的监视和控制能力时，才能将目标分配给该代理。捕获代理的监视和控制能力是需求获取过程的重要方面，从而识别代理的监视和控制接口，代理通过接口监视系统状态并做出相应的控制操作，以实现特定的目标。

需求建模中的数据字典也称需求字典。在结构化分析过程中，把数据字典作为描述被定义对象内容的一种标准格式的语法规则。数据字典是有组织的一组与系统有关的所有数据元素列表，具有精确的定义，使得用户、分析和设计人员对输入、输出、存储结构甚至中间计算结果有一个共同的定义。一般数据字典包括如下信息：

(1)名称，数据项或者控制项的主要名称，数据存储或外部实体的主要名称。

(2)别名，数据项或者控制项、数据存储或者外部实体的另一个名称。

(3)何处用、如何用，一个用于数据项或控制项的过程列表，及其使用方法。

(4)内容描述，表示内容的符号表示方法。

(5)附加信息，关于数据类型、默认值、限制或者值域等。

一旦一个数据项条目进入数据字典，命名的一致性必须得到保证，以免项目组中的成员造成混淆，减少错误。数据字典定义的条目必须是无二义性的，对于一个大型系统的数据字典，其规模大、复杂性高，要维护这样一个数据字典是相当困难的。

2.2.2　数据和控制流管理

结构化分析是一种模型确立的过程，使用一些符号来确立描述信息流和内容的模型，划分系统的功能和行为，以及其他为确立模型不可或缺部分的描述。结构化分析方法是一种信息流和内容建模技术，将系统的某个功能一个单一的信息变换，将系统视为一组信息变换。系统的功能用圆圈表示，输入用箭头表示，起源的外部实体用方框表示。输入驱动信息变换，生成输出信息，输出信息再传到其他实体[40]。

当信息流经过系统时，就会被一系列的变换所改变。数据流图(Data flow diagram, DFD)是一种描述信息流和数据从输入到输出变换的图形化表示(如图 2.3 所示)。DFD 可以用来表示一个系统在任何层次上的抽象，分层可以表示信息流和功能的进一步细节。建立一个系统的 DFD 可以有两种不同风格的图形符号，一种是 Yourdon，另一种是 Gane。两种方法非常相似，只是所用的符号稍微不同。外部实体可以是系统的元素，也可以是其他系统生成的信息。过程或者变换通过一些方法把数据或者控制从一种形式变换到另一种形式。数据项和数据存储分别表示数据流向和存储软件的信息。结构化分析方法能够被如此广泛的使用，其中原因之一就是结构化方法有一个非常简明的 DFD 符号表示。但这种方法存在的问题是没有给出过程的逻辑次序。

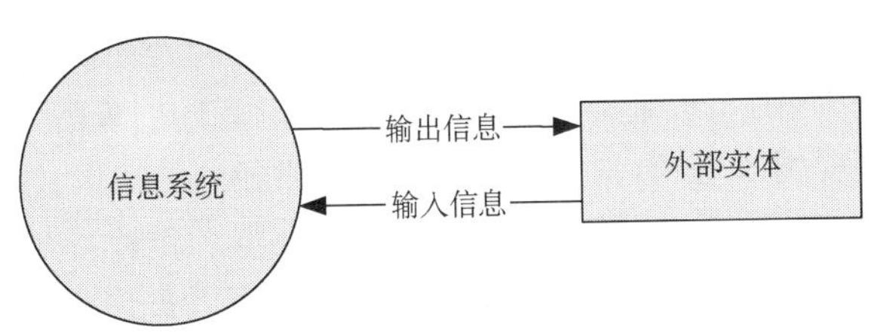

图 2.3　信息系统数据流图基本元素

开发数据流图 DFD 时同时开发了信息领域模型和功能领域模型。随着 DFD 被细化到具有更多细节的层次上时，分析员就完成了系统功能分解。同时，DFD 的细化导致了数据相应的细化，明确数据在过程中的具体应用。DFD 细化需要持续进行，直到每个圆圈只完成一个简单功能为止。即由圆圈表示的过程只完成一个功能，而且这一功能将可作为一个比较容易实现的组件。对于许多以数据为中心的应用系统数据流建模是完全必要的，但实际应用中存在大量由事件驱动的应用类型，这些应用产生控制信息，而非数据展示，并且过程大多与时间和性能有关。因此，对于这样的应用系统除了要求用数据流建模外，还需要用控制流建模。

在传统的 DFD 中，控制或者事件流不能直接地表示。人们开发了一种专门表示事件流和控制处理的符号，用于表示实时系统中的事件流，其中数据流仍然用箭头表示，而控制流用点划线箭头表示，只有控制流的处理过程称为控制过程，用点划线圆圈表示。逐渐控制流分析从数据流分析中独立出来，便产生了控制流图(control flow diagram, CFD)。CFD 和 DFD 具有相同的过程，但表示的是控制流，而不是数据流。在流模型内部，不是直接表示控制过程，而是采用一种符号附注一个控制规格说明。控制规格说明(CSPEC)用两种不同的方法表示系统的行为，包含一个状态转换表(STD)，它是一个行为的顺序规格说明；还包含一个过程启动表(PAT),它是行为的组合规格说明。

2.2.3 项目管理和数据模型工具

2.2.3.1 ROSE和RUP

Rational ROSE是进行软件系统面向对象分析和设计强大的可视化工具,可以用来建模系统,然后编写代码,从一开始就保证系统结构的合理。同时,利用模型可以更方便地捕获设计缺陷,从而以较低的成本修正这些缺陷。ROSE模型是用图形符号对系统的需求和设计进行形式化描述。描述语言是统一建模语言UML,可以详细描述系统的内容和工作方法,开发人员可以用模型作为所建模系统的蓝图。ROSE最强大的功能之一是能够生成表示模型的代码,并可以利用逆向工程从代码获得ROSE模型[41]。

Rational统一过程(Rational Unified Process, RUP)是一种软件工程化过程,提供了如何在开发组织中严格分配任务和职责的方法,其目标是按照预先制定的时间计划和经费预算,开发高质量的软件产品以满足最终用户的需求。Rational统一过程可以为开发组织的活动顺序提供指导,详细说明每个开发阶段的制品,指导每个开发人员和整个开发团队的工作,为监控和度量项目的产品和活动提供准则。RUP的特点包括:

RUP本身是一个软件过程产品,就像任何软件产品那样被设计、开发、交付和维护;

RUP提高了团队生产力,对于所有的关键活动,RUP为每个团队成员提供了能使用准则、模板、工具向导来进行访问的知识基础。通过对相同知识基础的理解,无论是进行需求分析、设计、测试、项目管理还是需求管理,均能为全体成员提供相同的知识、过程和开发视图;

RUP的活动强调创建和维护模型,而不是大量的文本工作;

RUP能对大部分开发过程提供自动化的工具支持,可以被用来创建和维护软件开发过程不同阶段的各种产品;

RUP是一个可配置的过程,既适用于小的开发团队,也适合于大型的开发机构,RUP提供的过程框架对不同的开发组织具有很强的通用性,同时可以做出调整已使用不同的情况;

RUP提供了很多解决传统软件开发过程中存在的根本问题的方法,这些方法经过实践证明是行之有效的。

2.2.3.2 开发过程描述

典型的开发过程包括6个最佳实践:迭代开发、需求管理、基于构件的体系结构、可视化软件建模、软件质量验证、软件变更控制。

用二维结构表达(如图2.4所示),横轴体现了过程的动态结构,代表制订开发过程时的时间,以术语周期(cycle)、阶段(phase)、迭代(iteration)、里程碑(milestone)描述。纵轴体现了过程的静态结构,用术语活动(activity)、产物(artifact)、角色(worker)、工作流(workflow)描述。

软件生命周期被分解为周期,周期又划分为四个连续的阶段,每个阶段可进一步被分解为迭代过程(如图2.5所示):

初始阶段,为系统建立商业案例和确定项目的边界;

细化阶段,分析问题域,建立健全的体系结构基础,编制项目计划,淘汰项目中最高风险的元素;

构造阶段，开发构件和应用程序功能并集成为产品，所有的功能均被详尽地测试；

交付阶段，将软件产品交付给用户群体。

每个阶段均有明确的目标，并终结于良好定义的里程碑，即某些关键决策必须做出，关键目标必须达到。

迭代过程是产生可执行产品版本(内部和外部)的完整开发循环，是最终产品的一个子集，从一个迭代过程到另一个迭代过程递增式增长形成最终的系统。

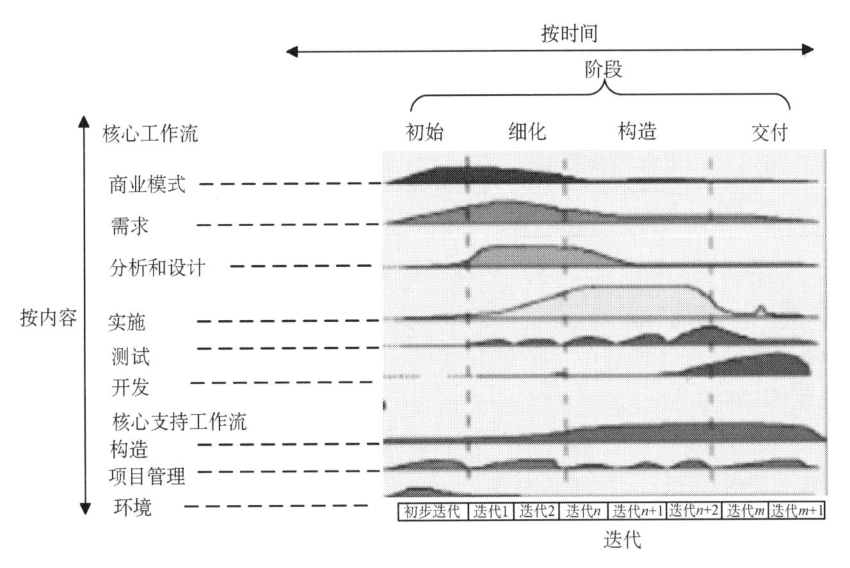

图 2.4　RUP 开发过程表达

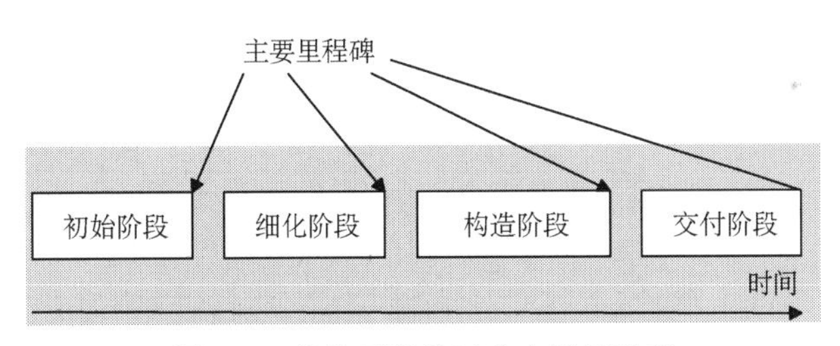

图 2.5　软件开发的四个主要里程碑

2.2.3.3　开发过程中的静态结构

静态结构由四种主要的建模元素描述：

(1)角色

角色定义了个人或由若干人所组成小组的行为和责任，如图 2.6 所示的“Designer”是“Worker”描述的角色之一。

(2)活动

活动是要求角色个体执行的工作单元，具有明确的目的，通常表现为一些产物，如图 2.6 所示的“Use-Case Analysis”和“Use-Case Design”是“Activities”描述的活动。

(3)产物

产物是被产生、修改或为过程所使用的一端信息，是项目的实际产品或供向最终产品迈进时使用，如图 2.6 所示的“Use Case Realization”是“Artifact”描述的产物。

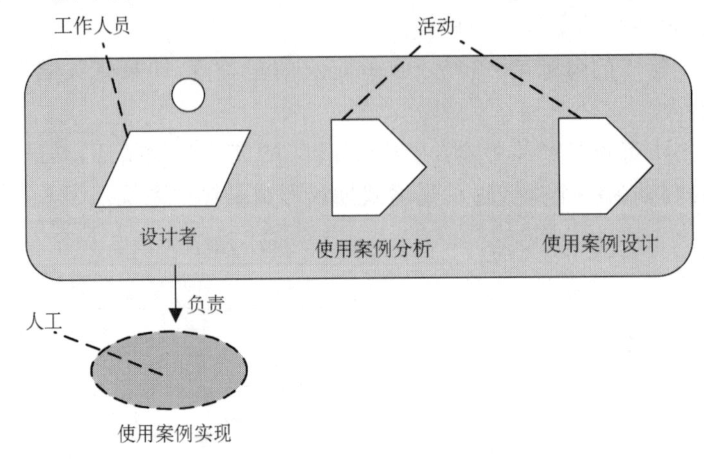

图 2.6 主要建模元素示意

(4)工作流

工作流是产生具有可观察结果的活动序列，可按人员分工描述(如图 2.7a 所示)，也可按角色职责描述(如图 2.7b 所示)。

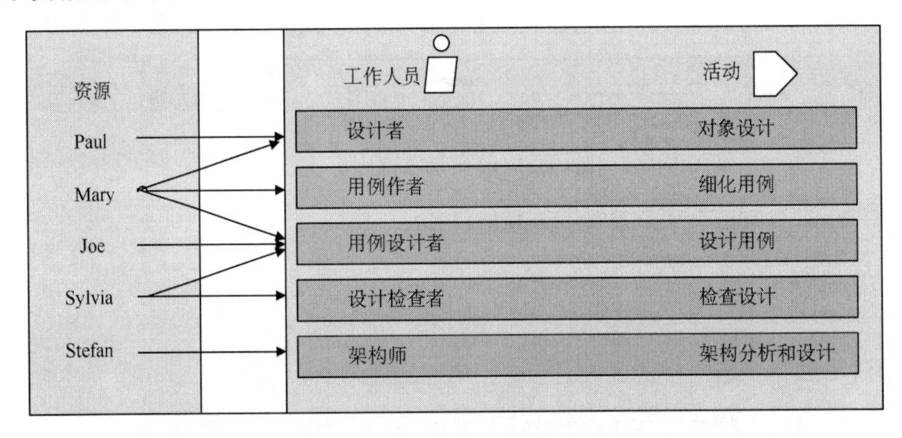

图 2.7a 工作流描述示意 1

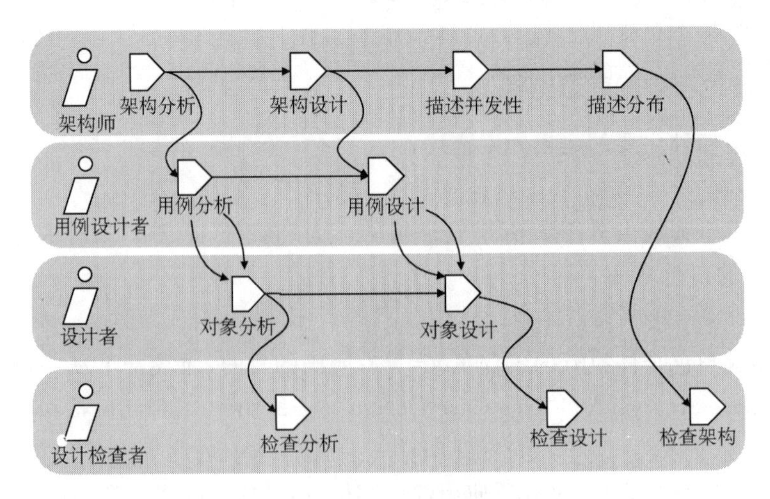

图 2.7b 工作流描述示意 2

(5)核心工作流

6个"工程"工作流：

- 商业建模工作流，使软件工程人员和商业工程人员能正确地交流，为两个群体提供相同的语言和过程；
- 需求工作流，描述系统应该做什么，并允许开发人员和用户就该描述达成共识，创建蓝图，提取需求，仔细描述每个用例，非功能性需求则在补充说明中体现；
- 分析和设计工作流，显示系统如何在实现阶段被实现，结果是一个设计模型和可选的分析模型，其中心是体系结构的设计；
- 实现工作流，以层次化的形式定义代码的组织和结构，以构件的形式实现类和对象，测试构件单元并集成为可执行的系统，系统通过完成构件而实现，构件被构造成实施子系统；
- 测试工作流，验证对象间的交互作用，软件构件间的正确集成，所有需求被正确实现，识别并确保在软件发布之前缺陷被处理；
- 分发工作流，成功生成版本，并将软件分发给最终用户。

3个"支持"工作流：

- 项目管理工作流，平衡相互冲突的目标，管理风险，包括管理项目的框架，计划、配备、执行、监控项目的实践准则，管理风险的框架；
- 配置和变更控制工作流，在由多个成员组成的项目中控制大量产出物，避免出现同步更新、通知不达、多个版本等问题，如何管理并行开发、分布式开发；
- 环境工作流，给软件开发组织提供软件开发环境，包括过程和工具，涉及选择、获取、运行和维护开发环境等具体方面。

2.2.4　设计与描述工具

概念模型是对信息世界建模，所以概念模型应该能够方便、准确地表示出信息世界中的常用概念。概念模型的表示方法很多，其中最著名也是最常用的是实体关系模型(E-R)(如图2.8所示)。E-R模型提供了表示实体、属性和关系的方法，其中实体用方框表示，方框内注明实体名；属性用椭圆框表示，图元框中注明属性名，并通过无向边与实体相连；菱形框则表示关系，菱形框中注明关系名，并用无向边分别与相关实体相连，同时在无向边旁注明关系的类型(1∶1，1∶n，m∶n)。

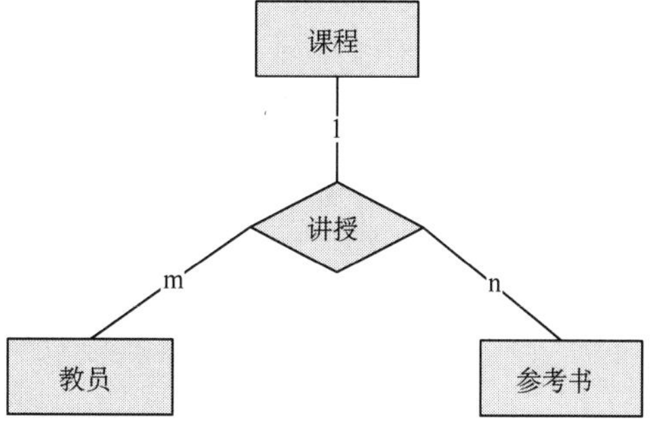

图2.8　E-R模型示意

统一建模语言(Unified Modeling Language,UML)是对象管理组织OMG的标准之一，可视化模型可以从动态、静态和实现三个角度观察、分析和表达一个系统。动态的角度包括用例图(UseCase Diagram)、时序图(Sequence Diagram)、协作图(Collaboration Diagram)、状态图(State Diagram)和行为图(Activity Diagram)构成，静态的角度由类图(Class Diagram)构成，组件图(Component Diagram)

和部署图(Deployment Diagram)属于实现的角度。

一个类图表述系统中各个对象的类型以及之间存在的各种静态关系。类图指明类中的特性和操作以及用于对象连接方式的约束。类框图分为三部分,最上部是类名,中间是属性列表,最下部是操作列表,如图 2.9 所示。

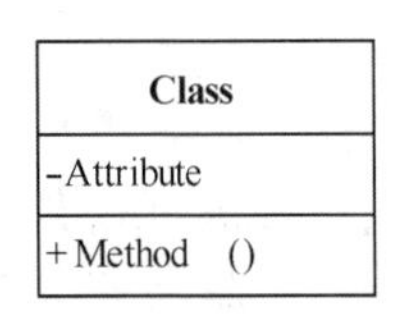

图 2.9 类图示意

特性(feature)表示类的结构特征,特性具有两种不同的表示:属性和关联。

属性(attribute)将特性表述为类框中的一行,形式如

可见性 属性名:类型 重数

关联(association)是两个类之间的一条有向实线,方向是从源类到目标类,特性名连同其重数置于关联的目标端,关联的目标端连接到表示特性类型的类。

操作(operation)是类要执行的动作,表述为类框图中的一行。一般形式为

可见性 操作名(参数列表):返回类型

泛化(generalization)表示类与类之间的继承关系,用带三角箭头的实线表示,箭头指向被继承的父类。一般面向对象语言中,子类继承父类的所有特性,并可以通过重载撤销超类的方法。

依赖(dependency)表示一个类向另一个类发送消息,或者一个类以另一个类作为其数据部分,或者一个类将另一个类作为操作参数等情况下,一个类的变动会引起另一个类的变动关系,用带箭头的虚线表示,箭头从依赖对象指向被依赖的对象。

顺序图描述单个案例的行为,参加者在各自的生命线上与其他参加者产生交互,如图 2.10 所示。顺序图通过每名参加者下方的生命线以及各个消息以此向下的顺序来指明交互。第一个消息称为基础消息,基础消息到达第一个参加者的激活后,第一个参加者就向其他参加者发送消息,从而触发整个交互过程。

用例是获取系统功能的一种需求,通过表述系统的用户和系统之间特有的交互,提供了如何使用系统的一种陈述,如图 2.11 所示。一个场景(scenario)是一系列表述用户和系统之间一次交互的步骤。而一个用例(use case)是由一个共同的用户目标联系在一起的一组场景。参与者(actor)是用户相对于系统所扮演的角色,一名参与者可以发起很多用例。

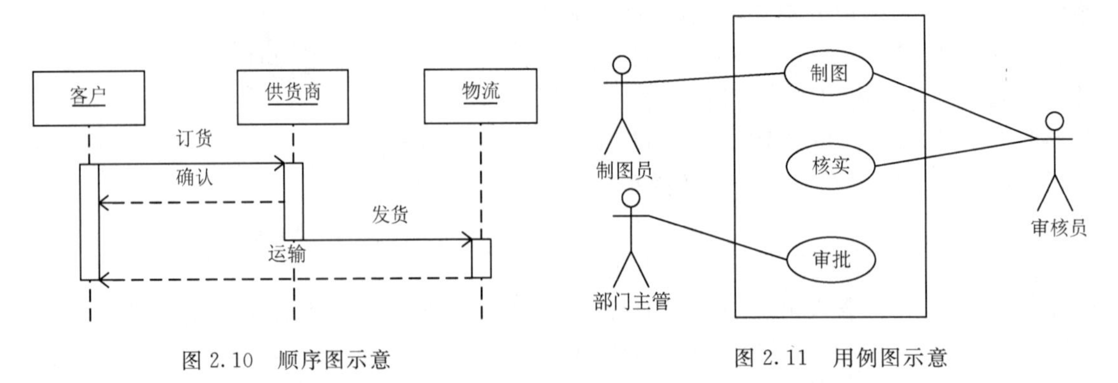

图 2.10 顺序图示意

图 2.11 用例图示意

2.3 系统集成的网络环境

2.3.1 网络通信基础设施

网络通信基础设施(inforstructure)是实现信息网络的最底层的基础设施,形象地称为"信息高速公路",正如公路系统有国道、省道、辅道等共同组成一样,信息高速公路也由骨干网(广域网)、区域网(城域网)、末端网(局域网、园区网)这样的不同功能的网络通信资源组建而成。从工程建设的角度,骨干网和区域网通常由国家和行业机构统一建设,而末端网由最终用户自主建设。因此,骨干网和区域网有可看成是连接末端网的桥梁和通道,构成国家信息基础设施的框架,具有共享、演进、开放、标准和支持异构系统接入的属性[42,43]。

网络通信基础设施的主要功能是传输与交换,因此主要的资源是传输线路和交换设备。由于各种传输介质的频谱特性和信道通频带理论的限制,传输介质决定了网络的通信能力和质量,从而也直接影响到网络协议的控制机制。

目前主要的传输截止分为有线和无线两大类,其中有线包括光纤、同轴电缆和双绞线;无线包括无线电波、微波、红外等。图 2.12 给出了各类传输介质的电磁频谱及其通信用途,由此可见,光纤具有 1014—1015bps(即 T 级:1T=1012)数量级的高传输速率潜能,但实际的传输速率还与信号编码、衰减等技术相关,但目前基于 DWDM(密级波分多路复用)技术的光传输带宽已达到 10Tbps。而另一方面,"电"路由器的性能已快要达到极限,最多数百个 G,不可能突破 T 级别。

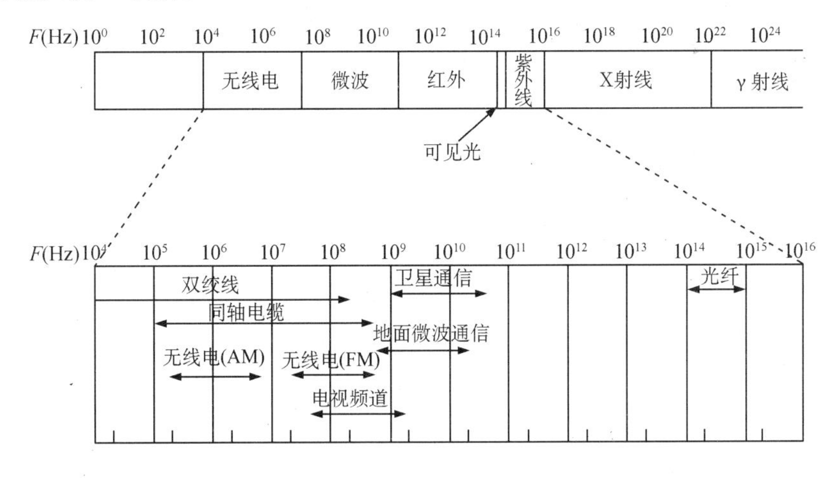

图 2.12 各类传输介质的频谱及其通信用途

交换设备包括光交换设备和电交换设备,通常按"核心级"、"企业级"、"部门级"和"接入级"划分。前三级的设备主要指不同交换能力的交换机和路由器,而接入级设备种类较多,包括路由器、交换机、网桥、集线器和无线访问点等。对远端站点和个人用户而言,接入级设备可以提供访问主干网或互联网的服务,如综合业务数字网(ISDN)或模拟调制解调器、帧中继和租赁数字数据线路、卫星信道接入设备和无线网络接口等。从交换技术来讲,主要有电路交换、报文交换、分组交换和混合交换几种。而对用户而言，桌面网络终端大都采用基于“电”的分组交换技术，经由部门级或接入级的交换设备与广域网互联。因此，从系统集成的角度，网络集成首先要解决异质传输介质、异构交换设备和不同交换技术的互连互通，平滑光一电之间的速度差异，提供一个统一的“传输服务平台”。

解决方案包括叠加(overlay)和对等(peer-to-peer)。以“Overlay”为例，它是在底层传输网络之上，利用多协议路由/交换设备，叠加一个逻辑网路，屏蔽底层的差异。如 IP Over 光网络，典型的光网络有 SONET/SDH 和 WDM/ DWDM 技术。

SONET(Synchronous Optical NETwork)是 1985 年，由贝尔实验室开始研究一个光传输标准，CCITT(ITU-T 前身)也加入进来，结果在 1989 年产生了一个 SONET 标准和一系列 CCITT 建议，如 G. 707，G. 708 和 G. 709 等。CCITT 建议被称为 SDH(Synchronous Digital Hierarchy)，它只是在很小的方面不同于 SONET。目前，SONET/SDH 被广泛用于电话主干和传输数据的物理层。一个 SONET 系统由交换机、多路复用器和重发器组成，所有的部件用光纤连接。从源到目的地的一条路径，至少包括一个中间的多路复用器和重发器，SONET 的拓扑结构可以是网状的，但目前通常是双环结构。SONET 的基本帧由 810 字节组成，每帧占用 125μs。因为 SONET 是同步的，所以不管有无有用的数据，它都周期性的发送帧，数字电话系统的信道，每秒传输 8000 帧，精确匹配 PCM 的采样频率。因此，总的传输速率为 $8000 \times 810 \times 8 = 51.84$Mbps，这就是 SONET 的基本信道，称为 STS-1(Synchronous Transport Signal-1)，所有 SONET 主干的速率是 STS-1 的整数倍。SONET 的多路复用级别如表 2.1 所示，其速率从 STS-1 到 STS-48，对应 STS-n 的光的速率相应的为 OC-n。SDH 的命名与 SONET 不同，他们从 OC-3 开始，这是因为基于 CCITT 的系统没有接近 51.84Mbps 的速率。综上所述，SONET 是一个同步光纤网络，是一个承载系统，提供点到点的干线传输，它本身并不定义交换的功能，交换是由其上的 ATM(异步传输)或其他网络技术提供的。

表 2.1 SONET 和 SDH 的复用速率

SONET		SDH	数据速率(Mbps)
电子	光	光	总速率
STS-1	OC-1		51.84
STS-3	OC-3	STM-1	155.52
STS-9	OC-9	STM-3	466.56
STS-12	OC-12	STM-4	622.08
STS-18	OC-18	STM-6	933.12
STS-24	OC-24	STM-8	1244.16
STS-36	OC-36	STM-12	1866.24
STS-48	OC-48	STM-16	2488.32

图 2.13 给出了 IP over 光网络的叠加模式。

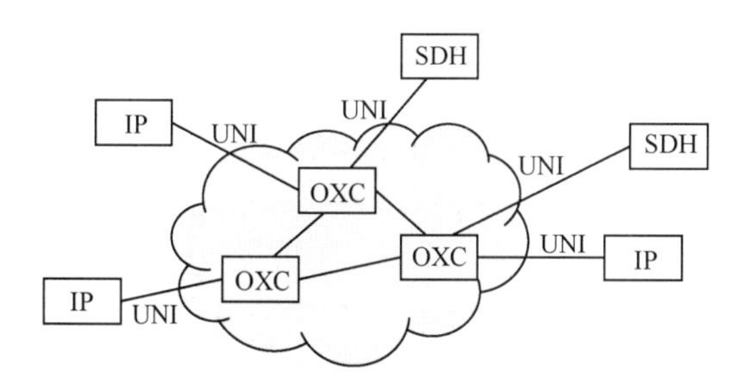

图 2.13　IP over 光网络的叠加模式

这种叠加模式有如下特点：

- IP 路由器和光传输网络（OTN ：Optical Transport Network）上的 OCC（optical cross-connect）设备分别位于不同的管理域；
- IP 路由器与光交叉连接（OXC）设备以 UNI 接口（User-Network Interface）连接，这意味着其中一方为客户方（IP 路由器），另一方为光网络（OXC）；
- IP 路由器并不知道 OTN 的拓扑，各个 IP 路由器根据自己与 OTN 提供和交换的 IP 网络拓扑信息构成邻接关系；
- IP 网络和 OTN 网络各自运行自己的信令和路由协议；
- IP 路由器可以向 OTN 提出请求以建立与其他 IP 路由器之间的光连接。

IP over SONET/SDH 技术的核心是千兆比特线速交换路由器，可实现第 2 层交换与第 3 层选路的一体化，进行线速包过滤，大大提高传输速率。IP over SONET/SDH 的吞吐量可达 60Gbit/s，转发分组延时则已降至几十 μs 量级。但 IP over SONET/SDH 中 SONET/SDH 是以链路方式来支持 IP 网，没有从本质上提高 IP 网的性能。

图 2.14 描述了 IP over SONET/SDH 的协议栈结构。此方案将 IP 分组依次封装到点到点协议（PPP）以及高级数据链路（HDLC）帧中，然后映射到 SONET/SDH 帧。

IP
PPP
HDLC
SONET/SDH
WDM/OTN

图 2.14　IP over SONET/SDH 的协议栈结构

基于 IP 的叠加模式具有广泛的意义，被称为“IP over everything”，是指各类数据链路层或物理层技术，如：ATM、SONET/SDH、WDM 等等，都可以通过 IP 技术成为计算机网络的通信基础设施，而这些下层技术最终都基于光网络实现。

2.3.2　基于网际协议 TCP/IP 的网络融合

在网络层以上，用户（含应用程序）不再关心底层传输和交换技术，集成的目的是希望使用统一的网络端一端寻址、文件传输、数据访问和资源共享方法。所谓的“三网融合”，是指以电话业务为主的电信网、以数据业务为主的互联网和以电视业务为主的有线电视网，其业务相互交叉，任何一个运营商都能提供语音、视频和数据传输服务，且资源可以共享。因此，对运营商来说是共建共享网络基础设施；对用户来说，就是通过同一个终端和接入方式能同时使用电话、电视和互联网服务[45]。

“Everything on IP” 就是指各类业务，包括数据、语音、实时和非实时的图像等都可以利用IP技术传输，与前面提到的“IP over everything”相配合，有效提供基于TCP/IP的网络融合。

TCP/IP是互联网使用的代表性协议，也是被事实证明是具有生命力和普适性的设计理念。它采用分组交换(packet switch)和存储转发(store-and-forward)设计原理，提供高容错性的数据网络服务，强调异构网络的互联互通。一方面，当两个端系统进行通信时，只要通信双方是可达的，不管某些网关暂时的失效，端到端的通信不必在对话双方重建高层状态，其内部机构可以保证传输任务的完成。另一方面，网络的传输，要屏蔽端系统(主机或其他网络)的差异。在这种模式下，有关端到端的控制信息被存放在端系统主机上，而在网络中间结点，仅仅依靠有限的信息来计算和选择路由，网络传输状态与端到端服务状态完全分离。所以，计算机网络采用的是“哑网络、智能终端”的结构，网络的传输控制由终端和交换结点共同分担。

图2.15给出了互联网的典型连接示意，其中包含光纤骨干网、不同体系结构的区域网和不同标准的局域网，其关键技术就是通过“网关”(gateway)实现互联，对用户端呈现一致的网络访问方式。网关是一种能将互连在一起的网络设备，具有协议转换功能，网络层的“网关”又称为路由器。互联网中路由器，既支持IP协议与不同协议转换，又支持IP协议与下层传输实体的接口，将网络层通信机制统一到逐跳的分组交换技术上，实现异构计算机网络的互联互通。业界将支持和运行TCP/IP协议簇的网络统称为IP网络，它是目前网络融合的关键技术，由此实现不同商业网络在数据业务上的统一与互操作。

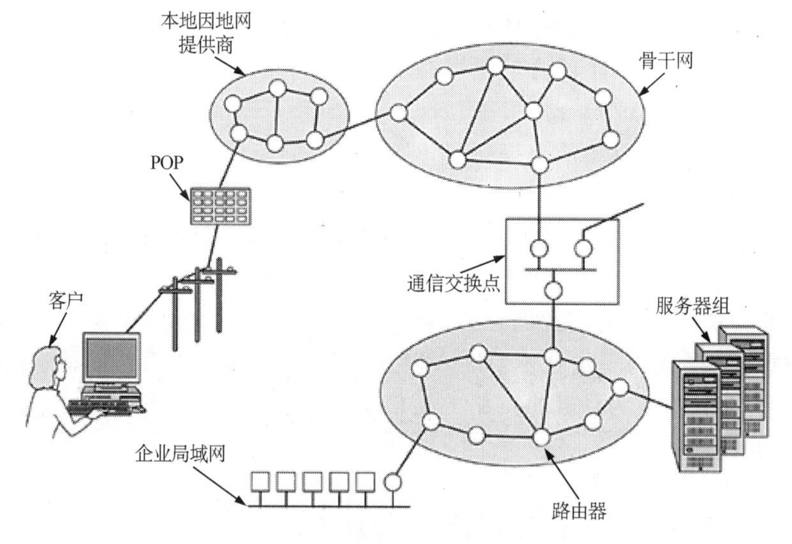

图2.15　互联网的典型连接示意

IP网络用数据报表达了最小的网络服务，即通过由网络提供的最少功能来获得构造复杂功能的灵活性，具有规范的包容性与开放性。因此，不管基础网络采用早期的X.25，还是演变成的帧中继，或是后来的ATM，都能通过TCP/IP与用户末端的以太网、FDDI等局域网实现互联互通。

能够同时支持多种协议的路由器，被称为多协议路由器，但一个通信端口通常只具备一种网络协议的功能，图2.16说明了网络互联中，用户1和主机(host)之间跨越多个业务网络，采用分组交换技术实现数据、语音、视频的实时传输与交换。中间的网络对端系统用户是透明的，分组交换的过程对端系统也是透明的，属于相同数据流的不同分组可以经由不同的中间网络节点转发，最终在目的节点重新装配成完整的信息。

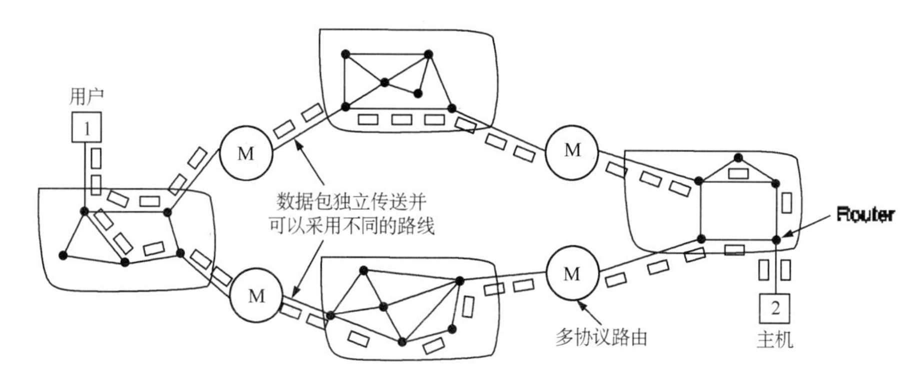

图 2.16 基于分组交换技术的网络互联示意图

2.3.3 多样化网络应用服务提供

虽然今天的多媒体 PC 机可以集数据处理、视频会议、节目点播等多种功能于一体，但传统的计算机网络体系结构（如 OSI、TCP/IP 等），仅为传输计算机字符所设计，没有将支持多媒体服务作为典型的数据通信系统功能被描述进应用层，在运输层和网络层也不存在对数据流的分类服务。所以利用目前的计算机网络，在计算机端系统之间传输对时间不敏感的数据，是完全能够胜任的，而当传输实时性很强，且必须保证一定的服务质量（QoS）的数据时（如计算机视频会议，合作设计、多媒体数据库实时访问等），现有的 IP 分组网络就显得力不从心了，需要增加新的控制机制和服务支持。

2.3.3.1 传统互联网应用服务

在传输层，互联网提供面向连接的服务和无连接的数据报服务，正如网络传输常用的 TCP 和 UDP，其区别是有无连接控制和重传控制以满足可靠性保证。前者在数据通信前需要通过“握手机制”来“建立连接”，确保通信双方“知道”彼此状态，结束后“释放连接”；后者在数据通信前不需要“建立连接”，默认接收方能够接收到数据。而在应用层，传统的 Internet 提供四种基本服务：文件传输（如 FTP）、远程登录（如 Telnet）、电子邮件（e-Mail）和电子公告板（如 BBS）。这些服务可以直接通过执行响应命令获得，也可以通过程序调用[44]。

随着网络研究的深入和应用的普及，WWW（World Wide Web）成为互联网典型应用的代表，不仅促进了电子商务的蓬勃发展，也催生了众多 Web 服务提供商。像 Google、腾讯、新浪、阿里巴巴等公司，从搜索引擎到云计算，都为 Web 应用甚至网络计算技术的发展做出了重要贡献。

从用户观点，Web 是众多世界范围内的 Web 主页的集合，每个页面包含到其他页面的链接，沿着一个链接可无限地走下去。从技术观点，Web 由客户端（浏览器）、Web 服务器和一组协议和规范组成。

客户端的浏览器是用户访问页面的软件，用户输入一个 URL(Uniform Resource Locators)格式的地址访问该地址指示的服务器主页，其典型格式为：http://www.abcd.com/products.html。其中“http”是浏览器与 Web 服务器之间进行页面请求和响应的通信协议，“www.abcd.com”是 Web 服务器的域名，通过域名服务器(DNS)查询到相应的 IP 地址，“products.html”是包含请求页面的文档(文件名)，而扩展名.html 表示该文档是用 HTML (HyperText Markup Language)编辑的。因此，在 Web 上可以打开并显示的静态页面也被称为“超文本”，它描述了页面的内容，包括文字、图形、图像、音频和视频以及其他 Web 页面的链接，描述了上述各类信息的布局、显示风格等。图 2.17 说明了 Web 应用的工作模式。

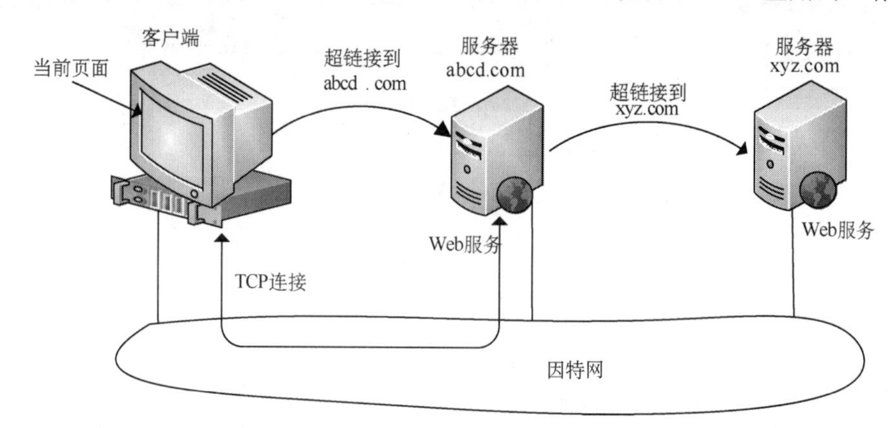

图 2.17 Web 应用的工作模式

Web 服务器可同时接收来自所有浏览器的页面请求，找到文件并返回给客户端。HTTP(HyperText Transfer Protocol)采用 TCP 建立客户端和服务器之间的连接，与 FTP 一样，提供了一种应用层的网络服务，是互联网革命性的应用服务扩展。

由于 Web 服务器面向全世界互联网用户，可能同时并发数以万计的访问请求，导致单个服务器无法处理巨大的负载，无论多大的硬盘也无法解决并行问题，因而提出了“服务器农场”的解决方案。即在全球设立多个节点，每个节点拥有一个服务器群，每个服务器群具有相同的内容副本。服务器前端接收到请求后，可根据用户所在地将任务分配到某个服务器群，由该群的所有服务器处理请求并返回结果。由于在浏览器与 Web 服务器之间多了一个“前端”，需要解决处理服务器和前端之间的 TCP 连接“切换”问题。图 2.18(a)和(b)分别说明了 TCP 正常的请求一响应序列和带切换的请求一响应序列。

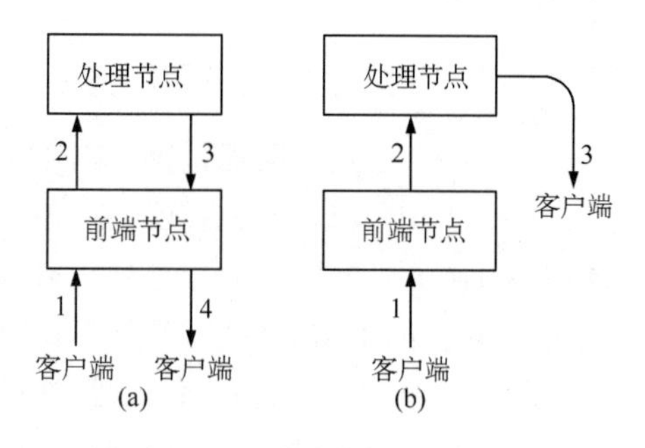

图 2.18 TCP 请求一响应序列

2.3.3.2 扩展的 Web 应用服务

(1)结构化页面语言

基于 HTML 的静态网页不提供任何 Web 页面的结构，而且把内容与格式混合在一起。例如搜索引擎需要得到某个产品的最佳价格所在的主页，就要分析页面的标题和价格，而

HTML很难指出页面中标题在哪儿？最佳价格所在主页在哪儿？因此，W3C发布了允许结构化Web页面以便自动处理的语言XML(eXtensible Markup Language)和XSL (eXtensible Style Language)，前者可以结构化的形式描述Web内容，后者独立于内容描述格式。

(2)便携装置的Web页面

HTML本身在为满足新的要求不断演化，从1.0的仅对超文本、图像和列表的支持到5.0逐步增加对活动地图和图像、表格、公司、工具条、嵌入式对象和脚本等的支持。此外，还扩展了在手机、PDA等便携、无线装置支持Web的XHTML(eXtended HyperText Markup Language)，它是一个新的Web标准，用于跨平台和浏览器的便携式装置，需要解决存储容量有限，显示区域较小的问题，采用启发式方法处理页面上的语法错误。

(3)动态Web页面

动态Web页面是在请求时生成，而不是预先存在硬盘里的。内容的生成可以在服务器端，也可以在客户端。传统的处理表格和其他交互式Web页面的方法是CGI(Common Gateway Interface)，它是Web服务器与后端程序或脚本之间的标准接口，能接收来自表格的输入并生成HTML页面。通常后端脚本用Perl、Python等脚本语言编写。

当用户在网页上填写查询内容的表格并将其递交到服务器上后，表格上的内容并不是文件名，而是需要程序或脚本处理的内容。该过程如图2.19所示。

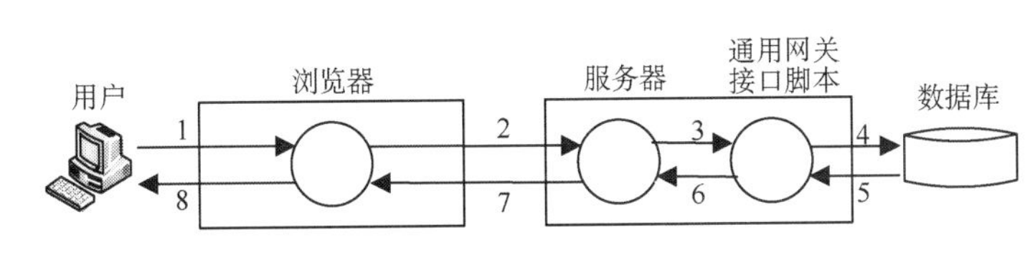

图2.19 动态网页生成过程

CGI脚本是在服务器生成动态网页的唯一方法，还可以在HTML页面中嵌入小的脚本由服务器执行后产生页面内容，如用PHP(PHP：Hypertext Preprocessor)编写脚本。包含PHP的网页只有在安装PHP的服务器上才能执行，其使用方法比CGI简单。虽然PHP容易使用，但它还是属于一种面向接口的编程语言，处理Web和数据库服务器之间的交互，包含变量、字符串、数组和大多数类似于C的数据结构，只是具有更强大的I/O功能而不仅仅是“打印”(printf)。PHP是开源的，内嵌于Apache(服务器)中，具体方法不在此赘述。

另外两种目前常用的动态网页方法是JSP (JavaServer Pages)和ASP(Active Server Pages)。JSP类似与PHP，只是动态的部分用JAVA编程语言描述，页面文件的扩展名用.jsp。ASP是微软版本的PHP和JavaServer页面，使用微软支持的脚本语言。在具体的应用中选择PHP,JSP,还是ASP取决于更多的策略因素而不光是技术，如是否是开源的？使用Sun平台还是微软平台等？

对于面向网络的应用来说，动态网页技术在学术上最重要的意义在于开创了继C/S(Client/Server)模式后的B/S(Browser/Server)模式，使得大部分应用软件可以在“浏览器/Web服务器/数据库服务器”三层架构上开发。该结构如同图2.19所示，不论Web和数据库服务器之间采用哪种接口语言，其工作模式和原理差不多，它将应用程序中显示逻辑和后台数据处理及数据库库访问相分离，对于信息系统中的功能性集成和软件的组件化开发提供了有效的解决方案。

B/S 模式突出的缺点是响应时间不如 C/S，特别是像鼠标的移动这样直接的用户交互，因此，需要一种嵌入到 HTML 页面并在客户端执行的技术。提供这种技术有三种基本方式：在 HTML 使用标记<script>说明在客户端执行的操作；使用 JavaScript 语言告诉浏览器调用相应的脚本程序；使用 applets 在支持 JVM（Java Virtual Machine）的浏览器上解释执行嵌在 HTML 文件<applet>之间</applet>的程序。

针对 Java applets，微软也给出了相应的解决方案，允许 Web 页面包含 ActiveX 控件，可编译成机器语言在浏览器上执行，它比解释 Java applets 更快捷、更灵活。当浏览器看到 ActiveX 控件时，直接下载、验证、执行。这种下载执行外部程序的方法，也导致了 安全问题。

(4)无线 Web 应用

为支持小型便携装置经由无线信道访问 Web，可采用 WAP（Wireless Application Protoco）和 i-mode。WAP 装置可以是增强的移动电话、PDA 或笔记本电脑等，用户通过无线信道将 Web 页面请求发送到 WAP 网关，WAP 网关检查本地缓存是否有请求的内容。如果有，网关回送该内容到用户终端，没有，通过有线连接的互联网找到相关内容再回送到客户端。

WAP 协议栈如图 2.20 所示，在控制机制方面针对低带宽无线连接、慢速 CPU、低存储容量和小屏幕进行了优化，因此在协议内容上与标准桌面 PC 访问 Web 有很大的不同。

应用环境层WAE
无线会话层WSP
无线事物处理WTP
无线传输层安全控制WTLS
无线数据报协议WDP
承载层(GSM,CDMA,D-AMPS,GPRS等)

图 2.20 WAP 协议栈

最底层承载层支持所有现有的移动电话体制；第二层是无线数据报协议 WDP（Wireless Datagram Protocol），类似于 UDP；第三层是无线传输层安全控制 WTLS（Wireless Transport Layer Security），是 SSL 子层（Secure Sockets Layer），建立两个应用端口之间的安全连接，协商和验证客户端和服务器之间的安全参数；第四层无线事物处理 WTP（Wireless Transaction Protocol），管理请求和响应，提供可靠不可靠两种服务，取代了 TCP，使之效率更高；第五层是无线会话层 WSP（Wireless Session Protocol），类似于 HTTP/1.1，但进行了优化扩展；最高层是应用环境层 WAE（Wireless Application Environment），是一个微型浏览器。

WAP 浏览器使用 WML（Wireless Markup Language）取代 HTML，是 XML 的一种应用，因此，WAP 装置从原理上讲只能访问可转换成 WML 的页面。WAP 工作原理示意如图 2.21 所示。

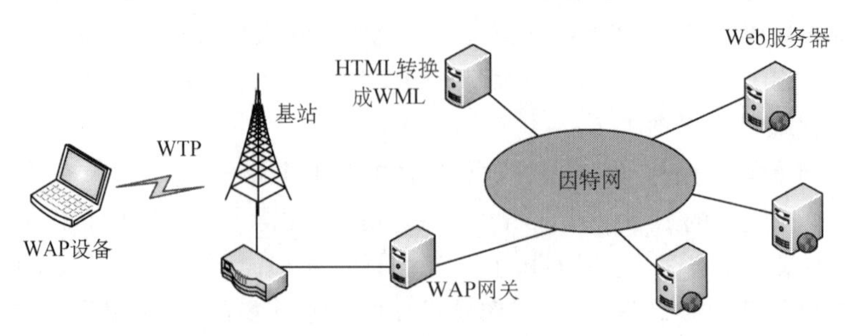

图 2.21 WAP 工作原理

另一种无线 Web 技术称 i-mode(information－mode),由三部分组成:新的传输层,新的手持终端和新的网页设计语言。传输系统包括两个独立的网络:现有的电路交换移动电话网络用于话音传输,专为 i-mode 构造的新的分组交换网络用于数据传输。手持终端看起来像移动电话,内置 CPU 和存储器,可运行 Windows 或 UNIX 操作系统。i-mode 的数据网络基于 CDMA,手持终端采用一种轻量级传输协议 LTP(Lightweight Transport Protocol)与网关进行无线数据报传输,网关通过宽带光纤连接到 i-mode 服务器,工作模式如图 2.22 所示。

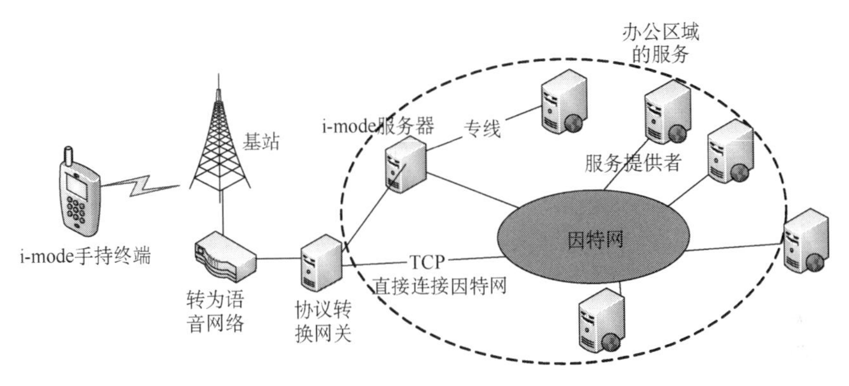

图 2.22　i-mode 工作模式

i-mode 软件结构由五层组成(见图 2.23),最底层是一个简单的实时操作系统;第二层是网络通信模块,支持 LTP;第三层是 窗口管理器,处理正文和简单图形等;第四层是 Web 支持层,包括浏览器,支持 cHTML(compact HTML)、即插即用组件和 JVM;最上层是用户交互模块,用于用户接口,如支持触摸屏等。

这种模式现已被移动互联网产品发展和应用,如 iphone、支持 3G 的平板电脑等。

<table>
<tr><td colspan="3">用户交互模块</td></tr>
<tr><td>即插即用组件</td><td>cHTML解析器</td><td>JAVA</td></tr>
<tr><td colspan="3">简单窗口管理器</td></tr>
<tr><td colspan="3">网络通信模块</td></tr>
<tr><td colspan="3">实时操作系统</td></tr>
</table>

图 2.23　i-mode 软件结构

2.3.3.3　多媒体网络应用服务

随着 Internet 和 Web 技术的大范围使用,支持在 Internet 上传输声音(如 IP 电话 VoIP:Voice over IP)、图像(如视频点播 VOD:Video on Demand)等多媒体信息的服务成为新的热点。从文字上看,多媒体是指两个或更多的媒体,当然大多数人概念中多媒体意味着两个或更多的连续媒体,即通过某种播放器以等间隔的形式播放,而不是指“文字加图形”这种混合媒体。因此,多媒体泛指“声音加移动图像(或图片)”,尽管很多人也把单纯的音频或视频归为多媒体,但较为一致的观点是指流媒体。

对多媒体网络应用的支持要求能够提供一组参数,描述在用户接口上感知到的各种数据传输的需求,这种需求能够尽可能地转换成规范的应用所具有的参数描述,如端一端延迟和流的同步关系等。进而,将应用服务参数转换为通信服务所需求的参数,定量的包括:任务处理时间、每秒比特率等,定性的包括:群组通信、流内部的同步和传输顺序、差错恢复等。最后,将数据传输的服务质量(QoS)落实到对网络通信系统的性能描述上,如分组大小、速率、延迟、抖动、差错率和丢失率等。

从多媒体数据传输需求看,首先人类可以听见的声音的频率范围为 20 Hz 到 20000 Hz,采用脉冲编码调制(PCM)技术可对声音采样,转换成数字信号。例如,在数字电话中,采用 8 位编码(美国和日本是 7 位),每秒采样 8000 次的 PCM 技术,需要 64kbps(或56 kbps)的信号传输带宽,按照耐奎斯特采样定律,意味着大于 4 kHz 的频率分量将被丢失。人类演讲的频率范围约为 600 Hz 到 6000 Hz,以元音的影响为主,发音周期约为 30 msec。因此传输演讲通常利用声音系统(扩音+合成)提高话质,而不是增加采样频率。

音频 CD 的采样速率是每秒 44100 次,能捕获 22050 Hz 的频率,足以满足一般人的听觉效果,但对音乐专业人士也许还不够。采样值用 16 位表示,且每路声线单独编码,因此传输一般 CD 所需的带宽是 705.6 kbps,而立体声 CD 需要 1.411 Mbps 带宽。这意味着实时传输非压缩的立体声 CD 需要几乎占用一个完整的 T1 信道。当采用压缩算法时,可降低传输带宽要求。如用 MP3(MPEG audio layer 3)格式传输音频数据,可将立体声摇滚乐 CD 的传输带宽压缩到 96 kbps,损失的质量几乎感觉不出来。但对于钢琴音乐会来说,至少需要 128 kbps 的带宽,这是因为摇滚乐的信噪比大于钢琴音乐会(参考香农定律)。

为了达到平滑运动的效果,视频显示必须至少每秒 25 帧,高质量的计算机监视器常对存储在缓存中的图像进行重扫描以消除闪烁,扫描频率通常在每秒 75 次以上。帧速、扫描频率、显示器方案和像素等决定了视频数据的传输带宽,最小的 24 位像素编码,每秒 25 帧的视频流就需要 472 Mbps 容量。可采用 JPEG(Joint Photographic Experts Group)标准和 MPEG(Motion Picture Experts Group)标准分别对静止图片和运动视频进行压缩。MPEG-1 可产生录像带质量的输出(352×240 NTSC 制式),速率为 1.2 Mbps,而原始的 352×240 图像 24 位像素,每秒 25 帧 需要 50.7 Mbps;MPEG-2 设计来压缩广播质量的视频到 4-6 Mbps,适合 NTSC 或 PAL 广播信道。目前 MPEG-2 扩展到支持 HDTV、DVD and 数字卫星电视的图像压缩。

多媒体网络应用很多,包括视频点播、网络实况转播、网络游戏、在线聊天、IP 电话和视频会议等。其中 IP 电话和视频会议是与业务较为密切的典型应用服务,下面重点介绍其工作原理和关键技术。

(1)IP 电话系统

很显然,传输速率越大,延迟越小。如一个 4 MB MP3 歌曲在 56 kbps 的信道上下载需要 10 min,可想而知,无法在线听到连续不断的旋律。对话音而言,语音分组的双向时延要小于 300 ms,因为如果语音分组从说话方 A 传送到受话方 B 需要花很长时间,那么当 A 停止讲话后,B 仍然在接收语音分组。这意味着,B 在收全语音分组之前不能开始讲话,同时,A 在一段时间内什么也听不到。另外,虽然偶尔有一个分组的数据损坏或损坏了,并不会严重影响理解,但如果网络时延过大,语音分组经过很长时间才到达接收端,这些语音分组就会因无用而被丢弃。从技术上来说,如果语音分组的丢失率不到 10%,就不会严重影响声音的保真度。因此实时声音传输需要网络提供恒定比特率(CBR)和较高容错性的服务,IP 电话至少要满足 64kbps 传输速率,分组的丢失率小于 10%的要求。

H.323 是 ITU(国际电信组织)的一个建议标准族,它包括了一整套在无服务质量保证的分组交换网络上实现多媒体网络通信系统的编码、控制、服务体系定义等标准。图 2.24 列出了基于 H.323 标准实现分组网络多媒体系统的组成结构,主要包括:终端(Terminal)、网关(Gateway)、网守(Gatekeeper)等三种设备。各种非H.323终端设备可以通过网关,网守实现与IP电话系统中各种类型终端设备的互通。图2.25为符合H.323标准的语音终端的功能框图。

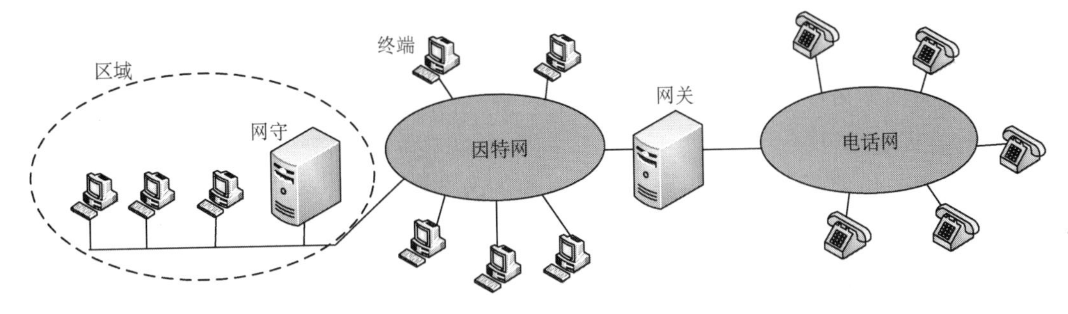

图2.24 基于H.323标准实现IP电话系统的组成结构

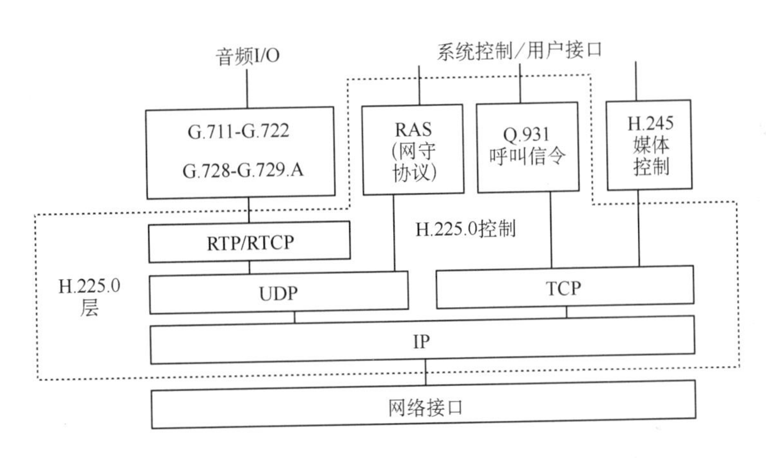

图2.25 符合H.323标准的语音终端功能框图

由于H.323标准包括了话音通信在内的整个多媒体网络通信系统,所以其标准体系对于实现IP电话是足够的,且有相当大的实现选择和裁剪余地,也会造成同样遵从H.323标准的不同IP电话系统之间出现不能互操作的现象。

因特网工程任务组(IETF)对IP电话相关的技术也一直在进行研究,提出了基于SIP(Session Initiation Protocol)的IP电话系统。在语音数据的传输上,它与H.323一样采用基于RTP/RTCP的UDP/IP传输方式,但是在语音通话的控制上,它采用了IETF所定义的SIP协议,而不是H.323所采用的H.225及H.245信令协议。

研究表明SIP与H.323中的呼叫控制功能基本相同,但SIP在协议实现的复杂性和可扩展性更好,并可通过代理重定向用户的当前位置来支持用户的移动性,但它只支持基于计算机的电话,传统电话要通过IP电话网关(ITG)接入。为了使基于SIP的IP电话系统能与传统的PSTN进行互通,ITG必须执行大量的信令转换工作。

(2)视频会议系统

视频会议基于多点对等(Peer－to－Peer)交互模式,即要求较高的实时性(如音频、视频回放和同步)又要求严格的可靠性(如共享白板和数据应用)。此外,由于多媒体会议的主体是人,因此特别强调人与人之间协同交互的自然和流畅性。为确保这种自然和流畅的交互,不仅需要获得所需的网络资源，而且更需要合理、有效的会议控制。

视频会议有两大特征：多媒体信息的实时交互和多点通信。实时交互要求较低的端到端延时，多点通信要求在多个端系统间进行灵活、高效的通信。在电路交换网上，依靠专用信道和电路交换的固有低延时可获得较好的交互性，多点通信通常需要多点控制单元(MCU)来实现。在分组交换网上，由于其固有的资源共享和尽力而为的服务特征，实时交互需要依靠复杂的协议控制和下层的网络服务来保证，而多点通信一般基于IP多播。另外，多媒体会议规模可以从几十人到成百上千人，系统不应该受到会议规模缩放的影响。

按照一般的估计，通过多媒体网络传输压缩的数字图像信号要求有2～15Mbps以上的速率(MPEG1/2)，传输CD音质的声音信号要求有1Mb/s以上的传输速率。因为视频会议包含多种不同类型的数据，数据传输速率在100Mbps(理论上最多50个MPEG1视频流)以上才能充分满足各类媒体通信应用的需要。

其次，为了获得真实的现场感，语音和图像的延时都要求小于0.25秒，静止的图像要求少于1秒，对于共享数据要求没有误码。

最后是媒体同步要求，包括媒体间同步和媒体内同步。因为传输的多媒体信息在时空上都是相互约束、相互关联的，多媒体通信系统必须正确反应它们之间的这种约束关系，例如保证声音与图像的同步。

从系统组成来看，多媒体会议应用主要由音频、视频、共享工作空间等媒体工具和相关的控制部分构成。会议控制提供会议建立、维护、撤消等控制功能所需的会议状态信息，涉及到会议管理、会员控制、会议安全和网络管理等有关内容。

ITU-T专门为多媒体会议系统推出了一系列的建议标准，主要是H.3xx系列和T.12x系列。如基于ISDN的桌面会议H.320标准，基于电话网(GSTN)的H.324以及IP分组网上的H.323标准，还有数据会议的T.120系列标准。其中H.323也涉及会议控制的有关标准，如H.245和H.225等。H.323控制功能分别由三个信道实现：RAS(Registration, Admission and Status)信道、Q.931呼叫信令信道和H.245媒体控制信道。RAS协议是终端与网守之间进行交互的通信协议。RAS信令执行端系统和网守之间的注册、接纳控制、带宽改变和状态公布等。两个终端之间采用Q.931协议通过呼叫信令信道实现连接的建立。H.245媒体控制完成H.323实体间的操作所需的控制消息传送。这些控制消息包括能力交换、打开和关闭连接信道、优先权请求、流控制、一般的命令和指示消息。

IETF也提出了一系列基于IP网络的视频会议解决方案，包括实时运输层协议RTP(Real-time Transport Protocol)，会话控制协议(SAP/SDP/SIP)等，协议簇如图2.26所示。

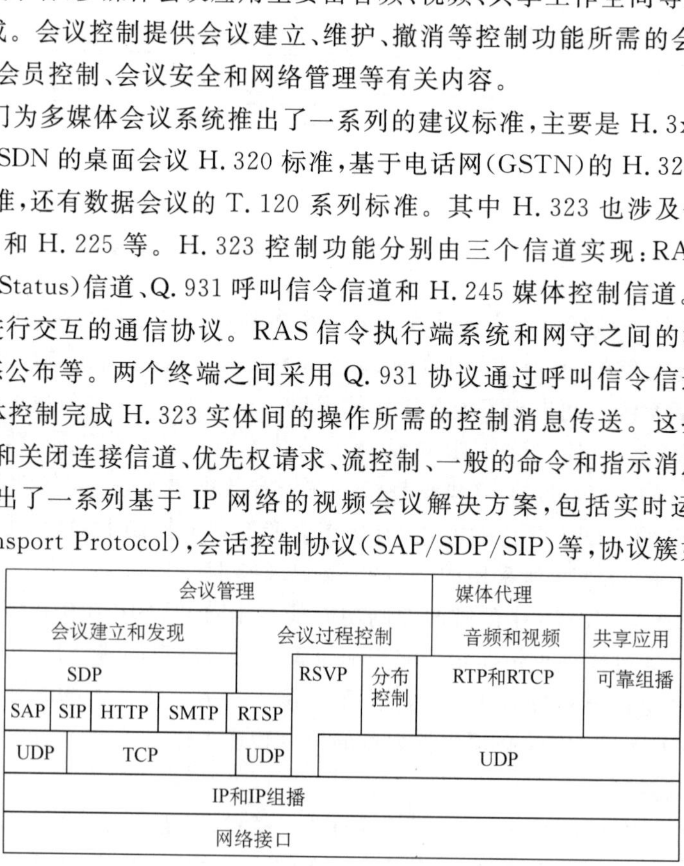

图2.26 IP网络多媒体会议协议栈

RTP协议是专门为交互式话音、视频、仿真数据等实时媒体应用而设计的轻型传输协议。它由紧密相关的两部分组成:负责媒体数据传输的RTP协议和负责反馈控制、传输监测的RTCP协议。RTCP协议依靠在所有成员之间周期性地传输控制分组来实现控制监测功能,它要求下层协议必须提供时间和控制分组的复用功能,如UDP协议可以提供不同的端口号。群组的发送方和接收方都周期组播RTCP分组,来提供实时重传需要的不同服务。

SAP是组播会话的通告协议,负责把相关的会话信息传送给预期的参加者。SAP通过分组中的鉴别验证会话描述的更改或会话删除是否获得许可,鉴别会话创建者的身份。

SDP主要用于SAP和SIP协议的通用会话描述,实际上就是单纯的描述格式规范,目的是传送足够信息让用户参与会话。SDP没有和运输协议结合在一起,因此可基于各种运输协议,如SAP、SIP、RTSP、MIME扩展的email和HTTP等。SDP一般包括会话名称和目的,会话活跃时间,会话组成媒体,接收媒体信息等描述。

SIP是应用层控制(信令)协议,主要用来创建、更新和终止包含若干个参加者的会话,它透明地支持名字映射和重定向服务,可支持个人移动性。利用多点处理单元(MCU)或全网状连接,SIP可以发起多方呼叫。SIP还可以与其他呼叫处理信令协议进行协作,如利用SIP可知道某个呼叫方通过H.323是否可达,可以获得H.245网关和用户地址。

目前,在IP分组网上采用RTP作为传输协议已经成为网络多媒体应用的典型特征,包括应用广泛的ITU-T建议H.323也采用RTP协议作为媒体传输协议。

第3章 数据集成方法与技术

3.1 数据的表示与存储

数据是描述现实世界事物的符号记录，是指用物理符号记录下来的可以鉴别的信息[46]。物理符号包括数字、文字、图形、图像、声音及其他特殊符号。数据的表现形式，在数据处理技术进步的不同阶段都有不同的定义，比如，在以人工操作为主要手段的时期，数据大都以直观的数据表、图形来表示的，在计算机应用的文件系统阶段，则是以不同类型的文件定义、存储数据的。

各种物理符号所表达的数据在计算机信息系统中的表示可归结为三大类：结构化表示，非结构化表示和半结构化表示[47～50]。

3.1.1 文本数据

在现实世界中，我们面对的数据大都是文本数据，由各种数据源（如新闻文章、研究论文、书籍、数字图书馆、电子邮件和 Web 页面）的大量文档组成。由于文档信息量的飞速增长，如电子出版物、电子邮件、CD ROM 和 Web 等，文本数据的数量也急剧地增长[51]。

大多数传统文本数据都是非结构化数据，虽然表面上有的文档可能包含维与字段，如标题、作者、出版日期、长度、分类等，但此类信息通常出现在文件头中，而在文件正文中，标题、作者、摘要和内容不是通过“字段标识”来区分的，也就是说，机器不能在未加“标记”的文本中，自动识别出某段文字的属性。

文本特征的表示与数据库中的结构化数据相比，只具有有限的结构，或者根本就没有结构。即使具有一些结构，也是着重于格式，而非内容。不同类型的文档结构也不一致。此外，文档的内容是人类所使用的自然语言，计算机很难处理其语义。

数据之间的联系要通过程序去构造，虽然数据不再属于某个特定的程序，可以重复使用，但是文件结构的设计仍然基于特定的物理结构和存取方法，因此程序与数据结构之间的依赖关系并未根本改变。而且由于文件中只存储数据，不存储文件记录的结构描述信息，文件的建立、存取、查询、插入、删除、修改等所有操作也都要用程序来实现。

3.1.2 数据库数据

数据库的方法适于描述同构数据即结构化的数据。采用数据库来表示数据具有以下特点[52]：

(1)用数据模型表示复杂的数据结构。数据模型不仅描述数据本身的特征，还要描述数据之间的联系，这种联系通过存取路径实现。这样，数据不再面向特定的某个或多个应用，而是面向整个应用系统。数据冗余明显减少，实现了数据共享。

(2)有较高的数据独立性。数据的逻辑结构与物理结构之间的差别可以很大。用户以简单的逻辑结构操作数据而无需考虑数据的物理结构。数据库的结构分成用户的局部逻辑结构、数据库的整体逻辑结构和物理结构三级。用户的数据和外存中的数据之间转换由数据库管理系统实现。

(3)数据库系统为用户提供了方便的用户接口。用户可以使用查询语言或终端命令操作数据库，也可以用程序方式(如使用高级语言和数据库语言联合编制的程序)操作数据库。同时，采用 DBMS 进行数据管理，数据完整性、数据库的恢复、并发控制及数据安全性等都得到了充分的保证。

3.1.3 图像与视频数据

图像(image)是一种对客观物体真实记录的图片，可以是二维的，如照片、屏幕显示；也可以是三维的，如全息图。图像通常通过光学设备获取，如照相机、镜子、透镜、望远镜、显微镜等，自然界中眼睛和水面也可以得到图像。因此，广义的图像用来指对任何物体的感知所得到的二维图，通常是静止的[53～56]。

视频(Video)是一系列连续静止图像的记录，表现了图像的运动形态。视频通常与运动图片的存储格式相关，如数字视频格式包括 Blu－ray Disc，DVD，QuickTime(QT)和 MPEG-4 等，模拟的视频磁带格式包括 VHS 和 Betamax。视频数据可以在各种物理媒体上存储和传输，录像机以电信号录制的视频可以是 PAL 或 NTSC 格式；数码相机记录的视频格式是 MPEG-4 或 DV 数字媒体。所以，视频的质量与获取的方法和存储的格式有关。

视频流数据的特征可以通过以下参数表达：

(1)帧速(每秒帧数)

指单位时间内视频流包含的静止图片数。根据制式的不同可分为很多种，PAL(欧洲、亚洲和澳大利亚等采用)和 SECAM(法国、俄罗斯和部分非洲国家等采用)的标准是 25 帧/s，NTSC(美国、加拿大、日本等)为 29.97 帧/s(简称 30 帧/s)。电影的帧速率是 24 帧/s，有时为了减少数据量，可以减慢帧速，但最小帧速是 15 帧/s。

(2)扫描(刷新)

视频在显示器上的刷新方式有隔行刷新和连续刷新。隔行刷新是在有限带宽内获得较好视觉质量的一种方法，NTSC、PAL 和 SECAM 都采用隔行扫描。

(3)显示方案

数字视频图像的尺寸用像素度量，模拟视频图像用水平扫描行和垂直扫描行度量。数字领域标准化定义，如 DVD 和 SDTV，NTSC 的显示规范是 720/704/640×480i60(其中 i 表示隔行扫描，60 表示扫描频率(帧速))，PAL 和 SECAM 的显示方案是 768/720×576i50。达到 VCR 质量的每条扫描线包含 320 像素，TV 是 400 像素，DVD 是 720 像素，新的高保真电视 HDTV 分辨率达到 1920×1080p60(p 代表逐行扫描)。

(4)长宽比

长宽比描述了视频图像的大小，用宽和高的比值来表达。传统电视的长宽比是4:3(或约1.33:1)，HDTV采用16:9(或约1.78:1)。

(5)色彩空间和像素位

色彩模式定义了视频色彩的表达方案，例如，NTSC电视采用YIQ方案，NTSC和PAL都可采用YUV方案等。一个像素所表达的色彩数目取决于每个像素的位数(bpp)，通常可通过色度抽样减少数字视频的像素位数。

(6)图像质量

图像质量可以用常规的度量标准PSNR或主观质量观察法来衡量。主观质量测量邀请专家评估，但通常采用的ITU-T推荐的BT.500标准之一DSIS，评估损害程度从“察觉不到”到“很糟糕”不等。图像质量除了原始数据质量外，还和对视频数据压缩的倍数有关。一般说来，压缩比较小时，对图像质量不会有太大的影响，而超过一定倍数后，将会明显看出图像质量下降。

(7)视频压缩方法

视频数据包含空间和时间上的冗余，使得无压缩视频流效率极低。空间冗余可通过记住单个帧之间的差别来减少。同样，时间上的冗余也可采用记住帧的区别来减少。这种方法称为帧内压缩，包含运动补偿等其他技术。最通用的用于DVD、蓝光和卫星电视的视频压缩标准是MPEG-2，用于AVCHD、手机和互联网的的视频压缩标准是MPEG-4。

(8)比特率(bit rate)

比特率用来测量视频流的信息含量，以每秒比特(bit/s或bps)为单位，比特率越高，视频的质量越好。例如，VCD的比特率约为1 Mbit/s，而DVD最大的视频比特率约10.08 Mbit/s，高保真数字视频或电视的比特率约为20 Mbit/s。可变比特率(VBR)是用来优化视频视觉效果并减少位率的策略，在同样的时间里，快速移动的场合使用的比特比慢速移动的场合更多，以达到一致的视觉效果。对于实时和无缓冲的视频流来说，当可用带宽是固定时，必须采用恒定比特率(CBR)。

(9)立体感

立体感的视频可以用多种方法获得，如双通道—右通道为右眼，左通道为左眼，两个通道采用光偏振滤镜同时观察；单通道左右帧交替，采用LCD快门镜读取来自VGA显示数据通道的帧同步信息交替地遮住一个眼睛。后一种方法被广泛地用于计算机虚拟现实的应用上。

(10)视频格式

视频的传输与存储分不同的层，每层有自己的格式。对于传输而言，不同的物理连接器有不同的信号协议，一个给定的链路可以执行一定的“显示标准”，它规定了特殊的刷新率、显示方案和色彩空间。数字视频可以文件形式保存在计算机里，这些文件具有自己的格式，而其物理格式，即“0”、“1”字符串必须以特殊的“视频编码”方式保存和发送。

3.1.4 空间数据

空间数据(Spatial Data)是数据的一种特殊类型,指凡是带有空间坐标、用来描述有关空间实体的大小、形状、位置和相互关系等诸多方面信息的数据,是一种用点、线、面以及实体等基本空间数据结构来表示自然世界的一种数据[57~59]。

目前,比较常用的地理信息系统(GIS)所采用的空间数据具有分布式、异质、多源、异构和特定的用户显示界面等特点,表现如下:

(1)空间数据本身具有地域分布特征

主要表现为两个方面的分布:第一是平面上的分布,具体的二维即是经纬度坐标。例如一幅完整的中国地图,包括全国的省、直辖市、自治区,显示全图时,地图包含了国家边界和各省、直辖市、自治区的基本信息,将地图放大,能看到行政区划的下一级信息(如市、镇的分布),不同的行政区域包括不同的信息,从地图平面层次上,通过缩放,从粗到细显示不同的地图内容,以及选择显示不同地物信息。第二种是垂直上的分布,基于同一比例尺的地图,可能有不同层次的地理信息。如一幅全国陆地气象水文信息的地图,有国家级水文测站点、省市级水文测站点、部队级水文测站点和不同流域的水文信息等多个图层,不同层次的地理信息可能由不同的部门进行采集和维护。所以它们的数据库服务器也可能分布在不同的地理位置,具有分布式的特点。

(2)地理信息存储具有异质的特点

地理信息存储格式和方式随用户选择产品和数据库管理系统的不同而不同,表现为多源、异质。由于没有统一的标准来规范地理信息的存储,因此地理信息的存储格式多种多样。在实际应用中,空间数据的格式主要有栅格和矢量两种,栅格数据的格式有JPEG、GIF等,不同GIS公司研发的矢量数据格式也不一样,例如Arc/Info使用的是coverase数据格式,MapInfo使用的是MIF/MID数据格式,AutoDesk使用的是DXF数据格式,ESRI使用的shapefile文件格式,超图公司使用的SDD、SDB数据格式。

从存储方式上讲,有的用户可能采用SqlServer存储,也有的可能采用MySQL存储,而卫星云图可能采用的是Oracle中的BLOB大字段存储。

3.1.5 基于XML的数据表示

XML(eXtensible Markup Language,可扩展的标记语言)是SGML(Standard Generalized Markup Language,标准通用标记语言)的一个优化子集,是一通用数据格式表示语言。XML是一种元标记语言,使用者可按需创建新的标记。带标记的元素是XML文档的构造块,这种元素可以有若干个属性,并可以包含零个或多个子元素。这些子元素可以是文本数据,也可以是带标记的元素[60]。

XML的特性

可扩展性。XML是设计标记语言的元语言,而不是HTML这样的只有一个固定标记集的特定的标记语言。正如Java让使用者声明他们自己的类,XML让使用者创建和使用他们自己的标记,而不是HTML的有限词汇表。可扩展性是至关重要的,企业可以用XML

为电子商务和供应链集成等应用定义自己的标记语言,甚至特定的行业一起来定义该领域的特殊的标记语言,作为该领域信息共享与数据交换的基础。

灵活性。HTML 很难发展,因为它是格式、超文本和图形用户界面的混合,要同时发展这些混合在一起的功能是很困难的。而 XML 提供了一种结构化的数据表示方式,使得用户界面分离于结构化数据。在 XML 中,可以使用样式表,如 XSL(Extensible Stylesheet Language,可扩展样式表语言)和 CSS2 (Cascading Style Sheets Level 2,层叠样式表第 2 进阶),将数据呈现到浏览器中。另外,XML 文档之间的超链接(Hyper Link)功能由独立的 XLink (Extensible Linking Language,可扩展链接语言)来支持。所有这些方面都可以互相独立地改进并发展。所以,Web 用户所追求的许多先进功能在 XML 环境下更容易实现。

自描述性。XML 文档通常包含一个文档类型声明,因而 XML 文档是自描述的;不仅人能读懂 XML 文档,计算机也能处理。XML 文档中的数据可以被任何能够对 XML 数据进行解析的应用所提取、分析、处理,并以所需格式显示。XML 表示数据的方式真正做到了独立于应用系统,并且这些数据能重用。所以 XML 适合开放的信息管理。因为它的自描述性,文档里的数据可以由 XML 的应用来创建、查询和更新,跟处理传统的关系型数据库、面向对象数据库里的数据类似。XML 甚至还能用来表示那些以前不被看作文档但是对传统的数据库来说又过于复杂而难以处理的数据。所以,XML 文档被看作是文档的数据库化和数据的文档化。

依据 W3C 的定义,一个 XML 文档是符合具体的物理(physical)和逻辑(logical)结构的文档。从物理结构上看,XML 文档由实体(entities)组成,实体可包含其他实体。所谓实体就是存储单元,是 XML 中的有效组成部件,如内容。XML 文档的所有实体包含在根或称为文档实体中,从逻辑结构上看,XML 文档由一些声明、元素、注释、字符引用以及处理指令组成,如用以下表示:

```
<?xml version="1.0" encoding="gb2312"?>
<学生信息>
<学生>
        <姓名>张三</姓名>
        <年龄>20</年龄>
        <性别>男</性别>
</学生>
<学生>
        <姓名>李四</姓名>
        <年龄>21</年龄>
        <性别>男</性别>
</学生>
</学生信息>
```

半结构化数据具有异构性的特点,如同为患者病案,有的病案只有很简单的一份病历,而有的病案除了有多份病历外,还包括很多检查、化验报告。为了能够方便地进行同类型而不同结构的数据之间的交换及转换,需要找到一个高度灵活的、能够表达同类而异构数据的模型。XML目前用于建立数据模型的手段有两种:文档类型定义(Document Type Definition,DTD)和XML大纲(XML Schema)。前者应用较早且较为广泛;后者提供了一系列新的特色,对DTD的不足进行了改进,但是至今尚处于草案阶段,未形成正式标准。

文档类型定义DTD是目前常用的定义XML数据模型的工具,通过对元素标志、内容模式、属性和实体等方面的描述来规定用于检查XML文档有效性的语法。符合XML的基本语法的XML文档被称为构造良好的文档,遵循某个DTD的构造良好的XML文档被称为有效的文档。有效的文档使同类的数据遵循相同的模型,便于数据之间的传递和转换,所以在表示半结构化数据,特别是在处理大量同类型数据时应有使用DTD检验XML文档有效性的习惯。XML对HTML最大的改进之一是可扩展性,用户可以通过DTD自己设计扩展的元素标志,而不是局限于若干固定的元素标志。通过对字符集的XML声明,还可以使用非英文元素标志,如汉字元素标志。这使得XML文档中各部分的含义清晰明了。下面是根据地面气象观测手册所编写的DTD文档的一部分,将文档保存为“地面气象观测.dtd”。

```
<?xml version='1.0' encoding="gb2312"?>
<!ELEMENT 地面气象观测(通报种类,观测方式,站号,观测时间,测站位置,云,能见度,天气现象,气温,湿度,气压,风,降水量)>
<!ELEMENT 通报类型 (正点报|半点报|临时报|危险天气报|危险天气解除报|更正报)>
<!ELEMENT 观测方式(人工观测|自动观测)
...
<!ELEMENT 观测时间 EMPTY)>
<!ATTLIST 观测时间 年 CDATA #REQUIRED
月 CDATA #REQUIRED
日 CDATA #REQUIRED
时 CDATA #REQUIRED
分 CDATA #REQUIRED
秒 CDATA #REQUIRED>
...
<!ELEMENT 云 (总云量,累积云量,云状?,云底高?)>
<!ELEMENT 总云量 (#PCDATA)>
<!ELEMENT 累积云量(#PCDATA)>
<!ELEMENT 云状(#PCDATA)>
<!ELEMENT 云底高(#PCDATA)>

<!ELEMENT 天气现象(#PCDATA)>
...
<!ELEMENT 降水 EMPTY>
<!ATTLIST 降水量 CDATA #REQUIRED
降水时数 CDATA #REQUIRED
日平均降水量? CDATA #REQUIRED>
```

以上是DTD文件的主要部分,其基本语法如下:

<? xml version='1.0' encoding="gb2312"? >:在XML文档中应用汉字标志而使用的XML声明;

<! ELEMENT element－name element－definition>:元素定义标记。"<! ELEMENT"表示开始元素设置,此处ELEMENT为关键字,必须大写。"element－name"表示要设置的元素的名称。"element－definition"要对此元素进行怎样的定义,说明<元素>…</元素>之间是其他元素还是一般性的文字。

(＃PCDATA):元素的定义,表明此元素仅包含一般文字,是基本元素。

DTD文档还可在元素旁加上特定的符号来控制标记出现的次数,符号含义如表3.1所示:

表3.1 DTD文档符号含义

符号	代表标记出现次数
?	不出现或只出现一次
*	不出现或可出现多次
+	必须出现一次以上
无符号	只能出现一次

XML文档遵循DTD规定的模式,接下来就可以编写XML文档了。XML文档的编写应符合以下原则:

(1)包含所需要的XML声明。XML声明用于给出文档需要声明的信息,如版本号、字符集、样式单等。

(2)一个单一的用于嵌套所有其他的元素和内容的顶级元素。如本例中的"病案"元素。

(3)所有元素、属性和实体都必须使用正确的语法。XML有很严格的结构化语法规则,如元素必须使用配对的开始标记和结束标志;标志不允许交叉;空元素必须以"/"结束;属性值必须加上引号等。与HTML松散的语法要求相比,XML严格的结构化语法形式大大减少了浏览器的解析错误。下面是按一例地面气象观测手册编写的部分XML文档:

```
<?xml version='1.0' encoding="gb2312"?>
<!DOCTYPE 南京站地面观测 SYSTEM "地面气象观测.dtd">
<地面气象观测>
…
<通报类型>正点报</通报类型>
…
<观测方式>自动观测</观测方式>
<站号>34125</站号>
<观测时间 年="2011" 月="8" 日="23" 时="14" 分="00" 秒="00"/>
…
<云>
<总云量>6</总云量>
<累积云量>7</累积云量>
```

```
＜云状＞3＜/云状＞
＜云底高＞62＜/云底高＞
＜/云＞
…
＜天气现象＞34＜/天气现象＞
＜降水 降水量＝"23" 降水时数＝"8" 日平均降水量＝"15"/＞
＜/地面气象观测＞
```

3.2 数据仓库与数据集市

3.2.1 数据仓库与数据库的关系

最早的决策支持所进行的数据处理就是直接使用数据库中的数据，即利用关系数据库的数据进行联机分析处理，这种操作往往是针对单一或局部的问题进行统计和数据分析[61~63]。但对于整个系统或行业的宏观决策，则需要涉及整个行业范畴的数据和信息，这就要同时启动大量的数据库表，并且要将众多表中的数据按一定的规律拟合起来，形成针对某一主题的数据内容。这是一个十分复杂的过程，且耗费大量资源，并且，由于所需的数据可能分布在若干个系统中，这样的数据整合过程几乎是难以完成的。除此之外，在一个数据库表中的每一条记录也并不是某项决策都需要的，这要按决策支持的需要编制专用的数据筛选程序。

因此，关系型的数据结构虽然能完美地执行联机业务处理，但不适应较大规模的决策支持数据分析，适应这一需求，应运而生的就是数据仓库技术。在 W. H. Inmon 所著"Building the Data Warehouse"一书中给出了数据仓库的定义："数据仓库是面向主题的、整合的、稳定的，并且时变的收集数据以支持管理决策的一种数据结构形式。"数据仓库的目标是为了制定管理的决策提供支持信息，要按不同决策，分析内容分别组织使之方便使用，这种基于主题的模式从用户角度来看就是多重的数据重组结构。

由此可见，数据仓库技术是数据库技术的进一步发展。传统的数据库技术主要面向事务性应用，称为联机事务处理(On－line transaction processing，OLTP)，OLTP 寻求的目标是时效性，对业务活动能够及时响应。传统数据库技术在 OLTP 方面十分成熟，良好地支持了应用系统中数据的各项管理需要，配合应用系统能够满足用户在业务活动中对有关数据的及时操作的需求[64]。

随着各类应用系统在企业不同部门的广泛应用，企业内部积累了丰富的信息资源。同时，随着网络环境的普及，企业可获取的外部信息资源也日益增多，虽然企业管理者、决策者面对着丰富的信息资源，但由于信息的分散、不一致、零乱等原因造成这些信息资源不能得到有效利用。传统操作型数据库在决策支持方面出现了许多问题[65,66]：

(1)决策要求对历史数据进行比较、趋势分析和预测，这些信息通常在 OLTP 系统中无法得到。

(2)数据必须从 OLTP 数据存储中提取。随着时间的推移,对这些数据进行提取的工作量也不断增长和扩大,数据的可靠性、有效性和通用性都无法确定。

(3)在 OLTP 系统中的数据是按一个特殊的活动而规范化的,它并不考虑企业决策的需要。为了作出可靠的业务决策或者回答简单的业务问题,分析工作者必须花费大量的时间从不同的数据源中局部化或整合有关的信息。

如何从这些海量的信息资源中得到对管理、决策有益的信息成为人们关心的问题。数据仓库就是解决这些问题的良好方案。

W. H. 尹蒙(W. H. Inmon)于 1993 年在他的著作《构建数据仓库》(Building the Data Warehouse)中第一次完整地、系统地提出了数据仓库理论。根据 W. H. 尹蒙的定义,数据仓库是为决策支持服务的面向主题的(subject-oriented)、集成的(integrated)并随时间变化的(time-variant)、相对稳定的(nonvolatile)数据集合。

数据仓库具有以下特征:

(1)面向主题

传统的数据库是面向应用而设计的,它的数据是为了处理具体应用而组织在一起,即按照业务处理流程来组织数据,反映的是企业内数据的动态特征,目的在于提高数据处理的速度。主题是一个在较高层次上将数据进行归类的标准,每个主题应对应于一个宏观的分析领域,满足该领域分析决策的需要。例如,一个生产企业的数据仓库所组织的主题可能是:产品订货分析、货物发运分析等。主题的抽取是按照分析需要来确定的。数据在进入数据仓库之前必须要进行加工和集成,将原始数据做一个从面向应用到面向主题的转变。

(2)集成性

阐明了数据仓库的来源特性,数据仓库的数据主要用于进行分析决策,要对细节进行归纳、整理、综合。数据仓库中的数据来自于多个应用系统,但并不是对这些数据的简单汇总或拷贝,因为我们不仅要统一原始数据中的所有矛盾,如同名异义、异名同义、单位不统一等,而且要将这些数据统一到数据仓库的数据模式上来,还要监视数据源的数据变化,以便扩充和更新数据仓库。应该说数据仓库是对原数据的增值和统一。数据集成是数据仓库技术中非常关键且非常复杂的内容。

(3)具有时间特征

数据仓库随着时间变化要不断增加新的内容,即不断跟踪事务处理系统,将业务数据库的数据变化追加到数据仓库中,同时也要随着时间变化删去过于陈旧的数据内容。由于数据仓库常用作趋势预测分析,所以需要保留足够长时间的历史数据(一般为 5～10 a)。业务数据库通常只保存 30～90 d 的事务处理数据,并且这些历史数据是极少或根本不更新的,一般只用于历史信息查询。数据仓库的时间特征表现在用码标明数据的历史时期。

(4)相对稳定

数据仓库是随时间而变化的,但又是相对稳定的。数据仓库的这种稳定性指的是数据仓库中的数据主要供企业分析决策之用,决策人员所涉及的数据操作主要是数据查询,一般情况下并不进行数据修改,数据仓库的数据反映的是一段相当长时间内的数据内容,是不同时点数据库的快照的集合,以及基于这些快照进行集成、综合而导出的数据,而不是事务型数据。尽管数据库内的具体事务处理过程是变化的,但进入数据仓库的数据则是相对稳定的。

表 3.2 操作型数据库系统与分析型数据仓库之间的区别

对比项	操作型数据库系统	分析型数据仓库
系统目的	支持日常操作	支持需求管理、获取信息
使用人员	办事员、数据库专家	经理、管理人员、分析专家
数据内容	当前数据	历史数据、派生数据
数据特点	细节的	综合的或提炼的
数据组织	面向应用	面向主题
存取类型	增加、更改、查询、删除	查询、聚集
数据稳定性	动态的	相对稳定
操作需求特点	操作需求事先可知道	操作需求事先不知道
操作特点	一个时刻操作一单元	一个时刻操作一集合
一次操作数据量	一次操作数据量小	一次操作数据量大
存取频率	比较高	相对较低
响应时间	小于1～3秒	几秒－几分钟

3.2.2 数据仓库的体系结构

从数据仓库用户的角度来看，数据仓库的基本结构如图3.1所示，它主要由4部分组成：数据源（Data Source）、数据仓库的数据存储（Data Storage）、应用工具（Application-Tools）和可视化用户界面（Visualization）[67]。

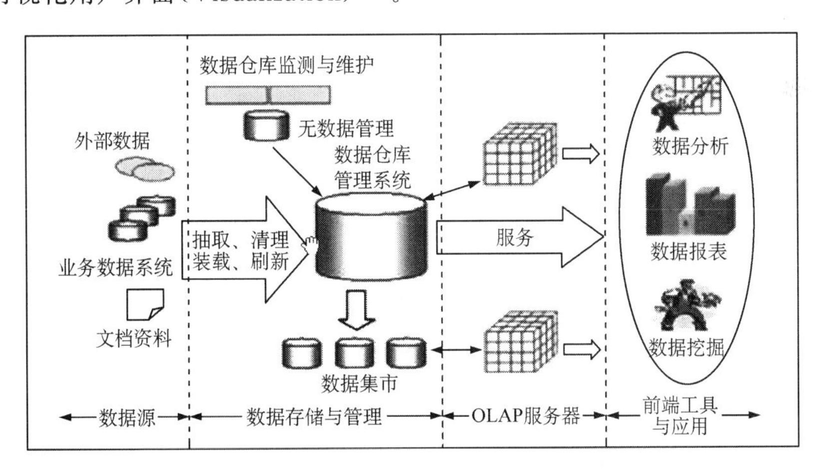

图3.1 数据仓库的基本结构

数据源：数据源提供原始数据，该原始数据一部分来自现有的管理系统，即内部数据源，我们也称其为遗传系统，另一部分来自企业的专门调查或来自相关部门的统计数据，即外部数据源。我们以营销分析为例来讲，涉及的核心源数据可能包括发票数据、合同数据、客户数据、计划数据、产品结构数据、地区数据、市场数据等。而且由于趋势分析的需要，数据源还要提供历史数据信息。由此可见，企业中管理信息系统的成功开发和使用是数据仓库建设的基础。

数据存储:对原数据进行接收、分析、抽取、净化、汇总、变换、存储之后,为了得到数据仓库的数据存储,首先要确定数据仓库的分析主题和指标体系,再从源数据库中分析抽取面向主题的集成数据。以该主题数据作为分析型应用的数据基础,可以大大地缩短系统的响应时间,并能更好地满足相应主题的分析要求。数据存储相关问题中最关键的一个问题是确定数据仓库的数据模型,数据仓库的数据一般为多维数据,数据模型大多采用星型模式,其优点是建模方便,便于用于理解,并能支持用户从多个维度对数据进行分析处理。

应用工具:应用工具主要指 OLAP(On－line Analysis Processing)工具和数据挖掘工具。OLAP 专门用于支持复杂但目的明确的分析操作,例如"2003 年与 2002 年相比产品 p 在地区 R 的销售增长是多少?"。其特点是可以应分析人员的要求快速灵活地进行大量数据的复杂查询处理,并可以通过可视化前端服务以一种直观易懂的方式将分析的结果呈现给分析人员。数据挖掘工具是要从一个系统内部自动获取知识,从大量数据中寻找尚未发现的知识,例如"我们拥有的客户有怎样的特点?"。这种数据应用技术的出现,必然会更有力的支持企业的战略决策。

可视化前端服务:是面向用户的需求将分析结果以方便用户理解的方式呈现给用户,以支持用户进行决策。前端服务的主要内容有用户指定分析主题,确定分析粒度与维度,对数据仓库中的主题数据进行进一步的汇总集成,以同步数据表、分析报告、折线图、直方图、雷达图、圆饼图等方式将分析结果呈现给用户。

3.2.3 数据集市与数据仓库的关系

数据集市是完整的数据仓库的一个逻辑子集,而数据仓库正是由其所有的数据集市有机组合而成的。数据集市一般在某个业务部门建立,满足其分析决策的需要,可以将其理解为"部门级数据仓库"。需要指出的是:虽然数据集市可以理解为"部门级数据仓库",但是各数据集市应该是数据仓库的有机组成部分,且各数据集市间应协调一致,满足整个企业分析决策的需要[72~75]。

为了成功地建设数据集市,能有机地组成完整的数据仓库,数据集市的设计有一些特定的要求。在一个数据仓库内,所有的数据集市必须具有统一一致的维定义和统一一致的业务事实。只有遵循这样的原则,才可能使数据集市不仅能满足本部门的需要,而且可能使数据集市有机地组合在一起。实际上,这种设计要求的是"自顶向下"(Top Down)和"自底向上"(Bottom Up)两种设计思想相融合的结果。

"自顶向下"的方法是首先建立部门级的数据仓库,然后再在这个全局数据仓库的基础之上建立部门级的数据仓库。这样的设计有利于保证部门级数据仓库的一致性,但是全局数据仓库的规模往往很大,作为数据仓库基础的操作型系统环境又分散复杂,建设周期必然很长,且投入费用很高,很难再较短的时间内见到经济回报,因此企业往往不愿意接受这种设计实施方案。

与"自顶向下"的设计思想相对比的就是"自顶向上"的设计思想。"自顶向上"方法是从需求最迫切的部门着手,逐步建立各部门级的数据仓库,全局数据仓库由所有这些部门级数据仓库装配在一起。采用这种设计实施方法一般投入资金较少,见效较快,且能及时满足企业的当前需要。但是,各部门级的数据仓库是相互分离的,甚至可能出现部分间各自为政、各不相干的情况,因此全局数据仓库的组装就会出现困难。

因此，完全采用“自顶向下”或完全采用“自底向上”的方法设计数据仓库都是不可行的。惟一可行的方法就是将两种设计思想相融合，采用总线型结构设计实施部门级数据仓库，使所有的数据集市具有统一一致的维定义和统一一致的业务事实，这既能满足部门的迫切需要，又能有效地装配全局数据仓库，进行一致性维护。

数据集市一般按业务分析领域进行数据组织，一个数据集市一般包含有一个特定业务分析领域的数据，例如，销售数据集市、人力资源数据集市、财务数据集市等。除了按业务分析领域进行数据组织外，数据集市也可按主题进行组织，例如，销售数据集市、订货数据集市、客户分析数据集市等。不管采用哪种数据组织方式，建设数据集市都要有全局的观点，使得各数据集市能够成为全企业级的完整的数据仓库。

3.2.4 数据仓库中的数据组织

3.2.4.1 常用数据组织方式

数据仓库的数据组织方式可分为虚拟存储方式、基于关系表的存储方式和多维数据库存储方式三种[68]。

虚拟存储方式是虚拟数据仓库的数据组织形式。它没有专门的数据仓库数据存储，数据仓库中的数据仍然在源数据库中，只是根据用户的多维需求及形成的多维视图，临时在源数据库中找出所需要的数据，完成多维分析。这种组织方式较简单、花费少、使用灵活，但同时它也存在一个致命的缺点，即只有当源数据库的数据组织比较规范、没有数据不完备及冗余，同时又比较接近多维数据模型时，虚拟数据仓库的多维语义层才容易定义。而一般数据库的组织关系都比较复杂，数据库中的数据又存在许多冗余和冲突的地方，在实际中这种方式很难建立起有效的决策服务数据支持。

基于关系表的存储方式是将数据仓库的数据存储在关系型数据库的表结构中，在元数据的管理下完成数据仓库的功能。这种组织方式在建库时有两个主要过程用以完成数据的抽取。首先要提供一种图形化的点击操作界面，使分析员能对源数据库的内容进行选择，定义多维数据模型。然后再编制程序把数据库中的数据抽取到数据仓库的数据库中。这种方式的主要问题是在多维数据模型定义好后，从数据库中抽取数据往往需要编制独立、复杂的程序，因此通用性差、很难维护。

多维数据库的组织是直接面向OLAP分析操作的数据组织形式。这种数据库产品也比较多，其实现方法不尽相同。其数据组织采用多维数组结构文件进行数据存储，并有维索引及相应的元数据管理文件与数据相对应。

3.2.4.2 关系型数据仓库模型

(1)星型模型

大多数数据仓库都采用”星型模型”来表示多维概念模型。数据库中包括一张“事实表”，对于每一维都有一张“维表”。“事实表”中的每条元组都包含有指向各个“维表”的外键和一些相应的测量数据。“维表”中记录的是有关这一维的属性[69]。

从图3.2中可以看出，事实表中的每一元组包含一些指针（是外键，主键在其他表中），每个指针指向一张维表，这就构成了数据库的多维联系。相应每条元组中多维外键限定数字测量值。在每张维表中除包含每一维的主键外，还有说明该维的一些其他属性字段。维表记录了维的层次关系。

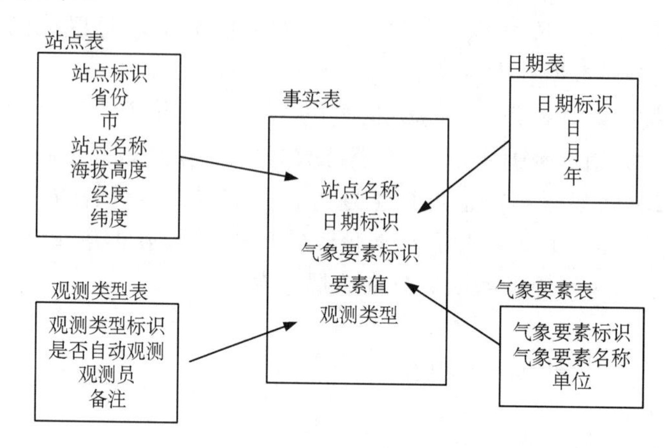

图 3.2 星形模型

在数据仓库模型中执行查询的分析过程，需要花大量时间在相关各表中寻找数据。而星形模型使数据仓库的复杂查询可以直接通过各维的层次比较、上钻、下钻等操作完成。

这种数据组织方式存在数据冗余、多维操作速度慢的缺点。但这种方式是主流方案，大多数数据仓库集成方案都采用这种形式。

(2)雪花模型

"雪花模型"是对星型模型的扩展。它对星型模型的维表进一步层次化，原有的各维表可能被扩展为小的事实表，形成一些局部的"层次"区域。它的优点是：通过最大限度地减少数据存储量以及联合较小的维表来改善查询性能。

雪花模型增加了用户必须处理的表数量，增加了某些查询的复杂性。但这种方式可以使系统进一步专业化和实用化，同时降低了系统的通用程度。前端工具仍然要用户在雪花的逻辑概念模式上操作，然后将用户的操作转换为具体的物理模式，从而完成对数据的查询。

图 3.3 的"站点"维表和"省表"维度表，是在数据仓库的数据组织上对用户查询需求的扩展。使用数据仓库和 OLAP 查询工具完成一些简单的二维或三维查询，既满足了用户对复杂数据仓库查询的需求，又能够在无须访问过多数据的情况下，完成一些简单查询功能。

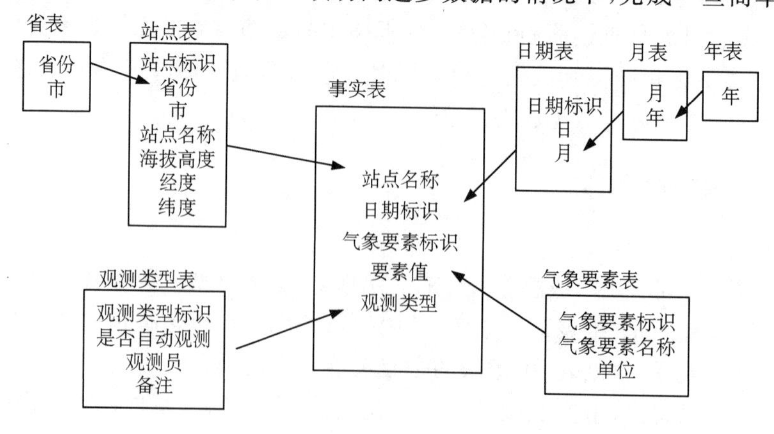

图 3.3 雪花模型

3.2.4.3　多维数据库数据组织

各公司多维数据库产品的数据组织不完全相同，Arbor 公司的 ESSbase 多维数据库是一种具有代表性的产品。下面以这种组织方式为例说明多维数据库的数据组织[70]。

将用于分析的数据从关系数据库或关系数据仓库中抽取出来，存放到多维数据库的超立方结构中。首先，设计一个例子来说明这种组织结构(如图 3.4 所示)。

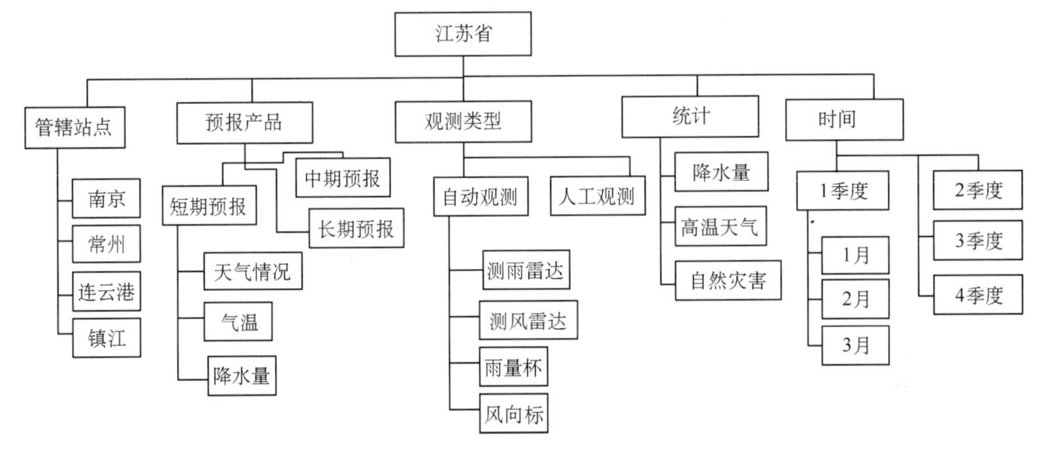

图 3.4　多维模型示意图

其中，一些维被称为“稠密维”(Dense Dimensions)，这些维构成了数据存储的“多维体”。其他的维被称为“稀疏维”(Sparse Dimensions)。

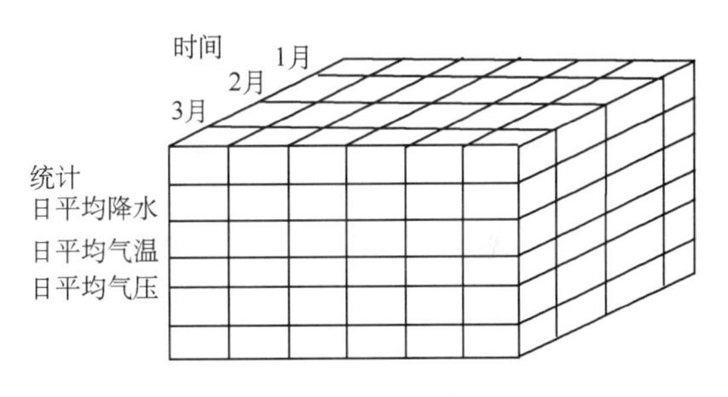

图 3.5　稠密维示意图

可以将这些“稀疏维”存储在类数据库表结构中，这个表中只记录那些组合存在的数据，并有一个索引指向相应的“多维体”。

图 3.5 中“时间”、“统计”和“地区”构成的“立方体”是“稠密维”，图 3.6 构成的立方体是“稀疏维”。

这种多维体是以多维数组方式记录各测量数具体值的。相应各维有一定的记录维及维内层次的元数据结构。

这种数据组织方式消除了大量数据库表中由于空穴造成的空间浪费及在每个元组中存储的外键信息，它由统一的维与数组的对应系数限定数据，大大减少了存储空间。

当使用多维数据库作为数据仓库的基本数据存储形式时，其最主要的特点是大大减少了以维为基本框架的存储空间，针对多维数据

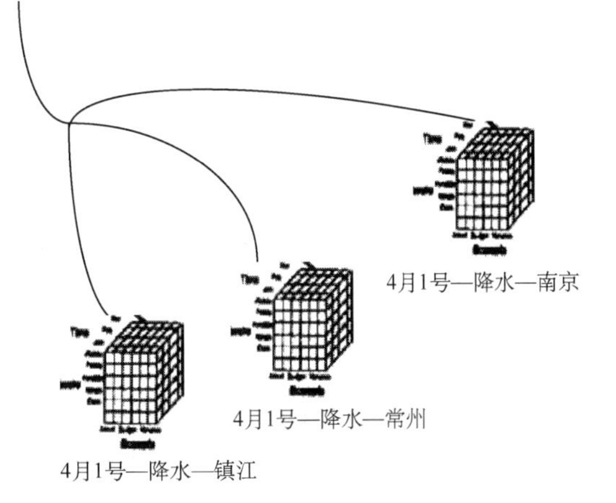

图 3.6　稀疏维示意图

组织的操作算法,极大地提高了多维分析操作的效率。

通常数据仓库的数据组织由用户提出需求,由通过商用软件产品提供相关工具,形成开发和运行平台。像 SAS、Business Objects、Cognos 和 Hyperion 等产品都是在其统计分析、报表产品的基础上,不断增加对数据仓库操作的支持模块。另外,Microsoft,Oracle,Sybase 等公司也有相应的数据仓库工具平台,只是主要支持自身数据库产品。

3.2.5 数据仓库的操作

数据仓库的目标是为了制定管理的决策提供支持信息,要按不同决策,分析内容分别组织使之方便使用,这种基于主题的模式从用户角度来看就是多重的数据重组结构[71]。

数据仓库技术包括两类:后台数据整合和前端数据展示。其中后台工作包括数据抽取/转换/加载(ETL)、数据仓库建模、数据集市的制作等。从技术上讲,它是整个数据仓库项目的核心所在,占据了整个数据仓库项目的大量人力和时间,但是在最终用户看来,数据仓库前端应用才是真正能接触到的部分。目前数据仓库前端应用包括:数据查询应用,企业级报表应用,OLAP 分析应用和 KPI(关键性能指标)应用。

由于决策支持一般需要提供宏观分析指标、发展趋势预测和历史情况比对,所以数据仓库一般是按日、周、月或隔月从 OLAP 系统周期性的批次更新数据,具有数据的时段稳定性。这样就可以减少许多传统关系型数据库必须的资源消耗,如:记录的锁机制、参照完整性的检查、数据操作的日志、以及检查点/回退(Roll back)等。

整个数据仓库的工作流程如图 3.7 所示,下面选择 ETL 和 OLAP 作为数据仓库的主要操作加以介绍。

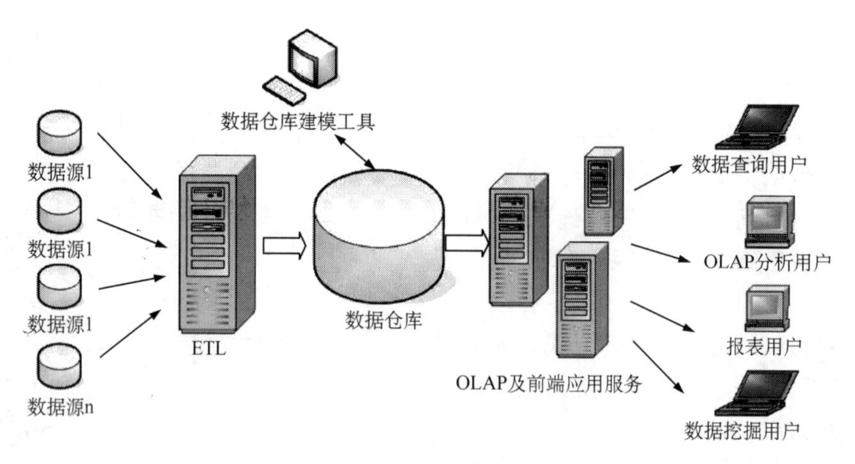

图 3.7 数据仓库的工作流程示意

3.2.5.1 ETL 操作

在把数据装载到数据仓库之前,进行的"整合"处理。这一处理包括几个必不可少的操作步骤,做到使数据完整、统一,这就确保了在使用数据仓库时其中的数据是有质量保证的。这项工作主要靠数据抽取/转换-传输/加载(ETL)操作完成,因此 ETL 是数据仓库具有代表性的操作,也是构成数据仓库日常运行得以维持的基础[72]。

ETL工具对所有的数据源提供唯一地点来定义元数据和业务规则,定义描述用户业务特征的信息目录,创建数据集市或数据仓库,形成数据中心。通过有效的单结构模型,实现多种异构数据源、多数据源或多个应用的元数据定义。这种数据结构既可是关系型的数据库表也可是多维数据结构存储的数据立方体—OLAP数据源[73,74]。这些数据将是信息系统用户在网上做数据访问分析的基础数据。它确保了所有用户能够迅速访问一致性的数据,进行全企业的业务指标整体分析、报表制作和决策支持。该软件可以采用各种格式提供数据结果,例如维度框架、关系型表格等,用户还可以将数据从一个环境移动复制到另一个环境。

图3.8示意了从不同数据源获取主题数据的过程,ETL作为后台程序,根据数据定义和映射规则,定期执行数据抽取、转换、传输和加载的操作。因此,一个好的ETL工具应当包含进行先期建模的模块,能够提供定义数据源,预处理数据源等功能,降低模型数据源定义工作量。该模块在数据仓库数据组织基础上,按各类用户考察业务的方式来展示信息。在信息目录中可加入业务知识与数据的访问规则,用业务术语组织数据,使用户从数据库的复杂结构(如SQL语法、表连接和加密域名)中隔离出来,使用户易于在数据库中浏览数据并创建各种报表。用户定义好数据源、抽取规则和执行条件后,有ETL相关模块从业务系统或外部系统中获得的数据,转换和清洗成数据仓库需要的格式和形态,并在规定的时间装入到数据仓库中去[75]。

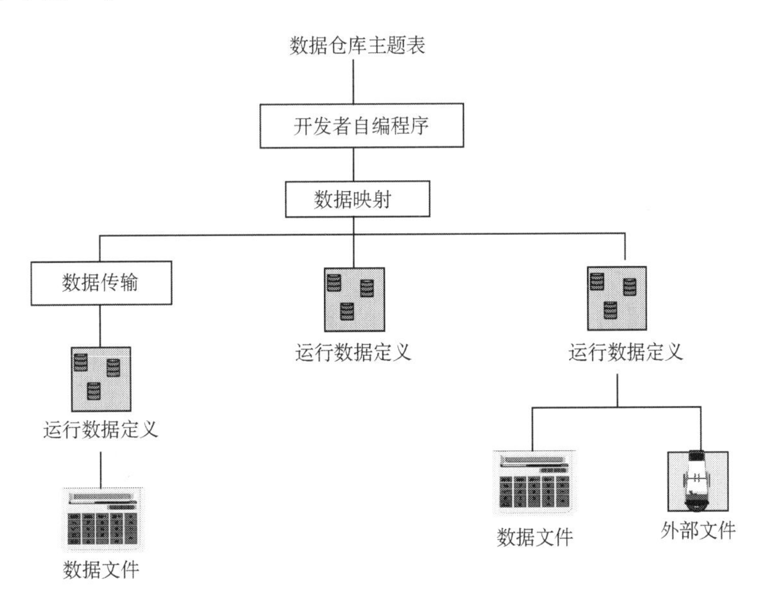

图3.8 数据仓库的数据传输过程

数据抽取(Extract)部分往往采用“推送”,即“Push”的方式,由数据库监视器或触发器通知ETL主控程序启动数据抽取任务或其他任务。在这种情况下,ETL主控程序可以充当事件触发的接收器和中转器,在收到事件触发时调度其他ETL工具或外部过程实现特定功能。

从技术发展看,在ETL环节,数据抽取工具已经得到广泛的使用,以应用编码实现的数据抽取逐渐减少。对多种数据源的访问,包括非关系型数据库和大型主机,成为基本的技术指标。复杂的数据清洗、装载作业的调度和管理也随抽取动作的执行状态而自动执行。

3.2.5.2 联机分析处理

OLAP是数据处理的一种技术概念。其基本目的是使企业的决策者能灵活地操作企业的数据，以多维的形式从多方面和多角度来观察企业的状态、了解企业的变化，通过快速、一致、交互地访问各种可能的信息视图，帮助管理人员掌握数据中存在的规律，实现对数据的归纳、分析和处理，帮助组织完成相关的决策[76,77]。

为了进行决策分析，必须对各种数据进行统一处理，并且被组织成便于分析的数据结构，这种处理方法称为OLAP(Online Analysis Processing)。

OLAP主要操作：

切片：在多维数组的某一维选定一个维成员的动作称为切片。舍弃一些观察角度，在多维数组的某一维上选定某一区间的维成员的动作称为切块。

旋转：是改变一个报告或页面显示的维方向，以用户容易理解的角度来观察数据。

上卷：从一个较低的级别向较高的级别上查看汇总数据的结果。比如，目前观察的是各个市的数据，现在要查看各个省的数据。

下切：从一个较高的级别上浏览数据，比如目前显示的是各个省的数据，现在要查看各个市的数据。

3.3 数据挖掘

3.3.1 基本概念

数据挖掘就是从大量的、不完全的、有噪声的、模糊的和随机的数据中，提取隐含在其中的、人们事先不知道的，但又是潜在有用的信息和知识的过程。这些知识或信息表示为概念、规则、规律、模式等形式[79]。

数据挖掘的三大要素是：

(1)技术和算法

如自动聚类侦测(Auto Cluster Detection)，决策树(Decision Trees)和神经网络(Neural Networks)等；

(2)数据

由于数据挖掘是一个在已知中挖掘未知的过程，因此需要大量数据的积累作为数据源，数据积累量越大，数据挖掘工具就会有更多的参考点；

(3)预测模型

将需要进行数据挖掘的业务逻辑由计算机模拟出来，这也是数据挖掘的主要任务。

由此可见，数据挖掘的最终目的是为了提高决策支持DSS(辅助)的科学性，它对决策者的吸引力在于能将大量具体、零散、表面上不相关的数据，转变为规律性、系统的相关数据，发现事物的内在关联、本质特征和发展趋势，揭示新的客观世界。

数据挖掘的过程如图3.9所示。

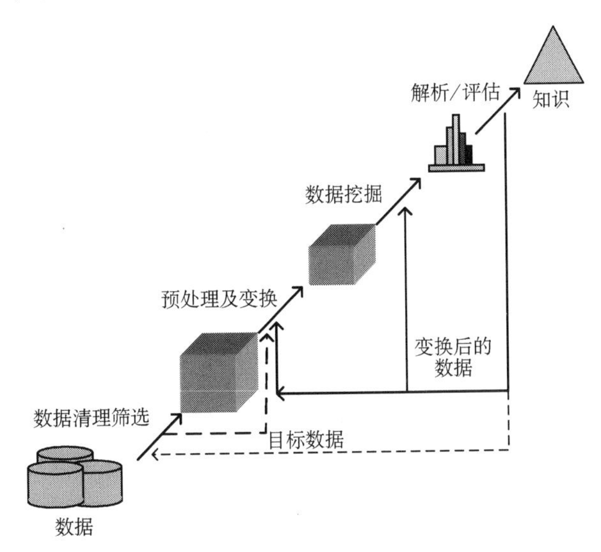

图3.9　数据挖掘的过程

数据挖掘的发展经过了几个阶段(见表3.3),从早期的历史性静态数据分析到联机分析和预测,对计算机处理能力和数据存储能力的要求也越来越高。与传统分析方法相比,虽然数据挖掘也运用统计分析手段,但它不仅仅解决常规数理统计问题,更多的用来找出不同独立事件或现象的内在关联,发现离群数据点的产生原因,对大量数据进行聚类和演变分析,从而揭示隐藏在背后的事务发展规律和相关性,数据挖掘与传统分析工具的比较见表3.4。

表3.3　数据挖掘演变过程

演变阶段	商业问题	支持技术	产品厂家	产品特点
数据搜集(20世纪60年代)	"过去五年整个有关连锁超市总收入是多少?"	计算机、磁带和磁盘	IBM和CDC	提供历史性的静态的数据
数据访问(20世纪80年代)	"连锁超市第一分部去年三月的销售额是多少?"	关系数据库(RDBMS),结论化查询语言(SQL),ODBC	Oracle、Sybase、Informix、IBM和Microsoft	在记录级提供历史性动态数据
数据仓库决策支持(20世纪90年代)	"连锁超市第一分部去年三月的销售额是多少?第二分部据此可得出什么结论?"	OLAP、多维数据库和数据仓库	Pilot、Arbor、Comshare、Cognos和Microstrategy	在各种层次上提供回溯的动态数据
数据挖掘(正在流行)	"下个月第二分部的销售会怎么样?为什么?"	高级算法、多处理器计算机和海量数据库	Pilot、Lockheed、IBM、SGI和其他初创公司	提供预测性信息

表 3.4 数据挖掘与传统分析工具的比较

	传统数据分析工具(DSS/EIS)	数据挖掘工具
工具特点	回顾型的、验证型的	预测型的、发现型的
分析重点	已经发生了什么	预测未来的情况、解释发生的原因
分析目的	从最后的销售文件中列出最大客户	锁定未来的可能客户,以减少未来的销售成本
数据集大小	数据维、维中属性数、维中数据均是少量的	数据维、维中属性数、维中数据均是庞大的
启动方式	企业管理人员、系统分析员、管理顾问启动与控制	数据与系统启动,少量的人员指导
技术状况	成熟	统计分析工具已经成熟,其他工具正在发展中

3.3.2 数据挖掘中的数据对象

3.3.2.1 数据结构与整合

数据挖掘中的基础数据实体包含文件系统、数据库和数据仓库。

其中数据仓库(Data Warehouse)被认为"是一个面向主题的(Subject Oriented)、集成的(Integrated)、相对稳定的(Non-Volatile)、反映历史变化(Time Variant)的数据集合,用于支持管理决策的数据存储结构。"[79]

广义地说,"数据库"可看成是计算机存储数据的场所,包括文件系统、关系数据库和数据仓库,但狭义的数据库是指在一个专门数据库管理系统(DBMS)提供的服务下建立起来的数据集合,其查询、访问和管理机制可以独立于用户应用程序。所以我们这里提到的数据库是指狭义的数据库。

虽然数据仓库也是一种特殊的数据库,它继承和发展了数据库技术,但与传统的数据库相比,它可以对多个异构的数据源有效集成,集成后按照主题进行重组,并包含历史数据,而且存放在数据仓库中的数据一般不再修改。而传统数据库中存储的数据大都属于"操作型数据",如银行里记账系统,每一次业务操作(比如你存了 5 元钱),都会立刻记录到一个数据库中,这种数据库面向的是业务操作,所对应的数据库也成为"操作型数据库",长此以往,积累的都是零碎的数据。

操作型数据库、数据仓库与数据库之间的关系,就像 C 盘、D 盘与硬盘之间的关系一样,数据库是硬盘,操作型数据库是 C 盘,数据仓库是 D 盘,属于不同的逻辑分区,操作型数据库与数据仓库都存储在数据库里,只不过表结构的设计模式和用途不同。

要做好数据挖掘的工作,首先还是要在长期对业务数据内在关系理解的基础上,改进数据关联——建立数据仓库。

将分散的操作型数据库中的数据整合到数据仓库中并不是简单地将表叠加在一起,而是必须提取出每个操作型数据库的维度,将共同的维度设定为公用维度,然后将包含具体度量值的数据库表按照主题统一成若干张大表(术语"事实表",Fact Tables),按照维度—度量模型建立数据仓库表结构,然后进行数据抽取转换。后续的抽取一般是在操作性数据库负载比较小的时候(如凌晨),对新数据进行增量抽取,这样数据仓库中的数据就会形成积累。

例如，水务系统的数据库从逻辑结构上按照水资源、水环境和水安全等业务主题划分，但使用简单的关系结构，不仅冗余量大，而且关联简单，不能从一个对象的多个视图（描述的角度）访问到同一组相关的数据。如河流在不同的应用程序里可以建立不同的对象，有的包含污染，有的不包含，但数据库中通常不会将污染作为描述河流的基本属性，大都通过单独的表单记录污染事件。如果重新建立数据库表结构之间的关联，将河流的表项中加入“事件”外键，可能就方便分析水资源和水环境之间的关联。

3.3.2.2 数据仓库与数据挖掘的关系

简单地说，数据仓库作为数据挖掘的数据源有天然优势，但不是唯一的解决方案；数据挖掘可以为数据仓库提供更丰富的用途[80]。

(1)数据仓库为数据挖掘提供了更好的、更广泛的数据源

数据仓库中集成和存储着来自异构信息源的数据，而这些信息源本身就可能是一个规模庞大的数据库。同时数据仓库存储了大量长时间的历史数据，这使得我们可以进行数据长期趋势的分析，为决策者的长期决策行为提供支持。

(2)数据仓库为数据挖掘提供了新的支持平台

数据仓库的发展不仅仅是为数据挖掘开辟了新的空间，更对数据挖掘技术提出了更高的要求。数据仓库的体系结构努力保证查询和分析的实时性。数据仓库一般设计成只读方式，数据仓库的更新由专门的一套机制保证。数据仓库对查询的强大支持使数据挖掘效率更高，开采过程可以做到实时交互，使决策者的思维保持连续，有可能开采出更深入、更有价值的知识。

(3)数据仓库为更好地使用数据挖掘工具提供了方便

数据仓库的建立应当充分考虑数据挖掘的要求。用户可以通过数据仓库服务器得到所需的数据，形成开采中间数据库，利用数据挖掘方法进行开采，获得知识。

数据仓库中对数据不同粒度的集成和综合，更有效地支持了多层次、多种知识的开采，为数据挖掘集成了企业内各部门的全面的、综合的数据，使数据挖掘的注意力能够更集中于核心处理阶段。

(4)数据挖掘为数据仓库提供了更好的决策支持

基于数据仓库的数据挖掘能更好地满足高层战略决策的要求。数据挖掘对数据仓库中的数据进行模式抽取和发现知识，这些正是数据仓库所不能提供的。

(5)数据挖掘对数据仓库的数据组织提出了更高的要求

数据仓库作为数据挖掘的对象，要为数据挖掘提供更多、更好的数据。其数据的设计、组织都要考虑到数据挖掘的一些要求。

(6)数据挖掘还为数据仓库提供了广泛的技术支持

数据挖掘的可视化技术、统计分析技术等都为数据仓库提供了强有力的技术支持。

3.3.3 数据挖掘的主要方法

3.3.3.1 确定数据挖掘任务目标

目前商用产品实现的数据挖掘的主要功能有：数据查询、数据报表、趋势回归预测、决策表(多维分析)、决策树、动态图、分布图、对比图、数据排查、数据分析、相关分析、弹性分析、投入产出分析、聚类分析、主成分分析、判别分析及决策设计等[81]。

不同的应用领域有不同核心任务。例如,金融业的数据挖掘包括数据清理、金融市场分析预测、账户分类、信用评估等;医疗保健业的数据挖掘关键任务是进行数据清理、预测医疗保健的费用;市场业的数据挖掘要解决市场定位、消费者分析、辅助制定市场营销策略等;零售业的数据挖掘主要运用于销售预测、库存需求、零售点的选择、价格分析等;工程和科学类的数据挖掘在智能化自动分析上具有迫切要求,如利用决策树方法对上百万天体数据进行分析,帮助天文学家发现新的星体等。因此,对于具体用户来说,建立具有行业特性的目标函数仍然是数据挖掘成败的关键。首先要知道你想要什么?然后再寻找技术解决途径。

以水务领域为例,可能的数据挖掘应用包括:

(1)供水管网维护

供水管网是城市的重要基础设施,管线常常由于金属腐蚀、埋设位置、线路定位、地质沉降等原因造成管道破裂、断裂、爆管等供水事故。如何建立供水管网状态预测模型,对于把有限的资金用于维护这些设施具有重要意义。

(2)供水管理

针对目前供水系统普遍的产销差异问题,使用基于管网 GIS 的城市供水系统数据仓库,通过数据挖掘来发现产销差异显著的区域或管网段。

(3)在供水企业中的应用

分析、构建以供水为主题的数据仓库,对于优化生产计划制定和管理调度应急事件的供水生产有重要意义。

(4)水利

在水利工程管理、水利信息化、防洪调度及水资源管理方面,利用数据挖掘技术提高决策支持水平。

(5)水文

将数据挖掘技术用于水文预报、水文相似年查找、时间序列相似性度量及关联规则的研究等等。

3.3.3.2 数据挖掘的常用模型

数据挖掘模型可分为概念/类描述;挖掘频繁模式、关联和相关;分类和预测;聚类分析;离群点分析和演变分析等。在选择使用某种数据挖掘技术之前,首先要将待解决的业务问题转化成正确的数据挖掘任务,然后根据挖掘任务来选择具体使用某一种或几种挖掘模型[82]。

(1)概念/类描述

用汇总的、简洁的和精确的方式描述各个类和概念。这种描述可以通过下述方法得到:1)数据特征化,一般地汇总所研究类的数据;2)数据区分,将目标类与一个或多个可比较类进行比较;3)数据特征化和比较。

(2)挖掘频繁模式、关联和相关

频繁模式是在数据中频繁出现的模式。存在多种类型的频繁模式,包括项集、子序列和子结构。频繁项集是指频繁地在事物数据集中一起出现的项的集合，如牛奶和面包。频繁出现的子序列，如顾客倾向于先购买PC再购买数码相机，然后再购买内存卡这样的模式是一个(频繁)序列模式。子结构可能涉及不同的结构形式，如图、树或格，可以与项集或子序列结合在一起。如果一个子结构频繁地出现，则称它为(频繁)结构模式。

关联分析是寻找在同一个事件中出现的不同项的相关性，比如在一次购买活动所买不同商品的相天性。以购物篮这个典型例子分析关联规则，“在购买面包和黄油的顾客中，有90％的人同时也买了牛奶”。即(面包＋黄油)牛奶。

(3)分类和预测

分类是找出描述和区分数据类或概念的这样过程，能够使用模型预测类标号未知的对象类。

预测是建立连续值函数模型。也就是说，它用来预测空缺的或不知道的数值数据值。

(4)聚类分析

对象根据最大化类内部的相似性、最小化类之间的相似性原则进行聚类或分组，也就是说，形成对象的簇，使得相比之下，在一个簇中的对象具有很高的相似性，而与其他簇中的对象很不相似，所以形成的每个簇可以看作一个对象的类，由它可以导出规则。

(5)离群点分析

数据库中可能包含一些数据对象，它们与数据的一般行为或模型不一致。这些数据对象是离群点。大部分数据挖掘方法将离群点视为噪声或异常而丢弃。然而，在一些应用中，罕见的事件比正出现的事件更令人感兴趣。

(6)演变分析

数据演变分析描述行为随时间变化的对象的规律或趋势，并对其建模。尽管这可能包括时间相关数据的特征化、区分，关联和相关分析、分类、预测或聚类。这类分析的不同特点包括时间序列数据分析、序列或周期模式匹配和基于相似性的数据分析。

上述这些基本数据挖掘模型都可能用于智能水务处理，但一个项目中一般不会使用到所有模型。可以选择在数据、算法和应用需求上都相对有基础的目标，建立目标函数和模型，开发原型系统。例如对于城市用水的分布特点、各类用水量预测、供需平衡等；雨量、河网水位、流量、污染等因素对实际供水的影响等。

3.3.3.3 数据挖掘工具概述

数据挖掘工具根据其适用的范围分为两类：专用挖掘工具和通用挖掘工具。专用数据挖掘工具是针对某个特定领域的问题提供解决方案，在涉及算法的时候充分考虑了数据、需求的特殊性，并作了优化。通用数据挖掘工具不区分具体数据的含义，采用通用的挖掘算法，处理常见的数据类型。通用的数据挖掘工具可以做多种模式的挖掘，挖掘什么、用什么来挖掘都由用户根据自己的应用来选择[83]。

数据挖掘是一个过程，只有将数据挖掘工具提供的技术和实施经验与企业的业务逻辑和需求紧密结合，并在实施的过程中不断的磨合，才能取得成功，因此在选择数据挖掘工具的时候，要全面考虑多方面的因素，主要包括以下几点：

- 可产生的模式种类的数量：分类，聚类，关联等；
- 解决问题的能力；

- 操作性能；
- 数据存取能力；
- 和其他产品的接口；
- 支持的 OS 平台；
- 开发和使用成本等。

目前主流的数据挖掘产品有 SAS、SPSS、MineSet、DBMiner 和 KXEN 等。其中 KXEN 是专注数据挖掘的高端产品，包括多种数据挖掘模型，Java 应用和支持 Web 服务。大多数数据挖掘厂商也提供数据仓库解决方案，业界将它们合称为商务智能(BI)。

3.3.3.4 KXEN

KXEN 是全球著名的专业数据挖掘软件开发厂商，是新一代的自动化数据挖掘软件。KXEN 是三大数据挖掘软件(SAS/EM、KXEN、SPSS/Clementine)之一，与其他两者不同，KXEN 专注数据挖掘的公司[84]。

KXEN 分析框架 5.0 版的组件可以单个购买或者打包销售。这些组件可以和建模助手和稳健报表作为数据挖掘自动化解决方案一起使用，或者可以通过灵活的 APIs 被无缝、透明地嵌入业务策略过程中。KXEN 分析框架 5.0 版是建立在 JDM、Web 服务、预测模型标记语言(PMML)、SQL 和 Unicode 等行业标准之上。它的体系结构如图 3.10 所示。

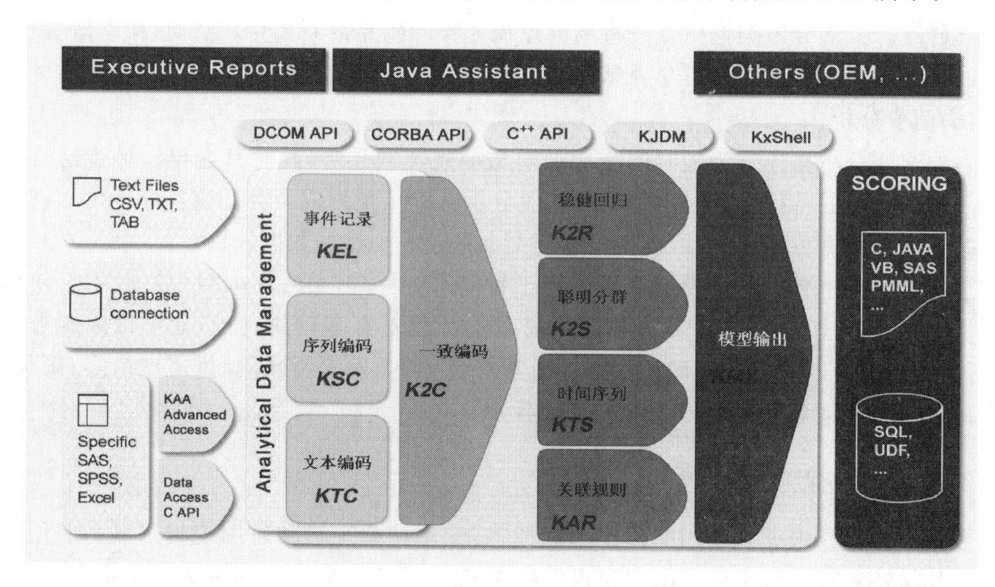

图 3.10 KXEN 体系结构

(1)KXEN 稳健回归(K2R)

K2R 是一套用于分类、回归和属性重要性的通用解决方案。它能预测行为或者数量。用一套独有的回归算法去建立预测型和描述型模型。这些模型能够用来打分、回归和分类。与传统的回归算法不同，K2R 能自动处理高维变量(>10000)。K2R 提供指标和图形来确保评估模型的质量和鲁棒性。同时，它能清晰地指出哪个属性包含无关信息或者和其他属性冗余。

优点：一个数据挖掘工程通过训练更多的模型或者更快地完成工程，其业务价值得到提升。数据挖掘过程完全自动。模型提供钻取到单个变量的功能。

(2)KXEN 聪明分群(K2S)

在数据集中发现自然聚类。K2S 经过优化来发现与特定的商务问题相关的分群。它描述每一群的特点,辨别群之间的差异。和另外的 KXEN 模型一样,它提供了评估模型质量和可靠性的指标。

优点:自动显示与特定的业务问题相关的分群。

(3)KXEN 时间序列(KTS)

是指在与时间相关的数据当中的有意义的模式和趋势。用历史数据来预测将来要出现的结果。KTS 辨识周期性和季节性因素,提供准确的可靠的预测。

优点:在业务之中调整模式,在它们发生之前预测储备不足。

(4)KXEN 关联规则(KAR)

辨识交易数据中的模式,辨识频繁的同时发生的事件。关系规则把事件关联起来,譬如,通过分析顾客购买行为,零售商能够发现在一个月内数码相机的购买带来的数码记忆棒的购买。

优点:KAR 让经理在产品混装、货架摆放和交叉销售方面做出重要决策。

(5)KXEN 一致编码(K2C)

自动分析转换数据,使得 KXEN 分析架构包可用。K2C 自动转化离散和有序变量,自动填充缺失值,自动检测奇异值。

优点:自动数据准备使用户把更多的时间精力用于模型探索和部署。

(6)KXEN 事件记录(KEL)

把事件集成为时间的阶段。KEL 允许把人口统计的客户数据和交易数据集成一起。当原始数据包含静态信息(如年龄,性别和职业)和动态变量(如消费模式和信用卡交易),不需要编程的 SQL 改变数据库的方案,数据能够在用户定义的时间内自动集成。KEL 合并并且压缩数据,使另外的 K 组件可以使用这些数据。

优点:整合信息补充资源,大大改善模型质量。

(7)KXEN 序列编码(KSC)

汇集事件成一系列变换:举例来说,一个客户在一个 Web 站点上一次会话的点击流可以被转换成一系列的数据。每个列代表特定的从一页到另一页的变换,类似 KEL,这些新的数据列可以被增加到现在的客户数据中,被 KXEN 其他模块在将来的处理中使用。

优点:KSC 可以帮您利用以前未使用的信息数据源来建立更好的预测模型。

(8)KXEN 分析数据管理(ADM)

KXEN 的 ADM 是创建和管理分析型数据集的新一代的解决方案,提供大规模的关键任务分析,正规化 ADS 的创建过程。ADS 对象存储在元数据库中,促进整个企业的重用。KXEN ADM 的可以管理版本,管理元数据,生成行业标准的 SQL,关键绩效指标可以用户自定义,来提高模型性能、数据质量、专门知识、项目控制的可视性。

优点:易于使用,提供了一种新的的表达编辑器。

(9)KXEN 模型输入(KMX)

创建由 KXEN 分析框架产生的 SQL,C,VB,SAS 和另外的输出代码。模型能够容易集成到支持这些代码的应用程序中。

优点:KXEN 模型可以迅速整合进数据库,应用程序和业务软件中,不需要 KXEN 分析框架。模型的创建和模型的部署可以在不同的平台之上。

(10)高级读取(KAA)

KAA 是一个选项,用户可以通过它读取 SAS,SPSS,EXCEL 等更多的数据格式。分析师可以对 SAS 文件数据进行读取。这样,KXEN 可以作为 SAS 环境的自动化的高质量的建模工具。

(11)KXEN 报表

KXEN 报告给使用者提供了一套表格,可以加深理解建模过程。描述性统计,模型的性能,监督偏差和专家高级选项为用户提供的所有统计信息,这些信息基于变量、类和数据集,跨统计与目标,模式性能指标,变量的贡献和得分,每个变量和分类的偏差等。

KXEN 报告给所有用户一个合适的预测模型视图,并提供 RTF 格式,HTML 和 PDF 导出能力,可以在用户的组织中分享。

KXEN 产品包包括高级包、扩展包和终极包。

高级包是预测与聚类两者相结合的行业解决方案套件。它执行的功能包含:分类、回归、聚类和分群。这个包适合寻求前瞻性的决策支持分析的单位,它们需要预测性和描述性分析。组件包含 K2C(一致编码)、K2R(稳健回归)和 K2S(聪明分群)。

扩展包涵盖了所有需要的预测和描述性分析(KXEN 高级包),增加了两个可选模块的分析框架。这两个模块可以选择从数据处理(KEL 事件记录、KSC 序列编码、KTC 文字编码)和/或从数据挖掘功能模块(KTS 时间序列、KAR 关联规则)中选择。此套件提供用户单位适合业务需求的灵活性。

终极包涵盖了所有数据挖掘需求所需要的功能和数据操作选项。这个软件包从功能性和数据融合技术方面提供了一个完整的数据挖掘平台:分类、回归、变量重要性、分群、聚类分析、时间序列、关联规则和强大的综合数据融合的环境。组件包括 K2C、K2R、K2S、KTS、KAR、KEL、KSC 和 KTC。

3.3.3.5 SAS

SAS 是由大型机系统发展而来,其核心操作方式就是程序驱动,经过多年的发展,现在已成为一套完整的计算机语言,其用户界面也充分体现了这一特点:它采用 MDI(多文档界面),用户在 PGM 视窗中输入程序,分析结果以文本的形式在 OUTPUT 视窗中输出。使用程序方式,用户可以完成所有需要做的工作,包括统计分析、预测、建模和模拟抽样等。但是,这使得初学者在使用 SAS 时必须要学习 SAS 语言,入门比较困难。SAS 的 Windows 版本根据不同的用户群开发了几种图形操作界面,这些图形操作界面各有特点,使用时非常方便。但是由于国内介绍他们的文献不多,并且也不是 SAS 推广的重点,因此还不为绝大多数人所了解[85]。

SAS 系统是一个组合软件系统,它由多个功能模块组合而成,其基本部分是 BASE SAS 模块。BASE SAS 模块是 SAS 系统的核心,承担着主要的数据管理任务,并管理用户使用环境,进行用户语言的处理,调用其他 SAS 模块和产品。在 BASE SAS 的基础上,还可以增加如下不同的模块而增加不同的功能:SAS/STAT(统计分析模块)、SAS/GRAPH(绘图模块)、SAS/QC(质量控制模块)、SAS/ETS(经济计量学和时间序列分析模块)、SAS/OR(运筹学模块)、SAS/IML(交互式矩阵程序设计语言模块)、SAS/FSP(快速数据处理的交互式菜单系统模块)、SAS/AF(交互式全屏幕软件应用系统模块)等等。

SAS在商务智能和分析方法论领域居全球领先地位。SAS拥有著名的数据挖掘工具Enterprise Miner,其提供的OLAP解决方案既有针对关系数据库的ROLAP,也有针对多维数据库的MOLAP,同时还提供了一种集成ROLAP和MOLAP技术优势的HOLAP。在决策支持和报表工具方面,用户可以使用SAS/Intranet软件建立先进的信息交付系统,如支持Web的OLAP、查询和报表工具。另外,SAS/EIS软件和SAS基于Web的数据仓库探索工具MetaSpace Explorer软件同样是功能强大的报表工具。

SAS专业认证是一项拥有极高国际声誉的专业认证,获取SAS全球专业认证,将在全球数据挖掘、分析方法论领域得到普遍认可。

在数据处理和统计分析领域,SAS系统被誉为国际上的标准软件系统,堪称统计软件界的巨无霸。SAS新的数据整合解决方案,提供包含元数据管理(Metadata Mapping)、数据抽取/转换/加载(ETL)、数据质量(Data Quality)、主数据管理(Master Data Management)、实时数据整合等通用的数据整合功能,这些功能使企业用户能实现一定的灵活性、可靠性和敏捷性,以便可以快速应对新的数据整合需求,巩固供应商关系,以一种整合平台的方式标准化企业运营层和商业智能的应用,并减少总体IT投资。

3.4 数据集成实用技术

数据集成要解决系统异构、数据模式异构、语义异构三个层次的异构问题。系统异构主要指数据所依赖的应用系统,如数据库管理系统、硬件平台、操作系统、并发控制、访问方式和通信能力的不同等。具体细分如下:按计算机体系结构的不同,即数据可以分别存在于大型机、小型机、工作站、PC或嵌入式系统中;按照操作系统的不同,数据存在的操作系统可以是Windows系列或者Unix等;按照开发语言的不同,可以为C++,Java,Delphi等;按照网络平台的不同,可以为Ethernet,FDDI,ATMTCP/IP等。

数据模式异构主要指数据在存储模式上的差异。一般的存储模式包括关系模式、对象模式、对象关系模式和文档嵌套模式等几种,其中关系模式为主流存储模式。需要注意的是,即便是同一类存储模式,它们的模式结构可能也存在着差异。

语义异构指信息资源之间语义上的区别,这些语义上的不同可能引起各种冲突。例如,从简单的命名冲突(如同名异义,同义异名),到复杂的结构语义冲突(不同的模式表达同样的信息),语义冲突(包括概念模糊、命名冲突、域冲突)将会使数据集成变得复杂化。

前面提到的各类数据的差异主要体现在数据所具有的类别、属性、显示和存储结构方面的差异。另外,像数据仓库、数据挖掘等技术主要用于针对某个目标,从大量异构数据中产生相关数据。如果试图直接使用其他系统产生的数据,还可以运用转换移植、数据字典、语义本体等实用技术。

3.4.1 数据接入

数据接入(data access)又称数据访问,常用的方法包括数据流传输、文件形式访问和数据库访问。数据流传输要求开发专门的数据传输程序,在数据“生产者”和“消费者”之间按照定义好的数据格式完成数据接入,实时性强,效率高,但可扩展性差,代码重用性差。文件形式的数据访问,不需要开发专门的数据传输程序,只要规定好文件名、路径等属性,就能实现“接入”,但“消费者”必须了解数据文件的格式才能使用。数据库形式的数据访问,只要对所有使用该数据的程序“公开”数据库表结构和访问权限,就能实现共享,但设计时的一致性要求较高。

为了减少系统集成时“两－两”系统之间数据接入的接口,有必要通过“数据共享平台”或“应用支撑平台”屏蔽各自系统的数据库结构,提供统一的数据访问接口,采用对象－表结构映射技术、数据库访问中间件和标准的 XML 数据表示方法等实现灵活和可配置的数据接入。

建立统一的数据访问接口,需要解决以下问题:

(1)采用标准的数据访问接口,保证应用系统对数据的访问独立于数据库管理系统(DBMS),独立于数据的物理结构和逻辑结构;

(2)提供数据字典,包括半结构化数据的标记和结构化数据的字段信息,在数据层和应用层之间提供一种映射机制,保证应用层和数据层相互独立,数据层数据结构的变化不会导致应用系统的代码修改,不影响应用层的正常运行;

(3)提供数据查询工具,方便系统维护,包括结构化数据的查询和非结构化数据的查询;

(4)数据重构,主要是指在不同的数据源(异构数据)之间实现数据交换,或者将 M 个数据源提供的数据整合成满足某 N 个子系统要求的信息,进行数据库表结构的再设计。

3.4.1.1 标准数据访问接口

目前主要的数据访问技术可以分为:数据库访问技术、Web 资源访问技术、基于 XML 的数据访问技术[86~88]。

(1)数据库访问技术

对于大多数应用来说,关系型数据库是最为基本的,访问关系型数据库的数据访问接口一般采用 ODBC、JDBC 和 OLE DB。这些是较底层的数据访问接口,其他还有一些是提供了面向应用层的更高层的接口,如 Javabeans、ADO 等,是对上述接口的进一步封装。

ODBC 是客户应用程序访问关系数据库时提供的一个统一的接口,对于不同的数据库,ODBC 提供了一套统一的 API,使应用程序可以应用所提供的 API 来访问任何提供了 ODBC 驱动程序的数据库。而且,ODBC 基于 SQL,并把它作为访问数据库的标准,所以,目前所有的关系数据库都提供了 ODBC 驱动程序,这使 ODBC 的应用非常广泛,基本上可用于所有的关系数据库。这个接口提供了最大限度的相互可操作性:一个应用程序可以通过一组通用的代码访问不同的数据库管理系统。一个软件开发者开发的客户/服务器应用程序不会被束定于某个特定的数据库之上。ODBC 可以为不同的数据库提供相应的驱动程序。

由于 ODBC 是一种底层的访问技术,因此,ODBC API 可以使客户应用程序能够从底层设置和控制数据库，完成一些高层数据库技术无法完成的功能。但由于ODBC只能用于关系数据库，使得利用ODBC很难访问对象数据库及其他非关系数据库。

OLE DB是COM模型的数据库接口。OLE DB是一系列的接口集合，是新的底层接口。它介绍了一种“通用的”数据访问方法。也就是说，OLE DB并不局限于关系数据库，它能够处理任何类型的数据。OLE DB向应用程序提供一个统一的数据访问方法，而不考虑它们的格式和存储方法。在实际应用中，这种多样性意味着可以访问驻留在电子数据表、文本文件甚至邮件服务器中的数据。因此，OLE DB对所有的文件系统包括关系数据库和非关系数据库都提供了统一的接口。这些特性使得OLE DB技术比传统的数据库访问技术更加优越。

JDBC是执行SQL语句的Java API。它由一组用Java语言编写的类与接口组成。JDBC已成为一种供数据库开发者使用的标准API，用户可以用纯Java API来编写数据库应用。

使用JDBC可以很容易地把SQL语句传送到任何关系型数据库中。换言之，用户不需要为每一个关系数据库单独写一个程序。用JDBC API写出唯一的程序，就能将SQL语句发送到任何一种数据库。Java与JDBC的结合，使程序员可以只写一次数据库应用软件后，就能在各种数据库系统上运行。

(2)Web资源访问技术

Web资源的访问主要是通过URL、URI、URN资源链接规范实现的。URL(Uniform Resoure Locator)用于定位主流的URI(统一资源标识符：Uniform Resource Identifier)资源，如http，ftp，mailto等，是通过“通讯协议＋网络地址”字符串来唯一标识信息位置及资源访问途径的一种方法。

URI用简短的字符来定位基于诸如http，ftp，mailto等协议上的文档、图片等，屏蔽掉服务器的登录信息，是一种用字符串唯一标识信息资源的工业标准(RFC2396)，它使用的范围及方式都较为广泛，在XML中用URI引用来标识元素的命名空间，URI包括了URL和URN，是二者的超集。

URN(Uniform Resource Name)采用全球唯一的名称来命名资源，使得其在全球范围内都是唯一的，URN通常给出资源名称而不提供资源位置。

(3)基于XML技术的数据访问接口

一般地，以XML为表示方式的数据存储主要采用两种方式，第一种方式是以关系数据库为基础，增加XML转换接口。这种方式通过XML转换引擎，将XML数据元素转换成关系型数据库的记录进行存储，再通过标准的ODBC/JDBC进行访问，同时通过转换引擎再将关系型数据库的查询结果转换为XML的数据形式。

第二种方式是直接采用XML数据库存储XML数据，用XML数据库(XML－Enabled Databases)或原始的XML数据库(NativeXML Database)，以新的数据模型为基础，进行直接的XML数据的存储、管理。这种方式以式样信息在浏览器中显示，或者通过DOM接口编程同其他应用相连。

第一种方式主要用于开发各种动态应用，其优点在于通过数据库系统对数据进行管理，然后再利用服务器端应用进行动态存取。在数据查询方面，这种方案将XML文档转换为关系表，从而将XML结构变成了平面的行和列，通过对数据库表字段的检索来获取XML文档。这种方案的缺点是失去了XML文档对层次结构的灵活性,不能做到对任意层次的目录进行查询,并且因为对XML文档的分解和还原,导致了数据库访问性能上的劣势。

第二种方式最大的优点在于直接采用XML文档存储,索引和检索直接建立在XML文档基础上,可以在XML文档的任意层次上进行检索,解决ODBC的一些限制,例如可以使不支持ODBC的客户端访问数据。另外,阻挡ODBC数据包的防火墙不会限制XML方式的数据访问,同时也减少了黑客使用ODBC进行数据攻击的机会。目前尚未有普遍认可的数据访问接口标准,一般依靠XML数据库查询引擎对以字符串表达的XML查询要求进行解析、执行。检索的手段包括基于关键词的精确检索和基于文字内容的模糊和概念检索,这是真正意义上的XML搜索引擎。XML的查询一般遵从XPath/XSLT相结合的形式,也可以通过XQuery与XPath标准相结合的方式来实现XML数据查询。

上述技术要综合使用,其中数据库访问接口技术是面向各种物理数据库的访问控制基础,Web资源访问接口是提供B/S方式以及Web Services访问数据库的接口,而基于XML技术的数据访问接口是统一数据访问接口的核心,通过它将封闭的结构化数据表示成应用软件理解的数据。

3.4.1.2 数据验证

数据验证(data validation)是保证数据清洁、正确和有用的一个检查过程,通常用验证规则或检查例程实现。当一个数据输入到一个系统中时,要通过数据验证来保证数据的正确性、有效性和安全性,否则会导致系统脆弱和崩溃[89]。

简单的数据验证一般只要证明所输入的符号(包含数字和字符)符合预先给定的符号集即可,如电话号码只应该包括数字和"+","-","(",")"。更复杂的方法就要定义与应用逻辑相关的数据一致性规则,包括建立允许字符集、检查数据总长度和批量总数、设置取值范围和特征值、逻辑检查(如除数不能为零)、判定相关性是否一致(如称谓是"先生",性别应为"男")、数据类型检查、格式检查(如日期的格式是DD/MM/YYYY)、数据完整性检查(如用户姓名为必填数据,不能遗漏)、拼写和语法检查等。

在关系数据库中,常用"外键"和"主键"连接两个表,因此数据库内部应当对"外键"进行关联表的相关字段检查。

值得一提的是,在系统集成中,跨系统的一致性尤为重要。如具有相同标识符(ID)的实体,在不同子系统中应当具有相同的记录属性(指向同一个实体),虽然它们在集成前可以给出不同的表达,但集成后,就会产生二义性,必须建立新的规则,进行转换,或增加属性,以保证关键字段的唯一性。

另外,在安全性验证中,还要对数据的真实性和来源的合法性进行验证和审计,包括数据加密、数字签名、数字水印、身份认证等,这些方法属于安全技术范畴,不在此展开。

3.4.1.3 数据转换

即使是使用了标准的数据库访问接口(如ODBC,JDBC),只解决了用户程序在关联到底层异构数据库时连接和访问方法上的统一,并不能解决在数据层面的差异。这种差异通常由同一领域的不同应用程序在不同项目背景上对数据结构定义的差异所造成的,一旦这些系统希望共享相互之间的数据,就需要通过数据转换与移植来解决异构信息系统之间的互操作问题。这里出现了两种情况[90]：

(1)相同逻辑表结构在不同DBMS中的存储字段名称或类型不同；

(2)相同业务逻辑关系定义的表结构不同，有可能表的关联不同。

第一种情况如果字段名称相同，只需解决类型转换和值转换。类型转换有两种：同类数据转换和不同类数据转换。在同类数据转换中，以数据库为例，不同的DBMS(Oracle、Sybase、SQL Server等)，相同数据类型的子类型不尽相同(如整型有不同长度，日期类型的定义不同等)，可以通过"数据类型映射表"建立不同DBMS之间的数据类型映射关系，实现不同数据库数据之间的同构数据导入/导出。而不同类型的数据转换，如字符型和实型之间，就要通过一定的处理(如运用某些强制类型转换的函数等)实现转换。在精度和格式上的转换，还要根据业务数据的值域，建立转换规则，必要时通过算法实现。如果表结构的字段名称不同，就必须借助于对照表、数据字典等技术，在语义级进行转换。

第二种情况稍微复杂点，可以分成包含关系(如目的表是源表的子集)、交叉关系。如果是包含关系，可以在源表中选择与目的表一致的字段进行转换，对于目标表没有的字段，只能空缺。如果是交叉关系，则要区分源－目的表是"多对一"，还是"一对多"。"多对一"时，可以反复采用"读子集"的办法从多个源表中"抽取"相应的值；而"一对多"就会出现多个主键对一个主键问题，造成数据迁移的困难，需要采用"数据重构"的方法。所以，第二种情况难免会出现数据不匹配的问题，有些可能通过数据特征识别，有的通过规则函数运算产生(如北京时间与格林尼治时间)，还有的只能放弃。这也是为什么会引入XML、语义本体等技术解决多数据源转换的原因。

就语义而言，XML是不同格式的数据进行统一交换的最好的中间语言，但它也是一种可扩展的语言，如果采用的DTD、Schema不同，所表示出来的信息也同样是不一样的。

因此为了做好数据格式的转换，需要完成以下工作：

(1)统一元数据定义

无论采用XML还是二进制的数据还是简单文本文件，数据信息都是由一些基本变量和字段单元组成的，如果组成数据信息的基本单元描述都不同，数据格式的转换就无从谈起。

(2)统一信息标识语言

元数据的统一将信息的组成元素确定了，要给出描述信息的语法，即信息描述语言，目前XML作为首选语言。

(3)统一语言结构

XML可以有不同的文档结构方案，表示相同内容的DTD和Schema也可以不同。在这种情况下数据转换的流程是首先将不同格式的数据转换为统一的XML格式，然后再将这个统一格式转换为另外一个应用系统所能接收的信息。该工作可用于实现多种数据库之间和各种数据格式文件之间的数据转换，包括text、dbf、数据库等实体中读取和写入数据；支持多种转换方式，包括：追加、更新、追加更新、删除、覆盖、空值处理等。

(4)定义数据字典

数据字典是关于数据的信息集合，也就是对数据流图中包含的所有元素的定义的集合。数据字典中存储了系统需要使用的各类配置信息以及各类服务组件所使用的公共信息。数据字典由对下列四类元素的定义组成：数据流、数据流分量(数据元素)、数据存储、处理。除数据定义外，数据字典还应包括记录数据元素的信息：一般信息(名字，别名，描述)、定义(数据类型,长度,结构)、使用特点(值的范围,使用频率,使用方式,输入/输出/本地条件值等)、控制信息(来源,用户,使用它的程序,改变权,使用权等)、分组信息(父结点,从属结构,物理位置——记录,文件和数据库等)。

除了格式转换外,还有数据本身的转换,如二进制数据和文本数据的转换等,有专门工具可供参考,不在此赘述。

3.4.2 元数据与数据字典

3.4.2.1 数据字典的作用

在数据集成的应用中,数据字典是重要的一个组成部分,数据字典需要描述各个异构数据源的结构、特征、存储位置、属性等信息,另外还要解决数据之间的异构,主要包括格式和语义异构,所以数据字典也是数据集成中心进行数据集成的基础,数据字典中一般主要有表3.5中的内容[91]。

表 3.5 数据字典内容

主要子集	说明
数据库连接信息	记录各个数据库的物理连接信息。包括数据库 ip 地址,服务名,端口号,用户名,口令等信息
库表信息	记录所有表在具体数据库中的名称,要求整个系统唯一,不同的数据库间也不能相同
数据映射	用于记录各异构数据源值属性与数据中心数据表、字段的映射关系,是数据格式转换的依据
字段信息	用于记录所有数据库中的所有字段以及字段的属性,包括所属数据表、字段名称、标识、字段类型、长度、是否主键、列格式等信息

当然上述所列数据字典并不完整,具体的应用系统使用也不全相同,比如对于用户权限信息等都没有列出来,数据字典主要作用有:

(1)全面的资源发现和资源描述能力,

数据字典必须全面而清晰地记录了所有资源的位置、连接属性等信息,使得应用能够准确定位、利用资源。

(2)存储所有数据之间的映射关系和数据属性

数据字典使得用户可以仅仅通过对数据库的访问便可以获取各个业务数据库的信息,从而提高效率。

(3)提供较强的可扩展性

所有数据操作都基于数据字典,因此当外部数据源或中心数据库发生变化的时候,无需对应用程序做出改动,只需要对元数据字典进行适当的维护。

(4)易于数据转换

数据字典中定义了外部异构数据源和内部业务数据的映射关系,使得无论那一方的数据发生变化,都能够灵活地完成双方的数据转换工作。

(5)实现规范化操作数据

数据字典将所有局部数据库、表、结构、字段以及具体的字段属性都做了记录、标识，使得数据的获取和增加都会按照规范进行操作。

此外，数据字典还要提供安全性控制，对所有用户的权限进行管理，如果需要访问数据中心数据或者对各个局部数据进行操作，首先必须通过用户身份认证，在满足口令以及用户赋予的权限以后才可以对数据进行相关的操作。

数据字典中对业务数据和各类操作数据的命名应参考国内外相关标准，其中业务类核心数据必须符合国家行业颁布的最新标准；操作数据参考国家和国际上的计算机信息系统类相关标准，对于尚未明确规定的元数据，由应用系统给定统一的执行标准。

3.4.2.2　数据字典的设计

在信息系统设计时，通常可以根据系统的功能组成和集成需求，设计和定义不同类型的数据字典，如业务数据库结构字典、服务和模型数据字典、访问操作数据字典等。而一般不将系统配置参数数据库的内容放在数据字典中。

业务数据库结构字典，主要记录系统中存在的业务数据库的位置、数据库管理系统名称(Oracle，Sybase，SQLServer 等)、库名、表名、字段名等信息。与特定工程项目中的数据库建设相配套，建设相应的业务数据库结构字典。如国家防汛抗旱一期工程的公共数据库包括实时水雨情数据库、历史大洪水数据库、热带气旋数据库、防洪工程数据库、社会经济数据库、图形库、历史洪灾数据库、旱情数据库等，相应的业务数据库结构字典就应当包含上述八个数据库的所有表、字段及其关系。

服务和模型数据字典，主要记录系统中保存的服务组件和各类运算模型的情况，包括服务/模型名称、位置、调用方式(dll，WebServices，等)，传参方式，参数文件后缀名，参数表名，开发语言，开发方等。还可以根据系统对服务和模型的管理功能需求，考虑是否在字典中增加可允许的增、删、改等操作及权限，以及改变后自动关联等操作(如变更发布)。

访问操作数据字典，主要规定系统中对公共数据库、服务组件和模型可进行的操作及其规范的"操作命令"，如"插入"、"添加"、"更新"、"删除"、"调用"、"备份"等，这些"操作命令"可被查询服务组件、应用系统等用来进行数据库访问，字典中存放相应命令的映射，便于统一数据库访问接口自动转换访问操作用。

(1)数据字典的定义

数据字典由对下列四类元素的定义组成：数据流、数据流分量(数据元素)、数据存储、处理。除数据定义外，数据字典还应包括记录数据元素的下述信息：一般信息(名字，别名，描述)、定义(数据类型，长度，结构)、使用特点(值的范围，使用频率，使用方式，输入/输出/本地条件值等)、控制信息(来源，用户，使用它的程序，改变权，使用权等)、分组信息(父结点，从属结构，物理位置记录，文件和数据库等)。

(2)数据的定义方法

对数据自顶向下分解，分解到不需要进一步定义为止。数据元素组成数据的方式包括：顺序(以确定次序连接两个或多个分量)、选择(从两个或多个可能的元素中选取一个)、重复(把指定的分量重复零次或多次)和可选(一个分量是可有可无的)。

(3)数据字典的实现

数据字典一般有三种实现途径:全人工过程(数据字典卡片)、全自动化过程(利用数据字典处理程序)和混合过程。

(4)数据字典应具有的特点

数据字典应该具有以下特点:通过名字能方便地查阅数据的定义;没有冗余;尽量不重复在规格说明的其他组成部分中已经出现的信息;容易更新和修改;能单独处理描述每一个数据元素的信息;定义的书写方法简单、方便且严格;产生交叉表、错误检测、一致性校验等。

每个实际系统都应根据功能需求,给出数据字典的设计原则,并定义相应的数据字典。以气象水文信息网络系统为例,给出的数据字典表设计原则如下:

- 表名以 ZD_开头;
- 实时库、近实时库、历史库和统计产品库信息都设立相应的字典表。

数据字典分以下几类:

- 目录类
  - 目录信息表:描述数据库中存放的要素表信息
  - 要素信息表:描述数据库中各要素表详细的要素信息,包括列名、类型、精度及单位等
  - 项目信息表
- 台站/观测平台信息类
  - WMO(世界气象组织)台站信息表:存放 WMO 台站号、台站名、台站类型、经纬度等信息
  - 地方海洋台站信息表
  - 军队气象台站信息表
- 管理信息类
  - 存储信息表
  - 用户权限表
  - 数据代码类
- 电码表:描述各电码表类信息。
- 参数配置类
  - 专题图配置
  - 天气图配置
  - 等值线配置

其中,数据表字典表示例如表 3.6 所示。

表 3.6 数据表字典实例

序号	中文名	数据类型	字段名	说明
1	表名	VARCHAR2(50)	TABLENAME	主键
2	中文表名	VARCHAR2(50)	CHNNAME	
3	启用时间	DATE	STARTTIME1	
4	结束时间	DATE	STARTTIME2	

(续表)

序号	中文名	数据类型	字段名	说明
5	数据库	VARCHAR2(10)	DATABASE	
6	高度标志	NUMBER(1)	HGT	
7	时次标志	NUMBER(1)	TIMES	
8	程序调用标志	NUMBER(1)	BOOLCALL	
9	实况显示标志	NUMBER(1)	BOOLSHOW	
10	数据显示可见	NUMBER(2)	VISIBLE	
11	查询方法	NUMBER(1)	QRYTYPE	
12	分层方法	VARCHAR2(20)	LAYTYPE	
13	备注	VARCHAR2(100)	REMARK	

3.4.2.3 元数据的作用

元数据(metadata)的一般定义是:元数据是关于数据的数据(data about data)。通常可以有以下的理解:元数据是一种结构化数据 (Structured data about data),用于描述数据的内容(what)、覆盖范围(where, when)、质量、管理方式、数据的所有者(who)、数据的提供方式(how)等信息,是数据与数据用户之间的桥梁;是关于资源的信息 (Information about a resource)、编目信息 (Cataloguing information)、管理、控制信息(Administrative information),是一组独立的关于资源的说明(a set of independent assertions about a resource);是关于其他数据的定义和描述[91]。

元数据可以为各种形态的信息资源提供规范、普遍的描述方法和检索工具,为分布的、由多种资源组成的信息体系(如数字图书馆)提供整合的工具与纽带。元数据也是数据,其本身也可以作为被描述的对象,这时描述它的数据就是元数据。

在信息系统中一般把数据看成是独立的信息单元,不管这里的“数据”是一本书、一个网页、或者一个虚拟的 URL 地址。元数据可以出现在数据内部、独立于数据、伴随着数据、与数据包裹在一起。

元数据应考虑实现的功能有如下几个方面:

- 描述(description):对信息对象的内容、属性等的描述能力,是元数据最基本的功能,应当能比较完整地反映出信息对象的全貌。衡量描述能力最重要的一点是,它能否准确地区别不同的具体信息对象。这是元数据标准制订工作中最困难的一部分。针对每一类具体的资源对象需分别研制。
- 资源发现(resources discovery):支持用户发现资源的能力,即利用元数据来更好地组织信息对象,建立它们之间的关系,为用户提供多层次多途径的检索体系,从而有利于用户便捷快速地发现其真正需要的信息资源。
- 选择(selection):支持用户在不必浏览信息对象本身的情况下能够对信息对象有基本的了解和认识,从而决定对检出信息的取舍。
- 定位(orientation):提供信息资源本身的位置方面的信息,如 DOI、URL、URN 等信息,由此可准确获知信息对象之所在,便于信息的获取。

- 管理(data management):保存信息资源的加工存档、结构、使用管理等方面的相关信息,以及权限管理(版权、所有权、使用权),防伪措施(电子水印、电子签名)等。
- 内容分级(content rating services):保存资源被使用和被评价的相关信息。通过对这些信息的统计分析,方便资源的建立与管理者更好地组织资源,并在一定程度上帮助用户确定该信息资源在同类资源中的重要性。
- 交互(interoperability):有些信息资源的元素内容需经过专家考据才能确定,尤其是在描述比较复杂的对象(例如古籍)的时候。对使用元数据的专家学者提供专门的元素,允许他们对某些数据项的内容进行反馈,有利于建立更为准确的元数据,提供更为良好的服务功能。

3.4.2.4 元数据的分类

对于元数据的种类有不同的分类方法。一般分为描述性元数据、结构性元数据、管理型元数据、保存性元数据等等[92]。

(1) 描述性元数据(Intellectual Metadata)

用于描述一个文献资源的内容及其与其他资源的关系的元数据。总体说来,可以认为元数据都是描述性的,但其中直接描述资源对象固有属性的一些元素,常称为描述性元数据。例如资源的名称、主题、类型等。

(2)结构性元数据(Structural Metadata)

描述数字化信息资源的内部结构,如书目的目录、章节、段落的特征。定义一个复杂的资源对象的物理结构,以利于导航、信息检索和显示。例如描述各个组成部分是怎样组织到一起的元素。

(3) 管理型元数据(Managerial Metadata)

以管理资源对象为目的的属性元素,通常称为管理型元数据,包括资源对象的显示、注解、使用、长期管理等方面的内容,例如:

- 所有权权限的管理;
- 产生/制作时间和方式;
- 文件类型;
- 其他技术方面的信息;
- 使用或获取方面的权限管理等等。

(4)保存性元数据(Conservation Metadata)

以保存资源对象为信息系统的开发目的,特别注重资源对象长期保存有关的属性。可以采用 OAIS 信息模型选择元素。

制订元数据标准需要从三个方面考虑,即:数据生成者、数据使用者、数据资源本身。在标准的制定过程中,要充分考虑前两者的需求和后者的特性,并在这三方面中间做一最佳平衡和组配。

在此基础上要遵循的几组基本的原则是:

- 简单性和准确性原则:指标识元数据的时候要尽量简单,但是一味的简单会导致标识的不精确,会降低索引结果的准确度和精度,因此要同时考虑简单性可能导致的不准确,需在二者之间做出权衡。

- 专指度和通用性原则：由于元数据应用的各类资源的各自特性不尽相同，因此无法只使用一种元数据标准，需要根据具体的资源实体来确定相应的元数据标准。另一方面，也必须考虑到确定的某种标准应尽可能覆盖多种相似或有相近特性的对象，以减少在选用适当元数据标准时的误差，即必须考虑元数据标准在一定范围内的通用性。
- 互操作性和易转换性原则：元数据的互操作性体现在对异构系统间互操作能力的支持。在具体应用上互操作性表现为易转换性，即在所携信息损失最小的前提下，可方便地转换为其他系统常用的元数据。
- 可扩展性原则：元数据标准要能根据需求的变化方便地进行必要的扩展。
- 用户需求原则：制定元数据标准的目的是想向用户更好和更充分地发现和利用信息资源。因此要把用户需求作为最终的权衡标准。

3.4.2.5　相关的元数据标准

本节就目前在国际上得到广泛认同和使用的元数据标准做一个简单的介绍。

(1)美国 FGDC 元数据标准

美国联邦地理数据委员会（Federal Geographical Data Committee，FGDC）成立于1990年，1992年6月举办了地理空间元数据讨论会，与会者认为需要研制地理空间数据的元数据内容标准(CSDGM)。该委员会下设的标准化工作组起草了CSDGM标准草案，1994年8月FGDC通过并发布第一版CSDGM。此后，联邦政府内外的许多单位从1995年开始执行这一标准，并利用自动索引和服务机制，为用户提供通过因特网访问其数据库的服务。FGDC于1997年完成了第二版CSDGM。

CSDGM说明一组数字地理空间数据的元数据的信息内容，提供与元数据有关的术语和定义，说明哪些元数据元素是必需的、可选的、重复出现的，或者是按CSDGM产生规则编码的。

第二版的CSDGM包含7个主要子集和3个次要子集，共有460个元数据实体(含复合实体)和元素。

按照FGDC提出的概念，元数据元素是元数据的关键术语，是其最基本的单元。一个元数据元素说明地理空间数据的某一方面特征。按数据库语言，它们是填入数据的“字段”。一个或若干个元数据元素组成元数据实体，复合实体则由元数据实体、元数据元素和/或其他复合实体构成。每个元数据元素、实体或复合实体均需说明其名称、定义、类型、值域、简称等特征信息。元数据子集是由若干元素、简单的或复合的元数据实体组成的集合。

如一个地点作为一个元素，由地理坐标、时间范围和高程范围等三个实体组成。其中，“地理坐标”为复合实体，它由四个元素和一个“地理区域”实体组成。“地理区域”实体又由两个元素组成；“时间范围”实体由四个元素组成；“高程范围”实体则由三个元素组成。

CSDGM标准规定了三种性质的子集、实体和元素。这三种性质是：必需的，即一定条件下是必需的、可选的。FGDC元数据标准除在美国国内广泛使用外，加拿大、印度等国也已等同采用，作为各自的国家标准。ISO/TC 211利用该标准文本作为基础，正在制定相应的国际标准。

(2)美国国家航空和宇宙航行局(NASA)DIF 标准

DIF(Directory Interchange Format)是由 NASA 发布的,主要用于说明遥感数据,特别是卫星遥感数据的一个实际应用的元数据标准。DIF 由一系列字段组成,详细说明有关数据的信息。在 DIF 中,下述六个字段是必需的:登录目录标识、登录目录名称、参数、原始数据中心、数据中心(包括名称、数据集标识、联系人等)及数据概要等。为使信息更加明晰,并尽可能与 FGDC 的元数据标准一致,增加了一些字段,如传感器名称、地点、数据分辨率、计划、质量、访问和使用限制、分发、多媒体样本等。新增加的字段有助于用户更好的决定数据集的可用程度。

DIF 字段中一部分是文本字段,其他字段则使用有效值。尽管 DIF 增加了若干字段,以求与 FGDC 的元数据内容标准一致。但是,它仍然局限于数据字典范畴,重点从数据存储的角度说明数据,缺乏数据分发、数据使用等方面的信息。

(3)英国 Dublin 元数据核心元素标准

英国 Dublin 元数据核心元素标准是用于各种网络数据资源的,它包含 15 个元数据核心元素。1995 年 3 月联机计算机图书馆中心(OCLC)/国家超级计算应用中心(NCSA)联合召开元数据学术讨论会,通过了该元数据核心元素表。迄今已召开过数次元数据学术讨论会,英国、澳大利亚、瑞典、丹麦、挪威、芬兰、德国、法国、泰国、日本、加拿大和美国等国家的有关公司和专家积极参与,它已成为国际性的、用于电子数据资源的元数据标准。

该标准按照信息的类型和范围将十五个核心元素分为三个子集:数据资源内容,数据知识产权,形式。

每个子集所包含的元素及其定义见表 3.7。

表 3.7 DC 元数据标准

子 集	元 素	定 义
内容属性	题名 Title	由数据生产者或分发者确定的数据集名称
	主题 Subject	数据集的主题,可以是说明数据集主题或内容的关键字或短语,最好使用规定的缩写词或统一分类名称
	描述 Description	数据集内容的简要说明
	来源 Source	生产数据集的原始资料说明,包括原始资料出版日期、生产者、格式、标识码或其他说明信息
	语种 Language	数据集使用的语言,该元素的内容应当与“语言标识码”标准(RFC1766) 一致,如 en(英国)、de(德国)、fr(法国)等
	关联 Relation	其他生产者标识码及其与数据生产者之间的关系
	覆盖范围 Coverage	数据集内容的空间和时间覆盖范围。空间覆盖范围可以用坐标或地名表示;时间范围是指数据的现势性,按 ISO 8601 日期和时间格式标准,即 YYYY－MM－DD

（续表）

子集	元素	定义
知识产权属性	创建者 Creator	负责生产数据的主要单位或个人
	出版者 Publisher	将数据集提供用户使用的负责单位，如出版社等
	其他责任者 Contributor	除数据生产者元素中说明以外的其他参与生产者（如编辑、转换等）
	权限 Rights	版权说明。与版权管理声明链接的标识码，或与提供数据集版权管理信息的服务链接的标识码
形式属性	日期 Date	数据集生产或提供使用的日期，按 ISO 8601 日期和时间格式标准，即 YYYY－MM－DD
	类型 Type	数据集的类型
	格式 Format	数据集的数据格式，用于识别显示或操作数据集的软件及硬件
	标识符 Identifier	唯一标识数据集的字符串或数字，对于联网数据资源，包括 URL 和 URN，或 ISBN

Dublin 元数据的每一个核心元素都是可选的和可以重复使用的。而且，元数据元素的顺序无关紧要，也不代表其重要性。

由于 DC 元数据已经在世界上成为事实上的元数据标准，很多其他的元数据标准都是参照 DC 制定的，都会与 DC 有良好的映射关系，因此业界提出了 DC 元数据抽象模型的概念。

用 DC 元数据抽象模型，可以在一套概念术语的基础之上，提供一个抽象的数据模型（概念的坐标参照系），以便在不同的元数据方案（如果都采用或宣称采用基于 DC 的方案或者 AP）之间获得共同的理解；可以独立于特定的编码语法，约束和补充置标方案的不足；还可以深入理解编码对象的属性，实现元素的映射、翻译和转换，从而实现元数据方案的共享和重用；进而可以在语义层实现元数据应用系统的互操作。

(4)中国国家基础地理信息系统(NFGIS)元数据标准

NFGIS 元数据标准参考了国际标准“ISO 15046-15 地理信息元数据（CD 2.0）”和“FGDC地理空间数据元数据内容标准（CSDGM）v. 2.0”，提供 NFGIS 元数据的内容，包括 NFGIS 数据的标识、内容、质量、状况及其他有关特征。该标准可用于对 NFGIS 数据集的全面描述、数据集编目及信息交换网络服务。

NFGIS 元数据标准规定 NFGIS 元数据分为三层：元数据子集、元数据实体和元数据元素。

NFGIS 的元数据内容主要分为基本元数据内容和完全元数据内容。基本元数据提供地理数据源基本文档所需要的最少的元数据元素集。它包括回答下列问题的元数据元素：“是否有特定主题的数据集（‘什么’）？”、“是否有特定地区的数据集（‘何处’）？”、“是否有特定时段的数据集（‘何时’）？”以及“订购或了解数据集更多情况的联系人（‘谁’）？”任何数据集（数据集、数据集系列、要素和属性）一般应有基本元数据文件，其内容至少包含基本元数据中性质为M和C(如果具有该特征)的实体和元素。

完全元数据内容包括8个不重复使用的主要子集和3个可重复使用的次要子集,用于全面、详细描述数据集、数据集系列、要素和属性。其构成和相互关系如图3.11所示。

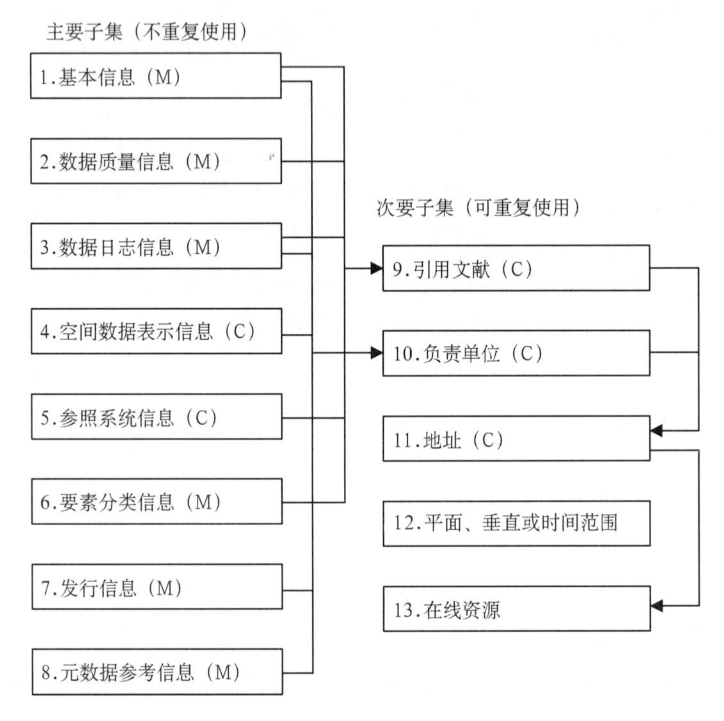

图3.11 国家基础地理信息系统(NFGIS)元数据标准数据内容

(5)气象水文行业元数据标准

世界气象组织(WMO)在2002年建立了一个大气科学领域的发现层的元数据 WMO Core Metadata。中科院根据该数据标准,于2003年建立了中科院科学数据库大气科学元数据标准(SDBAM Dataset Metadata)。该标准用来定义关于大气数据集的内容、发布、服务和其他信息的数据。它的根元素由数据集描述信息、数据集质量信息、数据集分发信息、元数据参考信息、服务描述信息、要素参数信息、范围描述信息和联系信息等7个子元素构成。

3.4.3 语义本体

3.4.3.1 语义本体的一般概念

本体(ontology),最初是一个哲学上的概念。从构成上说,本体是构成应用领域中词汇的基本术语和关系,以及结合这些术语与关系扩展的新词汇和基本规则的有机组合体。从物理含义上说,本体是一种某一应用领域中概念的显式说明,即领域知识的概念化表达。不同研究者针对他们所要解决的问题背景,提出很多形式化本体定义:二元组、三元组、四元组、五元组、六元组等等。但总的来说,尽管不同研究者采用的形式化定义不同,但都没有偏离上面关于本体的定义。例如,将本体定义为一个五元组O=(C, R, F,A,I),其中C是类的集合(或概念);R是关系的集合;F是函数的集合;A是公理的集合;I是实例的集合[93,94]。

在许多应用环境中，概念之间被定义为不同的关系，这些关系包括同义（synonymy）、反义（antonymy）、下义（hyponymy）、部分一整体关系（meronymy）、方式关系（troponomy）、必要条件关系（entailment）等等。根据对领域的依赖程度，N. Guarino 将本体分为四种：

（1）顶级本体

描述的是最普通的概念及概念之间的关系，如空间、时间、事件、行为等等，与具体的应用无关，其他种类的本体都是该类本体的特例。

（2）领域本体

描述的是特定领域中的概念及概念之间的关系，如水利、航天等等。

（3）任务本体

描述的是特定任务或行为中的概念及概念之间的关系。

（4）应用本体

描述依赖于特定领域和任务的概念及概念之间的关系。

本体在数据集成中起着公共语义描述、查询模型、推理基础三大作用，可作为达到系统互操作的基础。通过对概念的严格定义和概念之间的关系来确定概念的精确含义，表示共同认可的、可共享的知识，从而解决语义异构的问题。一个本体为特定领域的实体给出名字和描述，使用谓词来表示这些实体之间的关系。它为表示和交流领域的知识给出了一个词汇库，并给出了一系列包含着词汇库里的术语的关系，包括以下内容：

（1）公共语义描述（概念定义）

概念定义有两层含义：第一，本体内部复杂概念和关系通过其他基本的概念和关系定义出来。第二，可以将本体作为公共概念模型，来定义各数据源的概念和关系，作为各数据源语义数据集成的基础。

（2）查询模型

本体用于数据集成系统的主要意义在于，它使本体可以作为一个中介或代理，让大量的异构的底层数据源对用户来说是透明的。即用户可以不知道数据源的结构，仅提交一个针对本体的查询，系统基于语义定义，可以自动地将针对本体的查询重写为针对数据源的查询。这样，用户就可以仅仅提出需要什么数据，而不需要指出如何去发现数据。利用本体的查询模型因为涉及到复杂数据的绑定问题，在针对关系数据库的查询中并不实用。

（3）推理基础

本体用于数据集成系统的另一个意义在于：由于本体可以建立在逻辑基础上，这使数据源中的一些隐含的概念或关系可以被发现。如果用户查询本体中的一个概念，相关的答案可能在和其子概念和父概念联接的元素和属性中找到。从一个明确的被查询的概念出发，可以按照本体的结构，依次找到子孙概念和祖先概念作为其潜在的支持答案的概念。通过本体的推理，局部数据源之间元素和属性之间的关系可以根据他们在本体中映射的概念之间的关系得到。因此，本体的推理基础作用，体现在异构、分布环境下的数据集成中，可以提高数据的查全率和查准率。

因此，本体具有描述数据源语义和解决异构的潜力，在数据集成中使用本体有许多的优点：本体提供了一个丰富的、预定义的词汇库，可作为与数据源的稳定的概念接口，并且独立于数据模式。第二，本体表示的知识足够支持所有相关信息源的转换。第三，本体支持一致的管理和非一致数据的识别等。

3.4.3.2 本体描述模型

本体可以按分类法来组织，分五个基本构成元素：类(Classes)，关系(Relations)，函数(Functions)，公理(Axioms)和实例(Instances)。通常也把 Classes 写成 Concepts(概念)。

(1)类(classes)或概念(concepts)

指任何事务，如工作描述、功能、行为、策略和推理过程。从语义上讲，它表示的是对象的集合，其定义一般采用框架结构，包括概念的名称，与其他概念之间的关系的集合，以及用自然语言对概念的描述。

(2)关系(relations)

指领域中概念之间的交互作用，形式上定义为二维笛卡儿积的子集 R：C1×C2×...×Cn，如子类关系(subclass－of)。

(3)函数(functions)

一类特殊的关系。该关系的前 n－1 个元素可以唯一决定第 n 个元素。形式化的定义为 F：C1×C2×...×Cn－1→Cn。如 Mother－of 就是一个函数，mother－of(x，y)表示 y 是 x 的母亲。

(4)公理(axioms)

代表永真断言，如概念乙属于概念甲。

(5)实例(instances)

属于某概念的基本元素，即某概念类所指的具体实体。

从语义上讲，本体概念间基本的关系有 4 种(见表 3.8)，在实际建模过程中，概念之间的关系不限于表 3.8 列出的 4 种基本关系，可以根据领域的具体情况定义相应的关系。

表 3.8 基本语义关系

关系名	关系描述
Part-of	表达概念之间部分与整体的关系
Kind-of	表达概念之间的继承关系
Instance-of	表达概念的实例与概念之间的关系
Attribute-of	表达某个概念是另一个概念的属性

3.4.3.3 本体描述语言

本体语言使得用户能为领域模型编写清晰的、形式化的概念描述，因此它应该满足以下要求：良好定义的语法、良好定义的语义、有效的推理支持、充分的表达能力、表达的方便性。在过去二十年中诞生了许多种本体描述语言，用来定义本体。比如：KIF，SHOE，XOL 和 OWL。在 W3C 提出的本体语言栈中，OWL(Web Ontology Language)处于最上层，构建在 RDF(Resource Description Framework)之上，能够提供更多的原语支持更加丰富的语义表达，更好的支持推理[95,96]。

RDF使用Web标识符来标识事物,并通过属性和属性值来描述资源,基于XML,资源是可拥有URI的任何事物,比如“http://www.w3school.com.cn/rdf”,属性是拥有名称的资源,比如“author”或“homepage”。属性值是某个属性的值,比如“David”或另外一个资源,如“http://www.w3school.com.cn”。下例说明了RDF框架用例。

```
<?xml version="1.0"?>
<RDF>
<Description about="http://www.w3school.com.cn/rdf">
<author>David</author>      <homepage>http://www.w3school.com.cn</homepage>
</Description>
</RDF>
```

资源、属性和属性值的组合可形成一个陈述,由主体,谓词,客体所组成。

例如上述片段陈述的主体是:http://www.w3school.com.cn/rdf,谓语是:author,客体是:David。

RDF Schema(RDFS)是RDF的语义扩展,它提供了描述相关资源以及这些资源之间关系的机制,使得资源能够作为类的实例和类的子类来被定义。如在下面的例子中,资源“horse”是类“animal”的子类。

```
<?xml version="1.0"?>
<rdf:RDF xmlns:rdf="http://www.w3.org/1999/02/22-rdf-syntax-ns#"
xmlns:rdfs="http://www.w3.org/2000/01/rdf-schema#"
xml:base="http://www.animals.fake/animals#">
<rdfs:Class rdf:ID="animal" />
<rdfs:Class rdf:ID="horse">
    <rdfs:subClassOf rdf:resource="#animal"/>
</rdfs:Class>
</rdf:RDF>
```

相对于XML、RDF和RDFS来讲,OWL拥有更多的机制来表达语义。OWL能够清晰地表达词汇表中的词条的含义以及这些词条之间的关系,而这种对词条和它们之间关系的表达形式就称为本体。OWL通过提供一个具有形式语义的附加词汇表,使得它比由XML,RDF和RDF Schema支持的Web内容更具有机器可解释性。OWL采用面向对象的方式来描述领域知识,即通过类和属性来描述对象,并通过公理(Axioms)来描述这些类和属性的特征和关系。OWL根据不同的逻辑推理需要,设计了三个表述能力递增的子语言:

(1)OWL Lite

是OWL中相对容易实现部分的子集合,只提供了层次分类和简单的约束功能,用于提供给那些只需要一个分类层次和简单的属性约束的用户。

(2)OWL DL

提供了大部分OWL词汇支持和RDFS支持,并在语义上等同于描述逻辑DL(Description Logics)。它支持那些需要在推理系统上进行最大程度表达的用户,这里的推理系统能够保证计算完备性(computational completeness,即所有的结论都能够保证被计算出来)和可决定性(decidability,即所有的计算都在有限的时间内完成)。它包括了OWL语言的所有约束,但是可以被仅仅置于特定的约束下。

(3)OWL Full

包括所有的OWL词汇和RDFS提供的原语,能够提供最大程度的知识描述能力,但是由于过于复杂,且还不成熟,因此还在不断地更新中。它支持那些需要在没有计算保证的、语法自由的RDF上进行最大程度的用户表达。它允许在一个本体中预定义的(RDF,OWL)词汇表上增加词汇,从而使得推理软件可以支持OWL FULL的所有属性。

这三种子语言之间的关系是:

- 每个合法的OWL Lite都是一个合法的OWL DL;
- 每个合法的OWL DL都是一个合法的OWL Full;
- 每个有效的OWL Lite结论都是一个有效的OWL DL结论;
- 每个有效的OWL DL结论都是一个有效的OWL Full结论。

OWL的基本语法在W3C上有详细的描述,部分语法示例如表3.9所示。

表3.9 OWL基本语法

标签	含义
owl:Ontology	内置的公共类,为所有类的父类
owl:Thing	内置的公共类,为所有类的父类
owl:Class	定义一组共享了某些相同属性的个体
owl:subClassOf	定义一个类是另一个或多个类的子类
owl:ObjectProperty	属性被声明为对象类型的属性
owl:DatatypeProperty	属性被声明为数据类型的属性
rdfs:domain	一个属性的domain是能够应用该属性的个体集合
rdfs:range	一个属性的range是该属性所必须有的值的个体的集合
rdfs:ID	声明所描述的概念的名称

如表3.9所示,在OWL-DL本体语言规范中,有一系列公理构造子,可扩展一组关系属性,如:owl:equivalentClass、owl:equivalentProperty、rdfs:subClassOf、rdfs:subPropertyOf、rdfs:domain、rdfs:range等。其中owl:equivalentClass、owl:equivalentProperty具有传递性,rdfs:subClassof、rdfs:subPropertyof具有继承性,这些规范化的公理构造子使得查询推理扩展可以由通用的程序来完成,利用OWL DL公理构造子定义了两种语义关系:IsA关系与Synof关系,即包含和相等关系,对应到基于关键字的查询中的上下位(Hyponymy)关系和异名同义(Synonymy)关系。

IsA关系表示概念(类或属性)之间的包含关系,是利用OWL DL本体中的rdfs:subClassof和rdfs:subPropertyof公理构造子来实现的。OWL DL本体构造子subClassof(rdfs:subPropertyof)描述了类(或属性)概念之间的包含关系,若有一表达式为:<Class A subClassof Class B>,则类Class A是类Class B的子类,即子类Class B包含父类Class A的所有属性(特征)。因此父子类关系特征,对父类ClassA的查询,可以扩展到对子类Class B的查询。

Synof关系表示概念(类或属性)之间的等价关系,利用OWL DL本体中的owl:equivalentClass 和 owl:equivalentProperty 公理构造子来实现。OWL DL 本体构造子 owl:equivalentclass(owl:equivalentproperty)描述类(属性)概念之间的等价关系,即“异词同义”关系。由于具有 Synof 关系的两个或多种概念之间存在着语义上的等价性,因此对其中一个概念的查询,可以扩展到对与该概念语义等价的其他概念的查询。

通过使用以上的这些语法标签,能有效地表达本体中的概念及其概念之间的关系。

3.4.3.4 关系属性的推理机制和语义扩展查询

本体的基本关系包括:部分关系、继承关系、实例关系和属性关系,关系的属性则包括:逆属性、传递性属性、关系继承性、对称性属性和等价性属性等。可使用基于关系属性的本体推理机制实现数据集成过程。

如图 3.12 所示,A、B、C、D 存在一定的继承关系,X 是 D 具体的实例,利用本体的推理机制,即可得出 D 也是 A 的子类(采用普通的映射关系是得不到的),X 是 B、D 的实例,则 X 也是 A、B、C、D 的实例。类似由 A=B,B=C,则可以推出 A=C。利用关系属性的逻辑推理机制来查询出隐含在概念之间的逻辑关系。对于一个给定关系,假设规定对于它的关系继承性和传递性进行推理,他们也是本体概念之间最基本的关系属性。

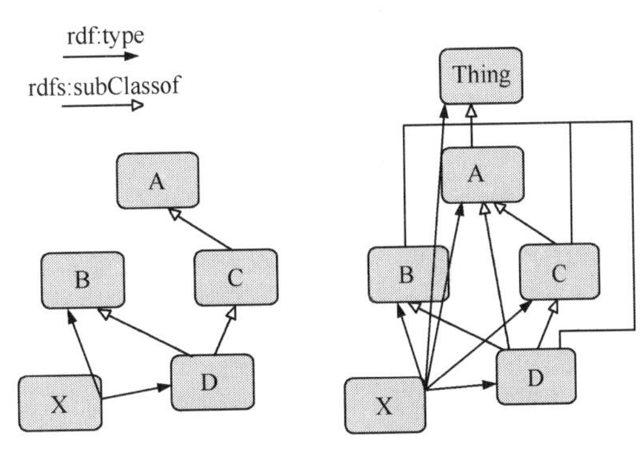

图 3.12 关系描述和关系推理比较

图 3.13 表示求与概念 C 有关系 R 的概念,利用本体推理机制,不但能推导出与概念有直接关系的概念来,还要推导出与概念隐含具有关系 R 的概念来。用公式表示:

$$Full(C,R) \xrightarrow{R\ =\ Inherit} AllChild(Full(C,R),\varphi)$$

$$Full(C,R) \xrightarrow{R\ =\ Transitivity} Full((Full(C,R),R),\varphi)$$

其中:$Full(C,R)$表示概念 C 在关系 R 作用下的概念集合;$AllChild(Full(C,R),\varphi)$表示对于 $Full(C,R)$求子概念;$Full(Full(C,R),R)$表示对概念 C 在 R 作用下的概念集合再求关系 R 作用下的概念集。

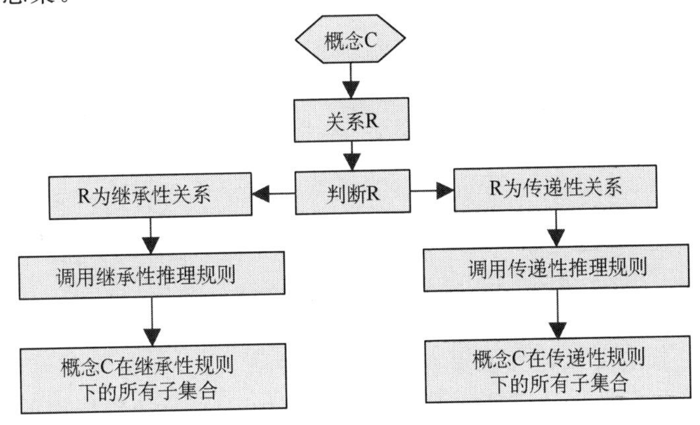

图 3.13 继承和传递的关系推理机制

针对概念的等价关系和包含关系进行推理，在已构建本体的基础之上，利用 OWL－DL 本体语言常用的构造子 owl:equivalentClass、rdfs:subClassof 并利用关系属性的推理机制进行推理，即将概念扩展到子概念以及自身和自身相等的概念，提高查询的查全率和查准率，扩展查询算法如下：

1 获取用户查询
2 提取查询关键词集合 $Q(\cdots C_i \cdots)$；
3 利用本体的推理机制，对于每一个 C_i 做如下语义扩展处理
3.1 若存在 $C_{i'}$ isAC_i，即 C_i 有子类 $C_{i'}$，则将 C_i 扩展到$(C_i, C_{i'})$
3.2 若存在 $C_{i''}$ isSyn C_i，即 C_i 与 $C_{i''}$ 相等，则将 C_i 扩展到$(C_i, C_{i''})$
4 返回新的查询集合 $Q(\cdots(C_i, C_{i'}, C_{i''})\cdots)$

3.4.3.5 本体数据字典的建立

利用本体在数据集成中所具有的公共语义描述、查询模型、推理基础的作用，本文提出在数据字典和领域本体基础之上构建本体数据字典，从而利用本体的特点为用户构建数据字典的语义管理视图，为用户提供语义辅助，进一步屏蔽语义异构，其总体结构图如图 3.14 所示。

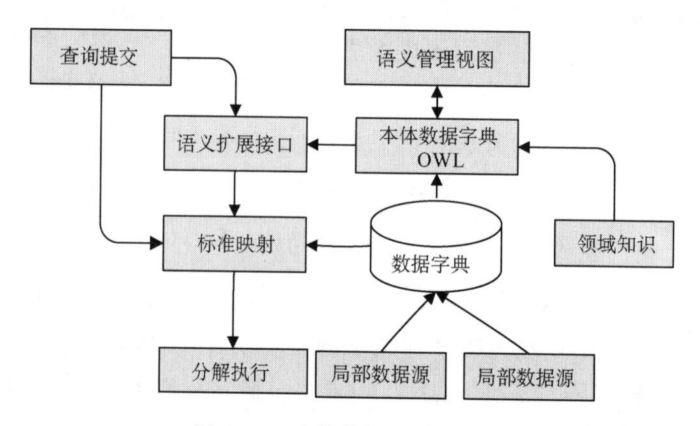

图 3.14 本体数据字典结构图

传统数据字典中的概念关系是简单的映射，字段描述没有语义背景，基于关键字的查询也忽略了数据之间的语义关系，包括同名异义（Homonymy）、异名同义（Synonymy）、上下位（Hyponymy）、转喻（Metonymy）、反义（Antonym）。其中主要的两类：忽略 Synonymy 会降低查询结果的查全率，忽略 Homonymy 会降低查询结果的查准率。引入本体后，将传统主要描述映射关系的数据字典和描述概念和概念之间关系的本体相结合，使数据字典拥有语义信息和领域背景。

数据字典中一般是以表的形式存储数据字段的描述信息和映射关系，没有层次结构，没有领域知识。以气象水文领域气象要素“能见度”为例，在一般关系数据库中建立的相关表结构如表 3.10 所示，字段 VIS、MIN_VIS、MAX_VIS、VVIS 是数据库的实际字段，而气象要素、能见度是收集的领域本体概念，最小水平能见度是数据库字段的中文解释说明。如果

只看数据字段或者字段的解释说明无法知道其含义和领域知识，通过定义数据字段和领域知识的映射关系，能够反映字段的领域背景。

表 3.10　能见度数据字段及描述

中 文 名	数据类型	字段名	单位
水平能见度	NUMBER	VIS	km
最小水平能见度	NUMBER	MIN_VIS	km
最大水平能见度	NUMBER	MAX_VIS	km
垂直能见度	NUMBER	VVIS	km

本体数据字典的建立即建立数据库中的数据字段和领域本体中的概念之间的映射关系。本文从数据字典中的字段描述中进一步建立领域本体中概念的子类，并将字段的字段名作为本体中类的一个实例来构建本体数据字典。上面关于能见度的字段关系图如图 3.15 所示。

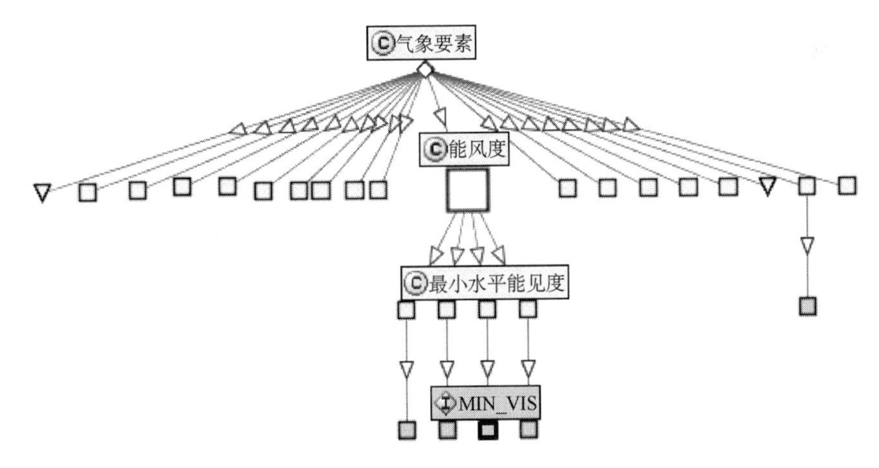

图 3.15　能见度字段含义关系图

如图 3.15 所示，重点针对数据字典中同义和上下位语义关系的词汇进行标注，本体描述片段如下：

```
<owl:Class rdf:ID="能见度">
  <rdfs:subClassOf rdf:resource="#气象要素"/>
</owl:Class>
<owl:Class rdf:ID="最小水平能见度">
  <rdfs:subClassOf rdf:resource="#能见度"/>
</owl:Class>
<最小水平能见度 rdf:ID="MIN_VIS"/>
```

领域本体是该领域公共概念模型，是人对领域知识的形式化表示，是直观的且容易理解的。数据库中的字段则是在数据集成系统中对数据的一种定义表示，数据字典对其起到解释和翻译的作用，定义数据字段和领域知识的映射关系，能够更清楚知道数据字段的所处领域背景,比如地面气象观测数据中能见度、风速、风向、温度、云都属于气象要素,能见度中又分为水平能见度、垂直能见度,云又可分为四类十族等。

以现有的数据库表结构为基础,结合部分词汇的标准定义,按照本体构建规则提取地面气象要素进行本体的构建。所建本体既要考虑到设计的合理性,也要考虑到应用的需要,即能够兼顾现有数据字典中的常用字段,同时也能够很好反映出领域知识。定义本体步骤包括三个方面的内容:定义类的等级结构、定义类的属性、定义类之间的关系。

定义类结构:将地面气象要素分为三个大类:天气现象、观测设备、气象要素。包含主要元素分别如表 3.11 所示。

表 3.11 地面气象要素本体类结构

类名称	包含子类
天气现象	云、地面冻结现象、大气光象、大气电象、视程障碍现象、降水现象、风、多云、阴、晴等
气象要素	风速、风向、云底高度、云类型、云状、能见度、蒸发、辐射、降水、露点、霜点、饱和度、日照等
观测设备	测雨设备、测风设备、测云设备、日照计等

定义类属性:按照本体的设计规范,每一个类有其相应的属性,比如风有属性风速、风向,但是,因为数据字典中风速、风向对应着一个字段,而且它们是气象要素的一种,为了使用的方便和灵活,将风速、风向定义为类,将数据表中对应的标识符定义为它们的一个实例。比如将风速标识 WS 作为风速类的一个实例,如此一来,新增加一个不标准的字段都将作为一个新的实例添加,而它们都属于同一个概念,从而达到消除歧义的目的。

定义类之间的关系:测量观测设备和气象要素之间是测量与被测量的关系,

测量拥有子属性测雨、测风、测云,分别对应测雨设备、测风设备、测云设备,它们的对象又分别为气象要素中降水、风、云要素。对于类之间诸如此类较复杂的关系,可以用在知识库中,考虑到在数据库查询中应用的特点,图 3.16 为构建气象要素本体部分片段,主要构建概念之间的层次关系。

通过构建本体数据字典来建立不同数据字段的语义关系,可以解决异名同义、同名异义的问题,例如风向有两种表示方法(字符表示和角度表示),它们都是风向的子概念,相同的字段描述不同概念,它们分别是不同概念的实例。通过定义多个数据源数据字段到本体某个概念的映射,可以解决分布数据的映射问题,对于领域中的一个概念,其数据可能来自不同的数据源,它们都作为概念的实例。

3.4.3.6 本体的推理机制及其实现

利用本体所蕴涵的知识来进行推理,是以本体作为信息组织形式比传统数据库更智能化的方面。本体的推理机制是实现更高层次语义扩展的基础,其基本内容就是由给定的知识获得隐含的知识。

描述逻辑是本体推理机的理论基础,它是一种基于对象的知识表示的形式化,是一阶逻辑的一个可判定子集,具有合适定义的语义以及很强的表达能力。理论上,描述逻辑中查询推理的基本问题包括概念的可满足性、概念的包含关系、实体检测、一致性检测等。描述逻辑中两种最基本的推理形式为内含性和可满足性,其他形式的推理都能归为这两种形式。

OWL 的子集 OWL DL 提供了与描述逻辑对应的模式,有比较强的推理能力。OWL

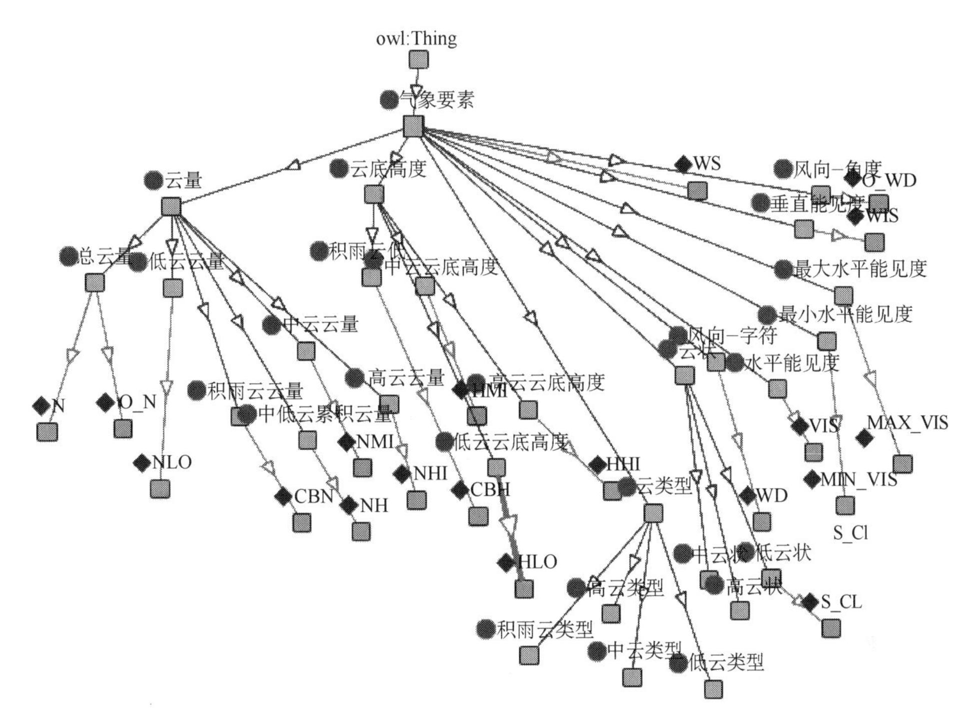

图 3.16 气象要素本体层次关系图

DL 等价于描述逻辑 SHOIN(D)，具有正式的基于逻辑的语义和很强的表达能力，是一阶谓词的可判定子集。本体的查询需要建立推理引擎，才能将本体中具有隐含语义关联的数据推理出来。本体推理机由本体解析器，查询解析器，推理引擎，结果输出模块和 API 五个模块组成，结构如图 3.17 所示。

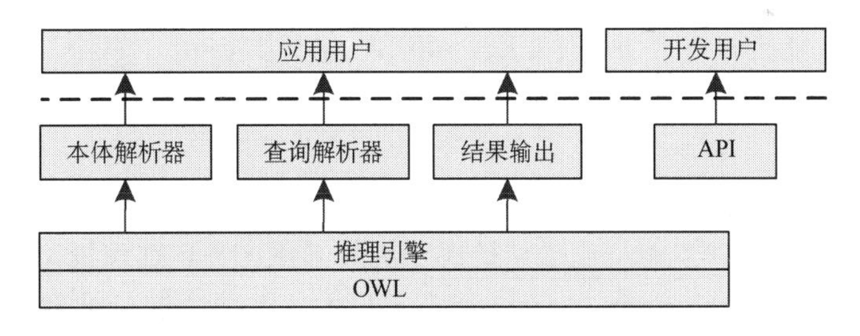

图 3.17 本体推理机的系统结构图

图 3.17 中的本体解析器提供了对文件形式或者存储在数据库中的本体进行读取和解析。查询解析器为用户提供解析用户查询命令的接口。推理引擎是整个推理机的核心，其内部结构对本体推理能力的影响至关重要，推理的结果可以以 RDF 或其他形式展现出来，推理机常用的规则可以按定义方式分为 3 种：

(1)RDFS

OWL 内置的常识规则，包括 rdfs:subClassOf，rdfs: equivalent，Class 等本体描述语言自身定义的关系限制，是进行本体分类等操作的主要方法。

(2)自定义名称属性的规则

尽管它也属于内在定义的规则类型，但它必须通过该本体唯一的标志符作为前缀才能引用，名称由自己定义。

(3)自定义规则

按照某种规定语法所明确定义的规则，能够灵活地构造各种关系，可以写在应用程序里或者单独保存在规则文件里。

目前一些研究机构已开发了一些基于本体的实际使用的推理机，有德国 Franz Inc. 公司开发的本体推理机 Racer (Renamed ABox and Concept Expression Reasoner)，英国曼彻斯特大学开发的 C＋＋编写的开源软件 FaCT＋＋，美国马里兰大学的 OWL DL 推理机 Pellet，以及惠普实验室开发的 Jena 自带的推理机。下面简单介绍采用 Jena 的推理机的一种实现。

利用 Jena API 中提供的开发包实现对 OWL 文件的操作，包括语义标注和语义扩展查询。Jena 的 Ontology API 用来支持基于 RDF 格式的本体数据的程序开发，比如像 OWL，DAML＋OIL 和 RDFS，它们都是基于 RDF 格式的本体语言。Ontology API 与推理子系统紧密地结合在一起，通过推理能从一个给定的本体源得出补充的信息。在 Jena 中，Ontology 子系统与推理子系统一起在 RDF 的基础上构建出语义检索的基本核心架构。OntologyModel 是 Ontology 子系统处理的基本对象，通过 OntologyModel 用户可以读取以各种结构存储的 Ontology 数据，并可以对 Ontology 的类、属性、实例等元素进行操作、处理和一致性检查，是实现基于 Ontology 的语义推理的基础。

com. hp. hpl. jena. ontology 包中包含了对 Ontology 进行操作的模型 Ontology model，该包中一些比较重要的接口和方法包括：OntModel，OntClass，OntProperty 等。

OntModel 接口包括的重要方法有：OntClass getOntClass(java. lang. String uri)将字符表示的资源映射为模型中的表示该资源的类；OntProperty getOntProperty(java. lang. String uri)将字符表示的资源映射为模型中表示该资源的特性。

OntClass 接口包括的重要方法有：Egtendedlterator listSubClasses()方法可以返回能够遍历该类所有子类；Extendedlterator listSuperClasses()方法可以返回能够遍历该类所有超类。

在创建本体模型时，推理机是实现语义查询的关键，否则本体只是作为一种标记，在模型创建时必须指定推理机，才能实现语义扩展。例如采用 OWL 推理机，主要对关系属性进行推理，即主要对 owl：equivalentClass 和 owl：subClassof 关系进行推理，即＜B，owl：subClassof，A＞，且＜C，owl：subClassof，B＞，则＜C，owl：subClassof，A＞；由＜A，owl：equivalentClass，B＞，并且＜B，owl：equivalentClass，C＞，则＜A，owl：equivalentClass，C＞，推理机的能力就是通过两个直接的定义得出隐含的这条定义，这也是使用本体相比一般映射的突出优点。

以下是使用 JenaAPI 建立本体推理模型的过程：

```
OntModel m=ModelFactory. createOntologyModel
(OntModelSpec.OWL_MEM_RULE_INF); //建立采用OWL_MEM_RULE_INF 推理机的本体模型，采用此推理机可以推理传递性关系和继承性关系
  m.read ("G:\\code\\dmqxys.owl");//读入本体文件
```

利用模型绑定本体和推理机后，就可以利用建立的推理机模型对本体进行操作和推理，本体的推理过程可能需要较长时间的计算，不同的推理机有不同的推理约束，对于较复杂的

本体以及采用更严格的推理机制的计算过程可能更长，所以在使用时用户需要根据自己的需要选择合适的推理机，对于规模较大的本体可以采用数据库进行持久存储。

以关系数据库中查询“云量”为例，假设云的字段描述如表 3.12 所示，若采用普通查询方式查询云量，因为数据库字段中没有云量字段，所以返回值将为空，所以查询时必须指定具体的云的类型。采用本体后，从语义层次将数据字段分类组织，定义云量作为各种具体类型云量字段的父类，则查询云量能够映射到具体的四种类型云的云量。同样，云底高也是气象观测数据中的重要观测量，通过定义每一种类型的云底高的共同父类云底高，更全面刻画出概念之间关系，能够辅助用户查询。

表 3.12 云字段描述

中文名	数据类型	字段名	单位	说明
低云云量	NUMBER	NLO		
低云类型	NUMBER	TLO		
低云云底高度	NUMBER	HLO	m	
中云云量	NUMBER	NMI		
中云类型	NUMBER	TMI		
中云云底高度	NUMBER	HMI	m	
高云云量	NUMBER	NHI		
高云类型	NUMBER	THI		
高云云底高度	NUMBER	HHI	m	
积雨云云量	NUMBER	CBN		
积雨云类型	NUMBER	CBT		

通过构建本体后，查询云量将映射到对所有云量值的查询。

如下为关于云量的本体描述片段：

```
<积雨云云量 rdf:ID="CBN"/>
<中低云累积云量 rdf:ID="NH"/>
<最大水平能见度 rdf:ID="MAX_VIS"/>
<低云云量 rdf:ID="NLO"/>
<owl:Class rdf:ID="低云云量">
    <rdfs:subClassOf>
      <owl:Class rdf:ID="云量"/>
    </rdfs:subClassOf>
  </owl:Class>
<owl:Class rdf:ID="积雨云云量">
    <rdfs:subClassOf rdf:resource="#云量"/>
</owl:Class>
```

对关键词云量进行扩展查询，找到所有云量的所有子类，并查找每一个子类的一个实例，进而获得所有有关云量的数据字段。

```
OntClass con=m.getOntClass( NS+"云量" );
for (Iterator i1=con.listSubClasses(); i1.hasNext(); ) {
            OntClass c1=(OntClass) i1.next();
                System.out.println( c1.getLocalName()+":" );
                for (Iterator i2=c1.listInstances(); i2.hasNext(); )
{ Resource temp=(Resource)i2.next();
                System.out.println(temp. getLocalName);
}};
```

得到结果：

中低云累积云量：NH

高云云量：NHI

低云云量：NLO

中云云量：NMI

总云量(两种表示)：N、O_N

积雨云云量：CBN

通过以上语义扩展从而将查询分解为对所有子概念字段的查询，并通过进一步的具体映射执行查询。用到的主要操作过程：

(1)查询某一概念的所有子类，主要用到 listSubClasses()方法。

(2)查询某概念的所有父概念，主要用到 listSuperClasses()方法。

(3)查询某一概念的所有等价类，主要用到 listEquivalentClasses()方法。

(4)查询某概念的所有实例，主要用到 listInstances()方法。

(5)创建概念(类)及其关系和实例，主要用到 createClass()方法以及 addSubClass()，add EquivalentClasses()等方法。

本体数据字典的操作主要有两个工作，一是对已有的本体进一步扩充，即建立概念间的映射，对于新增加的概念通过添加与已有概念间的关系，进行语义标注。第二是对本体数据字典进行查询，用户提交的概念，经过 OWL 推理机(本文主要是针对关系属性推理)的推理，得到与之相关的概念，即列出其子概念和相等含义的概念以及所有数据库字段值。

第4章 应用集成方法与技术

4.1 应用集成概述

4.1.1 应用集成的类型与层次

应用集成的定义最早是由 Kimberly Knickle 在 AMR 研究中提出的，Knickle 给出了解释：应用集成是连接不同应用、允许信息流动的过程。随着应用集成技术的不断发展，应用集成所被赋予的内涵变得越来越丰富。现在应用集成的概念具有更为广义的内涵，它被扩展到业务整合（Business Integration）的范畴，因此，可以认为，应用集成是软件、标准和硬件的结合，它可以将两个或多个应用系统无缝地整合，使其成为一个逻辑的整体，并且使集成后的系统能够按照不同业务的规则完成整个业务流程。主要解决以下几个方面问题[97]：

(1)数据共享问题

这里所说的数据共享问题并不是我们通常所认为的不同应用程序共享一个数据库，而是不同的应用系统之间共享数据。每个独立的应用系统都可能拥有自己的数据库，这些数据库可能来自不同的厂商、不同版本，各个数据库自成体系，互相之间没有联系，数据编码和信息标准也不统一。数据共享问题就是如何让各个独立的系统能够自由地访问这些各不相同的数据库。

(2)应用程序连接问题

应用程序连接是指在业务逻辑层的各种应用程序通过调用其他应用程序和被其他应用程序调用来连接在一起，以共享和利用信息，使不同应用系统中的信息可以为所有的应用程序所共享。

(3)业务流程整合问题

各个应用系统的应用程序连接在一起并非是杂乱无章的，而是按照不同的业务有着一定的秩序，这些秩序可以是固定的，也可以是动态变化的，如何将各个独立的应用系统按照业务流程连接起来，完成一个完整的业务也是应用集成要解决的问题之一。

按集成深度来划分，应用集成可以分为：数据集成、界面集成、应用整合和业务流程集成。数据集成是应用集成发展中最容易实现的形式，也是应用集成的基础。数据集成是业务实体内的数据库和数据源层次的集成，通过将数据从一个数据源物理或虚拟地移植到另外一个数据源来实现数据的集成和共享。数据集成中的关键是对数据进行概念建模和在概念建模基础之上的推理支持。只有建立数据的概念模型，才能对数据进行统一标示和编写目录，确定元数据模型。只有对数据建立统一的模型后，数据才有在分布式数据库中共享的可能。数据集成的方法主要有数据接入、数据聚合、面向接口集成和数据仓库的析取、转换、装载解决方案(ETL)等。在本书第3章对这方面的相关内容进行了介绍。本节重点关注其他类型的应用集成。

4.1.1.1 界面集成

界面集成是一个面向用户的整合,它将原先系统的终端窗口和PC的图形界面用一个标准的界面来替换,使用新的统一的表示逻辑模块来访问遗留的应用软件。但是实际上为了实现集成,用户的每一个交互动作最终都会被映射到旧的显示机制上,并联结到处理代码上,其本质属于可执行程序级的集成。

界面集成是一种原始但很有效的方法,使用这种方法系统设计师和开发人员可以把用户界面作为公共集成点来集成不同的系统,典型的是基于浏览器的用户界面集成。一般来说终端屏幕应用程序的功能可以一对一映射为基于浏览器的图形用户界面,这种新的表示层在ERP(Enterprise Resource Planning,企业资源计划)、CRM(Customer Relationship Management,客户关系管理)和SCM(Supply Chain Management,供应链管理)等系统的中应用较多。

用户界面级整合是基于脚本或代理。基于脚本的用户界面级整合将整合代码嵌入到用户界面组件事件中,通常使用客户机/服务器应用程序。例如,当单击添加用户屏幕的提交按钮时,数据被送到应用程序的数据库和一个消息队列中。基于代理的用户界面级整合通过整合应用程序接口将数据从传统系统传递到终端。

在大型或超大型信息系统集成中,各自独立开发的、具有独立功能的多个分系统,需要作为可配置的"构件"部署在不同的用户界面中,常采用界面集成的方法,保持整个系统风格的统一,并减少单个用户由于需要同时使用多个不同分系统的功能而造成的"多终端"问题。

用户界面必须树立以"用户友好"的思想。界面集成既要把整个环境的功能、性能和特色完整地展现给用户,又要为用户提供最漂亮和最习惯的操作方法,同时还要提供便捷的功能导航和帮助。

界面的集成和实现应遵循以下原则:

(1)一致性

一致性原则是用户界面设计与集成的根本原则。设计一个好界面的关键是为用户建立适当的概念模型,一致性要求计算机在与某一部分对话时的响应方式和与其他部分完全相同,这样就可以缩短用户学习和掌握界面的时间。界面一致性包括物理、语法和语义三个方面。物理一致性强调硬件方面的一致,即键的位置、鼠标器按钮设置和用法、追踪球的球动设置和转法等;语法一致性是指屏幕上的元素(显示语言)出现的顺序和规则及操作要求(动作语言)顺序的一致性问题,如窗口的标题、控制选单、工作菜单、窗体、滚动条、按钮等元素的布局和风格;语义的一致性是指构成界面的元素意义必须保持一致,如界面菜单名称、图符形状、颜色等的含义不能随系统不同而改变用意。

(2)直观操纵

直接操纵表示用户和界面的图形对象之间的相互作用。它把一个动作和一个图形对象具有的响应联系起来。直接操纵模拟了现实世界中工具的使用。对图形界面的操作非常类似于在现实世界中使用工具,如按钮"按"下产生一个响应,滚动条滚动来选择新的设置。直接操纵的另一个特性是系统的输出也可以作为输入。如一列文件可以是一个命令的结果，也可以作为用户可操作的对象。

(3)灵活性

灵活性表现在可操作和可配置两个方面。一个应用的用户范围可能很广，从习惯于用符号的到习惯于用文字的；从喜欢用数值的到喜欢用字母的；从喜欢用键盘的到喜欢用鼠标的；从喜欢用选单的到坚持用命令的等等。一个成功的系统，必须为各类人员提供工作方式的选择，以便他们选择自己喜欢的工作方式。尽最大可能允许用户按自己的喜好配置系统，让他们积极参与理解系统，这有助于增强用户对系统的控制能力，如让用户自己配置系统的背景颜色、字体、鼠标的形状等等。

(4)显式的操作

在设计用户界面时要考虑哪些操作需要给用户显式的提示或信息。对于那些不可逆的操作，需要给用户显式的信息，让用户确认这些操作。如保存或清除系统工作区的内容时给出类似"Are you sure want to save (to erase) this worksheet?"等的信息，让用户确认所进行的操作。为了避免不可逆操作产生的负作用，在设计用户界面时注意为用户设置以下三项功能：警告，上下文相关帮助信息，Undo 操作。

界面实质上是一套标准界面元素和交互技术的综合运用。在理论上界面应考虑三方面内容：机器到用户的通信方式、用户到机器的通信方式和用户理解界面的方式。机器到用户的通信方式是工具(应用)使用显示语言控制信息的存取，根据这些信息进行计算，把计算的结果转换成可理解和可使用的形式。用户到机器的通信方式是用户必须看懂计算机显示的信息，并作出适当的应答。应答可用交互技术，如键盘选择和移动鼠标。在界面研究中，交互技术就是界面语言。用户对界面的理解，通常被称作"用户概念模式"，包含对界面是什么、做什么以及如何工作的要求，蕴含了用户使用计算机系统的经验。

在界面集成时，通常采用面向对象的技术，借助于界面管理工具，把用户界面部分称为用户界面构件，遵从各集成部件在整体中的功能作用设计相应的出现位置、资源类型和激活机制；而将工具部分称为服务构件(或控件)，如窗口和组成窗口的公共元素：标题窗、菜单窗、控制窗、窗体、滚动条、按钮、字符和图符等。用户界面以面向对象的方式工作，对象包括窗口、图符、按钮、菜单、字符和字符串、图像等元素。其基本的交互方式是选择对象，并选择要进行的操作。用户界面提供窗口管理系统标准功能，还可以通过窗口访问每个应用程序。从用户观点看，对一个应用程序的输入就是从键盘、指示设备输入或者拷贝某一选择项到指定的窗口中去。

首先对组成界面的公共构件进行对象抽象和定义，然后根据各对象的用途将其结构属性和行为特征封装到各自的功能对象中，形成用户界面的基本构件对象，也称之为显示对象。这样界面的组装可利用对象的继承、引用和聚类等机制把相关的界面构件对象按照它们之间的相互关系和作用组织在一起，构成一个完整的自集成的界面系统。此时，既要解决用户界面自身系统的集成，同时也要考虑界面与工具之间的集成。

可移植公共工具环境(PCTE：Portable Common Tool Environment)是一个颇具影响的标准集成环境。采用了面向对象的机制和方法，实现了一个具有多窗口机制的界面管理系统。通过 PCTE 用户界面，用户可以并行运行多个应用程序，对不同的应用程序提供通信接口，解释用户输入，并把它引入到相应的应用程序。

4.1.1.2 应用整合

应用整合是在业务逻辑层上进行的集成，把不同的应用程序连接起来，以共享和利用信息，使不同应用系统中的信息可以在整个业务实体范围内共享。应用程序整合是基于内部网络，通过协议转换与数据传输服务，来保证不同应用程序之间的信息和指令安全、有效地传输。涉及的主要方法有：一是面向消息的中间件，它是通过在新旧应用软件、不同软件之间进行消息传递来实现集成的。二是分布式对象技术，如 CORBA、DCOM、. NET、J2EE 等，主要是把各个不同的应用系统看成是一个分布的对象，只要知道了这些应用对外公开的接口，就可以通过一定的方法直接远程调用这些应用，而不用管这些应用系统的内部结构及用什么编程语言实现等等，实现了跨平台的操作，将这些应用系统连成一个逻辑的整体。应用整合比较复杂，多少也会涉及数据集成和界面集成，因此，常常被理解为程序级或功能级的集成，需要有 API 或源代码的支持，用中间件进行整合更有意义。在新的基于网络的应用整合中，新的应用程序，常采用面向对象的编程思想以及标准的开发工具以及接口（比如 JAVA 或者. NET），可以帮助快速进行应用程序的集成。

在大型信息系统开发时，常用统一设计、分步实施的方法，一个完整的程序可分别由不同的团队（人）开发某一部分，或先期实现一部分功能，留下接口，以后开发和部署后续功能模块。因此，在设计的时候就要考虑到系统的集成方式，统一规范各组成部分的接口。由于不同时期集成框架不同，造成了应用程序支持的分步式处理技术不同，这样一来集成的操作除了应用程序本身外，还包括平台的集成。. NET 和 J2EE 都提供了良好接口规范，利用其中间件和扩展标记语言（XML），能够实现不同程序的整合。

就应用整合的结构而言，分点到点和中间件两种结构。点到点的集成非常容易理解，而且很容易实施，一个很典型的点到点集成的例子是：一个应用系统直接利用另一个应用系统产生的数据，可以通过约定数据交换接口（文件或数据库等）实现。当只集成两个应用系统时，点到点集成解决方案是不错的选择，但是当集成更多的应用时，即出现了如图 4.1 的情况。点到点集成的基础结构是非常脆弱的。每一个应用通过点到点的联接和其他应用系统紧密联系。当一个应用系统发生改变就可能破坏它的集成，而且，集成点的数量随着集成系统的增加成平方数量级增加（n 个系统，集成连接为 $n(n-1)/2$），也很难维护。

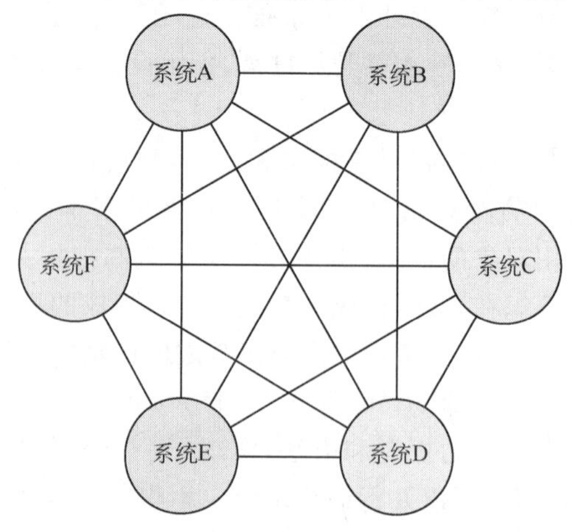

图 4.1　6 个应用系统点到点集成

中间件提供了一个通用接口，每个被集成的应用通过这个接口相互收发消息。从而每个应用系统通过中间件间接地发生交互，中间件屏蔽了不同应用之间的区别和变化。图4.2描绘了一个利用中间件集成的面向服务的逻辑体系结构。

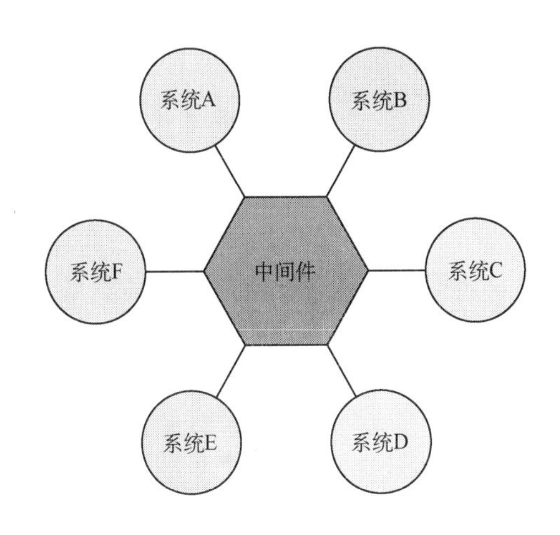

图4.2 中间件集成逻辑体系结构

中间件集成能保证在不影响其他应用的同时增加或者代替应用。和点到点的集成相比，中间件集成，n个应用只需要n个集成点，更容易支持多应用系统的集成，同时也需要更少的维护。此外，中间件在应用系统传输数据时能完成复杂的功能：传输，聚集，分离和转换所传输的消息。中间件结构具有良好的伸缩性，可以根据系统个部分的关系，设立若干组"中间件"，担当组内部或组之间的集成点。

当然，中间件集成也不是完美的，实施中间件集成的初始阶段相对复杂，而且将现有应用转换为使用中间件API也是非常麻烦的。但是相对于整个业务实体应用集成的可维护性和应用集成的性能相比，这些缺点是可以忽略的。中间件集成正在逐渐代替点到点集成而成为应用集成的标准。

4.1.1.3 流程集成

业务流程集成是在应用整合的基础上，通过数据转换、消息路由和流程管理等手段控制信息在各个应用系统之间的流动，从而控制各个应用系统按照不同的业务规则组合成不同的业务流，完成不同的业务流程。

业务流程集成的传统实现手段是采用传统的中间件或应用集成技术，包括基于传统的消息中间件、交易中间件、流程控制器或者应用服务器等技术的集成，更进一步的实现手段则是采用Web服务技术来实现业务流程集成。一般来说，在业务流程的集成模式中，应包括集成适配器、数据转换处理、消息路由控制以及业务流程管理等几大部分。

值得注意的是，在业务流程集成过程中，会遇到业务重组，势必影响到原先部分应用程序的功能和处理方法，此时，首先应当提出新的业务流程图，分析原有的应用系统与新流程的对应关系，确定哪些可利用，哪些可改造后使用，哪些必须重新设计和补充。其中有些改造和新设计的部分涉及方法集成，如将多种应用程序的公共操作聚集到一个单独的应用服务程序中，提高软件的可重用性和工程化程度，为今后维护和升级创造条件。

当被集成的应用程序能够提供API或可执行程序时，应用集成可利用集成框架（或应用服务器）支持的代码调用方法，组建服务组件库，按高一级的功能需求选择并集成合适的“软件块”；当需要扩充新的功能点或方法时，通常需要源代码的支持，以便更好地优化代码结构；当完全采用新的技术（运行环境、开发平台等）重构新的应用系统，有时需要重新移植某个老的源程序。

当业务流程与应用程序处理模块的流程有清晰的对照关系时，可以通过工具实现自动关联。如Platform公司的流程管理器，能够提供可视化的工作流程创建、编辑、运行和监控，极大地简化大型复杂工作流程的定义、运行和管理问题。该软件支持交互式作业和非交互式作业。非交互式作业包括包括单独作业和批处理作业，这些作业可以是用户开发的应用程序或者编辑的工作流。交互式作业是指具有用户界面的应用，需要采用虚拟网络连接器和远程桌面的方式来实现。

以MODIS卫星影像处理的一个应用为例，需要将MODIS辐射亮温（RBT）和归一化植被指数（NDVI）旬数据进行合成，它是遥感干旱检测中十分重要的指标和评价数据。通过对业务的分解重组，调度安排和分发策略的合理设计，来实现流程自动化，提高机器运算效率和业务处理速度。

MODIS合成的基本流程如下：

（1）几何纠正。利用MODIS L1B数据自带的地理定位数据对MODIS L1B 1km数据和250m数据进行投影、去Bow-tie效应等处理。

（2）去条带噪声。

（3）辐射（反射）定标。利用数据集中的定标参数计算，分别生成反射度和辐射度数据。其中包括大气校正、天顶角校正等步骤。

（4）归一化植被指数（NDVI）计算。由反射度数据进一步计算NDVI。

（5）辐射亮温（RBT）计算。由辐射度数据进一步计算RBT。

（6）云检测。利用辐射度数据进行云检测，对NDVI和RBT进行MASK（掩膜）处理。

（7）拼接（MOSAIC）。经过云检测后NDVI和RBT数据每日拼接一次。

（8）合成（Composite）。每旬按照最大合成法和最近合成法对拼接数据进行10天合成。

流程图如图4.3所示。

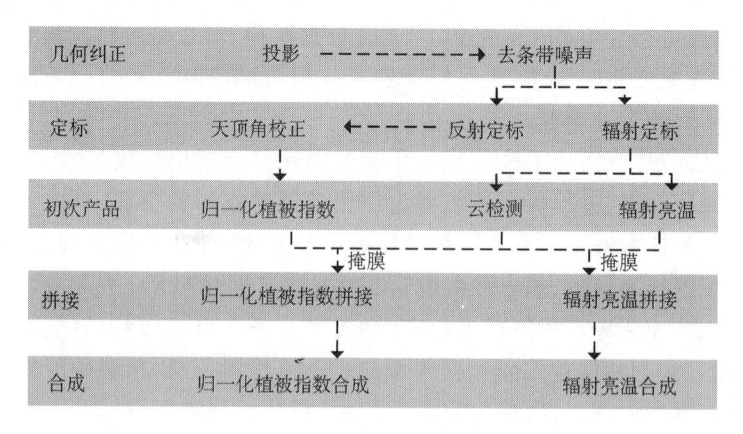

图4.3　MODIS合成处理业务流程

以上的处理流程，几乎不需人工干预，所有参数都可以预先设定，或随时从动态资源中获取，而且在每个大的处理环节有部分操作可并行，这为MODIS业务流程的自动化提供了可能性。在实施流程集成时，还要根据各处理步骤的数据传递关系、时延要求和可利用机器情况，进行合理的任务划分，使得程序运行时间最短，任务大小的平衡。

对MODIS合成流程进行任务分解，然后将分解后的子任务按照任务间关联度大小(考虑到耦合度、执行复杂度和通信量三个因子)进行分组。重组后的流程图如图4.4。

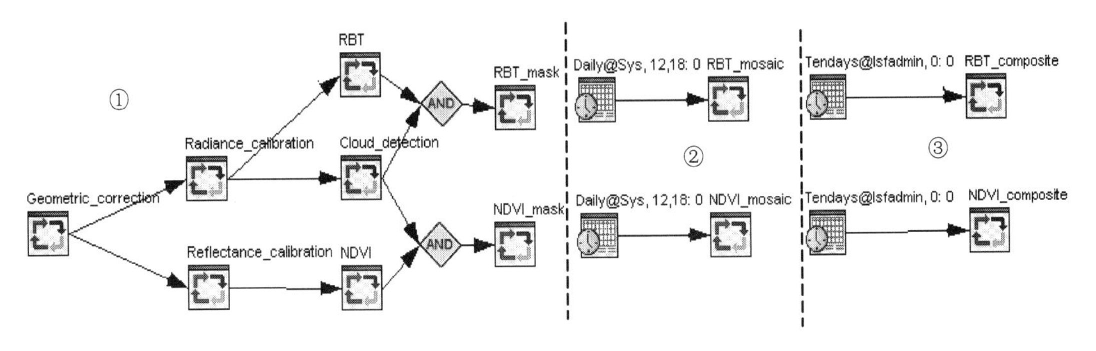

图4.4　流程任务划分图

① 通过文件驱动流程，合并条带噪声去除到几何校正任务，合并天顶角校正到反射定标任务。

② 通过日历驱动流程，进行每日拼接任务。

③ 通过日历驱动流程，进行每旬合成任务。

其中的内部数据交换可通过消息机制、文件传输等，不在此赘述。

4.1.1.4 平台集成

要实现系统的集成，底层的结构、软件、硬件以及异构网络的特殊需求都必须得到集成。当新老系统是在完全不同的技术体系下开发时，应用集成要考虑两个主要的因素：集成框架和适配器开发包(ADK，Adapter Development Kit)。平台集成处理一些过程和工具，以保证这些系统进行快速安全的通信。

集成框架是基于某种体系结构的标准框架，它提供给业务流程设计者一个直观的环境来调用适配器(Adapter)，而不必去了解适配器之后的EIS(企业信息系统)。业务流程设计者或者技术分析人员能针对适配器定义不同的调用来满足不同的目的。常用的集成框架有CORBA(Common Object Request Broker Architecture，公共对象请求代理体系结构)、SOA(Service Oriented Architecture，面向服务架构)，J2EE和.NET等。CORBA是公共对象请求代理体系结构，定义了软件总线结构，是早期Client/server体系结构下，异构客户端与服务器之间互操作的规范。它通过定义标准的"桩"(stub)接口和编写一一对应的"代理"(broker)，实现不同结构应用系统间的调用和数据访问。

21世纪提出的面向服务的体系结构(SOA)，是一个组件模型，它将应用程序的不同功能单元(称为服务)通过这些服务之间定义良好的接口和契约联系起来。接口是采用中立的方式进行定义的，它应该独立于实现服务的硬件平台、操作系统和编程语言。这使得构建在各种这样的系统中的服务可以以一种统一和通用的方式进行交互。这种具有中立的接口定义(没有强制绑定到特定的实现上)的特征称为服务之间的松耦合。

SOA通过两个约束实现软件代理之间的松耦合:一是所有参与软件都遵循一个简单统一的接口集合,接口被赋予通用的语义,所有的服务提供者和服务消费者都能使用;二是通过该接口传递的参数遵循一个可扩展的消息描述规范,有特定的词汇和结构,可扩展机制允许新服务的引入不破坏已有的服务。

目前,支持SOA的应用集成技术,即AI(Application Integration,应用集成)技术,已成为应用集成的主流,形成了以J2EE和.NET为代表的两大阵营,前者提供JAVA开发运行环境,后者提供C#开发运行环境,相应产品统称为集成平台,主要包括BEA的WebLogic,IBM的WebSphere,Microsoft的BizTalk Server,国内的东方通TongWeb和北大方正等。

BEA平台包括BEA WebLogic Server, BEA WebLogic Portal, BEA WebLogicIntegration, BEA WebLogic Workshop, BEA Jrockit。BEA WebLogic Server符合J2EE规范,并进一步扩展最新标准,是J2EE应用服务器的最强大、最可靠版本,是构建SOA的理想基础,适合大型信息系统的开发与集成,支持Unix、Windows操作系统。

IBM WebSphere产品家族包括WebSphere Studio, WebSphere Application Server, WebSphere Portal, WebSphere MQ, WBI及CICS。IBM WebSphere软件平台提供了一整套全面的集成电子商务软件解决方案,能够创建、部署、管理、扩展出强大、可移植、与众不同的电子商务应用,所有这些内容在必要时都可以与现有的传统应用实现集成,支持Unix、Windows操作系统。

Microsoft BizTalk Server是一种Windows Server System产品,符合.NET规范,可帮助客户比以往更加迅速地高效集成系统、员工和贸易合作伙伴,对低端用户而言,是应用集成、B2B集成和业务流程管理领域的不错选择。

基于上述不同平台开发的信息系统间的集成,首先要解决平台集成问题。SUN J2EE与Microsoft .NET是目前的企业浏览服务平台市场的两个最重要的应用框架(Application Framework)。它们都为针对分布式N－Tier应用的设计、集成、性能、安全性和可靠性等诸多方面为用户提供了总体的指南和规范。基于这些指南和规范,技术提供商提供了相应的平台、工具和编程环境。在具体的应用框架中,包括了针对应用的表现层服务、服务器端进程、会话管理、商业逻辑框架、应用数据缓存、应用逻辑、持久化性、事务、安全和日志服务等等。因此,J2EE和.NET集成具有普遍意义。

由于两者均声称支持SOA,需要在某个操作层面找到共性,如Web Service技术。Web Service是在更接近用户应用的层面实现和部署SOA的实用技术,J2EE与.NET都有完整的解决方案。Web Services是独立于编程语言的,它描述了操作集合的接口,可以通过标准的XML消息机制在网络中进行存取,能够通过互联网来描述、发布、定位以及调用。

Web Services技术本身的精髓就是集成整合,将不同平台框架上的应用整合在一起,形成一个更大的应用服务。因此J2EE和.NET完全可以利用他们彼此的优势,在一个统一的Web Services层次上,进行广泛的应用协作和整合。由于J2EE具有天然的跨操作系统支持性,因此,选择J2EE作为整合后的运行环境更为容易,但在实际应用中还要看两种技术的影响面。

以J2EE为例,集成整合过程中,原有的逻辑被包装成EJB Web Services,部署在机构内部的应用服务器上,而桌面应用也被升级以支持Web Services调用,同时为了使得这个

Web Services 能够被更多的人通过各种平台使用，该 Web Services 被注册进公共 UDDI (Public UDDI Registry)，并发布它的 WSDL 描述文档。至此，该 Web Services 包装的原应用系统可以和现有的基于.Net 的 Web Services 进行系统对接，以实现更大程度上的信息和服务共享。由于是对两个异构平台的服务进行集成(在这里实施了 J2EE 和.NET 平台的连接集成)，同时由于将自身注册进了公共 UDDI，因此，该 Web Services 有机会被更多的外部平台集成使用。

4.1.2 应用集成基本的技术实现

4.1.2.1 中间件结构

利用中间件实现异构平台和系统间通信的体系结构如图 4.5 所示。中间件(middleware)是位于平台(硬件和操作系统)和系统之间的通用服务，这些服务具有标准的程序接口和协议。针对不同的操作系统和硬件平台，它们可以有符合接口和协议规范的多种实现。分布式应用软件借助这种服务在不同的技术之间共享资源。中间件位于客户机、服务器的操作系统之上，管理计算资源和网络通信[98]。

中间件是基础软件的一大类，属于可复用软件的范畴。常用的中间件大致分为以下几类：远程过程调用中间件(RPC：Remote Procedure Call)、面向消息的中间件(MOM：MesSAge－Oriented Middleware)、对象请求代理中间件(ORB：Object Request Brokers)、事务处理监控中间件(TPM：Transaction Processing Monitors)。

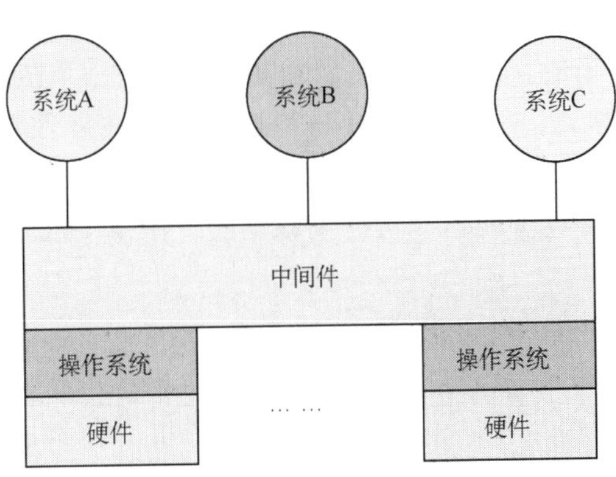

图 4.5 中间件物理结构

中间件应具有如下的一些特点：

- 满足大量应用的需要；
- 支持多种硬件和操作系统平台；
- 支持分布计算，提供跨网络、硬件和 OS 平台的透明性的应用或服务的交互；
- 支持标准的协议；
- 支持标准的接口。

但是，中间件也存在着一定的缺陷：中间件所应遵循的一些原则离实际还有很大距离；多数流行的中间件服务使用专有的 API 和专有的协议，使得应用建立于单一厂家的产品，来自不同厂家的实现很难互操作；有些中间件服务只提供有限平台的实现，从而限制了应用在异构系统之间的移植等等。

以消息中间件为例，指的是利用高效可靠的消息传递机制进行平台无关的数据交流，并基于数据通信来进行分布式系统的集成。消息中间件的核心就是提出了目的地对象（Destination）的概念，包括队列（Queue）和主题（Topic）。消息客户发送消息到消息中间件上，消息中间件接收并依次转发到合适的消息接收者上。通过提供消息传递和消息排队模型，它可在分布环境下扩展进程间的通信，并支持多通讯协议、语言、应用程序、硬件和软件平台。

越来越多的分布式应用采用消息中间件来构建，通过消息中间件来把应用扩展到不同的操作系统和不同的网络环境。消息中间件可以既支持同步方式，又支持异步方式，实际上它是一种点到点的机制，因而可以很好地适用于面向对象的编程方式。消息中间件体系结构在具体实现上可以有所不同。它可以采用集中式体系结构，这就需要依靠有一个消息服务器来执行消息通信的功能；也可以采用分散式体系结构，把服务器处理进程分布到客户端机器上，相当于客户端具有某些服务器性能。在网络传输层可以采用各种协议，如 TCP/IP、HTTP、SSL 以及 IP 多点传送等。异步消息中间件技术可以分为两类：点到点方式和发布/订阅方式。

(1)点到点模式

在点到点模式（Point to Point）中，应用系统之间的通信是利用一个队列服务器控制机制来实现的。它允许应用系统的消息发送端和消息接收端之间不需要建立直接连接。一个消息发送者发送一个消息到消息队列服务器，消息放在消息队列中直到过期。在接收者删除消息之前它一直保留在消息队列中，消息队列通过唯一的名字标识它，特定的消息使用者（也即另一个应用系统）从队列中取出这条消息后，这条消息对于其他接收者就不再有效。

在点到点模式下，多个消息发送者也可以把消息放在同一个队列中，多个消息接收者可以从这个队列中把消息取走。消息队列以一种连续的方式处理消息，通常遵循先进先出（FIFO）的算法，一次只有一个消息接收者可以从队列中取走一个消息。一旦该消息从消息队列中被取走，那么其他接收者就不能再取到该消息。图 4.6 就是有多个发送者和接收者的一个例子。

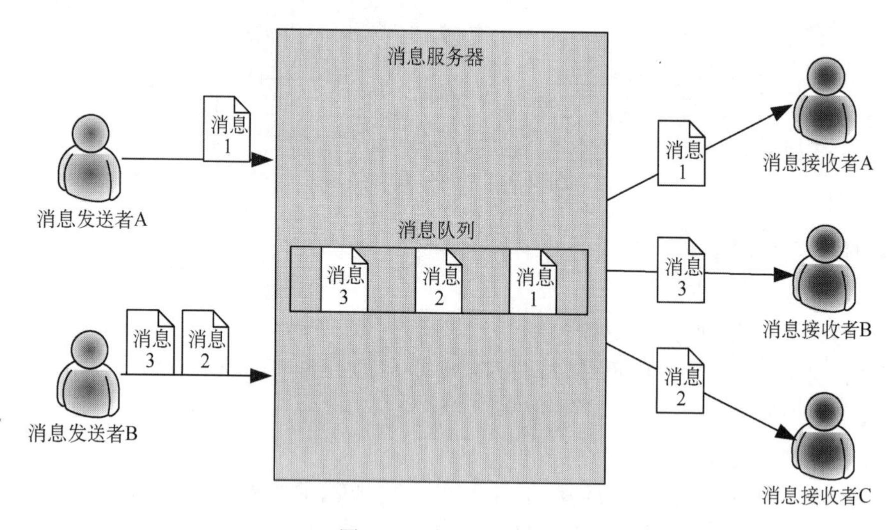

图 4.6 消息队列实例

此例中，消息发送者把消息以队列的方式发到消息中间件服务器中，队列中分别有消息1、消息2、消息3三个消息。这三个消息在队列中遵循先进先出的算法。消息接收者一次只能从该队列中取走一个消息。例如消息1最先出队，被接收者A取走，紧接着是消息2，被接收者C取走，然后是消息3，被接受者B取走。同一个消息只能有一个接收者，不能同时被两个接收者取走。

消息服务器担任一个交通指挥者的角色，这种发送消息的机制对于应用系统来说是透明的。消息队列可提供安全的消息存储以便在消息发送方和接收方连接出现断点时消息不会丢失。队列相对于发送方和接收方是独立的。它在相互通信的两个应用系统起到一个缓冲和暂存的作用。

(2) 发布/订阅模式

发布/订阅模式(Publish/Subscribe，Pub/Sub)，也称为事件驱动的消息模式，这是因为消息通常是作为事件的结果而产生。在这种模式中，消息发布者(publisher)用来产生消息，而消息订阅者(subscriber)则订阅他们感兴趣的某些消息。订阅者也只能接收其订阅的某一确定事件所触发的消息。

Pub/Sub模式是构建大型的、分布式的应用系统时最受欢迎的消息中间件异步传输手段。这种传输手段不同于消息队列的地方是：它支持跨网段的点到点和点到多点的消息传输方式。应用系统不是主动地去取它所需要的消息，消息是被推送(Push)到需要它或是订阅它的接收者上。Pub/Sub模式是采用消息主题(Message Topic)的机制来得以实现的。应用系统可以订阅一个消息主题，也可以将消息发布到一个主题。只要系统订阅了其所需要的消息主题，它就会获得任何发布到此消息主题上的消息。消息主题可由应用系统开发人员自行定义。

在传统的网络应用系统中(例如RPC或C/S方式)，当两个进程必须进行通信时，它们首先需要知道相互的网络地址，然后以点到点的连接方式开始进行通信。如果一个进程想向其他进程发送消息，它必须先获得其他进程的物理地址和IP地址，然后建立和其他进程的联接。这种点到点体系结构会使整个应用系统结构过于繁杂，系统的扩展性也受到限制。而Pub/Sub通信模式改善了这一点，它提供局部的透明性，允许程序以消息主题为通信目标，将消息发送到消息主题上，同时由制定好的一系列业务规则(Business Rules)来完成将消息向订阅了该消息主题的应用系统(也就是Subscriber)发送的工作。

Pub/Sub模式最基本的元素包括，消息的发布者、消息的订阅者、消息主题以及作为它们之间的媒介的传输机制。Pub/Sub允许多个订阅者接收同一条消息。

消息发布者把消息发送到消息服务器，消息服务器系统可以确保数据最终发送到消息订阅者上。这样，消息服务器系统作为一个“虚拟传输站”来储存等待被取走的消息。Pub/Sub模式有很大的灵活性，因为应用系统设计人员可根据具体的业务应用设计出一套业务规则，按照事先制定好的业务规则，消息服务器就利用消息路由功能(Message routing)将消息发送到目的地上。因此，Pub/Sub消息传输方式是建设具有高度系统容错性、灵活性和扩展性的大型分布式应用系统的最有效的消息中间件技术手段。

Pub/Sub模式中，发布者发布某个主题的消息，这些消息就可以被发送给所有订阅了该主题的接收者。同一个主题的消息可以有多个订阅者订阅。Pub/Sub模式中发送者和接收者之间是一对多的关系。图4.7是该模式的具体实例。

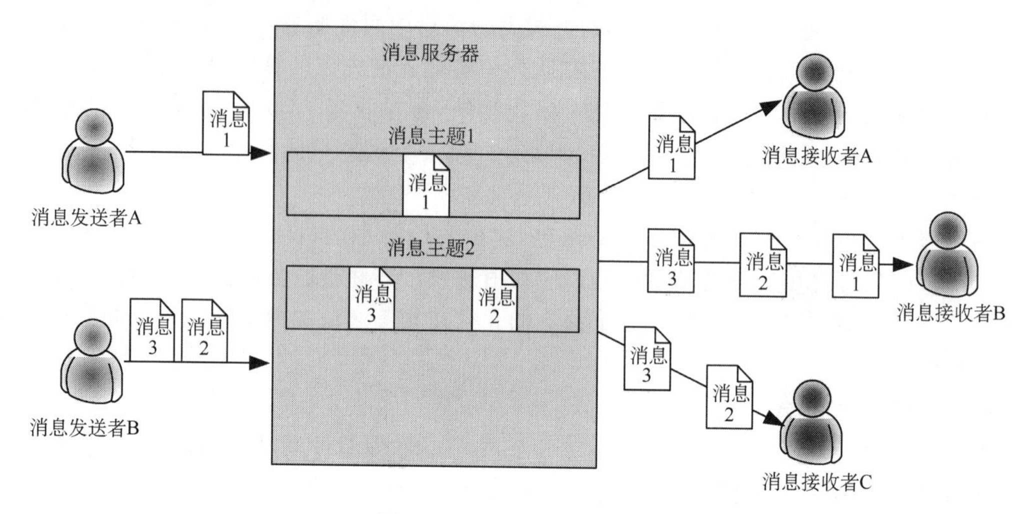

图 4.7　Pub/Sub 模式实例

此例中,发布者把消息以主题的方式发布到消息中间件系统中,分别有消息主题 1 和消息主题 2 两个主题。订阅者可以从这两个个主题中任意订阅。比如订阅者 A 订阅了消息主题 1,那么他就可以接收到消息主题 1 的消息;而同时,订阅者 B 订阅了消息主题 1 和消息主题 2 这两个主题,那么他就可以接收到这两个主题的消息;订阅者 C 订阅了消息主题 2,那么他就可以接收到消息主题 2 的消息。这种模式的好处是不但可以使同一消息同时发送给数个接收者,简化了应用系统的开发,而且可以降低网络的通信量,减少很多多余的消息。

在不同的技术框架和平台产品中,均提供了不同的消息中间件产品,会在后面的章节中介绍。

4.1.2.2　JCA 结构

在业务整合开发中,应用程序经常需要与各种业务信息系统(EIS)交互,以获得所需的资源或数据,如 ERP(企业资源管理)系统、SCM(供应链管理)系统以及各种数据库系统等等。J2EE 提供了一种称为 JCA(J2EE Connector Architecture)的标准,定义了一个资源适配器(Resource Adapter)组件。任何符合规范的资源适配器,都可以在 J2EE 的应用服务器环境中部署和运行。于是,符合 JCA 规范的 J2EE 应用程序通过资源适配器便能够和不同的 EIS 通过同一种方式进行交互,而符合 JCA 规范的 EIS 也能够和不同的 J2EE 应用程序通过同一种方式进行交互。这使得每个信息系统,只需要一个资源适配器,就可以整合到任何标准的 J2EE 应用中去,简化了开发流程。图 4.8 是 JCA 1.5 的体系结构,主要包括三个部分:系统协议(System Contracts),用户接口(Client API),资源适配器(Resource Adapter)[99]。

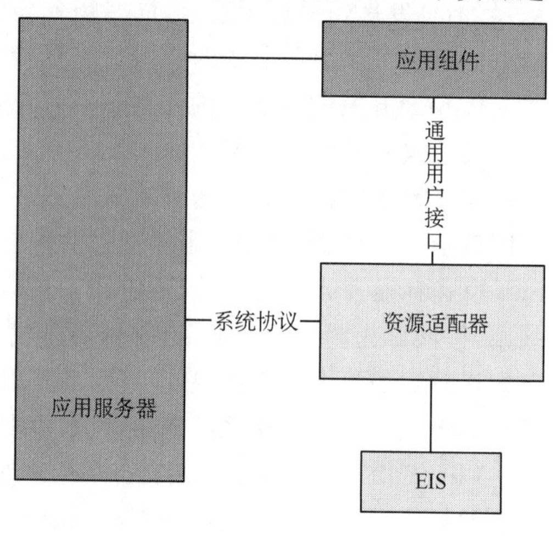

图 4.8　JCA 体系结构

系统协议定义了 J2EE 应用程序和 EIS 之

间的接口和交互标准，并且由资源适配器(Resource Adapter)来实现这些接口，因此资源适配器可以看作是系统协议的实现。用户接口(Client API)是提供给 J2EE 应用程序的 API，以便其能够访问 EIS；通用用户接口(Common Client Interface)是被推荐使用的协议。资源适配器将负责实现这些接口，通过它，J2EE 应用程序可以使用统一的接口去访问各种 EIS。

JCA 体系结构具有易维护性和易管理性的优点，包括中心的维护、管理和业务逻辑。JCA 直接支持 J2EE 服务，而且增加了标准适配器接口，用以支持多种应用服务和企业信息系统，同时支持标准的安全传输语义，事务和资源池。

4.1.2.3 基于 WebService 的结构

Web Services(Web 服务)是一种面向服务的体系架构(SOA)，是一种通过浏览并采用标准的网络协议将应用业务和服务集成在一起的技术方式。各个企业可以把和自己业务相关的 API 发布到 Internet 上，并可被 Internet 上其他客户通过一定的协议和标准进行检索、调用，以完成基于 Internet 的互操作，并且封装了实现的细节。

Web 服务提供了一种分布式的计算技术，用于在 Internet 上通过使用标准的 XML 协议和信息格式来展现应用服务。使用标准的 XML 协议使得 Web 服务平台、开发语言和 Web 服务发布者能够互相独立，这个技术是应用集成解决方案的一个理想的候选者。

在 Web Service 的体系架构中包括三个角色：服务提供者(Service Provider)、服务请求者(Service Requestor)、服务注册器(Service Registry)。角色间主要有三个操作：发布(Publish)、查找(Find)、绑定(Bind)。相关的标准 SOAP(简单对象访问协议)、UDDI(统一描述、发现、集成)服务器以及 WSDL，支持完整的 WEB Services 应用，同时，可将服务组件打包成 web 服务，以便于应用平台之间对服务组件进行互调用。

基于 Web Service 的体系结构的应用集成利用简单对象访问协议 SOAP(Simple Object Access Protocol)进行应用集成。SOAP 定义了一个基于 XML 对象的调用协议，可用于任何传输协议，通常为 HTTP。SOAP 功能强大是由于它的语言独立性，只要是正确的 XML，用任何语言写的客户应用均能调用基于 SOAP 的 WebService。SOAP 的主要缺陷是，它没有定义事务、可靠传输和认证消息的语义。用 WSDL(Web Services Description Language，Web 服务描述语言)作为服务描述语言，以 UDDI(Universal Description Discovery and Integration)为查找服务的规范，以此方式将现有应用集成在一起。与其他方法(如 CORBA 或消息传送)相比，这种方法的侵入性不强，因而是与现有系统(如用 C 或 COBOL 写成的应用)集成的最佳方法。

Web Services 能为应用集成解决方案提供以下的能力：

- 一种标准的，统一的数据表达和传输方法；
- 通用的，可扩展的消息处理方法；
- 通用的服务描述语言；
- 查找服务的方法。

4.2 .NET 技术架构

4.2.1 .NET 概述

4.2.1.1 .NET 的三层架构

MicroSoft .NET 平台的基本思想是将侧重点从连接到互联网的单一网站或设备上，转移到计算机、设备和服务群组上，使其通力合作，提供更广泛更丰富的解决方案。用户能够控制信息的传送方式、时间和内容。计算机、设备和服务能够相辅相成，从而提供丰富的服务，而不是像孤岛那样，由用户提供唯一的集成。用户可以提供一种方式，将它们的产品和服务无缝地嵌入自己的信息系统构架中。

MicroSoft .NET 平台包括用于创建和操作新一代服务的.NET 基础结构和工具；可以启用大量客户机的.NET User Experience；用于建立新一代高度分布式的数以百万计的.NET积木式组件服务；以及用于启用新一代智能互联网设备的.NET 设备软件。

所谓三层体系结构，是在客户端与数据库之间加入了一个中间层，也叫组件层。这里所说的三层体系，不仅仅指 B/S 应用才是三层体系结构，是指逻辑上的三层，即使这三个层放置到一台机器上。三层体系结构将应用程序中的业务规则、数据访问、合法性校验等工作放到了中间层进行处理。通常情况下，客户端不直接与数据库进行交互，而是通过 COM/DCOM 通讯与中间层建立连接，再经由中间层与数据库进行交换.

开发人员可以将应用的业务逻辑放在中间层应用服务器上，把应用的业务逻辑与用户界面分开。在保证客户端功能的前提下，为用户提供一个简洁的界面。这意味着如果需要修改应用程序代码，只需要对中间层应用服务器进行修改，而不用修改成千上万的客户端应用程序。从而使开发人员可以专注于应用系统核心业务逻辑的分析、设计和开发，简化了应用系统的开发、更新和升级工作。

(1)架构组成

.NET 架构可分成如下三部分[100]：

- 数据访问层(DAL)：主要是对原始数据(数据库或者文本文件等存放数据的形式)的操作层，而不是指原始数据，也就是说，是对数据的操作，而不是数据库，具体为业务逻辑层或表示层提供数据服务。
- 业务逻辑层(BLL)：主要是针对具体的问题的操作，也可以理解成对数据层的操作，对数据业务逻辑处理，如果说数据层是积木，那逻辑层就是对这些积木的搭建。
- 用户界面表示层(USL)：主要表示 WEB 方式，也可以表示成 WINFORM 方式，WEB 方式也可以表现成：aspx，如果逻辑层相当强大和完善，无论表现层如何定义和更改，逻辑层都能完善地提供服务。

(2)三层结构的区分

- 数据访问层：主要看数据层里面是否包含逻辑处理，实际上它的各个函数主要完成各个对数据文件的操作，而不必管其他操作。

- 业务逻辑层：主要负责对数据层的操作，也就是说把一些数据层的操作进行组合。
- 表示层：主要对用户的请求接受，以及数据的返回，为客户端提供应用程序的访问。

从开发角度和应用角度来看，三层架构比双层或单层结构都有更大的优势。三层结构适合群体开发，每人可以有不同的分工，协同工作使效率倍增。开发双层或单层应用时，每个开发人员都应对系统有较深的理解，能力要求很高，开发三层应用时，则可以结合多方面的人才，只需少数人对系统全面了解，从一定程度上降低了开发的难度。

三层架构属于瘦客户的模式，用户端只需一个较小的硬盘、较小的内存、较慢的CPU就可以获得不错的性能。相比之下，单层或胖客户对面器的要求较高。

三层架构的另一个优点在于可以更好地支持分布式计算环境。逻辑层的应用程序可以有多个机器上运行，充分利用网络的计算功能。分布式计算的潜力巨大，远比升级CPU有效。

三层架构的最大优点是它的安全性。用户端只能通过逻辑层来访问数据层，减少了入口点，把很多危险的系统功能都屏蔽了。

另外三层架构还可以支持如下功能：Remote Access（远程访问资料），例如可透过Internet存取远程数据库；High Performance（提升运算效率）解决集中式运算（Centralize）及主从式架构（Client－Server）中，数据库主机的运算负担，降低数据库主机的连接负担（Connection Load），并可由此增加App Server处理众多的数据处理要求，这一点跟前面讲到的分布式计算提高运算能力是一个道理；Client端发出Request（工作要求）后，便可离线，交由App Server和DataBase Server共同把工作完成，减少Client端的等待时间。

.NET是微软的新一代技术平台，为敏捷商务构建互联互通的应用系统，这些系统是基于标准的，联通的，适应变化的，稳定的和高性能的。从技术的角度，一个.NET应用是一个运行于.NET Framework之上的应用程序。更精确地说，一个.NET应用是一个使用.NET Framework类库来编写，并运行于公共语言运行时（Common Language Runtime）之上的应用程序。如果一个应用程序跟.NET Framework无关，它就不能叫做.NET程序。比如，仅仅使用了XML并不就是.NET应用，仅仅使用SOAP SDK调用一个Web Service也不是.NET应用。

MicroSoft .NET产品和服务—包括Windows.NET，连同建立积木式服务的核心集成套件；MSNTM .NET；个人订购服务；Office.NET；Visual Studio .NET；以及用于.NET的bCentralTM。

.Net环境中的突破性改进在于：

- 使用统一的Internet标准（如XML）将不同的系统对接；
- 这是Internet上首个大规模的高度分布式应用服务架构；
- 使用了一个名为“联盟”的管理程序，这个程序能全面管理平台中运行的服务程序，并且为它们提供强大的安全保护后台。

4.2.1.2 应用组件

(1)客户端应用

客户端应用是组成.NET软件技术的基本组件之一，“智能”客户端应用软件和操作系统，包括PC、PA、手机或其他移动设备通过互联网、借助Web Services技术，用户能够在任何时间、任何地点都可以得到需要的信息和服务。例如：可以在手机上阅读新闻、订购机票、浏览在线相册等等。现在我们假设一种场景，如公司内使用的 CRM 系统，应用了.NET 的解决方案后所有的业务人员便可以通过手机或 PDA 直接访问客户信息了。

(2) Web Service

Web Services 是.NET 的核心技术。Web Services 是新一代的计算机与计算机之间一种通用的数据传输格式，可让不同运算系统更容易进行数据交换。Web Services 有以下几点特性：Web services 允许应用之间共享数据；Web services 分散了代码单元；基于 XML 这种 internet 数据交换的通用语言，实现了跨平台、跨操作系统、跨语言。

(3) 接口规范

在.NET 中，Web service 接口通常使用 Web Services Description Language (WSDL) 描述。WSDL 使用 XML 来定义这种接口操作标准及输入输出参数，通过 SOAP 访问 Web Services，在 internet 上寻找 Web Services 使用 UDDI。Microsoft 提供了最佳的服务器构架—Microsoft Windows Server System—便于发布、配置、管理、编排 Web Services。为了满足分布式计算的需要微软构造了一系列的服务器系统，这些内建安全技术的系统全部支持 XML，这样加速了系统、应用程序以及同样使用 Web Services 的伙伴应用之间的集成。

(4) CLR 与 CIL

.NET 的初级组成是 CIL 和 CLR。CIL 即通用中间语言，是一套运作环境说明，包括一般系统、基础类库和与机器无关的中间代码。CLR 即公共语言运行时(Common Language Runtime)，则是确认操作代码符合 CIL 的平台。在 CIL 执行前，CLR 必须将指令及时编译转换成原始机械码。

所有 CIL 都可经由.NET 自我表述。CLR 检查元资料以确保正确的方法被调用。元资料通常是由语言编译器生成的，但开发人员也可以通过使用客户属性创建他们自己的元资料。

如果一种语言实现生成了 CIL，它也可以通过使用 CLR 被调用，这样它就可以与任何其他.NET 语言生成的资料相交互。CLR 被设计为具有作业系统无关性。

当一个汇编体被载入时，CLR 执行各种各样的测试。其中的两个测试是确认与核查。在确认的时候，CLR 检查汇编体是否包含有效的元资料和 CIL，并且检查内部表的正确性。核查则不那么精确。核查机制检查代码是否会执行一些“不安全”的操作。核查所使用的演算法非常保守，导致有时一些“安全”的代码也通不过核查。不安全的代码只有在汇编体拥有“跳过核查”许可的情况下才会被执行，通常这意味着代码是安装在本机上的。

通过.NET，可以用 SOAP 和不同的 Web services 进行交互。

4.2.2 .NET 框架

4.2.2.1 .NET Framework 体系结构

.NET 框架(即.NET Framework)是一个开发、部署和运行.NET 应用的集成环境，它简化了高度分布式 Internet 环境中的应用程序开发。其体系结构如图 4.9 所示。

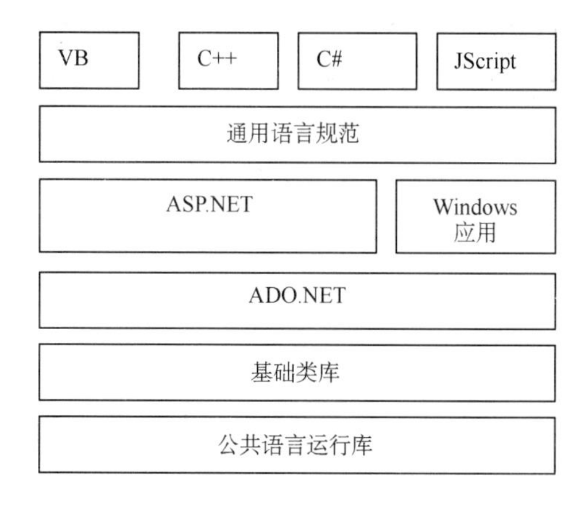

图 4.9　.NET 框架体系结构

其中公共语言运行库提供了一个称为公共语言运行时(Common Language Runtime, CLR)的运行时环境,其功能通过编译器和工具公开。使用基于公共语言运行时的语言编译器开发的代码称为托管代码,用户可以编写利用此托管执行环境的代码。托管代码具有许多优点,例如:跨语言集成、跨语言异常处理、增强的安全性、版本控制和部署支持、简化的组件交互模型、调试和分析服务等。

基础类库(Base Class Library)是一个由 Microsoft .NET Framework SDK 中包含的类、接口和值类型组成的库。该库提供对系统功能的访问,是建立 .NET Framework 应用程序、组件和控件的基础。该类库可以看成是一个统一、面向对象、层次化、可扩展的应用程序接口(API)。例如,C++开发人员使用的是 Microsoft 基类(MFC)库,Java 开发人员使用的是 Java 基类库,而 Visual Basic 用户使用的又是 Visual Basic API 集。.NET 框架统一了微软当前的各种不同类框架,通过创建跨编程语言的公共 API 集,.NET 框架可实现跨语言继承性、错误处理功能和调试功能。实际上,从 JScript 到 C++的所有编程语言,都是相互等同的,开发人员可以自由选择理想的编程语言。

ADO.NET 是负责数据访问的类库集(组件),它使用在 COM 时代奠基的 OLE DB 技术以及.NET 框架的类库和编程语言发展而来,让.NET 上的任何编程语言能够连接并访问关系数据库与非数据库型数据源(例如 XML、Excel 或是文档数据),也可以独立出来作为处理应用程序数据的类型对象。ADO.NET 由连接数据源(connected data source)和脱机数据模型(disconnected data model)组成。

ASP.NET 是专门用来开发 WEB 应用程序的一组类库,允许编程者创建动态网站、WEB 应用和 WEB 服务,作为微软 ASP(Active Server Pages)技术的发展,ASP.NET 建立在公共语言运行环境(CLR)基础上,允许开发者使用任何支持.NET 的语言编写 ASP.NET 代码,其 SOAP 扩展框架还支持处理 SOAP 消息。典型的 ASP.NET 页面是由 WEB 表单(Form)组成的,包含在.aspx 文件中,通常包括静态的(X)HTML 标记以及定义的服务器端 WEB 控制所需的静态和动态标记。例如,在服务器上运行的动态代码可放在形如<%--- dynamic code ---%>的网页中,这是一种隐藏代码模式(code-behind),允许静态代码保留在.aspx 文件中,而静态代码保留在.aspx.vb/.aspx.cs/.aspx.fs,具体文件后缀名取决于所使用的编程语言。

.Net Framework 实现了语言开发、代码编译、组件配置、程序运行、对象交互等各个层面的功能，为 Web 服务及普通应用程序提供了托管、安全、高效的执行环境。.NET 开发平台和诸如 Java 等其他编程环境之间的最大的差别在于：.NET 开发平台支持多种编程语言。.NET Framework 目前支持几种商业语言：VB.NET，C#，J#，Delphi.NET，C++托管扩展及 Chrome。许多其他兼容.NET 的语言也在开发中。.NET 支持多种语言的互操作，即在一种语言下开发的类，可在另一语言下通过面向对象的继承而得以重用。

4.2.2.2 .NET Framework 开发运行环境

由于 NET 框架是在 Windows 操作系统下运行的，因此，其所需的开发和运行环境与操作系统直接相关，简单地可以标识为“操作系统＋服务驱动”。如 Win2000 Pro＋IIS(Internet Informine Serice)/Win2000 Server＋IIS(Win2000 Server 中 IIS 是默许装置)/Win2000 Advthece Server＋IIS(这里 IIS 也是默许装置)/WinXP＋IIS/Win2003＋IIS。

开发应用系统时，还要选择和安装.NET 工具包和开发语言，如工具包为 Microsoft Visual Studio.NET 2005（支持 NET Framework 2)，开发语言为 C#。还可以视情况选用 DBMS，如数据库采用 Microsoft SQL Server 2005。因此，对于一个实际应用系统来说，通常的结构如图 4.10 所示。

图 4.10 .NET 应用结构

基于.NET 平台的一切代码和组件都是由 CLR 进行解释运行的，因此不需要在 Windows 系统中嵌入任何编译，这一点与 COM、DCOM、ActiveX 等都不同。基于.NET 平台的应用程序其众多的功能是由.NET FrameWork 实现的，因此应用程序本身就变得很小，通常一个较大的应用系统其大小仅有十几兆左右，这样对用户部署系统十分方便。

在页面中用形如＜%@ Page Language＝"C#" CodeFile＝"SampleCodeBehind.aspx.cs" %＞，就说明了处理代码用 C#编写，源程序文件名为"SampleCodeBehind.aspx.cs"。通过.NET Framework 引入的 CTS(Common Type System，公共类型系统)，说明被 CLR 支持的所有可能的数据类型和编程结构、它们是否可以与其他编程规范交互以及如何遵从 CLI(Common Language Infrastructure)交互。正是因为如此，.NET Framework 支持在使用任何.NET 开发语言编写的对象实例和变量类型之间进行交换，使得 Visual C#.Net、VisualBasie.Net、C++等源代码之间易于集成，同时提供访问函数支持非.NET 语言开发的程序在.NET Framework 外的执行，如访问 COM 组件，InteropServices、EnterpriseServices 命名空间等。CLR 作为.NET Framework 的执行引擎，监控所有在其下执行的.NET 程序，负责运行时的内存管理、安全、错误处理。

.NET Framework 的公共语言基础结构(CLI)为应用开发和执行提供一个类似于自然语言的平台，包括非常规实例处理、碎片收集、安全和互操作。在.NET Framework 中实现的 CLI 并不是专为某一种语言开发的，而是支持多种语言的，其实现被称为公共语言运行环境(运行时)(CLR)。有了公共语言运行时，就可以很容易地设计出对象能够跨语言交互的组件和应用程序。也就是说，用不同语言编写的对象可以互相通信，并且它们的行为可以紧密集成。例如,可以定义一个类,然后使用不同的语言从原始类派生出另一个类或调用原始类的方法。还可以将一个类的实例传递到用不同的语言编写的另一个类的方法。这种跨语言集成之所以成为可能,是因为基于公共语言运行时的语言编译器和工具使用由公共语言运行时定义的常规类型系统,且遵循公共语言运行时关于定义新类型以及创建、使用、保持和绑定到类型的规则。

在不同版本的.NET Framework中,包含的包含基类库也不同,如支持.NET Framework 2.0的Visual Studio.NET 2005,包含ASP.NET、ADO.NET和Windows显示基类,还支持新的数据控制(GridView, FormView, DetailsView)、数据访问(SqlDataSource, ObjectDataSource, XmlDataSource controls)、导航控制、登录控制、皮肤软件、个性化服务、新的本地技术和64位处理器等。而在支持.NET Framework 3.0和3.5的Visual Studio 2008中,又增加了Windows表示函数(WPF)、Windows工作流基类(WF)、Windows通信类(WCF)、HTTP管道和语言集成查询(LINQ)等。最新的版本为.NET Framework 4.0,随着版本的升级,新增的功能会陆续放入后续的发布产品包中。

4.2.3 .NET中的分布式处理技术

4.2.3.1 对象托管和可迁移执行

公共语言运行时自动处理对象布局并管理对象引用,当不再使用对象时释放它们。按这种方式实现生存期管理的对象称为托管数据。垃圾回收消除了内存泄漏以及其他一些常见的编程错误。若要使公共语言运行时能够向托管代码提供服务,语言编译器必须生成一些元数据来描述代码中的类型、成员和引用。元数据与代码一起存储;每个可加载的公共语言运行时可迁移执行(PE:Portable Executable)文件都包含元数据。公共语言运行时使用元数据来完成以下任务:查找和加载类,在内存中安排实例,解析方法调用,生成本机代码,强制安全性,以及设置运行时上下文边界。

所有托管组件都带有生成它们所基于的组件和资源的信息,这些信息构成了元数据的一部分。公共语言运行时使用这些信息确保组件或应用程序具有它需要的所有内容的指定版本,这样就使代码不太可能由于某些未满足的依赖项而发生中断。注册信息和状态数据不再保存在注册表中(因为在注册表中建立和维护这些信息很困难)。取而代之的是,有关定义的类型(及其依赖项)的信息作为元数据与代码存储在一起,这样大大降低了组件复制和移除任务的复杂性。

为了支持跨操作系统平台的执行,包括核心类库、公共类型系统(Common Type System)、公共中间语言CIL(Common Intermediate Language)、C#、C++/CLI在内的CLI已向ECMA和ISO发布,希望它们能在开放的标准中可使用。

公共中间语言(CIL)代码位于.NET封装中(也可称为程序集),该封装以可迁移执行(PE)格式存储,在Windows平台上可用于所有的动态链接库(DLL)和可执行文件(EXE)。这种封装由一个或多个文件组成,其中必须有一个文件包含入口点(即DllMain、WinMain或Main),并有该封装的元数据。一个封装的完整名称包括其简单正文名(text name)、版本号(version number)、文化(culture)、公钥权标(public key token)。公钥权标是一个唯一的有哈希函数生成的数字,在封装编译时产生。因此,两个具有相同公钥权标的封装,在.NET

Framework 看来是一致的。必要时也可以用私钥来标识一个封装。

CIL 的核心程序集是 .NET Framework 应用程序的构造块。程序集构成了部署、版本控制、重复使用、激活范围控制和安全权限的基本单元。程序集是为协同工作而生成的类型和资源的集合，这些类型和资源构成了一个逻辑功能单元。程序集向公共语言运行库提供了解类型实现所需要的信息，是 .NET Framework 编程的基本组成部分，包含公共语言运行库执行的代码。如果可迁移执行（PE）文件没有相关联的程序集清单，则将不执行该文件中的 Microsoft 中间语言代码。程序集形成安全边界、类型边界、引用范围边界、版本边界、部署单元和支持并行执行的单元。

程序集可以是静态的或动态的。静态程序集可以包括 .NET Framework 类型（接口和类），以及该程序集的资源（位图、JPEG 文件、资源文件等）。静态程序集存储在磁盘上的可迁移执行（PE）文件中。可以使用 .NET Framework 来创建动态程序集，动态程序集直接从内存运行并且在执行前不存储到磁盘上，可以在执行动态程序集后将它们保存在磁盘上。

在过去，以一种语言编写的软件组件（.exe 或 .dll）不能方便地使用以另一种语言编写的软件组件。.NET Framework 允许编译器向所有的模块和程序集发出附加的说明性信息，从而使组件互用更加简单。这种附加的说明性信息叫做“元数据”，有助于组件无缝交互。元数据是一种二进制信息，用以对存储在公共语言运行库可迁移执行文件（PE）文件或存储在内存中的程序进行描述。

元数据以非特定语言的方式描述在代码中定义的每一类型和成员。元数据存储以下信息：

- 程序集的说明：
  标识（名称、版本、区域性、公钥）；
  导出的类型；
  该程序集所依赖的其他程序集；
  运行所需的安全权限。
- 类型的说明：
  名称、可见性、基类和实现的接口；
  成员（方法、字段、属性、事件、嵌套的类型）。
- 属性：修饰类型和成员的其他说明性元素。

将代码编译为 PE 文件时，便会将元数据插入到该文件的一部分中，而将代码转换为 Microsoft 中间语言并将其插入到该文件的另一部分中。在模块或程序集中定义和引用的每个类型和成员都将在元数据中进行说明。当执行代码时，运行库将元数据加载到内存中，并引用它来发现有关代码的类、成员、继承等信息。

4.2.3.2 消息传递和面向服务的支持

在 NET Framework 中对面向服务的支持体现在 Windows 通信功能（WCF）中，第一个版本为 2006 年发布的.NET Framework 3.0，随后在 3.5 和 4.0 版本中支持更丰富的功能。

一些应用需要开放或访问外部业务逻辑，这些业务逻辑以一种定义好的服务集合形式出现，WCF 对于 Windows 来说是一种默认的开放或访问服务的技术，它实现了.NET Framework 下 CLR 的通信基类，允许创建访问服务的客户端，同时，客户和服务器能够运行几乎差不多的 Windows 进程。无论在哪儿运行，客户和服务器可经由 SOAP、WCF 规范（一个二进制协议）和其他方式交互。WCF 最重要的三个方面体现在：

- 统一的. NET Framework 通信技术
- 与其他技术开发的应用的互操作性
- 明显地支持面向服务的开发

在没有 WCF 前，必须采用各种专门的技术来解决不同的通信问题，如用 ASMX，即 ASP. NET Web Services 来实现与基于 J2EE 和其他技术开发的应用间的通信；用. NET Remoting 来处理与呼叫中心应用间的通信（由于. NET Remoting 属于. NET Framework，这种通信也称为. NET-to-. NET 间通信）；企业服务（Enterprise Services）专门用来管理对象的生命期和分布式事务处理；增强的 WEB 服务 WSE（Web Services Enhancements）在基础上提供更安全的与基于 J2EE 和其他技术开发的应用间的通信；系统消息（System. Messaging）提供对 Microsoft 消息队列（MSMQ）的编程接口，用以与 Windows 合作伙伴应用间的非直接连接通信；System. Net 用于与基于 HTTP 通信风格的应用间的通信，如表示状态转换（REST）。

有了 WCF，就能用一个技术支持所有应用间的通信。这是因为 WCF 采用基于 SOAP 的 Web services 方式通信，与其他支持 SOAP 的平台有良好的互操作性。允许使用优化的 SOAP 二进制代码，遵从 SOAP 消息结构和标准的 text 和 XML 格式。同时，WCF 能够管理对象对象的生命期和定义分布式事务处理等企业服务，支持大量的 WS- * 规范，其可选的队列消息机制允许像 MSMQ 那样支持永久队列。其统一通信技术见表 4.1。

表 4.1　WCF 统一通信技术

	ASP. NET 网络服务	. NET Remoting	企业服务	增强 WEB 服务	系统消息	系统 . NET	窗口通信功能
交互网络服务	×						×
二进制. NET 间通信		×					×
分布式事务			×				×
支持 WS- * 规范				×			×
队列消息					×		×
表现层状态转化通信						×	×

WCF 与其他平台应用间的互操作体现在满足 WS— * 规范定义的 Web services 上，包括 Microsoft，IBM 和其他组织，通过结构化信息标准化组织先进 OASIS (Organization for the Advancement of Structured Information Standards)来规范基本消息、安全性、可靠性、事务处理和服务元数据等工作。

WCF 的互操作流程如图 4.11 所示。

ASP. NET 1.0 提供了一个 WSDL. exe，可以连接 Web Service 下载 WSDL 定义档，并产生一个 Proxy Class 的源代码，供客户端应用程序使用。ASP. NET Web Service 的发展只是平台的基础，在 WS-I (Web Service Interoperability) 组织成立后，为符合 WS-I 的 Web Service 标准，微软开发了强化 Web Service 的增强包 Web Service Enhancement

(WSE),可支持许多 WS-I 的标准。WCF 的推出,微软将 Web Service 的发展重心移到 WCF 上,原有的 ASP.NET Web Service 即给定了一个名称:ASMX Web Service。从此,支持面向服务的软件是 WCF 最重要的目标,通过以下方式实现:

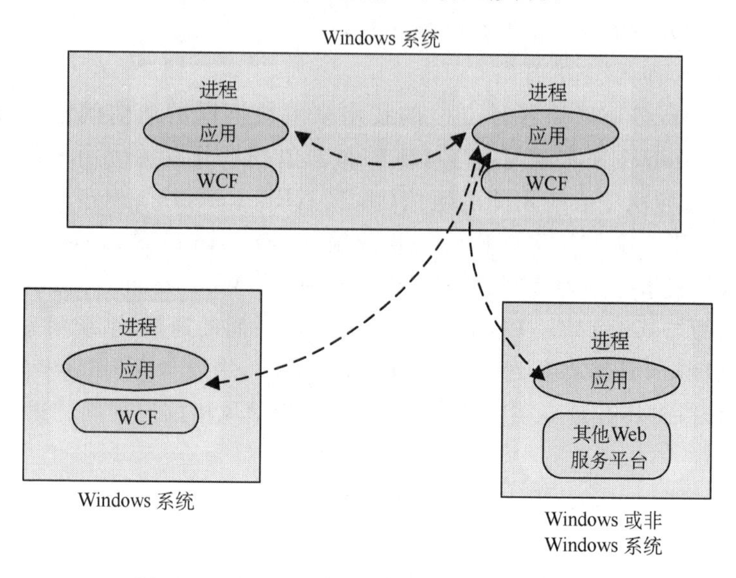

图 4.11 WCF 支持应用间的互操作流程示意

- 共享方案(schema)而不是类。服务器与其客户端交互仅通过一个定义好的 XML 接口,传递完整的类、方法等,不允许跨越服务的绑定。
- 服务被声明。一个服务和客户彼此定义好接口,但代码独立,可以用不同的语言开发,使用不同的运行平台,如 CLR 和 Java 虚拟机。
- 显式的绑定。分布式 COM (DCOM)技术希望远程对象看起来更像本地对象,但它隐藏了两者之间不可避免的差异, WCF 显式地定义一个绑定,说明服务器和客户端的差异。
- 使用基于策略的兼容性。采用 WSDL 和 WS 策略语言支持用户定制的服务。

除了 WCF 外,支持.NET 的消息中间件还有 MQ.NET 2004,这是一款为.NET 开发来量身定做的消息中间件软件,可作为.NET 程序之间通信的软件总线,特别适合应用于事务处理类程序的开发。Real－Time Innovations (RTI)为.NET Framework 下的应用提供低延迟的消息中间件,允许.NET 应用与非.NET Framework 下的应用透明的互操作,使用 C# 和 C++/CLI 编写的.NET 应用可以无缝地与 C, C++, Java 和 Ada 应用程序通信,无论它们运行在 Windows, Linux, Unix 还是嵌入式的实时操作系统(RTOS)上。

还有一些开源的消息中间件产品,如 DotNetMQ 和 kafka 等。DotNetMQ 主要特性是:支持持久化和非持久化消息传输,客户化自动和手动配置消息路由,支持 MySQL, SQLite 等多种数据库,支持不落地的直接消息发送和请求/响应式消息机制,便利的客户端库函数与 DotNetMQ 消息代理之间的通信,支持将消息送到 ASP.NET Web Services,支持 C# 语言和 GUI 管理监控工具等。Kafka 是一个高吞吐量分布式消息系统,其开发者们认为不需要在内存里缓存什么数据,操作系统的文件缓存已经足够完善和强大,只要你不搞随机写,顺序读写的性能是非常高效的。因此,kafka 的数据只会顺序添加(append),数据的删除策略是累积到一定程度或者超过一定时间再删除。Kafka 另一个独特的地方是将消费者信息保存在客户端而不是 MQ 服务器,这样服务器就不用记录消息的投递过程,每个客户端都自己知道自己下一次应该从什么地方什么位置读取消息,消息的投递过程也是采用客户端主动 pull 的模型,这样大大减轻了服务器的负担。Kafka 还强调减少数据的序列化和拷贝开销,它会将一些消息组织成 Message Set 做批量存储和发送,并且客户端在 pull 数据的时候,尽量以 zero－copy 的方式传输,利用 sendfile(对应 java 里的 FileChannel. transferTo/transferFrom)这样的高级 IO 函数来减少拷贝开销。

4.2.3.3　.NET Remoting 技术

. NET Remoting 是一种分布式对象技术,它提供了一种允许一个应用域中对象与另一个应用域中对象进行交互的框架。从微软的产品角度来看,可以说 Remoting 就是 DCOM 的一种升级,它改善了很多功能,并极好的融合到. NET 平台下。在 Windows 操作系统中,是将应用程序分离为单独的进程。这个进程形成了应用程序代码和数据周围的一道边界。如果不采用进程间通信机制,在一个进程中执行的代码就不能访问另一进程。这是一种操作系统对应用程序的保护机制。然而在某些情况下,我们需要跨过应用程序域,与另外的应用程序域进行通信,即穿越边界。

在 Remoting 中是通过通道(channel)来实现两个应用程序域之间对象的通信的,其基础结构主要由代理、通道和消息组成。其工作原理如图 4.12。

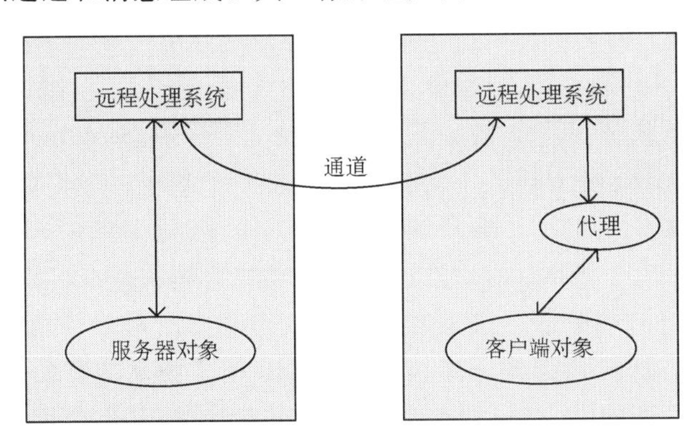

图 4.12　. NET Remoting 工作原理

远程对象代码可以运行在服务器上,然后客户端再通过 Remoting 连接服务器,获得该服务对象并通过一系列消息传递,在客户端运行。

在 Remoting 中,对于要传递的对象,设计者只需要了解通道的类型和端口号,无需再了解数据包的格式。客户端在获取服务器端对象时,并不是获得实际的服务端对象,而是获得它的引用。这既保证了客户端和服务器端有关对象的松散耦合,同时也优化了通信的性能。

Remoting 的通道主要有两种:Tcp 和 Http。在. Net 中,System. Runtime. Remoting. Channel 中定义了 IChannel 接口。IChannel 接口包括了 TcpChannel 通道类型和 Http 通道类型。它们分别对应 Remoting 通道的这两种类型。

TcpChannel 类型放在命名空间 System. Runtime. Remoting. Channel. Tcp 中。Tcp 通道提供了基于 Socket 的传输工具,使用 Tcp 协议来跨越 Remoting 边界传输序列化的消息

流。TcpChannel 类型默认使用二进制格式序列化消息对象，因此它具有更高的传输性能。HttpChannel 类型放在命名空间 System. Runtime. Remoting. Channel. Http 中。它使用 Http 协议，使其能在 Internet 上穿越防火墙传输序列化消息流。默认情况下，HttpChannel 类型使用 SOAP 格式序列化消息对象，因此它具有更好的互操作性。通常在局域网内，我们更多地使用 TcpChannel；如果要穿越防火墙，则使用 HttpChannel。

在访问远程类型的一个对象实例之前，必须通过一个名为 Activation（激活）的进程创建它并进行初始化。这种客户端通过通道来创建远程对象，称为对象的激活。在 Remoting 中，远程对象的激活分为两大类：服务器端激活和客户端激活。

服务器端激活，又叫做 WellKnow（众所周知）方式。这是因为服务器应用程序在激活对象实例之前会在一个众所周知的统一资源标识符（URI）上来发布这个类型。然后该服务器进程会为此类型配置一个 WellKnown 对象，并根据指定的端口或地址来发布对象。.NET Remoting 把服务器端激活又分为 SingleTon 模式和 SingleCall 模式两种。

SingleTon 模式为有状态模式，为所有客户端建立同一个对象实例，将在方法调用中一直维持其状态。当对象处于活动状态时，SingleTon 实例会处理所有后来的客户端访问请求，而不管它们是同一个客户端，还是其他客户端。例如一个远程对象有一个累加方法（i=0；++i），被多个客户端（例如两个）调用。如果设置为 SingleTon 方式，则第一个客户获得值为 1，第二个客户获得值为 2，因为他们获得的对象实例是相同的。借鉴 Asp. Net 的状态管理，认为它是一种 Application 状态。

SingleCall 模式是一种无状态模式，为每一个客户端建立一个远程对象实例，至于对象实例的销毁则是由 GC（选通电路）自动管理的。同上一个例子而言，则访问远程对象的两个客户获得的都是 1。借鉴 Asp. Net 的状态管理，认为它是一种 Session 状态。

客户端激活与 WellKnown 模式不同，Remoting 在激活每个对象实例的时候，会给每个客户端激活的类型指派一个 URI。客户端激活模式一旦获得客户端的请求，将为每一个客户端都建立一个实例引用。SingleCall 模式和客户端激活模式是有区别的：首先，对象实例创建的时间不一样。客户端激活方式是客户一旦发出调用的请求，就实例化；而 SingleCall 则是要等到调用对象方法时再创建。其次，SingleCall 模式激活的对象是无状态的，对象生命期的管理是由 GC 管理的，而客户端激活的对象则有状态，其生命周期可自定义。其三，两种激活模式在服务器端和客户端实现的方法不一样。尤其是在客户端，SingleCall 模式是由 GetObject()来激活，它调用对象默认的构造函数。而客户端激活模式，则通过 CreateInstance()来激活，它可以传递参数，所以可以调用自定义的构造函数来创建实例。

在 Remoting 中，对于远程对象有一些必须的定义规范要遵循。由于 Remoting 传递的对象是以引用的方式，因此所传递的远程对象类必须继承 MarshalByRefObject，当远程应用程序引用一个按值封送的对象时，将跨越远程处理边界传递该对象的副本。如果还要调用或传递某个对象，例如类，或者结构，则该类或结构则必须实现串行化 Attribute[SerializableAttribute]，将该远程对象以类库的方式编译成 Dll。这个 Dll 将分别放在服务器端和客户端，以添加引用。

在 Remoting 中能够传递的远程对象可以是各种类型，包括复杂的 DataSet 对象，只要它能够被序列化。远程对象也可以包含事件。

Web Service 和.NET Remoting 很多相似的地方，但是 Web Service 简化了设计，它比.

NET Remoting 创建更加简单。因为 Web Service 是支持跨平台使用为目的的开放标准.因此它能更好地支持跨平台和跨语言的操作。任何可以解析 XML 信息和 HTTP 协议的用户都可以使用 Web Service。因此 Web Service 更加适合在 Internet 上为用户提供服务。

.NET Remoting 比 Web Service 更加灵活,具有更多的经过精选的必要功能。它可以在代码中或通过简单的 XML 文件配置组件的功能,可以使用压缩二进制消息或 SOAP 进行通信的功能,可以控制对象生命周期等。并且.NET Remoting 还能够自定义和可扩展的,使得.NET Remoting 可以按照完全不同的标准进行通信。由于.NET Remoting 进行二进制通信比 Web service 更加高效快捷,.NET Remoting 比 Web service 更加强大和灵活,所以.NET Remoting 更适合在内部网络上使用。

4.3 J2EE 技术架构

4.3.1 J2EE 概述

4.3.1.1 J2EE 一般概念

1997 年,Sun(已于 2009 年被 Oracle 收购)宣布了一项企业级的 Java 开发平台,称为企业级的 Java API。这种企业级 Java API 的核心是 Enterprise JavaBeans API,它为 Java 应用程序服务器定义了一个服务器端组件模型,为各种各样中间件的实现提供了一种不依赖软件供应商的编程接口[101]。

Enterprise JavaBeans(简称 EJB)有一套自己的规范,但 EJB 技术并不是一项独立的技术,它建立在其他 Java 技术之上,这些技术由 Sun 和其他 IT 公司联合规定,并提供了这个框架的内容,该框架就是 Java 2 PlatformEnterprise Edition,简称 J2EE。J2EE 技术规范的第一个版本在 1999 年 12 月问世,它使用“容器”和“组件”等概念描绘了 Java 企业系统的一般架构,是一种利用 Java 2 平台来简化企业解决方案的开发、部署和管理相关的复杂问题的体系结构。

J2EE 是 Java 2 平台的 3 个系列标准之一,另外两个是 J2ME 和 J2SE:

- J2ME:Java 2 Micro 版(Java 2 Platform Micro Edition),适用于小型设备和智能卡;
- J2SE:Java 2 标准版(Java 2 Platform Standard Edition),适用于桌面系统;
- J2EE:Java 2 企业版(Java 2 Platform Enterprise Edition),适用于创建服务器应用程序和服务。

J2EE 技术的基础就是核心 Java 平台或 Java 2 平台的标准版,J2EE 不仅巩固了标准版中的许多优点,例如“编写一次、随处运行”的特性、方便存取数据库的 JDBC API、CORBA 技术以及能够在 Internet 应用中保护数据的安全模式等等,同时还提供了对 EJB(Enterprise JavaBeans)、Java Servlet API、JSP(Java Server Pages)以及 XML 技术的全面支持。其最终目的就是成为一个能够使企业开发者大幅缩短投放市场时间的体系结构。

J2EE 体系结构提供中间层集成框架用来满足无需太多费用而又需要高可用性、高可靠性以及可扩展性的应用的需求。通过提供统一的开发平台,J2EE 降低了开发多层应用的费用和复杂性,同时提供对现有应用程序集成强有力支持,完全支持 Enterprise JavaBeans,有良好的向导支持打包和部署应用，添加目录支持，增强了安全机制，提高了性能。

J2EE 的特点如下：

(1)高效的开发

J2EE 允许公司把一些通用的、很繁琐的服务器端程序交给中间供应商去完成，用户集中精力在业务逻辑上，相应地缩短了开发时间。如状态管理服务、数据访问服务、分布式共享数据对象 CACHE 服务等，从业务逻辑中抽象出来，使得应用程序更易于开发与维护，使开发人员编制高性能的系统，极大提高整体部署的灵活性。

(2)支持异构环境

J2EE 能够开发部署在异构环境中的可移植程序。基于 J2EE 的应用程序继承了 JAVA 语言的优势，不依赖任何特定操作系统、中间件、硬件。因此设计合理的 J2EE 系统只需开发一次就可部署到各种平台。J2EE 标准也允许客户订购与 J2EE 兼容的第三方的现成的组件，把他们部署到异构环境中，节省了由自己制订整个方案所需的费用。

(3)可伸缩性强

基于 J2EE 平台的应用程序可被部署到各种操作系统上，大到高端 UNIX 与大型机系统，这种系统单机可支持 64 至 256 个处理器(这是 Windows 服务器所望尘莫及的)，小到 Windows PC 机。J2EE 产品的供应商提供了更为广泛的负载平衡策略，能消除系统中的瓶颈，允许多台服务器集成部署。这种部署可达数千个处理器，实现可高度伸缩的系统，满足大规模应用的需要。

(4)稳定的可用性

J2EE 部署到可靠的操作环境中，支持长期连续的可用性。当选择健壮性能更好的操作系统如 Sun Solaris、IBM OS/390 时，整个系统的可用性可达到 99.999%，或每年只需 5 分钟停机时间。

2005 年 6 月，SUN 公司宣布 J2EE 的下一个版本，即 Java EE 5，同时将 J2EE 更名为 Java EE(Java Platform Enterprise Edition，Java 平台企业版)。JavaEE 的目的是提供一种具有高可用性、升级能力、灵活性、安全性、互操作性、可移植性和独立于计算机或网络架构以及软件供应商的特定软件的企业级应用程序平台。Java EE 5 的重要改变在于，它不再像以前那样只注重大型商业系统的开发，而是更关注中小型系统的开发，简化这部分系统开发步骤。

4.3.1.2 J2EE 的四层模型

J2EE 使用多层的分布式应用模型，应用逻辑按功能划分为组件，各个应用组件根据它们所在的层分布在不同的机器上。事实上，SUN 设计 J2EE 的初衷正是为了解决两层模式(client/server)的弊端，在传统模式中，客户端担当了过多的角色而显得臃肿，在这种模式中，第一次部署的时候比较容易，但难于升级或改进，可伸展性也不理想，而且经常由于某种专有的协议，使得重用业务逻辑和界面逻辑非常困难。现在 J2EE 的多层企业级应用模型将两层化模型中的不同层面切分成许多层。一个多层化应用能够为不同的每种服务提供一个独立的层，以下是 J2EE 典型的四层结构，其关系如图 4.13 所示。

- 运行在客户端机器上的客户层组件
- 运行在 J2EE 服务器上的 Web 层组件

- 运行在 J2EE 服务器上的业务逻辑层组件
- 运行在 EIS 服务器上的企业信息系统(Enterprise Information System)层软件

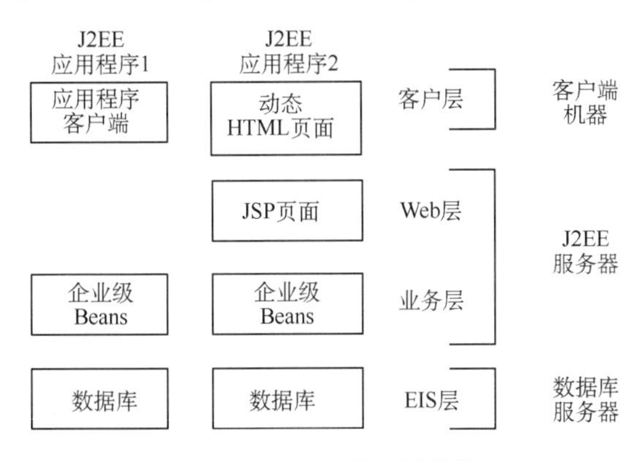

图 4.13 J2EE 的四层结构

J2EE 组件是具有独立功能的软件单元,它们通过相关的类和文件组装成 J2EE 应用程序,并与其他组件交互。在 J2EE 定义的组件中,客户端应用程序和 Applets(Java 小应用程序)是客户层组件,Java Servlet 和 Java Server Pages(JSP)是 web 层组件,Enterprise JavaBeans(EJB)是业务逻辑层组件。

(1)客户端应用程序

客户端应用程序运行在一个桌面系统中,这些客户端部件的外观和行为都类似与桌面系统的本地应用程序,一般都具有通过 Swing 组件或 AWT 创建的图形化用户界面(GUI),也有少数使用命令行用户接口。但是,和那些在本地桌面系统中完成所有工作的应用程序不一样的地方在于,这些客户端部件通过与其他企业级应用程序部件的相互交互完成工作。

(2)Applets

Applets 是基于浏览器的 GUI 部件,与客户端的应用程序相比,通常是轻量级的。Java 小程序使用 Java 语言开发并且运行于安装在浏览器的 Java 虚拟机中。小程序本身是不需要安装的,它们是在 Web 服务器和 Web 浏览器之间作为包含在 Web 页面中的信息内容的一部分进行传输的。小程序实现的功能通常都比一个应用程序实现的功能少,而且功能通常仅限于为用户提供一个具有丰富功能的用户界面,而把大多数的计算工作交给应用程序中别的部件处理。除非运行小程序的主机系统提供了明确的许可权限,否则小程序将受到限制而不能执行某些可能会对系统造成伤害的操作,比如向文件系统中写入数据等操作。小程序通常被限制使用系统内存和其他资源,因此只有有限的设备处理能力。

(3)Java Servlet 和 JSP

Java Servlet 和 JSP 是 J2EE 平台中的 Web 组件,和 Web 服务器进行交互以响应来自客户端部件的 HTTP 请求,负责从客户端接收请求、为客户端执行相应的请求并通常会向客户端返回响应信息。JSP 是由标签和 Java 代码组成的文本文件,这些 JSP 文本文件以 Servlet 的形式运行在服务器端,向客户端呈现丰富多彩的动态页面。JSP 为应用程序开发人员提供了一种非常自然的使用动态内容的方法,通常情况下,JSP 和 Servlet 会产生 HTML 页面,对应用程序而言,这个 HTML 页面就是用户接口。JSP 和 Servlet 还可能生成客户端程序使用的 XML 文档。Web 组件通过和企业中的其他组件进行交互完成自己的工作。

(4)企业 JavaBeans(EJB)

EJB 包含了一个企业级应用程序的实现逻辑,EJB 和 EJB 的运行环境中包含了为满足企业需求的大量支持。例如 EJB 及其容器透明地管理着安全和并发性交易等。另外,通过运行客户端使用基于非 Java 语言编写的 CORBA 应用程序与 EJB 进行通信,提供了不同应用程序之间的互操作性。客户端还可通过 SOAP 来访问 EJB。

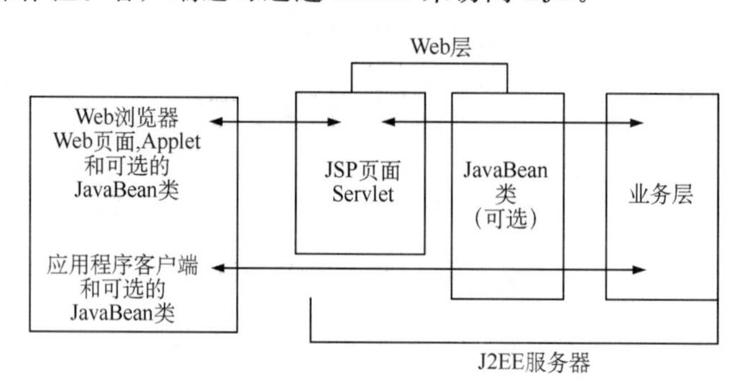

图 4.14　J2EE 各类组件的关系

J2EE 架构中的组件包含一个或多个类文件,以及一个用于明确定义该部件的外部行为的关联部件,如企业级的 Bean 类文件、支持类、资源、接口和用于定义如何部署该部件以及运行环境该如何管理该部件的文件。各类组件的关系如图 4.14 所示,所有这些文件都被打包到一个 Java 档案文件(JAR)中,然后,这个文件将被安装到一个容器中,这个容器为上述各种类型的部件提供了运行环境。

4.3.2　J2EE 的组成结构

4.3.2.1　J2EE 容器和服务

容器是 J2EE 中非常关键的组成部分。即使在最低限度下,容器也会为运行在其中的部件提供一个与 Java SE 规范兼容的运行环境。这个运行环境独立于平台并且具有安全性保证,该环境的设计基础就是为网络通信和可移动部件提供支持,不仅提供了对容错功能和并发性的支持,还能通过自动抛弃无用对象来有效的管理诸如内存这样的计算资源。

J2EE 应用程序服务器提供了对企业应用程序的重要支持。除了提供各种不同的服务器端容器之外,Java EE 应用程序服务器还使得用户能够非常方便地部署和管理 J2EE 部件和应用程序。J2EE 应用程序服务器管理着企业中的全局资源,比如数据库、网络连接和名字服务,还提供了一个安全的操作环境。

容器和服务容器设置定制了 J2EE 服务器所提供的内在支持,包括安全、事务管理、JNDI(Java Naming and Directory Interface)寻址、远程连接等服务,下面是几种常见的重要服务:

(1)J2EE 安全(Security)模型

使能配置 WEB 组件或 Enterprise Bean 只被授权的用户才能访问系统资源。每一客户属于一个特别的角色,而每个角色只允许激活特定的方法。通常在 Enterprise Bean 的布置描述中声明了角色和被激活的方法。

(2)J2EE 事务管理(Transaction Management)模型

使开发人员可以指定组成一个事务中所有方法间的关系，这样一个事务中的所有方法被当成一个单一的单元。当客户端激活一个 Enterprise Bean 中的方法，容器介入管理事务。因有容器管理事务，在 Enterprise Bean 中不必对事务的边界进行编码，开发人员只需在布置描述文件中声明 Enterprise Bean 的事务属性，而不用编写并调试复杂的代码。

(3)JNDI 寻址(JNDI Lookup)服务

向企业内的多重名字和目录服务提供一个统一的接口，这样应用程序组件可以访问名字和目录服务。

(4)J2EE 远程连接(Remote Client Connectivity)模型

管理客户端和 Enterprise Bean 间的低层交互。当一个 Enterprise Bean 创建后，一个客户端调用它的方法就像它和客户端位于同一虚拟机上一样。

(5)生存周期管理(Life Cycle Management)模型

管理 Enterprise Bean 的创建和移除。一个 Enterprise Bean 在其生存周期中将会历经几种状态，容器创建 Enterprise Bean，并在可用实例池与活动状态中移动它，而最终将其从容器中移除。即使可以调用 Enterprise Bean 的 Create 及 Remove 方法，容器也将会在后台执行这些任务。

(6)数据库连接池(Database Connection Pooling)模型

容器通过管理连接池来缓和获取数据库连接的耗时工作，管理连接数目。Enterprise Bean 可从池中迅速获取连接，在一个 Bean 释放连接之可为其他 Bean 使用。

每种类型的组件都有一个相应的容器，即 J2EE 分别针对客户端应用程序、Applets、Web 组件和 EJB 的容器，这些容器提供了对相应部件需要执行的独立功能的支持，其组成结构如图 4.15 所示。

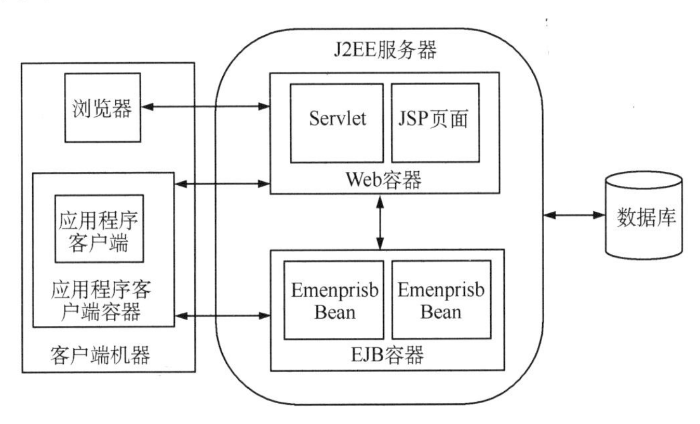

图 4.15　J2EE 容器的组成结构

- 应用程序客户端容器：提供了对 Java SE 运行环境的支持和对 J2EE API 的访问支持。
- Applets 容器：提供了在连接到网络中的计算机上定位和检索小程序的专门方法、调用小程序的方法、与 Web 浏览器交互的功能以及为小程序的运行提供了一个受保护的环境。

- Web 容器:在某些情况下被称为服务器端应用程序或 JSP 引擎,接收客户端请求并生成和传输 HTTP 响应。一个 Web 容器将决定由哪个组件来接收来自客户端的请求、创建或获得该组件的一个实例并将控制权递给该实例。Web 容器将应用程序开发人员从跟踪会话状态、管理 HTTP 连接以及创建、回收或管理部件对象的生命周期中解放出来。
- EJB 容器:是 J2EE 规范中定义最为复杂的容器,管理 EJB 组件之间以及 EJB 与容器之间的交互,为客户端提供远程访问 EJB 的功能,管理组件实例的构造和拆构工作,还需要永久存储实例数据或从一个数据库中检索实例数据。EJB 容器最有价值的功能之一就是,该容器能够保证同时出现的操作按某个特定的顺序执行,或在 EJB 部件不能正常工作时采取正确的措施。

Web 容器和 EJB 容器实现了很多相同的功能。为了满足企业级应用程序的需求,这些容器对 Java SE 定义的最小容器的基本功能进行了扩展。这些容器既实现了高级对象生命周期的管理功能,又能根据对客户端需求的预测将已经准备好运行的部件实例存储在计算机系统的缓冲池中。当对某个特定类型的部件需求下降时,容器能实现回缩功能,即降低可用部件对象的数量,从而为其他软件的运行保留了更多系统资源。通过安全地允许多个客户端同时使用一个 Bean,或通过创建专门用于为某个特定客户端提供服务的部件实例,容器还能实现对并发访问的管理。最后,EJB 容器还实现了认证和授权功能,从而避免了 EJB 部件或其他资源被未经授权的用户使用。

尽管 J2EE 技术规范中并没有要求 J2EE 应用程序服务器实现负载均衡的功能,但是绝大多数的 J2EE 应用程序服务器仍然提供了负载均衡的功能,或通过服务器集群提供了对容错功能的支持。

通过良好的设计,容器能为组件与组件之间以及组件与客户端之间的交互提供精心定义的标准化的开放式接口。容器根据组件描述符决定对部署的组件中内嵌的哪些功能进行补充,这就大大简化了组件的开发工作,还使得应用程序开发人员能将自己的注意力集中到组件需要实现的业务逻辑上。因此,使用 J2EE 技术的企业级应用程序具有更低的开发费用而具有更高的质量——因为所有容器功能都已经经过了很好的测试了。

4.3.2.2 J2EE 的核心 API

J2EE 平台由一整套服务(Services)、应用程序接口(APIs)和协议构成,它们对开发基于 Web 的应用提供了多层功能支持。

(1)JDBC (Java Database Connectivity)

JDBCAPI 为访问不同的数据库提供了一种统一的途径。像 ODBC 一样,JDBC 对开发者屏蔽了一些细节问题,另外,JDBC 对数据库的访问也具有平台无关性。通过 JDBC,J2EE 应用程序能创建到关系数据库系统的连接,并实施数据库中的数据的查询、更新和数据管理等操作。JDBC 应用程序可使用 SQL 语言来执行对关系数据库的查询功能。

(2)JNDI (Java Name and Directory Interface)

JNDI API 被用于执行名字和目录服务。它提供了一致的模型来存取和操作企业级的资源如 DNS 和 LDAP、本地文件系统、或应用服务器中的对象。一般情况下,实现企业计算功能的应用程序和资源都是分布在不同的计算机上的，并且这些计算机可根据所处的地理位置进行分组。名字和目录服务的目的就是方便记忆和使用用户名的自核属性与对象关联在一起，这样用户就能更加容易地确定这些对象所处的位置。为了确定某个服务所在的位置，一个客户端可以为该服务提供一个服务名并获得一个指向某个对象的引用，或获得该对象本身。通常，目录服务具有比命名服务更加强大的功能。除了将名字和对象进行关联外，目录服务还可将属性和对象进行关联，并且目录服务还支持更加先进的检索机制。JNDI 为名字和目录服务的访问提供了一套标准的 API，是独立于任何特定的命名和目录服务实现的。

(3)EJB (Enterprise Java Bean)

EJB 提供了一个框架来开发和实施分布式业务逻辑，显著地简化了具有可伸缩性和高度复杂的企业级应用的开发。EJB 规范定义了 EJB 组件在何时如何与它们的容器进行交互作用。容器负责提供公用的服务，例如目录服务、事务管理、安全性、资源缓冲池以及容错性。但值得注意的是，EJB 并不是实现 J2EE 的唯一途径。正是由于 J2EE 的开放性，使得有的厂商能够以一种和 EJB 平行的方式来达到同样的目的。

(4)RMI (Remote Method Invocation)

RMI 协议调用远程对象上方法。它使用了序列化方式在客户端和服务器端传递数据，是一种被 EJB 使用的更底层的协议。RMI 使得一个程序员能像使用一个本地创建的对象那样使用一个远程对象，而不必了解使用远程对象所涉及到的复杂协议或程序编码。通过使用 RMI，Java 程序开发人员能在不需要学习接口定义语言 IDL(Interface Definition Language)或接口定义语言的映射关系的情况下快速创建分布式应用程序。RMI 是基于 RMI 传输协议基础之上的，它综合使用了 HTTP 协议和对象序列化技术来调用远程对象提供的方法并返回数据。为了满足企业级应用程序的互操作性目标，RMI 也可以和 IIOP 协议结合在一起作为网络的底层传输协议。IIOP 协议是 OMG(Object Management Group，对象管理组织)发布的 CORBA 系列规范的一部分，通过使用 RMI 和 IIOP，使得 J2EE 应用程序访问外部的 CORBA 服务或外部 CORBA 对象访问 EJB 组件成为可能。因为 CORBA 是一种独立于语言的协议，因此，不论是使用 C、C＋＋、Smalltalk 还是任何其他编程语言开发的应用程序部件，只要该部件提供了 CORBA 绑定，那么该应用程序部件就能与 J2EE 的应用程序进行通信。

(5)Java IDL/CORBA

在 Java IDL 的支持下，开发人员可以将 Java 和 CORBA 集成在一起创建 Java 对象并使之可在 CORBA ORB 中展开，或者还可以创建 Java 类并作为和其他 ORB 一起展开的 CORBA 对象的客户。后一种方法提供了另外一种途径，通过它，Java 可以将新的应用和旧的系统相集成。

(6)JSP (Java Server Pages)

JSP 页面由 HTML 代码和嵌入其中的 Java 代码所组成。服务器在页面被客户端所请求以后，对这些 Java 代码进行处理，然后将生成的 HTML 页面返回给客户端的浏览器。

(7)Java Servlet

Servlet 是一种小型的服务器端 Java 程序，它扩展了 Web 服务器的功能。作为一种服务器端的应用，当被请求时开始执行，这和 CGI Perl 脚本很相似。Servlet 提供的功能大多与JSP类似,不过实现的方式不同。JSP通常是大多数HTML代码中嵌入少量的Java代码,而Servlets全部由Java写成并且生成HTML。

(8)JMS (Java Message Service)

JMS是用于和面向消息的中间件相互通信的应用程序接口(API)。它既支持点对点的域,又支持发布/订阅(publish/subscribe)类型的域,并且提供对下列类型的支持:经认可的消息传递,事务型的消息传递,一致性消息和具有持久性的订阅者支持。JMS还提供了另一种方式将应用与旧的后台系统相集成。

(9)JTA (Java Transaction API)

JTA定义了一种标准的API,应用系统由此可以访问各种事务监控。JTA提供了对在不同方法之间划分界限的支持。方法之间的界限是指一系列必须同时结束的操作的起始和结束。总的来说,这一系列的操作被称为一个交易。虽然部件可通过使用这类API来自己管理交易,但通常情况下,应用程序设计人员都允许容器代表部件来管理交易。JTA提供了一个交易管理器和一个资源管理器之间的接口,这个交易管理器负责实现交易管理的底层功能,而资源管理器则负责管理执行交易的应用程序可以使用的资源。一个数据库服务器或一个消息传输系统就是一个资源管理器的例子。交易管理器和应用程序以及一个或多个资源管理器协调工作,以便以一种可移植的方式扩展一个资源管理器,从而为实现交易功能的应用程序提供更多的功能。

(10)JTS (Java Transaction Service)

JTS是CORBA OTS事务监控的基本的实现。JTS规定了事务管理器的实现方式,在高层支持JTA规范,并且在较底层实现OMG OTS规范的Java映像。JTS事务管理器为应用服务器、资源管理器、独立的应用以及通信资源管理器提供了事务服务。

(11)Java Mail

Java Mail是用于存取邮件服务器的API,它提供了一套邮件服务器的抽象类。不仅支持SMTP服务器,也支持IMAP服务器。绝大多数企业级应用程序都需要和用户进行交互,在某些情况下,一个客户端或应用程序需要发送电子邮件给某个人,以便通知他关于某件事情的情况或通知他执行某种操作,而这种操作是应用程序本身不能执行的。Java的电子邮件API提供了一种独立于平台和协议的方法来接收和发送电子邮件。Java Mail定义了一个API以便软件供应商能将他们的产品作为一个服务提供者与独立于厂商Java Mail API集成在一起。

(12)JAF (JavaBeans Activation Framework)

Java Mail利用JAF来处理MIME编码的邮件附件。Java Mail API将使用JAF来提供对电子邮件内容的动态操作。MIME(多用途的网际邮件扩充协议)类型将识别出电子邮件的某个特定内容片断相关的邮件内容的类型,而JAF识别和创建对象以处理内容类型不同的电子邮件。

(13)JAXP(Java API for XML Parsing)

JAXP提供了一种精心定义的API,这个API和SAX以及DOM API一起实现了XML解析器和文档创建的标准化。JXAP还实现了标准化的创建和调用XSL处理器的方法,为应用程序开发人员提供了将他们的特定选项插入XSL解析器的使用工具。JAXP的参考实现提供了 Apache 的 Crimson 解析器和 Xalan XSLT 处理器。

(14)JAAS(Java Authentication and Authorization,Java 验证和授权)

J2EE 应用程序能使用 JAAS 来认证用户并对用户实施资源访问控制。JAAS 实现了与安全性相关的功能,比如通过密码验证用户身份合法性的功能,这些功能独立于底层的认证技术的。使用 JAAS 的应用程序可以重用企业级的认证服务,比如 Kerberos 或 NT Domain 等服务。

(15)J2EE Connector(J2EE 连接器)

连接器结构在一个 J2EE 应用服务器和一个资源适配器之间定义了系统级的接口和行为(即所谓的系统协议),这些系统协议为实现 J2EE 环境中的交易、安全性和连接管理等提供了支持。连接器结构还定义了一个通用客户端结构,客户端使用这个接口以程序化方式并通过一个资源适配器与企业信息系统(EIS)进行交互,这个接口使用了一种通用的"功能调用/结果返回"模型。一旦编写了一个资源适配器程序,那么 EIS 提供的功能将被当作是对 J2EE 应用程序服务器提供的标准服务的一个自然扩展,将所属信息系统的数据和功能集成在一起,容纳进 J2EE 应用程序中。

(16)HTTP/HTTPS

希望使用 HTTP 或 HTTPS 进行通信的客户端可使用 JavaSE 提供的java. net包和 javax. net. ssl 提供的扩展包。这些 API 允许一个部件建立连接、接收来自客户的请求并生成响应消息。使用 HTTPS 协议为应用程序增加了通过使用 SSL(Secure Socket Layer,加密套接字协议)或比 SSL 更先进的 TLS(Transport Layer Security,传输层安全性)实现的安全通信功能。

J2EE 的部件包含一个或多个类文件,以及一个用于明确定义该部件的外部行为的关联部件,如企业级的 Bean 类文件、支持类、资源、接口和用于定义如何部署该部件以及运行环境该如何管理该部件的文件。所有这些文件都被打包到一个 Java 档案文件(JAR)中,然后,这个文件将被安装到一个容器中,这个容器为上述各种类型的部件提供了运行环境。

4.3.2.3 J2EE Web 应用的多层结构

通常情况下,为企业设计的应用程序被划分为不同的部分,这些不同的部分结合在一起实现了该应用程序的整体目标。这种结构层次上的模块化方法不仅简化了应用程序的开发工作,提高了应用程序的灵活性和应用程序部件重用的可能性。应用程序的不同层之间具有精心定义的边界和接口,可对这些精心定义的层进行替换,这个特性使得我们能开发可以方便修改或扩展的系统,因为对应用程序某一层的修改可能不需要对其他层进行改动。

J2EE 的功能层不仅通过精心定义的访问点为各层客户端提供服务,而且还包含了为按照客户端的要求提供服务的技术。在提供某个服务时,一个层可能会成为另一个层的客户端。J2EE 将为实现某层功能可能使用到的任何事物当成一个资源,因此,应用程序定义的任何层都将成为其他层的资源。在一个层的上下文环境中,客户端通过客户端协议访问该层提供的服务。

在 J2EE 使用的多层分布式应用模型中,应用逻辑按功能划分为组件,各个应用组件根据他们所在的层分布在不同的机器上。J2EE 典型的 WEB 应用结构也为四层(见图 4.13),目前大多数应用系统都在此框架指导下进行面向服务的软件系统设计。大型企业信息系统层处理企业信息系统(EIS)软件包括企业基础建设系统,有许多数据共享和应用集成问题,用 J2EE 框架结构能很好地进行系统分析、设计和部署。而小型企业的 EIS 相对简单,有可能不需要复杂的 EJB 层,因为 EJB 所使用的协议不适合 Web。EJB 所使用的协议是 RMI 或者使用 IIOP 的 RMI。就和 DCOM 和 CORBA 一样,RMI 或者基于 IIOP 的 RMI 不适合 Web 服务:不能穿越防火墙,不能与 HTTP 结合,可扩展性不够好等等。其次,EJB 的协同能力受限,当前的 EJB 实现还不支持与非 Java 平台的协作,甚至不同的 EJB 容器实现之间的协作也存在问题。

在实际应用中,基于 J2EE 的系统设计需要根据所需的“服务”,选择一个应用服务器产品,因为在 4.3.2.2 中列举的 J2EE 核心 API 在不同的产品中包含不同集合,而用户定义的“服务”不一定与产品提供的“服务”一一对应,还要适当补充和自主开发。如某应用支撑平台设计了三类服务:应用服务、公共基础服务和系统资源服务,其中的后两类服务的某些服务组件可能从某个 J2EE 应用服务器产品中直接选用,剩下的可能需要第三方产品支持,也可能需要自主研发,此时必须考虑 J2EE 应用服务器产品与第三方产品的兼容性问题,以及自主研发产品与其他模块的接口标准。

值得注意的是,目前 WEB 应用中流行的 Rich 客户端在功能上与应用程序客户端非常类似,但这种类型的客户端只能与 Web 服务的对等节点进行交互。除此之外,因为 Rich 客户端没有必要必须使用 Java 语言进行开发,所以 Java EE 规范并没有将这种类型的客户端作为 Java EE 的部件进行定义。尽管并没有为某种类型的客户端定义一个特别的名字,但 Java EE 仍然能够识别那些用非 Java 语言编写的客户端,这些客户端能使用某种类型的客户端协议和接口之间与 Java EE 中定义的任何层进行通信,以便使用这些层提供的服务。

J2EE 的 EJB 及其容器实现了很多与管理资源缓存、并发性、安全性、永久存储数据和交易等相关的系统层次的技术细节。客户端可使用本地 RMI、RMI－IIOP 或 CORBA 访问 EJB。另外,除了消息驱动 Bean 之外,客户端可通过使用 JMS 与 EJB 层中的服务进行通信。尽管 EJB 的交互是非常普遍的,但多数情况下 EJB 都需要使用 EIS 层提供的资源。EJB 在布置描述中声明角色和可被激活的方法。由于这种声明性的方法,不必编写加强安全性的规则。当客户端激活一个 EJB 中的方法,容器介入管理事务,因有容器管理事务,在 EJB 中不必对事务的边界进行编码,只需在布置描述文件中声明 EJB 的事务属性,容器将读此文件并为处理此 EJB 的业务,而不用编写并调试复杂的代码。

外部 EIS(Enterprise Information System,企业信息系统)系统实现的数据和服务是 EIS 层的一部分。数据库、企业资源规划系统和现有的应用程序都是 EIS 层的组成部分。Java EE 应用程序将通过使用如 JDBC 和 Java 连接器这样的技术来访问这些资源。这些技术的使用确保了将所有资源都完整地集成到 Java EE 环境中。EIS 系统还能实现自己专用的客户端协议或通过 CORBA 对资源的访问。EIS 层包含关系型数据库管理系统(RDBMS)、ERP、大型机事务处理(mainframe transaction processing)及其他遗留信息系统(legacy information system),在处理业务逻辑时,由中间层访问 EIS。

4.3.3 J2EE Web 应用实现方法

4.3.3.1 两种 Java 平台实现方式

在基于 Java 平台实现 Web 应用时,通常有两种可以选择的方式,这两种方式被人们形象地称为:重量级方式和轻量级方式。

(1)传统的重量级实现方式

重量级实现的 Web 应用程序运行环境如图 4.16 所示。

图中,J2EE 服务器是 Java EE 产品的运行时部分。J2EE 服务器提供 Web 和 EJB 容器,Web 容器负责管理应用程序的 Servlet 组件和 JSP 页面的执行;EJB 容器则负责管理 J2EE 应用程序中 EJB 的执行,EJB 也只能在 EJB 容器中运行。

由于 EJB 组件可以分别驻留在不同的服务器上,因此它提供了很好的可伸缩性,天生就是为处理分布式的应用服务的。也正是由于它要解决分布式的问题,使得这种技术对各方面(硬件/软件/参与者)的要求都很高。另外,由于在开发过程中要引入 EJB 架构本身的一些接口和类,属于一种侵入性的技术。

EJB 技术特别适合确有远程访问需要的、分布式的、大型程序的开发。

然而,人们在实现 J2EE 应用程序时存在一些误解,很多人认为 EJB 是 J2EE 的核心部分,任何一个基于 Java 平台的应用程序,如果不使用 EJB 便不成其为 2EE 应用程序。而一个完整的 J2EE 规范是为实现分布式的大型项目准备的,这种做法就像用建造鸟巢和水立方的技术盖农舍一样不合时宜,主要表现在 EJB 技术是 J2EE 中最难学和难以掌握的,无论是设计、编码还是部署维护对相关人员的技术水平要求都很高,真正掌握 EJB 的实质非常困难,这也导致了许多项目最终走向失败。再者,盲目地应用 EJB 把一个本来不是分布式的程序变成分布式的,反而会大大降低应用程序的性能。WebLogic 和 Websphere 都是支持重量级的 J2EE 服务器产品,功能强大,但价格高、配置复杂。

(2)轻量级实现方式

EJB 的复杂性使得 JavaEE 在开发非分布式的中小型项目时效率不高,为了解决这个问题,以 Spring 为代表的 JavaEE 应用程序的轻量级实现方式应运而生,受到了人们的普遍关注。轻量级的 JavaEE 开发不再以 EJB 为核心。它的运行环境也相应地不再需要 EJB 容器,因此变成如图 4.17 所示的形式。

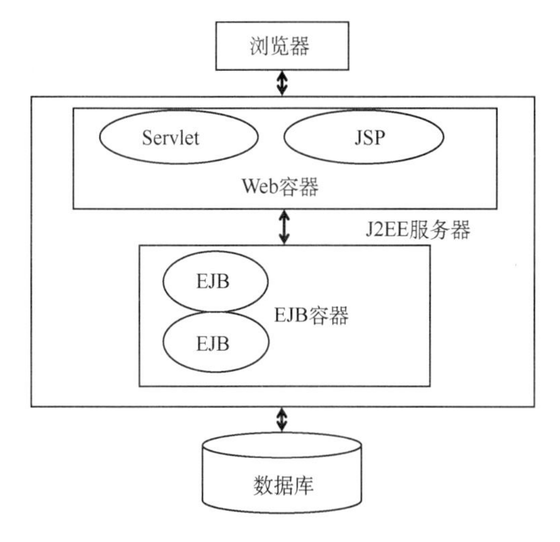

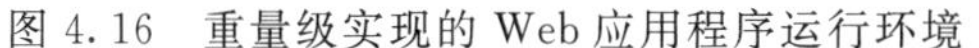
图 4.16 重量级实现的 Web 应用程序运行环境

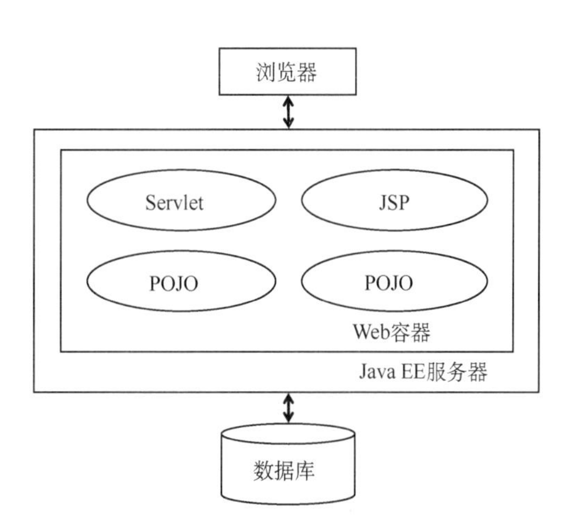

图 4.17 轻量级 Java EE 应用程序运行环境

在图 4.17 中,取代 EJB 的是 POJO。POJO 是 Pure Old Java Object 或 Plain Ordinary

Java Object 的缩写。意思是说它是一个普通的 Java 对象，相对于 EJB 需要强制性的实现其特定的接口不同，POJO 无须实现任何特定接口，运行环境中不再需要复杂的 EJB 容器，相比 EJB 的复杂难懂而言，POJO 则是简单易学的。

正因为 POJO 无须实现特定接口，开发变成了非侵入式的，也就是说开发的应用程序无须与某种特定的技术紧密绑定在一起，这带来了两方面的便利：一，应用不再依赖于某特定的厂家；二，开发的项目迁移到新技术上时无须做大的改动。

现在，Java EE 在各个层面都有大量可利用的框架，如 JSF/Struts/Spring/Hibernate 等。用它们可以进行方便快捷的开发，这比学习 EJB 要容易得多。

与 EJB 的长处相反，伸缩性和分布式处理是这种实现方式的短处。但是这种轻量级的开发方式特别适合非分布式的中小项目的开发。

从前面分析可以看出，在开发项目时，应对各种技术尽可能保持客观、冷静的态度，根据现实需要决定取舍，不可盲目追求高大全、追求新潮。比如对于 UI 驱动的那一类 Windows 问题，Visual Basic 才是最佳选择，而不是 C#，更不是 Java。

4.3.3.2 Web 应用开发过程

通常编写 Web 应用程序之所以困难是因为需要许多复杂代码用于交互工作，以处理数据交易和管理程序状态(如多线程操作、资源共享、及其他底层细节)。J2EE 提供的基于构件和平台独立的编程环境简化了程序的编写。不同专业的开发人员只需关注某一层的开发，如由美工人员实现客户端，专业技术人员实现 Web 层和业务层，而对于某一项目而言业务层是稳定的，对于不同的客户端如计算机、手机等需要开发不同的 Web 层软件，但可以使用同一个业务层，J2EE 服务器以容器的形式提供底层服务。由于编程人员无须自己开发这些底层服务，可以更专注解决手头的业务问题，这就是以业务层为中心的 Web 应用开发。

J2EE 应用框架使同样的程序构件能够根据其部署方式的不同实现不同的功能。例如同样的 EJB 可以采用不同等级的数据库数据存取安全设置。J2EE 容器还负责管理某些基本的服务，如构件的生命周期、数据库连接资源共享、数据持久性等。

J2EE 应用程序的装配与部署如图 4.18 所示。

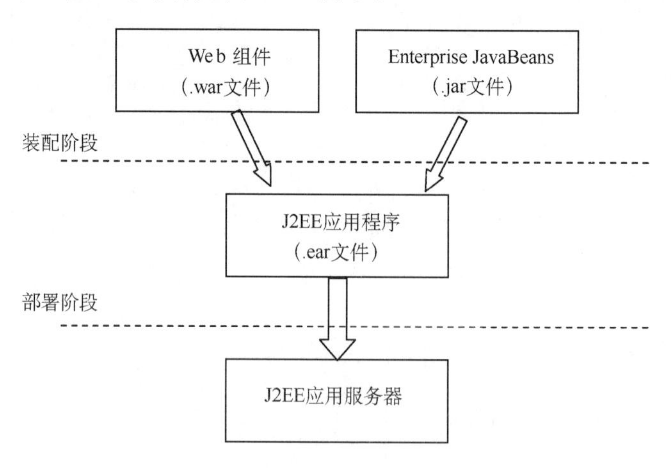

图 4.18　J2EE 应用程序的装配与部署

J2EE 应用程序的典型开发过程主要包括下面四个主要步骤

(1)创建 Enterprise JavaBeans

编写并编译 Enterprise JavaBeans 所需要的代码，指定 Enterprise JavaBeans 的部署描述符，将.class 文件和部署描述符打包放进.jar 文件。

(2)创建 Web 组件

编写和编译 Servlet 的 Java 源代码，编写.jsp 和.html 文件，制定 Web 组件的部署描述符，将.class 文件.jsp 文件.html 文件和部署描述符打包放进.war 文件。

(3)装配 J2EE 应用程序

将前面创建的 Enterprise JavaBeans(.jar 文件)和 Web 组件(.war 文件)装配进一个 J2EE 应用程序(.ear 文件)，指定 J2EE 应用程序的部署描述符。

(4)部署 J2EE 应用程序

将 J2EE 应用程序(.ear 文件)安装进 J2EE 服务器，配置 J2EE 应用程序，针对操作环境修改 J2EE 应用程序的部署描述符。

J2EE 应用程序不要求都含有 Enterprise JavaBeans 和 Web 组件，有时，可以跳过前两个阶段中的某一个。

如今 J2EE 应用服务器领域产品诸多，有 Weblogic，Websphere 等大型产品。而 JBoss 作为一种开源的 J2EE 应用服务器由开源社区开发，遵循商业友好的 LGPL 授权分发，这使得 JBoss 广为流行。JBoss 提供了基本的容器以及 J2EE 服务，例如：数据库访问 JDBC、交易(JTA/JTS)、消息机制(JMS)、命名机制(JNDI)和管理支持(JMX)等。如 JBOSS4.0 实现了 EJB2.1 的标准、JMS 1.1 标准和 JCA1.5 标准等最新标准，是 100%纯 Java 实现，能运行于任何平台。新的轻量级 JavaEE 应用服务器大多采用 Spring 框架/Struts 框架/Hibernate。

4.3.3.3 J2EE 集成 JMS

JMS 是一个基于 JAVA 技术的消息中间件，是 J2EE 体系结构中定义的标准组成部分之一。JMS 本身不是消息系统，它是当消息客户端与消息系统进行通信时所需要的接口和类的抽象。与 JDBC 访问关系数据库的方式类似，JMS 访问的是消息中间件。使用 JMS，消息应用系统的消息客户端就可以轻松访问消息中间件产品，消息发送者和接收者之间就可以传送不同格式的消息。JMS 的应用架构如图 4.19 所示：

JMS API 定义了一组公共的应用系统接口和相应的语法，使得 Java 应用系统能够和各种消息中间件进行通信。JMS 可以用在许多不同的消息中间件产品中，如果厂商提供了一个可兼容 JMS 的服务提供者，那么 JMS 的 API 就可以用来对那个厂商的产品来发送和接收消息。比如，在使用 SonicMQ 或者 IBM MQSeries 时可以使用相同的 JMS API 来发送消息。

JMS 提供的消息具有以下特点：

- 松耦合—发送方和接收方可以对对方的信息或者使用消息的机制一无所知；
- 异步—接收方没有请求消息，发送方不必等待应答；
- 可靠—消息发送和接收只进行一次并且只需要进行一次.

JMS 作为一种消息中间件规范，能够和其他企业级的 JavaAPI 协同工作。在 J2EE 应用服务器中，JMS 作为消息收发系统使 EJB 组件之间的异步通信更加可靠。

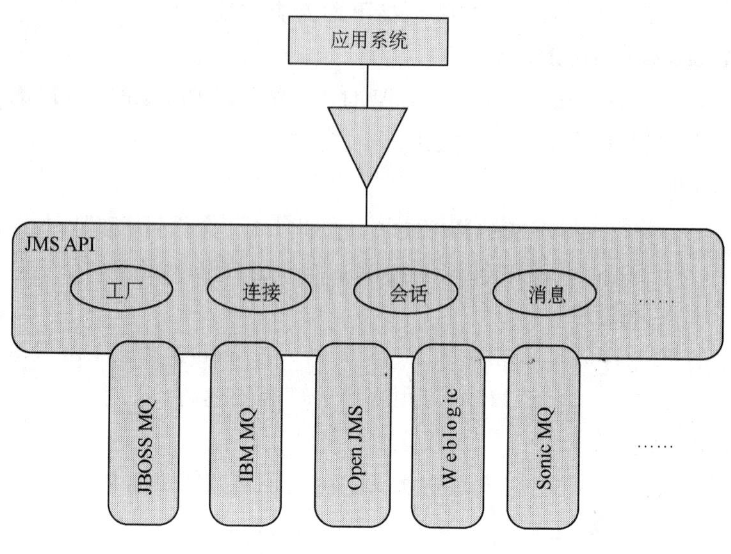

图 4.19 JMS应用架构

JMS也提供了一套专用的应用服务器工具(JMS Application Server Facilities)供J2EE服务器使用。这些工具除了可以并发处理订阅消息以外,还对分布式交易系统提供支持。当然,就JMS系统本身而言,是不需要使用这些工具的。

J2EE应用服务器可以通过专用工具配置、管理、启动和停止JMS消息服务。同时,JMS经过EJB容器封装之后成为可交易的资源,可以更加可靠和方便地使用JTS管理分布式交易系统中的消息。

以事务处理为例,需要遵循"原子性"原则,处理完一个事务中包含的全部操作。比如一个银行系统,发送两个消息来从一个账号取一定数量的钱,同时在另一个账号中存同样数量的钱,如果只接收到了其中一条消息就会出问题。在JMS中,可以在会话创建的时候指定一个会话事务处理。在事务处理会话中,多个发送和接收被放到一个单独的事务处理中去。JMS规范提供了Session.commit()方法来确认事务处理中的所有消息,也提供了Session.rollback()方法来取消所有消息。这些消息被取消后,只要他们不超时就会被重发。

在调用commit()或者rollback()方法以后,就开始一个新事务。JMS提供者可以使用X/Open XA资源接口提供对分布式事务处理的支持,这是通过利用JavaTransactionApi(JTA)实现的。

消息驱动Bean(MDB)是一类特殊的EJB,当一个MDB被部署好以后,它就和一个特定的消息队列或主题相关,当消息队列或主题中有消息到达的时候它就被容器调用,具有以下特点:

(1)MDB是匿名的,它没有客户可见性,不为客户维持任何状态;

(2)一个特定MDB的所有实例是平等的;

(3)容器中可以集中所有实例;

(4)MDB没有本地或远程接口;

(5)MDB由容器异步调用;

(6)MDB完全在一个容器范围内存活,容器管理它的生命周期。

4.3.4 JAVA 消息服务(JMS)

4.3.4.1 JMS 组件与消息域

JMS 的主要组件如下：

(1)JMS 提供者

JMS 提供者是实现 JMS 规范的消息系统，通常也提供一些控制功能。对于一个消息应用来说，JMS 提供者是实现 JMS 最核心的部分。理想状态下，JMS 提供者使用纯 Java 编写后，以至于它在 applet 中运行都没问题，而且安装简单，可以跨平台使用。JMS 一个重要的目标就是最小化实现一个 JMS 提供者所需要做的工作。例如，iLink 实现了 JMS 规范，用户可以通过使用 JMS 接口，在 iLink 中进行 JMS 编程，iLink 便是一个 JMS 提供者。

(2)JMS 客户端

JMS 客户端指的是发送或者接收消息的组件或 JAVA 程序。

(3)Messages

指的是在 JMS 客户端之间进行通信的对象。JMS 规定了消息的格式，但消息的具体内容则是由具体应用进行定义的。

(4)消息域

JMS 中的消息域指的是 JMS 支持的两种消息处理模式——点到点模式和发布/订阅模式。这两种模式都是人们熟知的 Push 模式，消息的发送方是活动的发起人，而接收方是被动接收的用户。

(5)Destinations

Destinations 指的是 JMS 客户端发送和接收消息的地址，是一些用于保存消息的对象，这些对象接收发送来的消息并进行保存，然后将消息转发给消息的接收者。在点到点模式中 Destination 指的是一个队列，在发布/订阅模式中，指的是一个主题。

(6)Connection

Connection 指的是 JMS 客户端和 JMS 提供者之间活动着的连接。

(7)Connection Factory

Connection Factory 是一个预先配置的 JMS 对象，用来创建带有 JMS 提供者的连接。

(8)Session

为每个连接创建一个或者多个会话，用来创建发送方和接收方以及管理员事务处理。

(9)MessageProducers：即消息发送方

MessageProducers 是在 session 中创建的对象，用来将消息发送或者发布到一个destination 上。

(10)MessageConsumer：即消息消费者

MessageConsumer 是在 session 中创建的对象，用来充当一个 destination 检索消息。

这些组件中，Connection Factory 和 Destination 是通过 JMS 提供者提供的接口创建和访问的。这些接口可能随供应商的不同而不同，因此这两个组件被称为 Administered Objects，以表明它们是通过管理方式而不是编程方式进行配置。正常情况下，Connection Factory 和 Destination 是在 JNDI 名称空间中进行分配的，应用程序可以使用 JNDI API 以一种轻便的方式来访问这些对象。图 4.20 是各个组件的 UML 活动图。

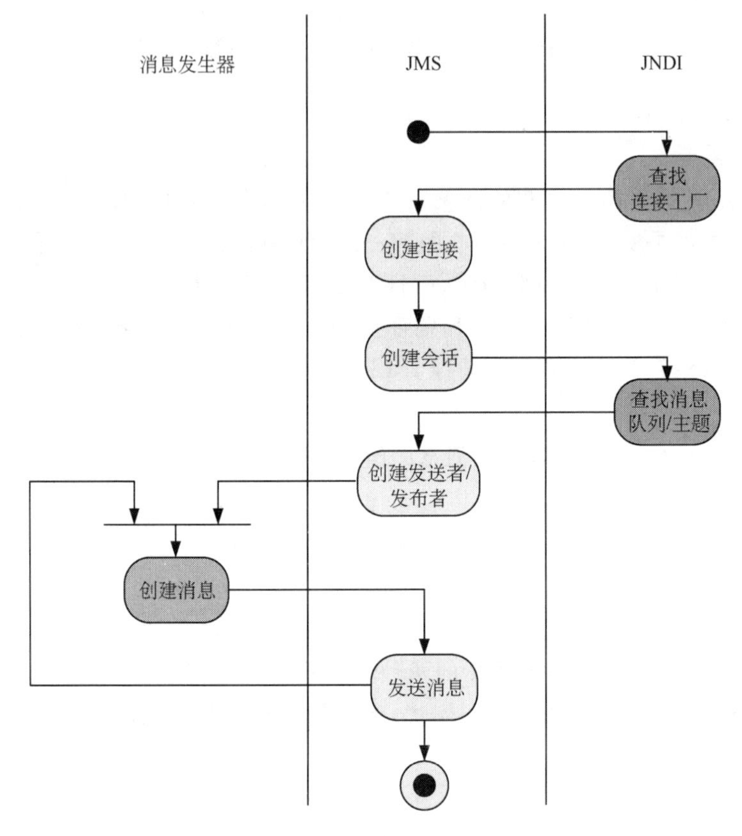

图 4.20　JMS 组件 UML 活动图

JMS 支持点到点消息域和发布/订阅消息域、前者是在消息队列的基础上创建的，它在发送方和接收方之间维持一对一的关系。作为消息目的地的 Queue 遵守先进先出(FIFO)规则，队列把消息按照发送的顺序保存在队列中，并按顺序发送给消息接收者。消费者必须确认对消息的接收(acknowledge receipt)，确认了一次接收以后，相应的消息就会被从队列中删除。

点到点消息域允许消息生产者和消息消费者采用同步(synchronously)或异步(asynchronously)的方式进行消息交换。在同步方式下，消费者通过显式的调用 Receive()方法来接收消息，因此程序必须等待 Receive()方法执行完成后才能继续；在异步方式下，消费者通过注册一个实现了 MessageListener 接口的对象来处理消息。每当有一个消息在目的地队列中的时候，JMS 提供者就调用这个对象提供的 onMessage()方法。

JMS 提供了消息预览功能，它是通过队列浏览器对象(Queue Browser)实现的。浏览器允许消费者察看消息的内容，但并不真正地接受消息，因此预览的消息不会被从队列中删除。这就为消息消费者提供了消息选择的空间。

JMS 发布/订阅模式实现了一对多的消息交换。作为消息目的地的消息主题(Topic)和消息队列相似，同样遵守先进先出(FIFO)规则。消息发送方可以向一个主题发布消息，多个接收方可以订阅它们感兴趣的主题。一个主题中的消息只被发送给该主题的所有订阅者，并且只在这个处理任务的过程内存在。一个接收方只能接收他已经订阅的主题中的消息，并且接收方在消息发送的时候必须是活动的，并随时准备接收消息。这在发送方和接收方之间引入了一个时间依赖性，在点到点消息域下则没有涉及这点。在这种情况下，发送方发送一条消息 A 到一个消息主题，如果该主题的订阅者 1、2 处于活动状态，那么 1、2 都将收到消息 A，如果此后又有一个订阅者 3 订阅该主题，那么它将错过消息 A，但是能接收到以后发送到该主题的消息。

为了避开这种时间依赖性，JMS 规范提供了 Session. createDurableSubscriber() 方法，允许接收方创建持久订阅。当一个持久化订阅者的连接断开时，服务器负责存储该订阅者订阅的所有消息，并在连接恢复时发送给订阅者。图 4.21 说明了订阅者在消息发布时不处于激活状态的情况下，持久订阅和非持久订阅是如何处理消息的。

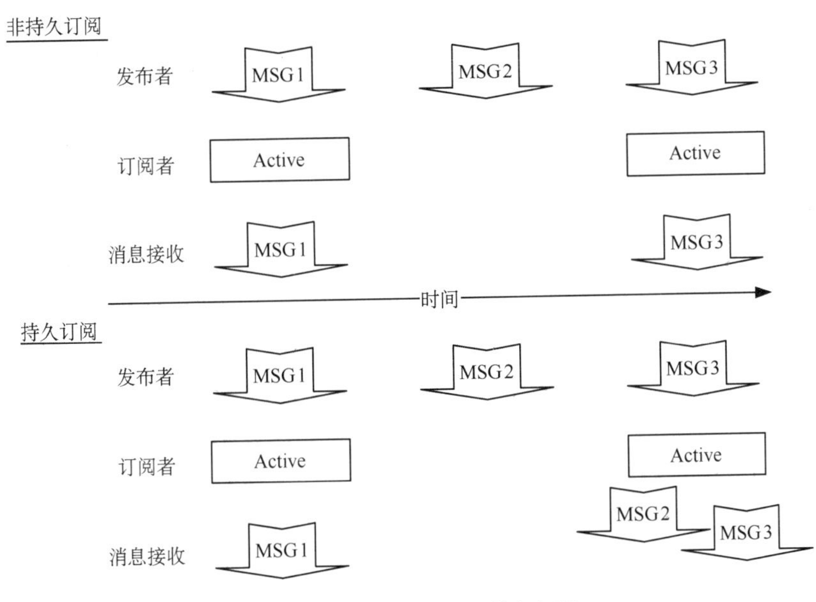

图 4.21　持久订阅和非持久订阅

JMS 提供“退订”(Unsubscribe)功能。对于非持久化订阅者，当连接断开时，系统自动完成退订；而对于持久化订阅者，必须显式调用退订方法(TopicSession. unscribe)才能完成退订的功能。

4.3.4.2　JMS 消息结构

一个 JMS 消息由三部分组成：消息头、消息属性、消息体，如图 4.22 所示。需要注意的是，只有消息头是一个消息必须具备的组成部分，消息属性和消息体是可选的。

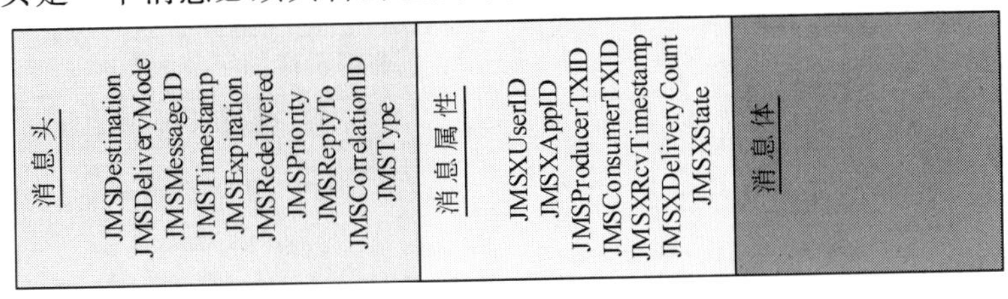

图 4.22　JMS 消息结构

(1)消息头

消息头(Header)包含了描述消息的元数据以及必要的控制信息,例如客户应答方式、消息目的地等。JMS 规定的消息头包括:

- JMSDestination:消息目的地,它指向一个 Topic 或 Queue 对象;
- JMSDeliveryMode:消息传输方式,有两种:持久化和非持久化。持久化方式中,如果 JMS 服务器 down 机时,消息也不会丢失,非持久化则不能保证;
- JMSMessageID:消息 ID,唯一标识本条消息的一个字符串;
- JMSTimestamp:消息时间戳,发送消息的准确时间(精确到毫秒);
- JMSExpiration:消息的过期时间,精确到毫秒,0 表示永不过期;
- JMSRedelivered:标志本条消息是否为重新发送;
- JMSPriority:消息的优先级,0～4 为普通优先级,5～9 为高优先级;
- JMSReplyTo:消息的回复地址,指向一个 Destination 对象;
- JMSCorrelationID:消息的相关消息 ID,通常用于答复消息指向源消息;
- JMSType:消息类型,决定消息的结构和消息体的类型。

(2)消息属性

消息属性(Properties)是对消息头的补充,消息消费者可以利用消息选择器(Selector)完成对特定属性的消息的过滤。消息属性是一个"名－值对",有三类消息属性:应用程序指定属性 (application－specific),JMS 定义属性(JMS－define)和提供者指定属性(provider－specific)。其中 JMS 定义属性包括:

- JMSXUserID:消息发送者的客户 ID;
- JMSXAppID:消息发送的应用系统的 ID;
- JMSProducerTXID:制造消息操作所在的事务的 ID;
- JMSConsumerTXID:消费消息操作所在的事务的 ID;
- JMSXRcvTimestamp:消息被接收时的 UTC 时间;
- JMSXDeliveryCount:一条消息被重复发送的次数;
- JMSXState:消息状态,1 表示等待,2 表示准备,3 表示过期,4 表示保持。

(3)消息体

消息体(Payload)包含了消息中的数据和事件的内容,消息类型决定了消息体中数据的结构和组织。JMS 支持 5 种类型的消息体,每一种都是由它自己的消息接口定义的。表 4.2 简要描述了 JMS 支持的 5 种消息体类型。

表 4.2 JMS 支持的 5 种消息体类型

消息体类型	消息内容
BytesMessage	非解析性的字节流
MapMessage	名字/数值对
ObjectMessage	可序列化的 Java 对象
StreamMessage	Java 元语流
TextMessage	Java 字符串

JMS规范为过滤接收到的消息提供支持，这就涉及消息选择器的使用。消息选择器是一个字符串，其中包含类似于SQL的条件表达式，只有消息头的值和消息的属性能在消息选择器中详细说明。可惜的是不可能根据消息体中的具体内容进行过滤。这种形式的createConsumer的参数如下：

TopicSession. CreateConsumer(destination,messageSelector,noLocal)

一个具体的实例为：

Session. createConsumer(bulletinBoard,"JMSPriority='9'AND topic='java'",false)

例子中第一个参数bulletinBoard是一个消息目的地(队列或者主题)；第二个参数是一个消息选择器，该选择器用来选取优先权为9，且topic属性值为"java"的消息；第三个参数用来说明是否愿意接收由自身连接创建的消息，false表示不接收。

4.3.4.3 消息会话确认和发送模式

在JMS规范中默认的会话确认模式是自动发送确认信息，这样可以把程序员从沉重的发送确认信息的任务中解脱出来，但是这样也有不利之处，如果在消息被处理之前应用程序出错，消息就有可能丢失。在消息得到确认后，JMS提供者将不再重发消息。

JMS支持三种会话确认模式，分别是：AUTO_ACKNOWLEDGE、DUPS_OK_ACKNOWLEDGE和CLIENT_ACKNOWLEDGE。AUTO_ACKNOWLEDGE是指接收方一旦接收到消息自动返回确认消息，这样这条消息便不会再被重发；当再次发送消息副本时可以使用DUPS_OK_ACKNOWLEDG模式，它是能够使会话在阻止重新发送消息副本上减少开销的一种AUTO_ACKNOWLEDGE；使用CLIENT_ACKNOWLEDGE模式，不会自动发送确认信息，而是把发送确认信息的任务交给了程序员，使程序员可以在适当的时候发送确认信息。

默认的JMS消息发送模式是PERSISTENT。这可以保证消息一定会被发送，甚至在JMS提供者出错或者关闭的情况下也是这样。

另一种发送模式是NON_PERSISTENT，在不需要保证成功发送的情况下使用。NON_PERSISTENT消息的开销是最低的，因为JMS提供者不需要将消息拷贝到稳定的介质中去。JMS仍然确保每个NON_PERSISTENT消息至多会被发送一次(但也可能根本就没有发送出去)。持久性消息和非持久性消息可以被发送到同一目的地。

4.3.4.4 应用举例

在应用集成过程中，消息中间件有着异步和松耦合等特点，成为最为广泛的中间件解决方案，各大厂商也相继推出了各种消息中间件产品。JMS作为一个通用的消息中间件规范已经被各大厂商所接受，因此，采用支持JMS消息服务的消息中间件完成各个系统之间的交互，成为应用集成主流解决方案之一。但是传统的基于消息中间件的集成方式有着诸多的缺点，比如不能灵活地改变消息目的地，应用系统在集成前必须协商约定共同的消息目的地等等，给应用集成带来了很大的不便。本案提出了一种基于JMS的软总线集成框架，对传统的集成方式进行了一定的改进和灵活性扩展。图4.23给出了多个应用系统通过JMS消息服务的软总线进行集成的整体框架图。

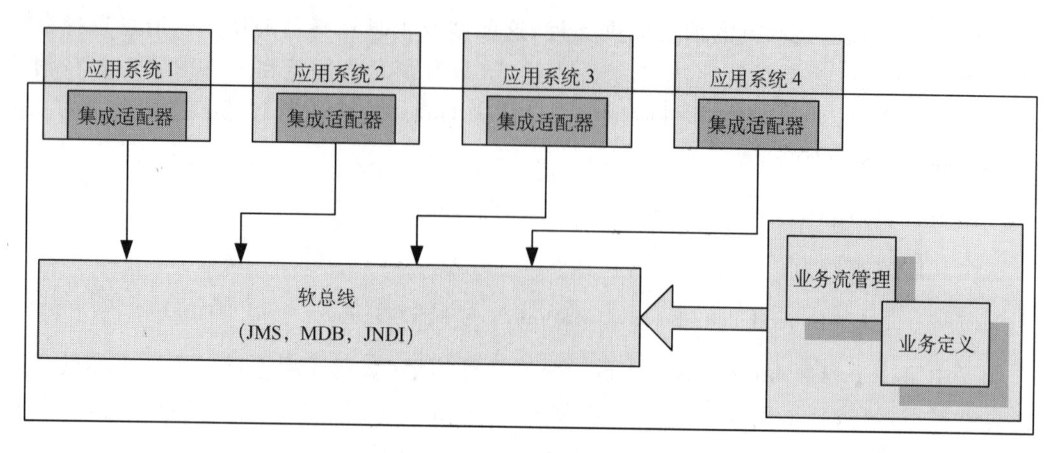

图4.23 基于JMS的软总线集成框架

整个集成框架包含了四个组成部分：

(1)各个应用系统

这些应用系统可以是基于Web的B/S三层结构或者是C/S模式，或者是早期单一架构的应用软件，每个应用系统有着不同的用户界面、业务逻辑、数据格式和存储方式，它们之间不能直接进行交互。

(2)集成适配器

集成适配器镶嵌在各个应用系统中，是应用系统和软总线的连接器，各个应用系统通过适配器与挂接在软总线上。例如，应用系统1要与应用系统2交互，首先应用系统1将它的请求通过集成适配器发送给软总线，软总线收到发送的请求后，将请求转发给应用系统2的适配器，应用系统2的适配器再将收到的请求传递给应用系统2，从而完成一次交互。

(3)软总线

是应用集成的核心，是各个应用系统进行交互的中间人，它负责消息的路由，将请求或者结果转发给合适的应用系统，因此每个应用系统只需要与软总线交互，对于每个应用系统而言，软总线提供了统一的接口，屏蔽了应用系统之间的种种差异，使各个应用系统能够彼此交互。

(4)业务定义和业务流程管理

业务定义在软总线中为每个应用系统定义相关的输入/输出接口，应用系统通过适配器与软总线上的输入/输出接口进行交互，从而使应用系统成为软总线上的一个业务；业务流程管理按照业务流程的具体定义控制软总线中的消息流向，使各个应用系统有序的集成运行，从而完成各种业务流程。

需要说明的是，业务定义和业务流程定义本身也是软总线的一部分，这里为了能够分清各部分的功能，将它们单独作为一个部分进行描述。

1)软总线结构

软总线是解决异构系统交互的一种技术，它借鉴了硬件总线的概念，运行于不同平台的软件能够像硬件设备一样即插即用，任何符合该软总线接口标准的软件系统都可以通过软总线进行通信。软总线底层以各种通信协议为基础，藉此屏蔽操作系统和网络协议的差异，为异构系统之间提供通讯服务，把分散的系统和技术组合在一起，实现应用软件系统的集成，并保证应用软件的相对稳定和功能扩展。各个分布的异构系统通过软总线进行消息交互和数据传输，配置管理部分通过对软总线进行配置管理定义业务和业务流程。图4.24展示了软总线内部的具体结构。

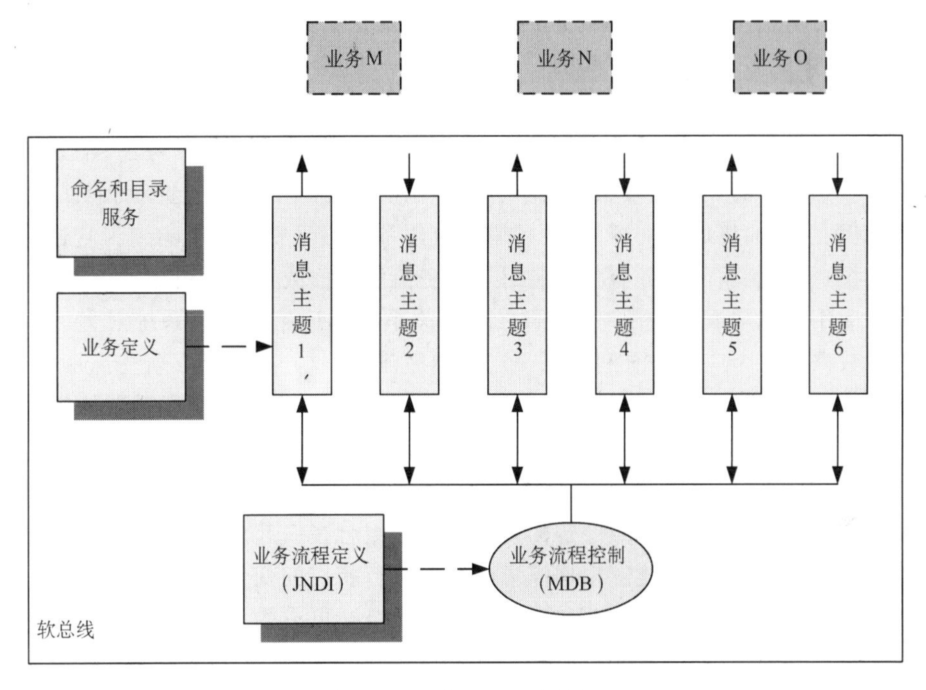

图4.24　软总线内部结构

软总线内部包含命名和目录服务、业务定义和业务流程定义、多个消息主题和业务流程控制部分。

消息主题是软总线的主要的组成部分，是软总线和应用系统的接口。软总线中有多个消息主题，消息主题和应用系统相对应，一个应用系统对应软总线中的一个输出消息主题和一个输入消息主题，应用系统通过适配器从相应的消息主题接收或者向消息主题发送消息，从而作为业务挂接在软总线上。业务定义就是对所有消息主题的定义，有多少集成的应用系统便要在软总线中定义相当应用系统数量两倍的消息主题，软总线根据业务定义建立相应的消息主题。

业务流程控制部分控制软总线中各个消息主题之间的消息传递方向和顺序。业务流程控制模块通过绑定到业务的消息输出主题上的消息驱动Bean(MDB)来实现，MDB负责将输出消息主题中的消息转发到业务流程中的下一个业务的输入消息主题。业务流程定义就是对软总线中消息的流向和顺序的定义，它最终结果是各个消息主题对应的路由表，MDB根据业务流程的定义转发消息，完成流程控制。

命名和目录服务是软总线提供的两种服务。命名服务提供一种为对象命名的机制，可以在无需知道对象位置的情况下获取和使用对象。可以定位位于网络能够访问的机器(不必是本地机器)上的对象。目录服务也将名字与对象进行关联，但通过管理属性给对象提供额外的信息。目录服务一般情况下提供功能来查找具有某一属性或属性值的记录。在软总线中，消息主题创建后要通过命名和目录服务进行注册，供消息主题的发布者和订阅者查找定位。

值得一提的是每一个应用系统对应两个消息主题：一个输出消息主题和一个输入消息主题。这与传统的基于消息中间件的集成不同，传统的集成方式是：两个或者多个应用系统约定一个或多个消息主题，然后向约定的消息主题发送消息，或从约定的消息主题接收消息，从而实现两个或多个应用系统间的交互。也就是说进行集成的应用系统必须了解其他应用系统相关的消息主题等信息。而软总线采取的是另外一种集成方式，每个应用系统只关心自己的输入和输出消息主题，对于其他的应用系统的情况可以不予考虑；消息的流向和调度交给了软总线中的业务流程控制模块。这样做的好处是不但进一步降低了应用系统间的耦合度，应用系统的集成更加容易，而且单个应用系统的改变不会影响到与它进行集成的其他应用系统；另外统一的业务流程控制对于业务流程的修改和管理也更加方便。

当多个应用系统集成到一起时，它们之间的关系将远远超过一个系统对另一个系统的简单调用。数据在多个应用系统间按照一定的顺序流动，业务之间存在着先后顺序，两个系统间的简单调用是不能满足这种需求的。比如，有一个完整的业务流程需要从应用系统 A 提取数据，然后存储到应用系统 B 和 C。这样应用系统 B、C 必须在应用系统 A 完成提取数据后才能运行，而且应用系统 A 在提取数据后要分别传输给 B、C 两个系统。这就需要有一个控制机制，将多个应用系统按照一定的秩序有机地组合在一起，不同的组合和秩序完成不同的业务流程，而且流程还要能够根据需求的变化进行相应的变化。

本案中各个应用系统是通过 JMS 消息机制进行交互集成的，业务流程的控制主要是通过控制 JMS 消息在各个应用系统和消息主题间流动的方向和顺序来实现。业务流程控制主要包括业务流程定义和业务流程控制两部分。

业务流程定义就是对消息传输路径的定义，然后再将消息传输路径进行分解，从而确定每一个消息的下一个目的地是哪里。对每一个业务而言，它的所有下一目的地组成了它的一个路由表，所有业务的路由表集中到一起便形成了整个集成框架的总路由表；如果业务之间还有优先级区别的话，那么这个路由表上还要带有优先级设置(如表 4.3 所示)。

表 4.3　消息路由表结构模型

业务名	下一目的地	优先级
业务 A	业务 B	0—9
业务 B	业务 C	0—9
业务 B	业务 D	0—9

业务流程控制就是按照业务流程定义的路由表，控制消息在各个业务之间流动。业务流程控制对每一个业务而言是不可见的，每一个业务只关心自己的输入/输出队列，业务流程控制部分负责在这些队列之间传递消息。在技术上主要是通过消息驱动 Bean(MDB)实现。

每个 MDB 与一个消息输出主题绑定，当有消息到达时，软总线就会调用与该消息主题绑定的 MDB 处理接收的消息。MDB 要做得工作包括：

- 解析接收到的消息，获得业务名等属性和消息体；
- 根据业务名查找路由表，获得该消息的所有下一个目的地和优先级；

• 按照优先级顺序向所有下一目的地转发消息。

当所有的MDB一起配合时，消息便按照一定的业务顺序在各个业务之间流动。

2)适配器设计

适配器是应用系统和软总线之间的连接器，应用系统通过适配器挂接在软总线上。在消息主题和业务流程控制的基础上，适配器的工作变得非常简单。适配器与应用系统和软总线的关系如图4.25所示。

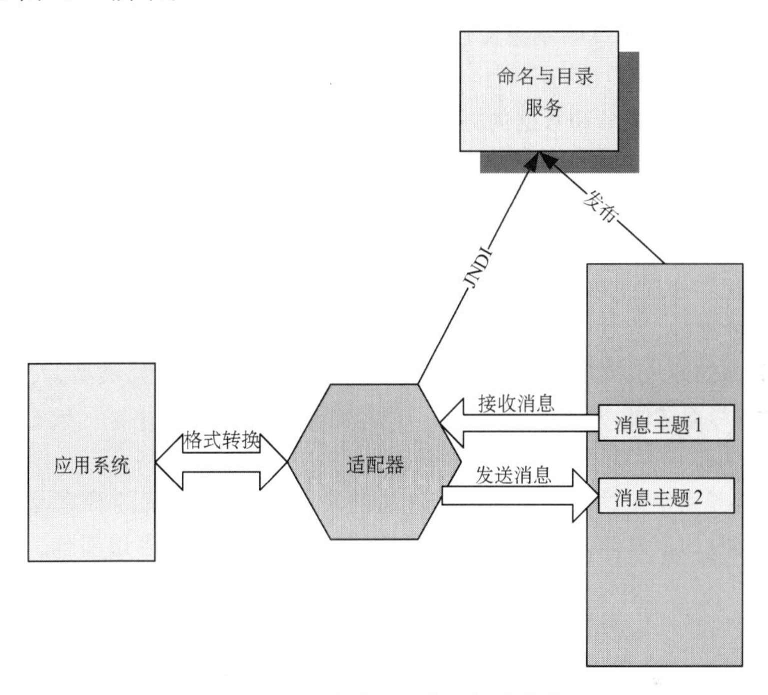

图4.25　适配器与应用系统和软总线关系图

适配器主要完成两个任务：

①与应用系统进行交互，接受应用系统的调用，将应用系统的请求按一定格式转换成消息；或者是将收到的消息转换成应用系统能够识别的请求格式。

适配器可采用镶嵌进应用系统的方法，与应用系统位于同一个物理位置和操作系统中，这样的好处是应用系统和适配器可以方便地交互。为了避免对原有应用系统的侵入，一般采用文件交互和参数传递的方法。

②与软总线进行交互，由于软总线中消息主题充当了与应用系统之间的接口，而且消息路由和流程控制都是由软总线实现，适配器只需跟两个固定的消息主题交互，向消息主题发送消息或者从消息主题接收消息。

适配器与软总线之间的交互比较复杂。因为软总线是与应用系统分离的，适配器也只了解与应用系统相关的消息主题名，但是适配器并不清楚消息主题在什么位置，那么就需要一种方法让适配器定位消息主题的位置。这就要用到JNDI(Java命名和目录服务定义接口)。适配器首先要通过JNDI访问命名和目录服务，查找定位需要的消息主题——输入消息主题和输出消息主题，然后才能向输出消息主题发送消息，或者从输入消息主题接收消息。

3)消息格式设计

在集成框架中,消息充当着信息载体的角色,在软总线和应用系统之间传递信息。消息携带的信息取决于参与集成的所有业务,消息必须为所有业务提供它们需要的参数、数据等信息。在JMS规范中,消息格式有其特定的结构,分为消息头、消息属性和消息体三个部分。其中消息头中的内容是JMS规范规定好了的,消息属性和消息体可以由应用程序定义。

在软总线中主要使用JMS消息属性和消息体来携带相关信息。

(1)消息属性

消息属性用来保存业务和数据的具体属性和标识,在不同的业务之间传递参数和数据,主要有以下几个方面:

- 业务标识:每一个业务的唯一标识
- 业务状态:每一个业务的完成状态,包括"ready"和"completed"两种状态,分别代表准备处理和处理完毕
- 源数据的地址、类型和标识:业务的输入数据的地址、类型和标识
- 目的数据的地址、类型、大小和标识:业务的输出数据的地址、类型、大小和标识
- 时间戳:当前时间

(2)消息体

消息体主要是对消息的所有属性进行追加记录,作为业务流程的日志,因此选择TextMessage消息类型的消息体。因为消息体只做记录使用,是一个可选部分。消息属性如下述所列。

- 消息属性:
  - SourceDataID:源数据标识,即应用系统输入文件的标识
  - SourceDataAddress:源数据地址,即源数据在系统的位置,使用主机地址+系统目录表示
  - SourceDataType:源数据的类型
  - ApplicationID:业务标识,即信息接收解码程序、XML转换模块和入库模块的唯一标识,分别是InfoRec、XMLTrans和UDAI。
  - ApplicationState:业务状态,即该业务的完成状态,包括两种状态:"ready"和"completed",分别代表准备处理和处理完毕。
  - TargetDataID:目标数据标识,即应用系统输出文件的标识,使用主机地址+系统目录表示
  - TargetDataAddress:目标数据地址,即目标数据在系统中的位置
  - TargetDataType:目标数据的类型
  - TargetDataSize:目标数据的大小
  - Time:时间戳,消息发送时的系统时间,使用dd/mm/yyyy hh:mm:ss格式
- 消息体格式:

消息体主要记录消息属性中的所有内容,并以时间戳为标识追加记录消息属性中的内容的变化,提供简单的处理日志的功能。消息体格式如表4.4所示:

表 4.4　消息体格式

dd/mm/yyyy hh:mm:ss —SourceDataID=" " — SourceDataAddress=" " —ApplicationID=" " — ApplicationState=" " —TargetDataID="" — TargetDataAddress=" " — TargetDataType=" "

第5章　分布式计算对系统集成的影响

5.1　多 Agent 技术

5.1.1　Agent 概述

5.1.1.1　Agent 的特性

Agent 的概念来自于分布式人工智能(Distributed Artificial Intelligence,DAI)领域,是分布式人工智能的一个基本术语。广义的 Agent 包括人类、物质世界中的移动机器人和信息世界中的软件机器人;狭义的 Agent 则指信息世界中的软件机器人[102]。

在软件工程领域中,Agent 被定义为一个满足特定设计需求的计算机软件系统,运行于特定的环境当中,具有高度的灵活性和自治性。Agent 是自主计算机程序,在事先定义的知识规则和用户指导下,具有特定功能,并对特定事件进行反应。Agent 至少必须具有自主能力(autonomy)、社交能力(sociability)、反应能力(reactivity)、预动能力(pre－activity)和理性行为(rationality)这五个特征。在分布式计算领域,通常认为 Agent 具有自主性、交互性、反应性、能动性、机动性、进化性等特征。某种意义上讲,Agent 就是分布式环境下的一类特定组件,可以根据主动获得的环境信息、特殊的公共消息或用户请求,自主选择合适的处理方法,并通过在分布式环境中进行迁移获得多个异构服务器所提供的服务,从而完成特定的任务,最后将完成的结果带回给环境或请求的发出者。

Agent 的技术优势主要表现在:

(1)采用 Agent 技术可以将一个大而复杂的问题分解成许多较小、较简单的问题,使问题得以简化;

(2)Agent 能够感知系统的环境,根据环境的变化做出一定的反应,基于 Agent 技术的应用系统具有更强的环境适应性;

(3)对涉及大量分布式的不同问题求解实体(或数据资源)时,面向 Agent 的技术为此类问题提供了有效的建模方法;

(4)Agent 表示方式简单明了,Agent 可以人格化反映用户的偏好,并代表用户与其他类似的 Agent 交互。

Agent 技术被认为是软件领域中的一个重大突破,这是由于基于网络的分布式计算在当今计算机主流技术领域中正发挥着越来越重要的作用:一方面 Agent 技术为解决新的分布式应用问题提供了有效的途径;另一方面,Agent 技术为全面准确地研究分布式计算系统的特点提供了合理的概念模型。Agent 的这种特点特别适合于智能化的搜索和异构环境分布式数据的挖掘以及复杂的计算模型。

5.1.1.2 多 Agent 系统

单个 Agent 的能力是有限的,可以通过适当的体系结构把 Agent 组织起来,从而弥补单个 Agent 的不足。MAS(Multi－Agent System,多 Agent 系统)是由多个可计算的自治Agent组成的集合,每个 Agent 被认为是一个物理的实体或抽象,每个 Agent 能作用于自身和环境,并与其他 Agent 进行通讯。通过与其他 Agent 的通讯,可以开发新的规划或求解方法来处理不完全的、不确定的知识,而通过 Agent 之间的合作,MAS 改善了每个 Agent 的基本能力,提高了系统的能力。在信息平台中,MAS 成为存在于某种环境下的具有复杂自治能力的计算环境。MAS 具有单个 Agent 所难以达到的能力,系统中各 Agent 复杂的相互作用表现出了单个 Agent 所不具备的特征,即突现行为(Emergent Behavior),从而使整体表现出优于个体简单相加的特性。

MAS 研究的核心问题是 Agent 之间的通讯和协同。MAS 系统的通信方式有:直接通信、协助通信、混合方式。

虽然 MAS 中独立的 Agent 有各自分散的目标、知识和推理过程,但是它们之间必须有一种方法能够互相协调、互相帮助,以找到整个系统的目标。这种 Agent 之间在合作前或合作中的通信过程可称为 Agent 之间的协作。通常协作有几种类型:资源共享、生产者/消费者关系、任务/子任务关系等,但其方式主要有两种:任务共享和结果共享。任务共享是指单个 Agent 可以用最少的通信和全局同步信息完成子问题求解,要求对任务进行适当的分解;结果共享是指 Agent 之间通过共享部分结果的形式互相协助。

5.1.1.3 多 Agent 系统的结构

从运行控制的角度来看,多 Agent 系统的结构可分为:集中式、分布式和混合式。

(1)集中式结构

集中式结构类似网络体系结构中的星型结构。其原理是将 Agent 分成若干个组,每个组内的 Agent 采取集中式管理,即每一组 Agent 提供一个控制 Agent,通过它来控制和协调组内不同 Agent 的合作,如任务规划和分配等等,如图 5.1 所示。

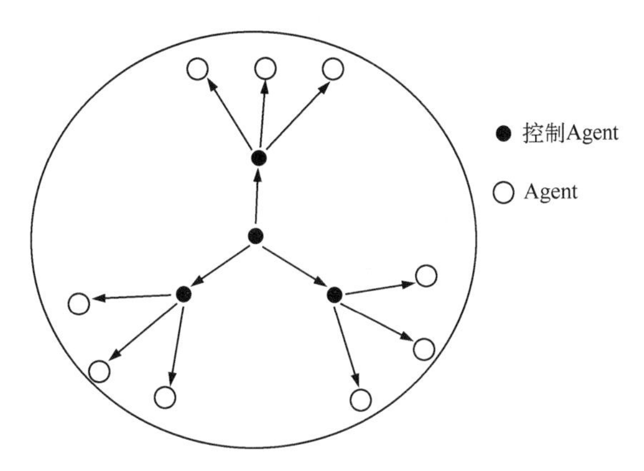

图 5.1 集中式结构

整个系统采用同样的方式对各成员 Agent 组进行管理。集中式能保持系统内部信息的一致性，实现系统的管理、控制和调度较为容易。此方式的缺点是：随着各 Agent 复杂性和动态性的增加，系统结构层次较多，除了增加控制的管理成本外，也让数据传输过程中出错的概率大大增加；而且一旦控制 Agent 崩溃，将导致以其为根的所有 Agent 崩溃。

(2)分布式结构

分布式结构的各 Agent 组之间和组内各 Agent 之间均为分布式结构，各 Agent 组或 Agent无主次之分，处于平等地位，如图 5.2 所示。

Agent 是否被激活以及激活后做什么动作取决于系统状况、周围环境、自身状况以及当前拥有的数据。此结构中可以存在多个中介服务机构。为 Agent 成员寻求协作伙伴时提供服务。这种结构的优点是：增加了灵活性、稳定性，控制的瓶颈问题也能得到缓解；但仍有不足之处：因每个 Agent 组或 Agent 的运作受限于局部和不完整的信息（如局部目标、局部规划），很难实现全局一致的行为。当 Agent 的数目过多的时候，则带来了维护成本的增加。

(3)层次式结构

层次式结构，实际上是集合了集中式和分布式两类结构，它包含一个或多个层次结构，每个层次结构有多个 Agent，这些 Agent 可以采用分布式或者集中式，如图 5.3 所示。

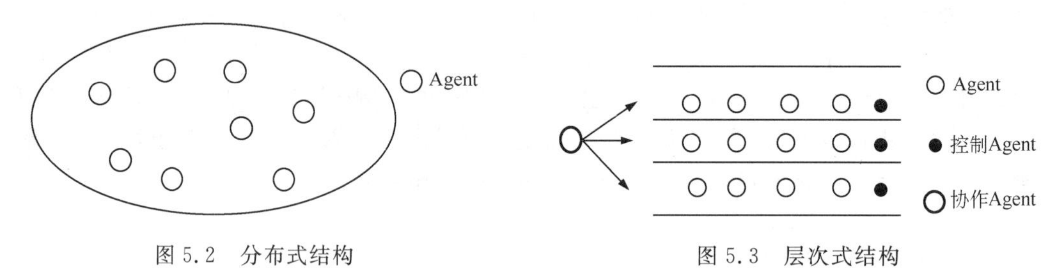

图 5.2 分布式结构　　　　图 5.3 层次式结构

相邻层之间的 Agent 可以直接通信，或者利用控制 Agent 进行广播通信。这样通过分类，就把功能相似的 Agent 归类为某一层，有利于对同类型 Agent 以某种方式进行统一管理，参与解决同类型 Agent 之间的任务划分和分配、共享资源的分配和管理、冲突的协调等。如果不相邻的层次进行某种通信，可以增加一些协作 Agent，来处理相关信息。此种结构平衡了集中式和分布式两种结构的优点和不足，适应分布式多 Agent 系统复杂、开放的特性，因此是目前多 Agent 系统普遍采用的系统结构。

5.1.1.4 Agent 的实现技术

实现 Agent 的技术多种多样，采用合适的技术对于 Agent 的实现非常重要。Agent 作为对象的拓展和延伸，可以将对象赋予行为特征进行 Agent 的构建，各对象通过扩展实现 Agent 主动服务的机制，使得各对象在分布式环境中实现自主性、交互性、反应性和主动性。目前，Agent 的实现方法主要有：

(1)CORBA(公共对象请求代理体系结构)

CORBA 是一项比较成熟的面向对象技术。CORBA 标准具有操作系统的中立性和开发语言的中立性特点，为分布式计算模型架设了基础设施，允许应用系统与远程的对象通讯，并动态或静态地激活远程操作，屏蔽了操作平台和通信机制，支持对象异构平台的互操作和可移植，实现了对象的透明访问。

(2)Script 程序开发语言

Script 是一种解释性程序开发语言,其特点是贴近用户所熟悉的问题域,易于为不同层次的用户所掌握。由于 Script 可以支持由不同语言实现、分布在不同宿主、不同操作系统的构件,因而具有更强的优势。Script 的典型代表是 Tcl(Tool Command Language),Tcl 是一种嵌入式的脚本语言,使用简单、易于扩充,非常流行。Tcl 语言与 Web 和 Agent 紧密结合,是当今脚本语言发展的主流之一。由于 Script 是解释性语言,因此运行速度较慢,另外在不同问题域的应用需要对 Script 进行分别扩充。

(3)DCOM/ActiveX 模型

DCOM/ ActiveX 是 Microsoft 推出的对象构件模型,目前已经成为 Microsoft 的应用系统集成标准。使 DCOM/ActiveX 可以方便地实现 Agent 的自主、分布、交互和反应等特性。但是,实现 Agent 的动态扩充或改变 Agent 具有的服务比较困难,并且这类 Agent 系统并不是一个 Agent 开发环境,同时也不具备跨平台性。

(4)Java 语言

Java 是面向对象、支持分布式信息系统结构、跨平台的解释型网络编程语言。利用 Java 的可移动性和 Agent 技术可以构造可移动 Agent 系统,Java 本身就是一种 Agent 开发环境。目前,已有基于 Java 的 Agent 系统有 General Magic 的 Odyssey,日本三菱的 Concordia,ObjectSpace 的 Voyager,IBM 的 Memory Agent 等。

5.1.2 多 Agent 企业应用集成模型

5.1.2.1 基于服务架构的多 Agent 企业应用集成模型结构

基于服务架构的多 Agent 企业应用集成模型,以服务为基础集成架构,使用智能 Agent 来完成不同企业应用之间的集成。其应用集成模型中包含一个集成管理服务端和多个集成点。集成管理服务端和各个集成点在系统中处于对等的位置并共同构成分布式的企业应用集成模型结构。集成管理服务端为企业应用集成提供全局路由信息和集中式的管理,它负责同步和保存全局的消息路由信息,并实现对各个集成点的集中式管理。

基于服务架构的多 Agent 企业应用集成模型主要由集成管理服务端(管理 Agent)、多个集成点(集成 Agent)、UDDI 和适配器 4 个组成部分。模型结构图如图 5.4 所示。

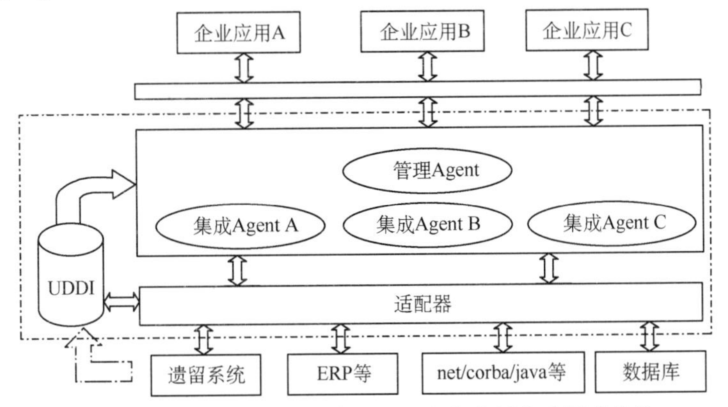

图 5.4 基于服务架构的多 Agent 企业应用集成模型结构

模型中 4 个主要组成部分的功能：

(1)集成管理服务端(管理 Agent)：主要负责接检验来自企业应用访问请求者的身份，选择集成点，集成点的管理与出错处理及恢复，集成平台的安全管理，服务质量等。

(2)集成点(集成 Agent)：主要负责将接收到的管理 Agent 处转发的企业访问请求标准化，在知识库中查找对应的解决方案后，形成服务编排，调用服务，将结果信息非标准化后返回给对应的企业应用。

(3)适配器：适配器将企业遗留系统，ERP 或者 CRM 和数据库转换成标准的 Web Services，以便基于服务架构多 Agent 企业应集成平台及外部系统访问。

(4)UDDI：UDDI 用来发布使用适配器转换成功的 Web Services 和其他 Web services 等。

5.1.2.2 管理 Agent 和集成 Agent 的组成及工作机制

在多 Agent 企业应用集成模型中，管理 Agent 和集成 Agent 是模型的重要组成部分。

管理 Agent 实现验证访问身份安全，集成点的选择、管理、出错处理及恢复。管理 Agent 主要包含的功能模块有身份验证、集成点分配模块、管理模块、集成点信息表、服务质量等。管理 Agent 详细功能模块示意图如图 5.5 所示。

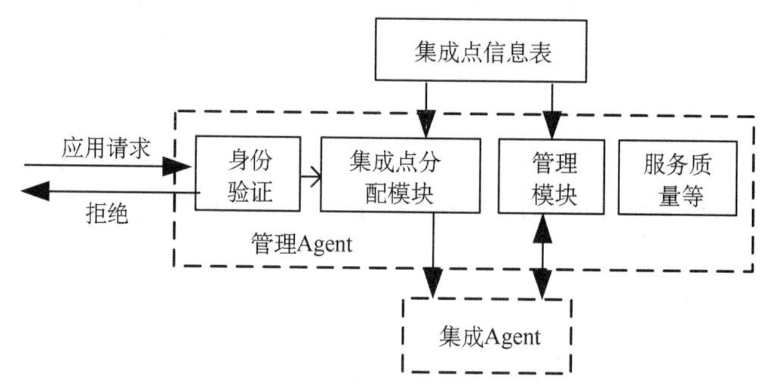

图 5.5　管理 Agent 功能模块示意图

管理 Agent 的工作机制：管理 Agent 在接收到应用请求后，首先分析请求应用的身份，身份验证通过后，管理 Agent 查询当前集成点信息表(集成点信息表包含集成点的路由地址，集成点当前任务分配状态等)，获取当前各集成点的状态，然后集成点分配模块根据集成点的状态来分配请求任务，集成 Agent 选择当前最适合的集成点的流程图如图 5.6 所示。

集成点分配模块根据优先级来实现集成点分配，该分配模块在集成平台初始化时先将各个集成点分配同样的优先级，当集成点被分配一个任务后其优先级降低 1 级，当任务完成后再将优先级加 1 级，每次选择优先级最高的集成点进行分配。管理 Agent 选择适当的集成点后，将应用请求转发给该集成点。当集成 Agent 完成应用请求结果返回后，管理模块修改集成点信息表中相关项；当集成 Agent 出错时，管理 Agent 根据错误状况，选择重新分配请求或者恢复集成 Agent 重新执行。

集成 Agent 利用消息传递机制实现不同企业应用的集成，它是模型的核心组成部分。集成 Agent 所包含的功能模块有：集成 Agent 核心引擎、标准(消息标准机制)、服务编排、知识库等。集成 Agent 的核心引擎消息转换模块则包含消息接收器、消息发送器、消息连接器、消息转换器等模块。消息路由则包含输入路由和输出路由两个部分。其详细功能模块示意图 5.7 所示。

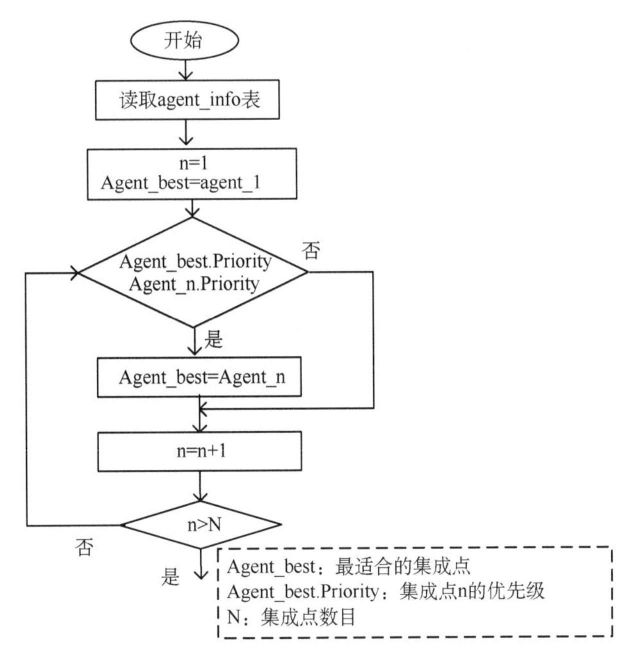

图 5.6　集成点选择算法流程图

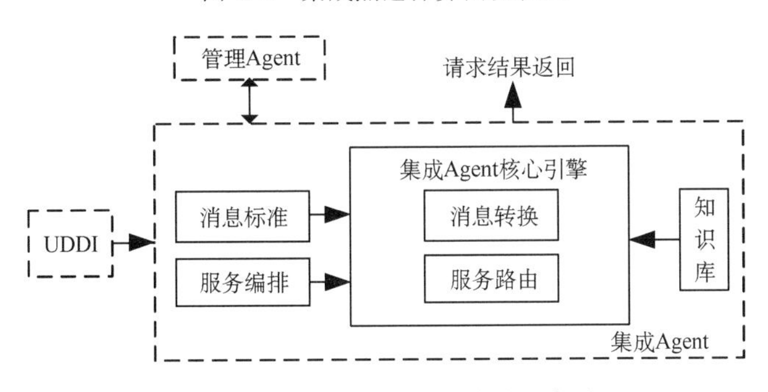

图 5.7　集成 Agent 功能模块示意图

集成 Agent 的工作机制：集成 Agent 接收到管理 Agent 的转发的应用请求消息，消息转换模块读取应用请求消息，并将消息标准化。集成 Agent 分析应用请求类型，根据集成 Agent 知识库（包含集成 Agent 以前编排的服务的历史记录）中包含的集成 Agent 提供常用服务，选择对应的 Web Services，若没有对应的服务则通过服务编排模块生成对应的 Web Services，并将其加入知识库中。调用 Web services 获得返回结果，最后将结果非标准化发送给应用请求者。

5.2　面向服务的体系结构（SOA）

5.2.1　SOA 服务的属性和定义

5.2.1.1　SOA 基本概念

面向服务的体系结构（SOA ：Service Oriented Architecture）是指为了解决在 Internet

环境下业务集成的需要，通过对松散耦合的粗粒度应用组件使用独立的标准接口连接，为完成特定任务的独立功能实现进行分布式部署、组合和使用的一种软件系统架构。是一个组件模型，它将应用程序的不同功能单元（称为服务）通过这些服务之间定义良好的接口和契约联系起来。接口是采用中立的方式进行定义的，它应该独立于实现服务的硬件平台、操作系统和编程语言。这使得构建在各种这样的系统中的服务可以以一种统一和通用的方式进行交互。这种具有中立的接口定义（没有强制绑定到特定的实现上）的特征称为服务之间的松耦合[103]。

对松耦合的系统的需要来源于业务应用程序需要根据业务的需要变得更加灵活，以适应不断变化的环境，比如经常改变的政策、业务级别、业务重点、合作伙伴关系、行业地位以及其他与业务有关的因素，这些因素甚至会影响业务的性质。我们称能够灵活地适应环境变化的业务为按需（On demand）业务，在按需业务中，一旦需要，就可以对完成或执行任务的方式进行必要的更改。

SOA 提供了一种方法，通过这种方法在构建分布式系统时，可以将应用程序功能作为服务提供给终端用户应用程序或其他服务。在发现新的商机或危机的预期下，SOA 体系结构形式旨在快速提供企业业务解决方案，这些业务解决方案可以按需扩展或改变。SOA 解决方案由可重用的服务组成，带有定义良好且符合标准的已发布接口。SOA 提供了一种机制，通过这种机制，可以将原有系统资源封装成服务后集成到新开发的分布式系统，而不管它们的平台或语言。

目前 SOA 并没有一个统一的、标准的参考模型，但从上述表达中可以看出 SOA 的几个关键特性，即 SOA 是一种粗粒度、松散耦合的服务架构，服务之间通过简单、精确定义的接口进行通讯，不涉及底层编程接口和通讯模型。

在 SOA 架构下，服务成为应用系统的基本单元，最初构想的面向服务的体系架构中有以下三个基本角色：服务提供者、服务请求者和服务注册中心（如图 5.8 所示）。这些角色在面向服务的体系架构中遵循“查找、绑定和调用”模式。其中，服务请求者执行动态服务定位，方法是查询服务注册中心来查找与其标准匹配的服务。如果服务存在，注册中心就给服务请求者提供接口契约和服务的端点地址。

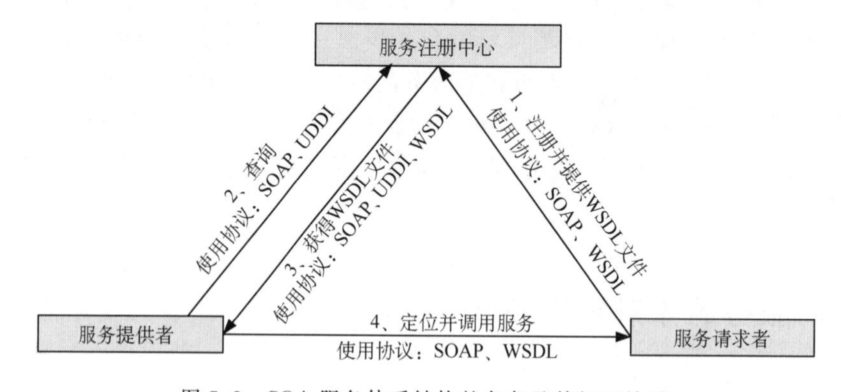

图 5.8 SOA 服务体系结构的角色及其相互关系

服务请求者：服务请求者是一个应用程序、一个软件模块或需要一个服务的另一个服务。它发起对注册中心中的服务的查询，通过传输绑定服务，并且执行服务功能。服务请求者根据接口契约来执行服务。

服务提供者:服务提供者是一个可通过网络寻址的实体,它接受和执行来自服务请求者的请求。它将自己的服务和接口契约发布到服务注册中心,以便服务请求者可以发现和访问该服务。

服务注册中心:服务注册中心是服务发现的支持者。它包含一个可用服务的存储库,并允许感兴趣的服务请求者查找服务提供者接口。

上述模型导致了统一描述、发现和集成(Universal Description, Discovery, and Integration) UDDI 规范的诞生。UDDI 的初衷是要实现一个公共目录(public directory)。它的设想是:一家公司在 UDDI 中注册它的 Web 服务,随后其他公司便可动态地发现它们所需要的、支持在 Internet 上使用的服务。从目前的 SOA 应用来看,这样的设想没有实现。目前很少有公司乐于发现和请求来自之前无合作关系的提供者的服务。

同时,通过 UDDI 查找服务、重新绑定机制导致服务请求者内部的实现逻辑非常复杂。对于服务请求者来说,UDDI 模型过于复杂。服务请求者更关心的是提出服务请求后,能够得到相应的服务响应。用户的这种需求导致了后来 ESB(企业服务总线)模式的兴起。

对最初的 SOA 设想模型的一种改进方案就是服务代理模式,这种方式打破提供商和消费者之间的直接绑定,为 SOA 提供了松散耦合和灵活性。服务代理负责实现查找和绑定真实的服务提供者,服务请求者只需要将服务请求消息交给服务代理处理就可以了。

服务代理模式的进一步进化,发展成为目前业界流行的基于 ESB 模式的 SOA 应用。ESB 被描述为 SOA 应用中的基础性中间件,它作为服务请求者的代理,负责与目标商业服务进行交互。用户可以在 ESB 上集中配置多个代理服务。

典型的基于 ESB 模式的 SOA 应用如图 5.9 所示。

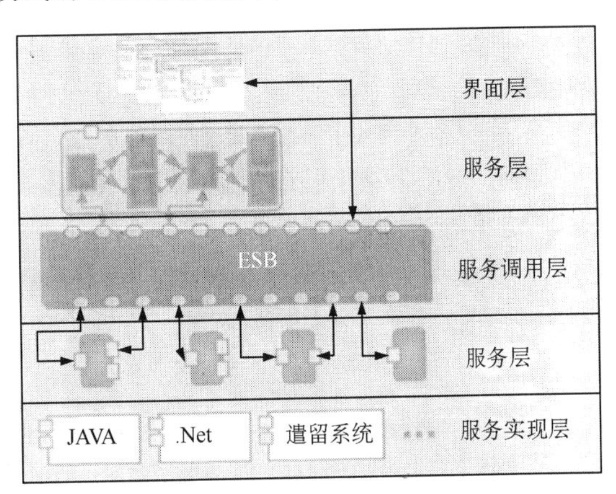

图 5.9　典型的基于 ESB 模式的 SOA 应用

服务作为 SOA 架构中的基本粒度单元存在,系统的一些可重用功能被封装为服务向外界提供,服务向外界暴露的是与具体实现无关的接口。该接口详细描述了服务的调用规范(比如目前广泛应用的 Web 服务的接口描述语言 WSDL),服务请求者仅需要接口描述就可以确定如何与服务进行交互。

服务可以通过一定的规则进一步组合成为业务流程,该业务流程同样向外界暴露为服务。这样就形成了服务的迭代。目前比较通用的服务组合规范是商业流程执行语言

(BPEL)。

从图5.9可以看出,ESB处于服务调用层,它作为面向服务的基础中间件,除了进一步发展中间服务代理模式外,没有别的新的概念。但ESB超越了传统的请求一响应模式,提供了更为灵活的服务交互方式。

如今,各大中间件厂商已纷纷推出自己的ESB产品。甲骨文公司于2005年将内嵌在其业务流程管理产品中的ESB模块独立出来,形成了独立的ESB产品。BEA推出了AquaLogic Service Bus作为ESB中间件产品。IBM也推出了独立的WebSphere ESB产品。SOA在过去还是空中楼阁,按照SOA的理念重建应用系统是理想中的情况,现实中这样的事情太少,随着ESB的成熟让SOA有了一个可以落地的依托。

SOA架构中的所有服务的具体实现、位置和传输协议对调用者来说都是透明的。也就是说客户端调用SOA上的服务时不需要知道服务的具体实现,因为SOA架构已经对这些服务进行了封装,再通过SOA架构平台将所有服务统一对外发布。

SOA架构中所有的服务必须是自治的,为了保持相互独立,服务必须在独立的语境中封装逻辑,该语境可能特定于某一业务任务、业务实体或者业务逻辑。服务能够处理的关注点或多或少,因此服务可以代表的逻辑范围和规模也是可变的。而且,服务逻辑也可包含其他服务提供的逻辑。对于封装逻辑的服务而言,它们可以参与业务活动的执行。服务以自己的方式发送一个消息之后,它对消息此后所发生的一切都将失去控制。

判断一个体系结构是否是面向服务的,可以比对以下规则:

(1)消息必须以被描述的形式出现,而不是指令形式;因为服务提供者负责解决问题,服务使用方只是进行参数选择,表达要干什么,而不是指示怎么干。

(2)必须限制消息的词汇和结构,如果消息不按照规定的格式、词汇和结构表达,服务提供方将不能理解服务请求,限制越严格,越不会出错,但会降低可扩展性。

(3)可扩展性至关重要,软件系统本身必然随使用环境和用户需求的变化而变化,这通常与好的实现方法相关,就是要在限制与可扩展性两个方面进行有效的平衡。

(4)SOA必须有一个机制使得消费者能够通过服务索引的上下文发现一个服务,这个机制可以灵活选择,不一定都是集中注册。

因此,SOA要求将应用设计为服务的集合,这就要求开发人员跳出应用本身进行思考,考虑现有服务的重用,或思索他们的服务如何能够被其他项目重用。“单独的”、“独立的”、“封装完善的”服务所具有的一个关键的好处是,可以采用多种不同方法将它们组合成较大型的服务,由此来实现重用。但需要说明的是SOA并不是一种现成的技术,而是一种将软件组织在一起的抽象概念,是一种架构和组织IT基础结构及业务功能的方法,是一种在计算环境中设计、开发、部署和管理离散逻辑单元(服务)的模型。它依赖于用XML和Web Services实现,并以软件的形式存在。此外,它还需要安全性、策略管理、可靠消息传递以及会计系统的支持,从而有效地工作。

5.2.1.2 服务的属性和定义

SOA中,服务被定义为:“一个封装的无状态的功能,它能够接受来自于前端或者其他服务的请求,并返回一个或多个回应。其中,请求和回应的形式应该以某种形式定义。”由此,我们可以总结出,服务的定义有以下几点核心内容:

(1)服务是封装的逻辑

服务作为一个个体概念,需要保持其独立性。服务是针对某一业务任务、业务实体或一些其他逻辑或大或小的逻辑功能所进行的封装,同时服务可以代表的语义范围和粒度也是可变的。其中,粗粒度的服务逻辑往往包含其他服务提供的逻辑。对于封装逻辑的服务而言,他们可以参与各个级别的企业业务活动。在一种清晰的关系下,这些服务被其使用者所调用。

(2)服务是交互的

在 SOA 内,服务可以用于其他服务或程序。作为调用服务的基础,服务之间必须通过特定的服务合同(服务描述)相互知晓,并且达成理解上的一致。最基本的服务合同描述了服务的名称和服务的位置,以及要求交互的数据。服务用服务描述的方式导致了松散耦合的分类关系。

(3)服务有特定的通信方式

服务为了相互作用并完成一些有意义的任务必须交互信息。因此需要一个可以保留其松散耦合关系的通信框架。在这个框架下,服务进行消息传递。服务以自己的方式发送一个消息后,它对消息此后发生的一切都将失去控制。这意味着,消息和服务一样有自治性——其中要具备足够的智能以控制其处理逻辑部分。在现有的实现中,服务通信采用和过去分布式系统类似的架构,即由消息和处理其逻辑的接口所构成。

以上定义,总结了服务三个核心概念:设计实现、描述和消息。服务将其控制的逻辑进行封装,对外遵循一个通信协议,只保持了最少服务特定信息的接口。使其既维护了最小的依赖关系,又能够反复地被使用以形成组合服务。正是这些特点,决定了 SOA 的总体特征:松散耦合、复用性强、灵活度高。

松耦合系统的好处有两点,一点是它的灵活性,另一点是,当组成整个应用程序的每个服务的内部结构和实现逐渐地发生改变时,它能够继续存在。而另一方面,紧耦合意味着应用程序的不同组件之间的接口与其功能和结构是紧密相连的,因而当需要对部分或整个应用程序进行某种形式的更改时,它们就显得非常脆弱。

与面向对象的程序设计不同,面向对象的程序设计强烈地要求将数据和过程绑定在一起,是紧耦合的模型。虽然基于 SOA 的系统并不排除使用面向对象的设计来构建单个服务,但是其整体设计却是面向服务的。不同之处在于接口本身,SOA 通过使用基于 XML 的语言(称为 Web 服务描述语言(Web Services Definition Language,WSDL))来描述接口,使服务转到更动态且更灵活的接口系统中。

在 SOA 体系结构中,服务提供者创建服务,该服务被用于交互,并通过必要的消息格式和传输绑定向使用者解释服务的描述。服务提供者可以决定使用所选的注册表对服务及其描述进行注册;服务使用者可以从注册表中或者直接从服务提供者那里发现服务,并且以定义好的 XML 格式开始发送消息,而使用者和服务都能够使用这种 XML 格式。

SOA 通过两个约束实现软件代理之间的松耦合:一是所有参与软件都遵循一个简单统一的接口集合,接口被赋予通用的语义,所有的服务提供者和服务消费者都能使用;二是通过该接口传递的参数遵循一个可扩展的消息描述规范,有特定的词汇和结构,可扩展机制允许新服务的引入不破坏已有的服务。

5.2.2 SOA 的实现

5.2.2.1 Web Services

SOA 概念并没有确切地定义服务具体如何交互，而仅仅定义了服务如何相互理解。所以，从概念上讲，SOA 并不是必须用 Web 服务来实现，也可以使用 CORBA、RMI 等技术实现 SOA[105]。

不过，Web 服务的特性十分适合用来实现 SOA 架构：Web 接口采用中立的方式定义，独立于具体实现服务的硬件平台、操作系统和编程语言，使得构建在这样的系统中的服务可以使用统一和标准的方式进行通信。这种中立接口定义符合 SOA 中服务的松耦合特征。Web 服务可以有较粗的粒度，这种较粗的粒度正好可以构成 SOA 中服务的粒度。Web 服务能够交换带结构的文档（比如 XML），这些文档可能包含完全异构的数据信息。基于 Web 服务的 SOA 企业应用解决方案是目前唯一被微软、IBM、BEA（已被 Oracle 收购）、Oracle 等绝大部分厂一商共同支持的 SOA 解决方案，Web 服务正迅速成为实现 SOA 的事实标准。

在理解 SOA 和 Web 服务的关系上，经常发生混淆。根据 2003 年 4 月的 Gartner 报道，Yefim V. Natis 就这个问题是这样解释的："Web 服务是技术规范，而 SOA 是设计原则。"特别是 Web 服务中的 WSDL，是一个 SOA 配套的接口定义标准：这是 Web 服务和 SOA 的根本联系。"从本质上来说，SOA 是一种架构模式，而 Web 服务是利用一组标准实现的服务，Web 服务是实现 SOA 的方式之一。用 Web 服务来实现 SOA 的好处是企业可以实现一个中立平台来获得服务，而且随着越来越多的软件商支持越来越多的 Web 服务规范，他们会取得更好的通用性。

Web Service 是一系列标准的集合。它提供了一个分布式的计算模型，用于在 Internet 或者 Internet 上通过使用标准的 XML 协议和信息格式来展现商业应用服务。Web Service 需要涉及到对被集成的各个应用系统本身进行改造，使之符合面向服务的体系。

用 Web Service 实现 SOA 的关键部件有：

（1）UDDI：UDDI 服务可帮助企业针对 Web 服务及其他可编程资源进行组织并编制目录。通过对 UUDI 服务中的物理分布、组织机构、服务方式等一系列分类方案加以应用，企业可以建立起一种用来描述并发现相关服务的结构化与标准化方式。

（2）支持 Web Service 的应用服务器：J2EE v1.4 开始就全面的支持 WebService 了。而.NET 从一开始就是支持 Web Service 的。除此之外，也有一些其他的平台是支持 Web Service 的。

（3）应用系统的 Web Service：要想让企业原有的系统转而支持 Web Service，需要对企业原有的系统进行改造。

（4）界面层次的整合。由于 Web Service 规范的标准性和简单性，企业门户系统（Portal）可以非常方便地实现信息系统界面层次的整合。

一个具体的应用结构如图 5.10 所示。

Web 服务可以从多个角度来定义。从技术角度来说，一个 Web 服务是可以被 URI 识别的应用软件，其接口和绑定由 XML 描述和发现，并可与其他基于 XML 消息的应用程序交互。从功能角度看，Web 服务是一种新型的 Web 应用程序，具有自包含、自描述以及模块化的特点，可以通过Web发布、查找和调用，使得EAI(企业应用集成)变得更加容易。

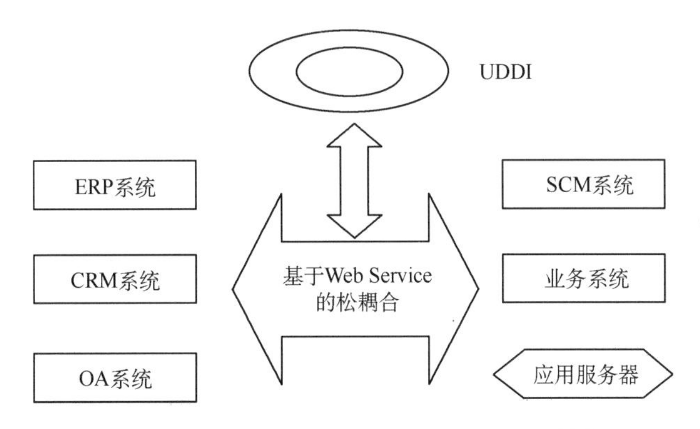

图5.10　一个基于Web Services的SOA结构

5.2.2.2　服务封装

SOA概念并没有确切地定义服务具体如何交互，而仅仅定义了服务如何相互理解以及如何交互，即定义了如何执行流程的战略。Web Services定义了如何执行流程的战术，如定义了需要交互的服务之间如何传递消息的具体指导原则。因而，从本质上讲，Web是实现SOA的具体方式之一，如最常见的SOA模型的实现，是通过HTTP传递的SOAP消息完成的。

Web Services是独立于编程语言的，Java是主要的开发语言之一。可以使用定义良好的Java接口以及各种协议丰富的Java实现，为开发每个服务的功能、管理数据对象和与其他在逻辑上封装在服务内的对象进行交互提供工具。

Web Services是独立的、模块化的应用，它描述了操作集合的接口，可以通过标准的XML消息机制在网络中进行存取，能够通过互联网来描述、发布、定位以及调用。与SOA相似，在Web Service的体系架构中也包括三个角色：服务提供者(Service Provider)、服务请求者(Service Requestor)、服务注册器(Service Registry)。角色间主要有三个操作：发布(Publish)、查找(Find)、绑定(Bind)。相关的标准SOAP、UDDI服务器以及WSDL，支持完整的WEB Services应用，同时，可将服务组件打包成Web服务，以便于应用平台之间对服务组件进行互调用。因此，Web Service技术是在更接近用户应用的层面实现和部署SOA的实用技术。

J2EE平台通过新的JAX－RPC 1.1 API提供了完整的Web Services支持，这种API支持基于servlet和企业bean的服务端点。JAX-RPC 1.1基于WSDL和SOAP协议提供了与Web Services的互操作性。在J2EE 1.4下，Web Services客户可以通过两种方式访问J2EE应用程序：一，客户可以访问用JAX-RPC API创建的Web服务，在后台JAX-RPC使用servlet来实现Web服务；Web Services客户也可以通过bean的服务端点接口访问无状态会话bean；二，使用公开无状态EJB组件作为Web服务，能利用现有的业务逻辑和流程、并发支持、对服务的安全访问、可伸缩性等。

因此，SOA是处于战略的角色，Web Services处于战术角色，而J2EE和支持它的服务引擎提供了实现的舞台。

(1)服务引擎 Apache Axis2

Apache Axis2 是 Apache Axis SOAP 项目的后继项目，是对 Web 服务核心引擎的重要改进，目标是成为 Web 服务和面向服务架构的下一代平台。Axis2 的体系结构高度灵活，支持很多附加功能。Axis2 不仅是 Apache 的新 Web 服务框架，它还体现了从 Axis 1. x 系列获得的经验和在 Web 服务领域最新的发展。推出 Axis2 的主要原因之一是从速度和内存方面获得更好的性能，此外还添加了一些新特性和功能以提高易用性，同时保留通过各种方式扩展功能的空间。

Axis2 对象模型(AXIs2 Object Model，AXIOM)是 Axis2 的基础，任何 SOAP 消息在 Axis2 中都表示为 AXIOM。AXIOM 基于 PULL 解析器技术，而其他大多数则基于 PUSH 解析器技术。对于 PUSH 方式，当要求解析器继续处理时，它将触发事件，直至达到文档最后为止，而采用 PULL 方式调用者对解析器具有完全控制权，可以要求下一个事件，因此具有"随需应变构建"功能，仅在被要求时才会构建对象模型。

Axis2 体系结构能够支持在客户端和服务器端同时支持异步调用。同时，Axis2 也支持请求－响应样式的调用，但这会以两个异步调用的方式进行。Aixs2 支持 WSDL 2.0 规范中定义的所有八种消息交换模式(Message Exchange Patterns，MEP)。Axis2 具有流的概念，流是阶段(Phase)的集合，而阶段是处理程序的集合，根据给定方法调用的消息交换模式，与其关联的流的数量可能会有所变化。

Axis2 部署引入了类似于 J2EE 的部署机制，开发人员可以在其中将所有类文件、库文件、资源文件和配置文件一起打包为存档文件，并将其放置在文件系统中的指定位置，另外 Axis2 还支持在系统启动并运行时部署服务的热部署和热更新功能，提高了系统可用性和方便的测试环境。

(2)面向对象的服务组件

组件是指分布式系统中持续自主发挥作用的实体，可以定义为：

＜组件＞::=＜组件标识(ID)，组件名称(CN)，组件属性(CP)，组件方法(CM)，组件事件(CE)＞

其中，组件标识是组件在分布式系统中的一个唯一的标识代码，系统通过这个标识码来使用组件。组件通过属性、事件以及方法和外界进行交互，完成构件对外发布消息、内部消息处理和接收消息。

软件组件类似于硬件的"即插即用"集成电路板，但又具有软件自身固有的特性，因此很难准确地描述组件的定义。总的来说，软件组件是可重用的，用以构造系统的软件单元，可以是被封装的对象类、一些功能模块、软件框架、软件系统模型等。在软件系统实现级，软件组件和软件本身并没有明确的界限，一个组件在某种情况下可以作为独立的软件运行，在另一种情况下可以和其他组件构成一个新的软件系统。

- COM 组件

组件对象模型(Component Object Model，COM)使用了与编译器编译的 C＋＋对象一样的内存结构，并基于分布式计算环境集成了面向对象的 RPC 系统，制定了一些分布式对象模型的规范：识别并析构已经不用的分布式资源，错误处理，与线程模型集成等等，并在 COM＋中引入了事务和安全特性。

尽管基于 C＋＋，COM 是一个二进制级别规范，因此可以使用其他语言制作和调用

COM 对象。由 DCOM 提供的内部对象通信协议确实可以用于分布式系统，我们必须公正地对待一些 COM 所具有的重要特性，但是 Web 服务特性所需要的一些特性 DCOM 并不具备，如协议高度可扩展、协议可以跨越防火墙的、使用 HTTP 协议以及易于开发和部署等等。在浏览器使用 ActiveX 客户端与服务器端交互的模式遭到了失败，这也表明了将 DCOM 用于 Web 存在的问题。

- CORBA 组件

CORBA 与 20 世纪 90 年代由对象管理组织（Object Management Group，OMG）开发，涉及了广泛的面向对象技术同时保持了统一的视图。CORBA 的关键特性是其处于更高的抽象层次，大量的框架和服务不是用特定的编程语言指定的，而是通过接口定义语言 IDL（Interface Definition Language），而 IDL 与特定编程语言的绑定又独立于核心的规范。

长期以来，CORBA 的支持者们将 CORBA 看作不同分布式组件之间的统一的通信总线，今天这一概念的某些方面已经成为现实，但不是 CORBA 而是 Web 服务。对于单一语言的高性能对象通信，CORBA 仍然占据了许多优势，其通信的核心 IIOP 协议（Internet Inter－ORB Protocol）是一个高性能的协议，但并没有 Web 服务所需要的可测量性，除此之外，IIOP 不能通过防火墙，而这又是 Web 服务所需要的。

- EJB 组件

企业级 JavaBean（Enterprise JavaBean）是 SUN 公司提出的 J2EE 平台组件模型，有许多关于该规范的实现。EJB 是一种超级 Java 对象，除了方法调用、对象关系映射、事务管理和分布式访问等以外，还集成了对象生命周期管理、安全管理等高级特性。理想情况下，这些组件可以在任何实现 EJB 容器规范的服务器上运行。

但是，EJB 所使用的协议不适合 Web。EJB 所使用的协议是 RMI 或者使用 IIOP 的 RMI。就和 DCOM 和 CORBA 一样，RMI 或者基于 IIOP 的 RMI 不适合 Web 服务：不能穿越防火墙，不能与 HTTP 结合，可扩展性不够好等等。

其次，EJB 的协同能力受限。Web 服务的核心之一就是管理异构平台之间的协作能力，但 EJB 在这一方面还比较欠缺，当前的 EJB 实现还不支持与非 Java 平台的协作，甚至不同的 EJB 容器实现之间的协作也存在问题。现在也有一些 J2EE 应用服务器开始支持协作，这也主要还是限于 J2EE 或者 C＋＋客户端的访问，但是当互操作性稍有改善以后，随之而来的是安全、事务、负载均衡等管理上的问题。

虽然各种组件方法都不同程度地体现了面向服务的思想，都曾在分布式系统的开发中发挥重要作用，但都局限于自己的对象模型，存在着各自的局限性，没有能够很好地满足面向服务架构的需求。上述面向组件的编程方法已经为开发人员带来了现实的效益，这些业务代码已经经过了实践的考验，重新开发则会导致不必要的浪费。充分利用已经存在的各种业务组件，将各种业务组件封装为 Web 服务，以 Web 服务的形式参与到面向服务架构的系统中。

但是各种组件类型有其自身的特点，与 Web 服务之间存在着不同程度的差异，对于不同的组件类型需要采用不同的集成方式。可利用 Apache Axis2 Web 服务引擎的结构与开发工具，设计一个业务组件服务化框架，该框架具有跨平台、易于扩展等特点，通过扩展可以支持更多的业务组件类型，并提供了业务组件服务化辅助工具。

5.2.2.3 组件服务化方法举例

Axis2 Web 服务引擎将对简单对象访问协议 SOAP 消息的处理分为两个基本活动——消息的发送与接收。Axis2 Web 服务引擎框架为这两个基本活动提供了两个不同的“消息处理管道”，分别称为“In 息管道”和“Out 消息管道”，Axis2 Web 引擎提供了 send()和 receive()方法分别对应于这两个“消息处理管道”。其他复杂的消息交换模式(Message Exchange Patterns，MEPs)都是混合使用了这两个管道[106]。

Axis2 Web 服务引擎通过 Handler 管理机制来扩展 SOAP 消息处理模型，当 SOAP 消息到达时，将经过所有已注册 Hander 的处理，而多个 Handler 组成 Handler 链，共同构成了消息处理管道的重要部分，同样引擎提供了不同粒度的 Handler 扩展，可以分别为全局、特定服务甚至特定服务操作定义 Handler 扩展。Handler 拦截经过的 SOAP 消息，处理 SOAP 消息的特定部分，例如 SOAP 消息头，提供即插即用的消息处理服务。

消息处理模型如 5.11 所示。

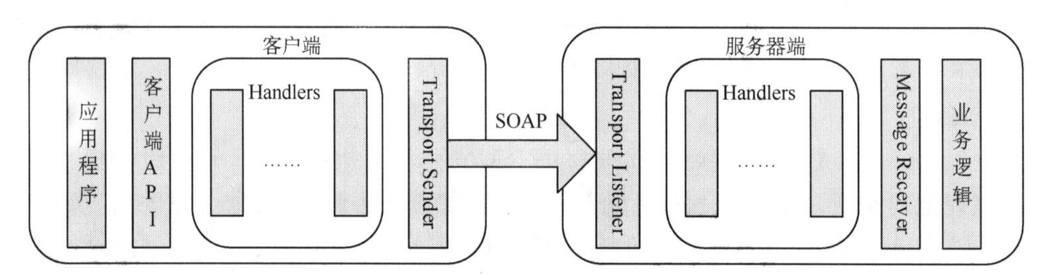

图 5.11 Axis2 消息处理过程

当客户端通过 Axis2 提供的客户端 API 发送 SOAP 消息后，SOAP 消息进入“Out 消息管道”，“Out 消息管道”调用 Handler 链中的各个 Handler 对消息进行处理，最后由 Tansport Serder 将 SOAP 消息发送到目的地。在消息接收端，SOAP 消息被 Tansport Receiver接收，并进入“In 消息管道”，SOAP 消息在“In 消息管道”中经过 Handler 链处理后被Message Receiver 接收，Message Receiver 负责拆解 SOAP 消息，获得 SOAP 消息传递的信息，通过这些信息调用业务逻辑，获得业务逻辑返回的信息后，通常需要构建新的 SOAP 消息以便返回客户端，这一工作也是由 Message Receiver 完成的。

从 Axis2 Web 服务引擎的体系结构以及实现机制可以看出，通过扩展 Axis2 Web 服务引擎的消息接收者(见图 5.12)，可以在服务引擎级别将不同的业务组件封装为服务，而不是通过服务实现类来实现各种业务组件客户端调用业务组件代码。由于在 Message Receiver 和业务逻辑组件之间缺少了代理组件，因此降低了系统的复杂度，同时提高了系统的性能，因为分布式系统每一层之间的交互是需要消耗时间以及额外的计算量的。

根据 Axis2 Web 服务引擎的体系结构，扩展消息接收者类，通过继承 Axis2 Web 服务引擎的 AbstractInOutMessageReceiver，并实现 invokeBusinessLogic 方法，在该方法中处理请求消息，并根据请求消息调用业务组件后将返回结果封装为 SOAP 消息，最后服务引擎将该 SOAP 消息返回 Web 服务调用客户端。

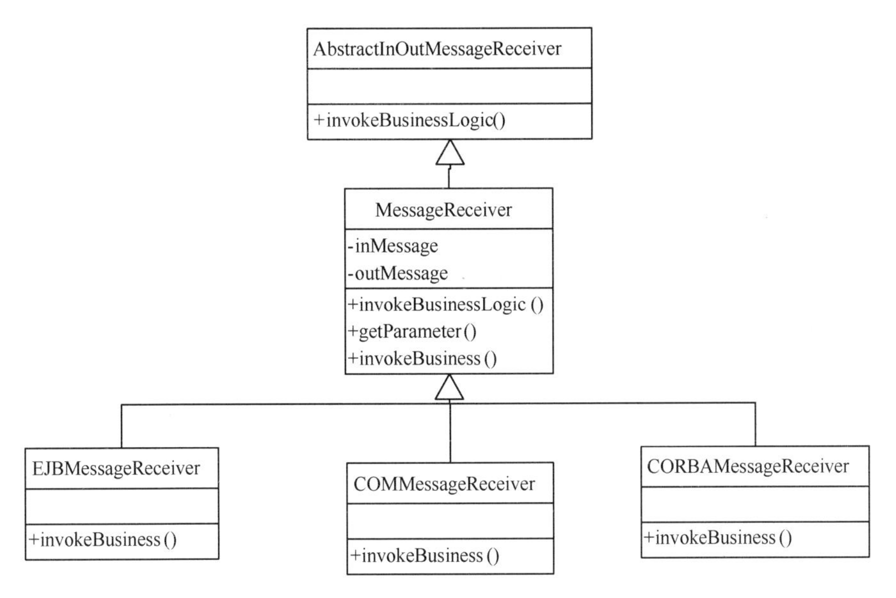

图 5.12 扩展 Axis2 消息接收者类

```
/*获得输入参数*/
AxisService service = inMessage.getAxisService();
OMElement methodElement =
    inMessage.getEnvelope().getBody().getFirstElement();
String input = methodElement.getText();
/*调用业务组件*/

/*构造返回消息*/
SOAPFactory fac = getSOAPFactory(inMessage);
String messageNameSpace = service.getTargetNamespace();
OMNamespace ns = fac.createOMNamespace(messageNameSpace,
    service.getSchemaTargetNamespacePrefix());
SOAPEnvelope envelope = fac.getDefaultEnvelope();
OMElement bodyChild =
    fac.createOMElement(outMessage.getAxisMessage().getName(), ns);
bodyChild.setText(result);
envelope.getBody().addChild(bodyChild);
outMessage.setEnvelope(envelope);
```

在消息接收者类中调用业务组件时通常需要使用到多种技术，例如访问 COM 组件可以使用 JCOM 开源代码库，访问动态链接库 DLL 组件可以使用 JNI 技术等等。另外，为了提高对于特定业务组件服务化的通用性，必须使得对业务组件的调用更加灵活，将可能发生变化的调用参数通过服务化配置参数给出，而对于一些调用业务组件所需要的辅助类，则可以在消息接收者类中使用 Java 语言的反射机制，获得类型的元数据信息，以便动态加载辅助类对象。业务组件服务化框架还提供了一些辅助方法，使得在扩展类中能够最大限度地屏蔽对 Apache Axis2 知识的依赖，例如使用 getParameter 方法，可以获得业务组件服务化过程中业务组件客户端所需的各种配置参数。

一个 Axis2 Web 服务引擎服务部署包必须在位于 META-INF 目录下有服务部署描述文件 services.xml，Axis2 Web 服务引擎将根据该配置文件实例化 Web 服务。该文件的一个简单示例如下：

```
<service name="name of the service" scope="name of the scope"
class="full qualifide name the service lifecycle class"
    targetNamespace="target namespase for the service">
    <description> The description of the service </description>
    <transports>
        <transport>HTTP</transport>
    </transports>
    <schema schemaNamespace="schema namespace"/>
    <messageReceivers>
            <messageReceiver mep="http://www.w3.org/2004/08/wsdl/in-out"
              class="org.apache.axis2.rpc.receivers.RPCMessageReceiver"/>
    </messageReceivers>
     <parameter name="ServiceClass" locked="xsd:false">
          org.apache.axis2.sample.echo.EchoImpl
    </parameter>
    <operation name="echoString" mep="operation MEP">
        <actionMapping>Mapping to action</actionMapping>
        <module ref=" a module name "/>
        <messageReceiver
          class="org.apache.axis2.receivers.RawXMLINOutMessageReceiver"/>
    </operation>
</service>
```

name 属性，如果服务部署包只包含一个服务，那么服务的名称将会与服务部署包的名称一致，否则服务的名称将会有 name 属性指定。

scope 属性，该属性为可选属性，指定在某个时间段内保持部署服务的运行时信息。该属性可能的取值有：Application，SOAPSession，TransportSession，Request。默认情况下该属性的取值为 Request。

class 属性，该属性为可选属性，定义了服务生命周期实现类的全限定名。ServiceLifeCycle 类可以在系统启动后执行某些任务。

targetNamespace 属性，该属性为可选属性，该服务的目标命名空间，该属性在服务生成 WSDL 文档时使用，如果没有指定该属性，生成的 WSDL 定义将使用服务实现类的包目录为目标命名空间。

description 节点，该配置项为可选配置项，当需要在 Apache Axis web－admin 模块中显示关于该服务的描述信息时，可以由该配置项指定具体的显示内容。

trasports 配置项，该配置项为可选配置项，定义了调用服务所使用的协议通道。如果该属性没有被指定，那么将可以通过系统提供的所有协议通道访问所定义的服务。Transport 子节点定义代表的某个协议通道的省略字符串。

parameter 配置项，每一个服务部署描述文件都可以拥有多个 parameter 配置项，这些配置参数将会在 AxisService 中被转换位服务属性。用于指定服务实现类、名为 ServiceClass 的配置参数是必选的，该类将会在运行时被 MessageReceiver 加载。

如果服务实现类是 Java 文件，那么该 Java 类中所有标示为公有的方法都会被当作服务方法，如果需要改变这一默认选项，则可以通过 operation 配置项来指定服务方法。如果服务实现类不是由 Java 编写或者根本没有服务实现类，那么就必须通过 operation 配置项来指定服务方法。Name 属性是必须的，代表了服务方法的名称，可以为每个操作定义消息处理模块，甚至可以为每一个操作定义 MessageReceiver，注册的 MessageReceiver 将会接收并处理请求该操作的 SOAP 消息，如果没有指定 MessageReceiver，那么将采用默认的 MessageReceiver。

根据 Axis2 Web 服务引擎的框架实现机制，充分利用其模块化设计特性和良好的可扩展性，通过扩展消息接收者类，为不同的业务组件类型提供到 SOAP 的转换，由消息接收者类接收并解析 SOAP 请求消息，并利用获得的参数调用特定业务组件，最后将对特定业务组件调用的返回结果封装为 SOAP 消息返回 Web 服务调用客户端。在充分理解 Axis Web 服务引擎服务部署的基础上，框架将组件服务化可分为三个步骤：

(1)系统配置可服务化的组件，为特定业务组件类型提供消息接受者类，并定义特定于业务组件类型和消息接受者类的配置参数列表；

(2)配置特定于业务组件的服务实例，根据框架可服务化的特定业务组件类型的配置参数定义列表，提供相应的配置参数；

(3)生成并部署服务，框架根据配置参数部署业务组件为服务。

首先需要定义框架需要服务化的业务组件类型，根据该业务组件类型的特点开发特定于该业务组件类型的消息接收者类，消息接收者类需要继承 Axis2 Web 服务引擎框架的 AbstractInOutMessageReceiver 类，并实现其 invokeBusinessLogic 方法，在该方法中可以获得消息上下文中的 SOAP 请求消息，解析该 SOAP 请求消息，实现对业务组件的调用，并将返回的结果封装为 SOAP 消息，最后将 SOAP 消息作为响应消息返回。框架将可以被服务化的组件类型的配置信息存储在一个配置文件中，该配置文件格式定义如下：

```
<ServiceComponents>
    <ServiceComponent name="…"> *
        <document>…</document>?
        <MessageReceiver>…</MessageReceiver>
        <parameters>
          <parameter>…</parameter> *
        </parameters>
    </ServiceComponent>
</ServiceComponents>
```

ServiceComponents 定义了多个系统支持的可被服务化的业务组件类型，每个 Service-Componet 子节点都对应于某个特定的业务组件类型，name 属性指定了唯一标识该可服务化业务组件的名称；

document 节点指定了对该可服务化业务组件类型组件服务化的描述性信息；

MessageReceiver 定义了系统指定的将该类型业务组件服务化时所使用的消息接收者类；

parameters 节点定义了将该类型服务组件服务化时，消息接收者类所需要的各种参数信息，便于系统在部署服务时配置使用。

业务组件服务化框架提供了配置可被服务化组件的管理工具(见图 5.13)，通过该工具可以为可被服务化的组件类型，以及特定于该组件类型的配置信息提供可视化的管理，而不用手工编写配置描述文件，免去了系统使用者掌握框架配置描述文件定义，降低了系统的学习难度，提高了易用性。

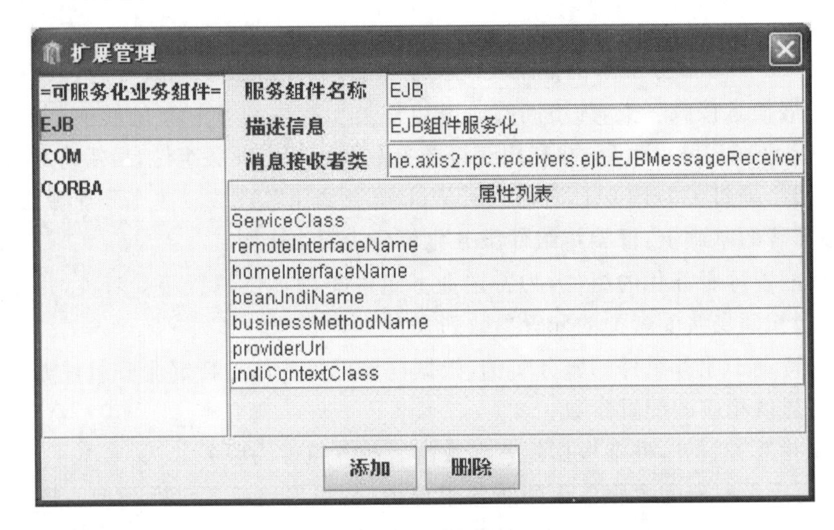

图 5.13　扩展管理

对系统可服务化业务组件进行扩展以后就可以将该类型的业务组件服务化，通过系统提供的特定于某种类型的业务组件的服务化配置参数，配置将业务组件服务化时所需要的参数信息。

5.2.2.4 服务的发现

Web 服务发现的研究可以从服务的发现模型和服务发现算法两个层次上着手。服务发现的模型的研究着重研究服务发现中各个参与者之间的关系和在结构上的异同，服务发现算法的研究则着重于如何实现将用户的请求与服务注册中心中的服务进行匹配，并按照一定的算法进行筛选，返回与用户需求最接近的结果。因此，服务发现算法依赖于服务发现中参与者，是建立在服务发现模型的基础之上的。

现有的服务发现模型主要是从以下三个方面进行研究的：一是在服务的发现中增加语义信息；二是拓展服务的发现范围，如采用 P2P 的网络拓扑来发布服务；三是将以上两者结合起来的服务发现模型。

(1)语义增强的服务发现模型

语义增强的服务发现模型,可以看作是语义 Web 技术和传统的 Web 服务发现模型相结合的最直接也最显而易见的产物,其典型的结构如图 5.14 所示。

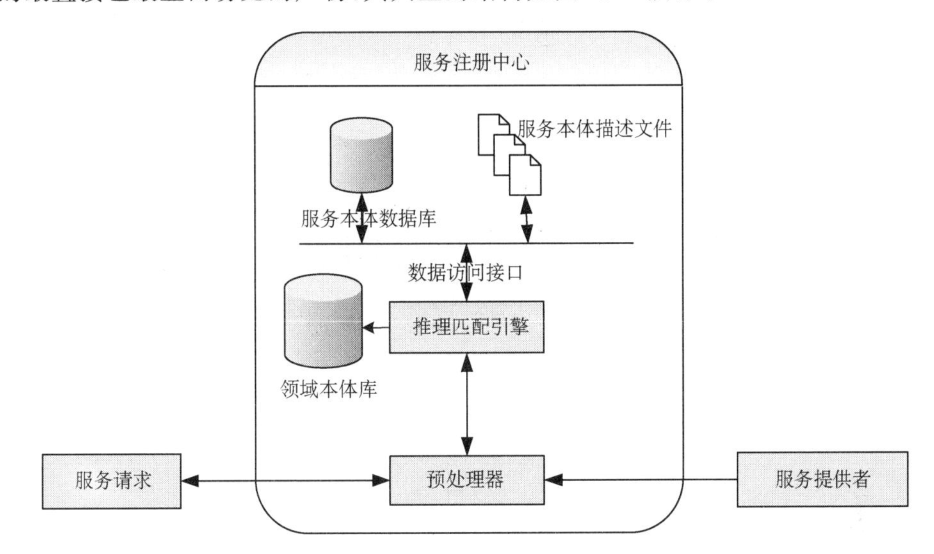

图 5.14 语义增强的服务发现模型

服务的发布者在发布服务时,除了生成原有的 WSDL 外,还要生成相应的 OWL-S 文件,这一过程称为服务语义的标注。服务的语义标注可以分为手工标注、半自动语义标注、以及自动语义标注。但是,当前能实现的自动标注系统,其标注的粒度都比较粗,精度也不高。自动语义标注受着很多传统技术瓶颈上的限制,真正实现起来非常困难。如 Protégé 中,提供的 WSDL 到 OWL-S 的转换工具,就是一个半自动化的标注过程。服务请求者,根据自己的需求编写请求文件并提交给服务注册中心。服务注册中心,由预处理器、推理匹配引擎、领域本体库和广告数据库四部分组成。当服务中心接受请求时,首先将其提交给预处理器,预处理器接受用户输入的查询请求,依据领域本体库对用户的查询信息进行标准化和过滤,保留应用于查找的条件和约束信息,形成新的用户查询描述并提交给推理匹配引擎。推理匹配引擎利用基于语义的匹配算法对由预处理器产生的查询描述与服务提供者广告描述进行匹配,并结合建立在本体上的推理系统进行逻辑推理。广告数据库用来存储服务提供者的服务描述信息,该服务描述信息是由 OWLS 描述语言所描述的。该推理匹配引擎建立在语义基础上进行匹配,因此能大大提高服务的查准率。

(2)结构增强的服务发现模型

传统的基于 UDDI 的服务的针对服务的信息在物理上集中存储在注册中心,存在单点失效的危险,且在实际的应用中这些服务的注册中心往往为不同的机构或企业拥有,虽然服务的发现由其提供的接口得以实现,但是由于利益的关系,在实际中难以整合成一个统一的服务发现平台。对此提出了一种有别于传统的 UDDI 的服务注册和发现机制,通过服务的发布者在发布服务时制定能代表服务的特性的关键词,通过 SHA-1 算法将均匀地分布在以 CHORD 模型概念构建的网络节点上(Peers)(如图 5.15 所示)。这些服务发现的模型的特点是:服务信息分散存储于网络中,消除了网络中的关键节点,避免了单点失效的危险,扩展了服务的发现范围。不足之处是所采用的关键词映射的方法和仍然是非标准的缺乏足够的语义信息的支持。

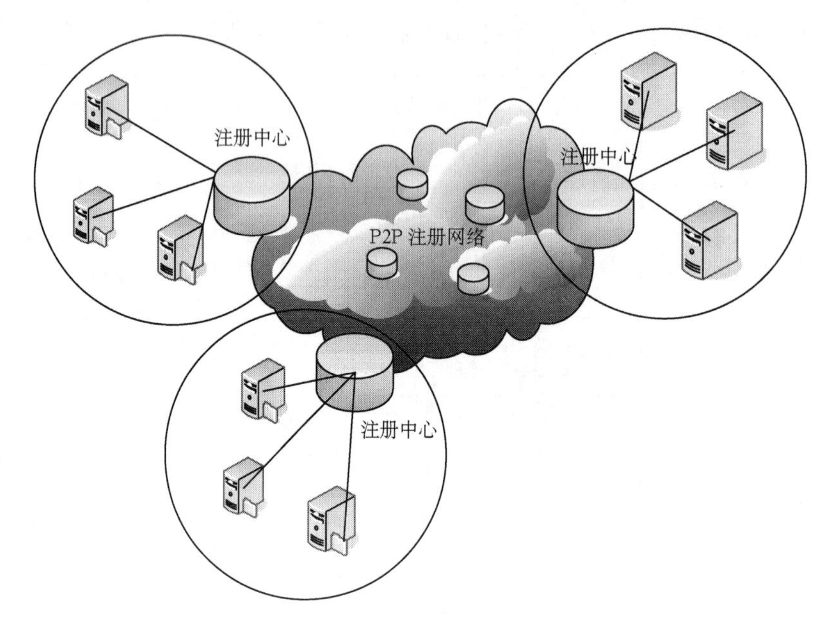

图 5.15 结构增强的服务发现模型

(3)语义结构增强的服务发现模型

还有一种无结构化的 P2P 网络服务发现模型。在这种模型中服务注册中心的服务发现算法是基于语义的,各个节点之间采用无结构化的 P2P 方式连接起来。这种拓扑的结构中,当某个用户提出服务查询的请求后,首先在其邻近的节点中查找,并将采用语义描述的服务请求以洪泛算法广播到整个网络中,各个注册中心在本地的服务本体库和领域知识库的支持下进行语义匹配计算,并将结果返还会给请求节点。在那里将服务匹配的结果进行汇总和排序返还给用户。这种服务发现模型的优点是比以前的服务发现范围大大地扩展了。如果整个网络具有一个统一的领域本体作为知识库,则运行良好,但是不同的服务注册中心在发布服务时构建服务时可能采用不同的领域本体,因此在不同的服务注册中心间转发请求时往往存在着本体异构的问题。

为了避免注册中心间的本体异构的问题,提出了一种双层的 P2P 语义服务发现模型。在这种模型中,引入了本体社区的概念,首先将本体划分为这些社区彼此相互独立,但又存在一定的联系。为了支持用户实现跨社区的服务发现与匹配,需要根据本体之间的联系建立社区之间的关系。这些联系在服务发现以前可以由人工给定、也可以借助相应的本体映射算法建立,并且可以在服务发现过程中不断进行修正,该结构是相对稳定的。本体社区内,为了缓解注册中心的物理或逻辑集中的瓶颈,同时回避逻辑集中式注册中心的复制协议和一致性维护等问题,在本体社区内使用物理和逻辑上都分布的 P2P 结构来组织社区内的多个注册中心,每个注册中心都只负责某一部分服务的注册。

语义结构增强的服务发现模型提高了服务的查全率和查准率,但是占有的网络带宽和计算资源较多。同时服务的检索效率直接受到 P2P 网络结构的影响。

(4)服务发现算法

Web服务发现算法的与其服务发现模型是紧密相关的,有基于语义的服务发现算法和非语义的服务发现算法。

非语义的服务发现算法是在服务的发现过程中往往是通过关键字或文本的匹配来实现的,因此又可以分为单关键字的匹配和多关键字的匹配。单关键字的匹配由于交换的信息量少,虽然查询速度快,但是准确率不高。在多关键字匹配算法中,往往采用信息检索技术,将请求和服务表示为关键字串或文本向量使用字符串匹配或余弦度相似度等计算相似度。

在基于语义的服务发现算法中,服务的发布和请求和存储都是在语义环境中进行的,服务都采用本体语言进行标注,如DAMLS或OWLS。服务的发现中往往采用语义匹配和非语义匹配等多种方法。一般一个典型的服务发现算法包括以下几个部分:文本匹配,功能匹配(IOPE匹配)和参数匹配,统称为服务匹配,如图5.16所示。

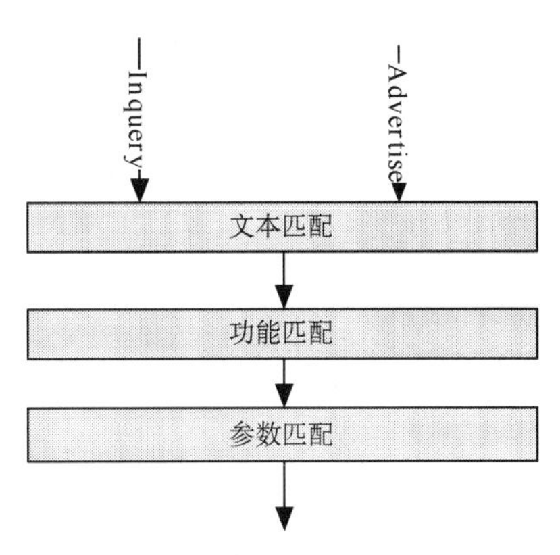

图5.16　服务发现的一般步骤

基于语义的服务发现算法可以分为基于领域本体的服务发现算法和基于通用本体的服务发现算法。基于通用本体的服务发现算法是指以WordNet,SUMO等通用本体作为知识库。这种服务发现算法的优点是由于采用了通用知识库具有通用性,但是对于一些特殊的应用缺乏足够的支持会降低服务发现的准确率。基于领域本体的服务发现算法是指服务发现中以领域本体作为知识库。这些本体可能只有几十到几百个词汇,因此推理查询的速度快,而且领域本体由相关的领域专家制定编写因此可用性强。但是由于词汇量有限无法为其他系统所用,通用性差。

此外,服务的发现算法还可以根据匹配结果排序方式来分类。可以将图5.16中定义的服务匹配划分为原子匹配,将匹配的结果采用不同的处理方式。一种最简单有效的方式是,对原子匹配的结果进行加权处理,如提取决策矩阵来对服务进行筛选,对概念经过逻辑推理后采用二部图算法获得检索结果等。

在服务发现中,Web服务的本体描述是服务发现的基础,服务发现的模型和发现算法直接受其影响。为了语义Web服务所提出的服务自动发现组合执行的目标,许多研究者进一步改进服务描述的模型,增强服务的描述能力。如OWLRule+和OWL-Q,就是为了改善服务的描述能力,提高服务发现时QoS。其中最有影响力的是由W3C提出的WSMO,它提供了一个概念框架和一个形式化的语言来对Web服务进行较为详尽的描述,以实现在Web上的电子服务的自动发现,组合和调用。WSMO对WSMF采用形式化的本体语言重新做了提炼扩展作为框架,从四个方面来阐述WSMO的主要组成部分:本体,提供其他WSMO所使用的术语;Web服务描述,描述一个服务各方面的功能和行为;目标,表示服务Web服务解决的问题;中介者(mediators),当服务之间发生交互时,用于处理不同的WSMO元素间的异构。WSMO除了定义了一些主要的元素外,还规定了WSMO中使用的形式逻辑语言。这种语言的语义和易于处理性,其详细规范语法在Web Service Modeling Language(WSML)文档中定义和讨论。

5.3 网格和云计算

5.3.1 网格技术

5.3.1.1 网格计算一般概念

Grid Computing(网格计算)的构想来源于另一专业“powergrid(电力供应网)”。powergrid的原意是电力供应商根据用户的需要供应电力,消费者只需支付自己使用的那部分电费。网格计算的基本思想也因此被引申为,就像人们日常生活中从电网中获取电能一样获取高性能的计算能力。全球网格论坛GGF(Global GridForum)主席Charlie Catlett认为网格在虚拟组织间为一个共同目标而提供共享资源的平台,使新的应用能协调地使用地理上分布的资源,提供持久的网格计算基础设施,如面向资源发现和访问的身份认证、策略和协议等,支持对等的分布式计算、数据访问与分析、合作设计等高端科学与工程应用[107]。

早期(2000年前后)较著名的网格项目GriPhyN和European DataGrid致力于能让物理学家共同使用数据和计算资源来处理数据密集型的分析。如图5.17所示,分散在各个组织的用户各自拥有各种物理实验数据、代码和计算资源,当要求彼此共享这些海量数据时,需要一系列的工具和机制协调处理各类资源的分配、调度和使用。

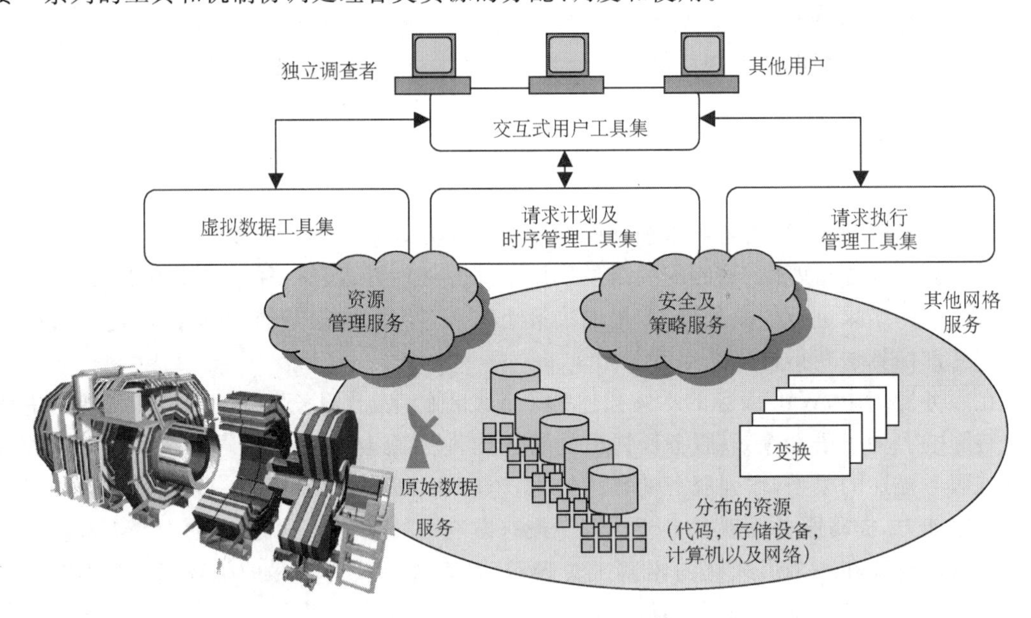

图5.17 GriPhyN应用示意

按照设想,网格计算将经历四个阶段,分别解决容量、数据、高使用性和公用事业问题。目前来看,网格计算在我国主要可以提供以下服务:

(1)资源数据

国家在过去几十年已经花费了大量的财力收集各种地下、地面、大气的资源数据,采用的手段包括地下勘探、地面人工测绘和监测、航空遥感、卫星遥感等。但由于目前这些数据零碎地分散在不同的地方,共享困难,利用率低。将它们放在网格上共享将带来很多好处。

(2)高性能计算

计算网格的建立有利于各计算中心实现资源共享,充分利用硬件和软件资源,节约成本。它能在基础研究、汽车、大型水电工程、石油勘探、气象气候、航空、交通、金融、医疗等领域发挥空前的作用。

(3)生物信息

生物科学的信息化和全球化已成为大势所趋,我国的生命科学界对网格也有强烈呼声。以北京大学生命学院为龙头的一些生物科研机构已经加入了相关的国际组织,并在网格上分享现代生物信息资源以提高工作效率。

(4)环境保护

我国已经建立了若干环境数据收集网和计算机网,但由于没有实现统一的网上共享和管理,使用极不方便。网格建立后,可以解决这一问题,并且可以提供新闻媒体的缓存服务、目录服务、数据挖掘和分类服务等多种新的应用形式。

(5)信息集成

与 Web Service 技术相结合,提供高度透明和可互操作的信息服务平台,使得用户不必关心所需数据来自何方,以何种物理形式存放。

就像 TCP/IP 协议是互联网的核心一样,构建网格计算也需要对标准协议和服务进行定义。主要的组织包括全球网格论坛 GGF、对象管理组织 OMG、致力于网络服务与语义 Web 研究的 W3C,以及 Globus. org 等。

迄今为止,网格计算还没有正式的标准,但 WilliamM. Zeitler 表示,在核心技术上,相关机构与企业已达成共识:由美国 Argonne 国家实验室与南加州大学信息科学学院 ISI 合作开发的 GlobusToolkit 已成为网格计算事实上的标准,包括 IBM、Entropia、微软、康柏、Cray、SGI、SUN、Veridian、富士通、日立、NEC 在内的 12 家计算机和软件厂商已宣布将采用 GlobusToolkit。作为一种开放架构和开放标准基础设施,GlobusToolkit 提供了构建网格应用所需的很多基本服务,如安全、资源发现、资源管理、数据访问等。目前所有重大的网格项目都是基于 GlobusToolkit 提供的协议与服务建设的。

网格计算要解决资源发现、访问、预留、分配、认证、授权、策略、通信故障检测与处理等问题。与私有网格联接,以形成计算能力更强大的共享网格,则要冒很大的风险。此外,在客户需要时,相互竞争的网格提供商是否愿意出售彼此多余的资源?网格应用所涉及的大量数据和计算在各组织间是否能安全共享,这也不是当前的 Internet 和网络基础设施所能做到的。因此,我们认为网格计算更适合用于非盈利的合作伙伴间或行业内部的彼此资源共享,而大规模商业应用和对外服务,还有很多问题需要解决。相反,云计算提供了更好的前景。

5.3.1.2 开放网格服务体系结构(OGSA)

2002 年 2 月,在加拿大多伦多召开的全球网格论坛(GGF)会议上,Globus 项目组织和 IBM 共同倡议了一个全新的网格标准 OGSA。OGSA(Open Grid Service Architecture,开放网格服务体系结构)把 Globus 标准与以商用为主的 Web 服务的标准结合起来,将各种资源统一以服务的形式对外提供。OGSA 为基于网格的应用定义了一个公共的标准的体系框架，这个框架的核心是网格服务的概念[108]。

OGSA 采用了万维网服务的 WSDL 和 SOAP 规范，遵循 OGSA 标准的系统都可以连接起来，用户可以很容易地集成、共享各种系统提供的功能，可以节省用户的开发成本，提高开发效率。

OGSA 的一个基本前提是任何事务都表示成一个服务：一个网络可达的、通过消息交换提供某些能力的实体。计算资源、存储资源、网络、程序、数据库等都是服务。采用一个统一的面向服务的模型意味着环境中的所有组件都是虚拟的。

更明确地，OGSA 将所有事务都表示成一个 Grid 服务：遵循一套规范并支持为了实现生命周期管理等类似目的而制定的标准接口的 Web 服务。这些一致接口的核心集，是所有 Grid 服务实现的基础，便于高级服务的构造，而高级服务能够跨多个抽象层以一种统一的方式进行处理。

开放网格服务体系结构（OGSA）也是一种面向服务的体系结构实现，如图 5.18 所示，OGSA 的三个主要组件是开放网格服务基础结构、OGSA 服务和 OGSA 模式（阴影部分）。

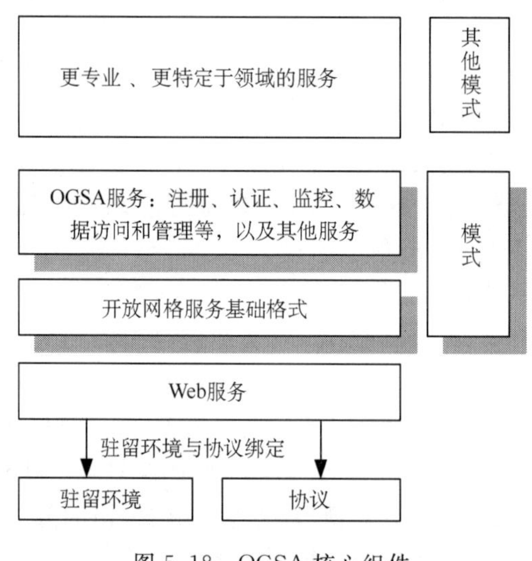

图 5.18　OGSA 核心组件

OGSA 是构筑在 Web 服务之上的，OGSA 服务可以驻留在各种环境下，并且可以通过下面的协议进行通信。

Web 服务提供了一种重要手段，但是现有的 Web 服务标准不能解决有关基本服务语义相关的问题。服务语义及其他重要的服务行为必须予以标准化，以便使服务虚拟化和服务间能互操作。通过开放式网格服务基础结构（OGSI）的核心接口可以解决这些问题。符合 OGSI 标准的 Web 服务就称为网格服务。

OGSI 为系统定义了基本的构造块，包括描述和发现服务属性、创建服务实例、管理服务生命周期、管理服务组，以及发布和订阅通知的标准接口和相关行为。

在 OGSA 下，网格被看作是一组可动态扩展的服务，这些服务通过不同的方法聚合在一起来满足虚拟组织的需要。网格服务提供完善接口定义，遵循特定的协议。目前 OGSA 定义了 6 种接口：GridService、Notification、Source、NotificationSink、Registry、Factory 和 HandleMap，利用这些接口及其操作，就能实现网格服务的发现、动态创建、使用期限管理、通知等最基本的功能。除此之外,还应该定义一些附加接口来实现类似授权、策略管理、并发控制的功能。

(1)动态创建服务

使用 Factory 接口提供的 Create Service 操作可以创建网格服务,每个服务实例都会被分配一个全局唯一的名字,称为 GSH (Grid Service Handle),网格服务会动态变化,因此不包含任何与服务具体实现相关的信息,这些信息被封装在 GSR(Grid Service Reference)中。Create Service 操作返回新建服务实例的 GSH 和初始 GSR。

(2)服务使用期限管理

当客户端通过 Factory 接口创建服务实例时,可以指定期望使用该服务的时间长度,Factory 负责选定一个初始使用期限返回给客户。之后客户也可以直接通过 GridService 接口提供的 Set TerminationTime 操作来实现同样的功能。服务建立后,客户通过定期发送 keepalive 消息来表明自己处于活动状态,超过使用期限或长时间未收到消息 keepalive 后,服务器可通过 Destroy 操作终止服务实例。

(3)GSH 和 GSR 的管理

GSH 和 GSR 的管理首先要解决如何通过给定 GSH 的来与对应的网格服务建立通信。解决的方法是定义一个 handle-to-reference 的映射接口 HandleMap,以实现 GSH 到 GSR 的映射。为了保证操作的有效性,必须要求每个服务实例至少在一个 HandleMap(称之为主 Handle Map)服务上进行注册。然后只需在 GSH 中包含主 HandleMap 的 URL,就可以通过调用 HandleMap 的 FindByHandle 操作来获取 GSR 信息,以实现 GSH 到 GSR 的映射。

因此 HandleMap 与 Factory 接口在实现上存在着联系。Factory 响应请求时返回的 GSH 中必须包含主 HandleMap 的 URL,同时必须把 GSH/GSR 的映射添加到服务中 HandIeMap 并不断更新其信息。实际上,Factory 和 HandleMap 可由一个服务来实现。

(4)服务数据和服务发现

每个服务实例都有一组关于自身信息的服务数据,可以用 XML 元素集的形式描述。支持服务发现的网格服务被称之为注册服务,注册服务定义了 Registry 接口,为 GSH 的注册提供相应操作(RegisterService, UnregisterService)。同时,通过 GridService 接口定义的 FindServiceData 操作,可以获取注册过的 GSH 的信息。

(5)通知 Notification

通知机制允许客户订阅自己感兴趣的通知消息,同时提供异步、单向的通知发送功能。前者可通过 NotificationSource 接口的 SubscribeToNotification 操作来实现,后者可通过 NotificationSink 接口的 DeliverNotification 操作来实现。

(6)其他接口 OGSA(开放网格服务体系结构)

OGSA 在发展过程中不断定义其他标准接口,解决如下问题:授权、策略管理、并发控制、监控和管理可能非常巨大的 Grid 服务实例的集合。

更为通俗的网格服务体系结构可表达为一种沙漏模型,如图 5.19 所示。它从应用网格构造的角度描述了各层功能的分布。

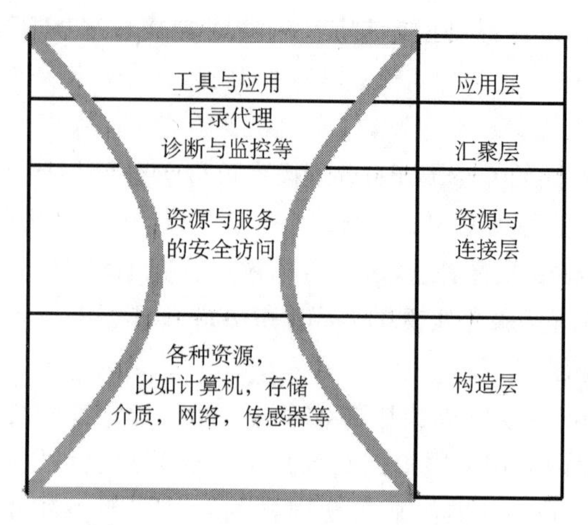

图 5.19 网格体系结构的沙漏模型

随着时间的推移,一组丰富的基于网格架构的服务不断被开发出来,基于网格架构的服务的新网格应用程序也随之出现。这些应用程序构成了 OGSA 架构的第四层的主要内容。

5.3.1.3 网格服务的构造

一个遵循 OGSA 的具体应用网格的结构可参考图 5.20。其中,OGSA 的两个主要逻辑组件是 Web 服务加上 OGSI 开放网络服务设施层和基于 OGSA 架构的服务层。OGSI 通过在以下两个领域引入接口和约定来扩展 Web 服务。

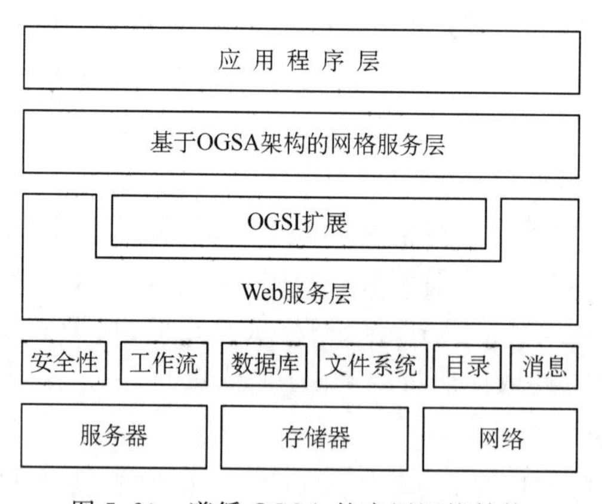

图 5.20 遵循 OGSA 的应用网格结构

一个网格(Grid)服务可以实现一个或多个接口,每个接口定义一个操作的集合,调用操作通过一个定义好的消息交换序列来实现。Grid 服务接口对应于 WSDL 中的 PortType。一个 Grid 服务所支持的 PortType 的集合和一些附加的版本信息在该 Grid 服务的 ServiceType 中指定,ServiceType 是 OGSA 定义的一个 WSDL 可扩展元素。

构造一个应用网格的基本原则是:第一,根据网格中服务具有动态及可能瞬变的特性来扩展。在网格中,特殊的服务实例会随着工作的分派、资源的配置与供给,以及系统状态的变化而不断地产生和销毁。因此,网格服务需要引入接口来管理它们的创建、销毁以及生命周期管理。第二就是状态管理。网格服务可以拥有与自身相关的属性和数据。这在概念上类似与面向对象编程中对象的传统结构。在面向对象编程结构中,对象有其行为和数据,同样的,Web 服务需要得到扩展,从而支持与网格服务相关的状态数据。

构造应用网格需要两大支撑技术,Globus Toolkit(GTK)软件包和 Web Service。Globus 相当于网格操作系统,是已经被科学与工程计算广泛接受的网格技术解决方案;Web Service 是访问网络应用时普遍采用的标准框架。

(1)Globus Toolkit 软件

Globus Toolkit 是一种基于社团的、开放结构、开放源码的服务集合,也是支持网格及其应用的软件库,它解决了安全、信息发现、资源管理、数据管理、通信、错误检测以及可移植等问题。Globus Toolkit 在世界上的许多网格项目,包括几百个地点被使用。

和 OGSA 关系密切的 Globus 组件是 GRAM 网格资源分配与管理协议和服务,它们提供了安全可靠的服务创建和管理功能,元目录服务通过软状态注册、数据模型以及局部注册来提供信息发现功能,GSI 支持单一登录点、代理和信任映射。这些功能提供了面向服务结构的必要元素,但是比 OGSA 中的通用性要小。

(2)Web Services 网络软件

Web Services 中普遍采用 XML 进行信息交换。SOAP(Simple Object Access Protocol,简单对象访问协议)是基于 XML 的 RPC(Remote Process Call)协议;WSDL 用于描述服务的接口定义语言,包括接口和访问的方法;WS2Inpection 用于定位服务提供者发布的服务;UDDI(Universal Description Discovery and Integration,统一描述、发现、集成)定义了 Web Services 的目录结构。

在具体工程实现中,必须考虑以下问题:

- 网格结点

网格结点就是网格计算资源的提供者,它包括高端服务器、集群系统、MPP 系统大型存储设备、数据库等。这些资源在地理位置上是分布的,系统具有异构特性。

- 宽带网络系统

宽带网络系统是在网格计算环境中,提供高性能通信的必要手段。通信能力的好坏对网格计算提供的性能影响甚大,要做到计算能力"即连即用"必须要高质量的宽带网络系统支持。用户要获得延迟小、可靠的通信服务也离不开高速的网络。

- 资源管理和任务调度工具

计算资源管理工具要解决资源的描述、组织和管理等关键问题。任务调度工具其作用是根据当前系统的负载情况,对系统内的任务进行动态调度,提高系统的运行效率。它们属于网格计算的中间件。

- 监测工具

高性能计算系统的峰值速度可达百万亿次/秒。但是实际的运算速度往往与峰值速度有很大的距离,其主要原因在于高性能并行计算机的并行程序与传统的串行程序有很大差异。而高性能计算应用领域的专家对编程技术并不擅长,很难充分利用各种计算资源。如何帮助使用人员充分利用网格计算中的资源,这就要靠性能分析和监测工具。这对监视系统资源和运行情况十分重要。

- 应用层的可视化工具

网格计算的主要领域是科学计算,它往往伴随着海量的数据,面对浩如烟海的数据想通过人工分析得出正确的判断十分困难。如果把计算结果转换成直观的图形信息,就能帮助研究人员摆脱理解数据的困难，这就要研究能在网格计算中传输和读取的可视化工具。并提供友好的用户界面。

在本书的6.3节提供了相关的应用案例，可供参考。

5.3.2 云计算技术

5.3.2.1 云计算概述

云计算(Cloud Computing)是由分布式计算(Distributed Computing)、并行处理(Parallel Computing)、网格计算(Grid Computing)发展来的，是一种新兴的商业计算模型，即用户通过网络以按需、易扩展的方式，获得商家提供的所需的资源(硬件、平台、软件)的模式。目前，对于云计算的认识在不断的发展变化，还没有普遍一致的定义[109]。

提供资源的网络被称为"云"。"云"中的资源在使用者看来是可以无限扩展的，并且可以随时获取，按需使用，随时扩展，按使用付费。

云计算软件提供即买即用的云计算平台，包括操作系统、管理和自我修复的虚拟化云计算软件和门户软件，它通过独特的数据管理和传送，对数据和运行环境隔离，使计算中心变成可靠、安全的云计算平台。

云计算具有以下特点：

(1)超大规模

"云"具有相当的规模。企业私有"云"一般拥有数百上千台服务器。"云"能赋予用户前所未有的计算能力。

(2)虚拟化

云计算支持用户在任意位置、使用各种终端获取应用服务。所请求的资源来自"云"，而不是固定的机器实体。应用在"云"中某处运行，但实际上用户无需了解、也不用担心应用运行的具体位置。只需要一台笔记本或者一个手机，就可以通过网络服务来实现我们需要的一切，甚至包括超级计算这样的任务。

(3)高可靠性

"云"使用了数据多副本容错、计算节点同构可互换等措施来保障服务的高可靠性，使用云计算比使用本地计算机可靠。

(4)通用性

云计算不针对特定的应用，在"云"的支撑下可以构造出千变万化的应用，同一个"云"可以同时支撑不同的应用运行。

(5)高可扩展性

"云"的规模可以动态伸缩，满足应用和用户规模增长的需要。

(6)按需服务

"云"是一个庞大的资源池，用户按需购买，可以像自来水，电，煤气那样计费。

(7)极其廉价

由于"云"的特殊容错措施可以采用极其廉价的节点来构成云，"云"的自动化集中式管理使大量企业无需负担日益高昂的数据中心管理成本；"云"的通用性使资源的利用率较之传统系统大幅提升,因此用户可以充分享受“云”的低成本优势,经常只要花费几百美元、几天时间就能完成以前需要数万美元、数月时间才能完成的任务。

由此可见,通常意义下的云计算与网格计算在技术层面有着相似的核心问题,如分布式任务管理、资源调度与分配等;但从应用模式上看,它比网格技术更适合提供对外服务,因而一经面世立即引发了巨大的商业价值。它为 IT 供应商提供了整合、优化设备、软件和数据等各类服务资源于一体的解决方案。即普通用户通过一个简单访问入口进入一个 IT 服务提供商的网络,可以使用其任何一个对外提供的设备、软件和数据等资源,不需要进行显式的细节说明,而通常都是经由某种“应用”得到的,也不必知道资源的物理组成细节。而对于一个私有“云”来说,其内部分散在全国甚至全球的资源协调和分配不妨采用网格技术实现。

5.3.2.2　云计算的核心技术

云计算系统运用了许多技术,其中以编程模型、数据管理技术、数据存储技术、虚拟化技术、云计算平台管理技术最为关键。从 2003 年开始,Google 连续几年在计算机系统研究领域的最顶级会议与杂志上发表论文,揭示其内部的分布式数据处理方法,向外界展示其使用的云计算核心技术。因此,下面主要介绍 Google 的云计算核心技术解决方案[110]。

(1) 编程模型

MapReduce 是 Google 开发的 Java、Python、C++编程模型,它是一种简化的分布式编程模型和高效的任务调度模型,用于大规模数据集(大于 1TB)的并行运算。严格的编程模型使云计算环境下的编程十分简单。MapReduce 模式的思想是将要解决的问题分解(Map:映射)执行,再将结果汇总(Reduce:归并)(见图 5.21)。先通过 Map 程序将数据切割成不相关的区块,分配(调度)给大量计算机处理,达到分布式运算的效果,再通过 Reduce 程序将结果汇总输出。一项工作往往可以被拆分成为多个任务,任务之间的关系可以分为两种:一种是不相关的任务,可以并行执行;另一种是任务之间有相互的依赖,先后顺序不能够颠倒,这类任务是无法并行处理的。任务分解处理以后,就需要将处理以后的结果再汇总起来,还原成原始需求,这就是 Reduce 要做的工作。

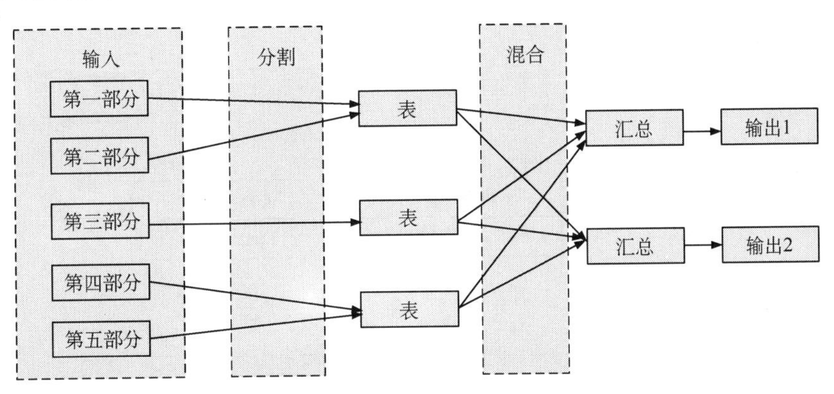

图 5.21　MapReduce 结构示意图

这不是什么新思想,其实在以往的多线程,多任务的设计中就可以找到这种思想的影子,但针对精确度、可靠度并不是那么高,用户数和每秒钟需要处理的量级很大的搜索问题,MapReduce 用户指定一个 map 函数,通过这个 map 函数处理 key/value(键/值)对,产生一系列的中间 key/value 对,并且使用 reduce 函数来合并所有的具有相同 key 值的中间键值对中的值部分。MapReduce 的主要贡献在于提供了一个简单强大的接口,通过这个接口,可以把大尺度的计算自动地并发和分布执行。另外,对搜索引擎的处理,不需要所有的机器完全的一致,只要有差不多一样的结果就可以了。考虑对全世界所有的网站的查询处理更多的是并行计算,而不是像一些非常复杂的业务逻辑,需要进行串行处理,因此对所有 Query 操作进行并行处理。

(2)海量数据分布存储技术

云计算系统由大量服务器组成,同时为大量用户服务,因此云计算系统采用分布式存储的方式存储数据,用冗余存储的方式保证数据的可靠性。云计算系统中广泛使用的数据存储系统是 Google 的 GFS 和 Hadoop 团队开发的 GFS 的开源实现 HDFS。

GFS 即 Google 文件系统(Google File System),是一个可扩展的分布式文件系统,用于大型的、分布式的、对大量数据进行访问的应用。GFS 的设计思想不同于传统的文件系统,是针对大规模数据处理和 Google 应用特性而设计的。它运行于廉价的普通硬件上,但可以提供容错功能。它可以给大量的用户提供总体性能较高的服务。

一个 GFS 集群由一个主服务器(master)和大量的块服务器(chunk server)构成,并被许多客户(Client)访问。主服务器存储文件系统所有的元数据,包括名字空间、访问控制信息、从文件到块的映射以及块的当前位置。它也控制系统范围的活动,如块租约(lease)管理,孤儿块的垃圾收集,块服务器间的块迁移。主服务器定期通过 Heart Beat 消息与每一个块服务器通信,给块服务器传递指令并收集它的状态。GFS 中的文件被切分为 64MB 的块并以冗余存储,每份数据在系统中保存 3 个以上备份。其体系结构如图 5.22 所示。

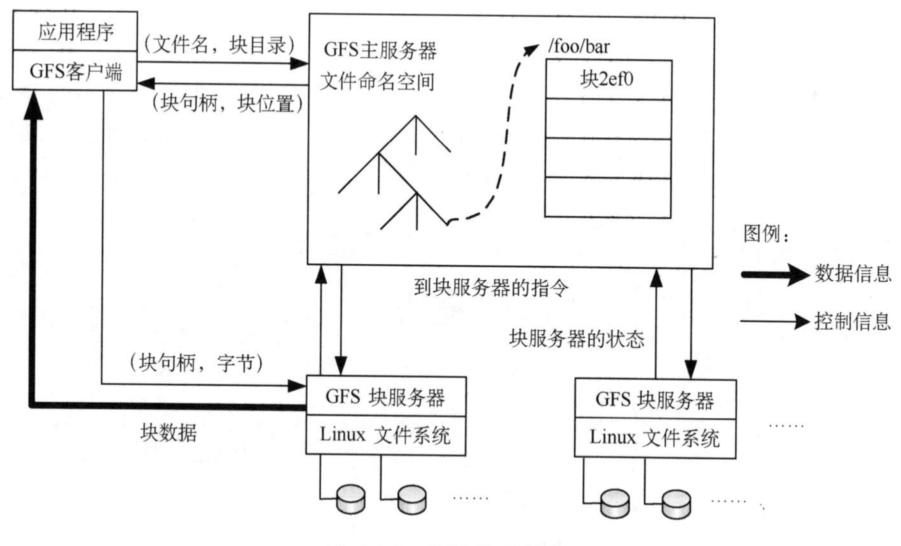

图 5.22 GFS 体系结构

客户与主服务器的交换只限于对元数据的操作,所有数据方面的通信都直接和块服务器联系,这大大提高了系统的效率,防止主服务器负载过重。

(3)海量数据管理技术

云计算需要对分布的、海量的数据进行处理、分析,因此,数据管理技术必需能够高效地管理大量的数据。云计算系统中的数据管理技术主要是Google的BT(BigTable)数据管理技术和Hadoop团队开发的开源数据管理模块HBase。

BT是建立在GFS,Scheduler。Lock Service和Map/Reduce之上的一个大型的分布式数据库,与传统的关系数据库不同,它把所有数据都作为对象来处理,形成一个巨大的表格,用来分布存储大规模结构化数据。

Google的很多项目使用BT来存储数据,包括网页查询,Google earth和Google金融。这些应用程序对BT的要求各不相同:数据大小(从URL到网页到卫星图像)不同,反应速度不同(从后端的大批处理到实时数据服务)。对于不同的要求,BT都成功地提供了灵活高效的服务。

(4)虚拟化技术

通过虚拟化技术可实现软件应用与底层硬件相隔离,它包括将单个资源划分成多个虚拟资源的裂分模式,也包括将多个资源整合成一个虚拟资源的聚合模式。虚拟化技术根据对象可分成存储虚拟化、计算虚拟化、网络虚拟化等,计算虚拟化又分为系统级虚拟化、应用级虚拟化和桌面虚拟化。

(5)云计算平台管理技术

云计算资源规模庞大,服务器数量众多并分布在不同的地点,同时运行着数百种应用,如何有效地管理这些服务器,保证整个系统提供不间断的服务是巨大的挑战。

云计算系统的平台管理技术能够使大量的服务器协同工作,方便地进行业务部署和开通,快速发现和恢复系统故障,通过自动化、智能化的手段实现大规模系统的可靠运行。

5.3.2.3 云计算的主要服务形式

云计算还处于萌芽阶段,有庞杂的各类厂商在开发不同的云计算服务。云计算的表现形式多种多样,简单的云计算在人们日常网络应用中随处可见,比如腾讯QQ空间提供的在线制作Flash图片,Google的搜索服务,Google Doc, Google Apps等。目前,云计算的主要服务形式有:SaaS(Software as a Service),PaaS(Platform as a Service),IaaS(Infrastructure as a Service基础设施服务)[111,112]。

(1)软件即服务(SaaS)

SaaS服务提供商将应用软件统一部署在自己的服务器上,用户根据需求通过互联网向厂商订购应用软件服务,服务提供商根据客户所定软件的数量、时间的长短等因素收费,并且通过浏览器向客户提供软件的模式。这种服务模式的优势是,由服务提供商维护和管理软件、提供软件运行的硬件设施,用户只需拥有能够接入互联网的终端,即可随时随地使用软件。这种模式下,客户不再像传统模式那样花费大量资金在硬件、软件、维护人员,只需要支出一定的租赁服务费用,通过互联网就可以享受到相应的硬件、软件和维护服务,这是网络应用最具效益的营运模式。对于小型企业来说,SaaS是采用先进技术的最好途径。

以企业管理软件来说,SaaS模式的云计算ERP可以让客户根据并发用户数量、所用功能多少、数据存储容量、使用时间长短等因素不同组合按需支付服务费用,既不用支付软件许可费用,也不需要支付采购服务器等硬件设备费用,也不需要支付购买操作系统、数据库等平台软件费用,也不用承担软件项目定制、开发、实施费用,也不需要承担IT维护部门开支费用,实际上云计算ERP正是继承了开源ERP免许可费用只收服务费用的最重要特征,是突出了服务的ERP产品。

目前,Salesforce.com是提供这类服务最有名的公司,Google Doc, Google Apps和Zoho Office也属于这类服务。

(2)平台即服务(PaaS)

把开发环境作为一种服务来提供。这是一种分布式平台服务,厂商提供开发环境、服务器平台、硬件资源等服务给客户,用户在其平台基础上定制开发自己的应用程序并通过其服务器和互联网传递给其他客户。PaaS能够给企业或个人提供研发的中间件平台,提供应用程序开发、数据库、应用服务器、试验、托管及应用服务。

Google App Engine, Salesforce的force.com平台,八百客的800APP是PaaS的代表产品。以Google App Engine为例,它是一个由Python应用服务器群、Big Table数据库及GFS组成的平台,为开发者提供一体化主机服务器及可自动升级的在线应用服务。用户编写应用程序并在Google的基础架构上运行就可以为互联网用户提供服务,Google提供应用运行及维护所需要的平台资源。

(3)基础设施服务(IaaS)

IaaS即把厂商的由多台服务器组成的"云端"基础设施,作为计量服务提供给客户。它将内存、I/O设备、存储和计算能力整合成一个虚拟的资源池为整个业界提供所需要的存储资源和虚拟化服务器等服务。这是一种托管型硬件方式,用户付费使用厂商的硬件设施。例如Amazon Web服务(AWS), IBM的Blue Cloud等均是将基础设施作为服务出租。

IaaS的优点是用户只需低成本硬件,按需租用相应计算能力和存储能力,大大降低了用户在硬件上的开销。

5.3.3 典型云计算平台

由于云计算技术范围很广,目前各大IT企业提供的云计算服务主要根据自身的特点和优势实现。下面主要以Google、IBM、Amazon为例说明。

5.3.3.1 Google的云计算平台

Google是当今世界上公认的最高效、可用的网络搜索服务商,其网站业务不仅覆盖文本、音频、视频、地图等内容搜索,还提供强大的邮件服务、多媒体数据存储服务、网上新闻和实况转播、多国语言在线翻译和购物等服务。正是由于其的硬件条件优势,大型的数据中心、搜索引擎的支柱应用,促进Google云计算迅速发展,使其成为云计算核心技术的领跑者。他们认为,一个云计算无论什么商业需求,回归本质要满足三个要求:一是数据存储,二是计算能力,三是任务调度,解决如何在几万台机器之间的进行任务的调度及使最后的结果达到最快和最好[113]。

Google是公有云技术背景,希望建立全世界最大的互联网云计算平台,这个平台不光是可以给自己的搜索引擎提供服务,同时希望在上面做一个应用引擎,这个应用引擎可以让用户、企业发挥自己的创造性,在很大的互联网平台上做一些创造性工作,或者为你的客户或者世界上其他的用户提供更好的服务应用。

Google的云计算技术实际上是针对Google特定的网络应用程序而定制的。针对内部网络数据规模超大的特点，Google 提出了一整套基于分布式并行集群方式的基础架构，利用软件的能力来处理集群中经常发生的节点失效问题。

(1)Google 云应用

最具代表性的 Google 云应用有 GoogleDocs、GoogleApps、Googlesites 和云计算应用平台 GoogleApp Engine。

GoogleDocs 是最早推出的云计算应用，是软件即服务(RaaS)思想的典型应用。它是类似于微软的 Office 的在线办公软件，可以处理和搜索文档、表格、幻灯片，并可以通过网络和他人分享并设置共享权限。Google 文件是基于网络的文字处理和电子表格程序，可提高协作效率，多名用户可同时在线更改文件，并可以实时看到其他成员所作的编辑。用户只需一台接入互联网的计算机和可以使用 Google 文件的标准浏览器即可在线创建和管理、实时协作、权限管理、共享、搜索能力、修订历史记录功能，以及随时随地访问的特性，大大提高了文件操作的共享和协同能力。

GoogleAPPs 是 Google 企业应用套件，使用户能够处理日渐庞大的信息量，随时随地保持联系，并可与其他同事、客户和合作伙伴进行沟通、共享和协作。它集成了 Cmail、Google-Talk、Google 日历、GoogleDocs、以及最新推出的云应用 GoogleSites、API 扩展以及一些管理功能，包含了通信、协作与发布、管理服务三方面的应用，并且拥有着云计算的特性，能够更好的实现随时随地协同共享。另外，它还具有低成本的优势和托管的便捷，用户无需自己维护和管理搭建的协同共享平台。

Googlesites 是 Google 最新发布的云计算应用，作为 GoogleApps 的一个组件出现。它是一个侧重于团队协作的网站编辑工具，可利用它创建一个各种类型的团队网站，通过 Googlesites 可将所有类型的文件包括文档、视频、相片、日历及附件等与好友、团队或整个网络分享。

Google AppEngine 是 Google 在 2008 年 4 月发布的一个平台，使用户可以在 Google 的基础架构上开发和部署运行自己的应用程序。目前，Google AppEngine 支持 Python 语言和 Java 语言，每个 Google AppEngine 应用程序可以使用达到 500MB 的持久存储空间及可支持每月 500 万综合浏览量的带宽和 CPU。并且，Google AppEngine 应用程序易于构建和维护，并可根据用户的访问量和数据存储需要的增长轻松扩展。同时，用户的应用可以和 Google 的应用程序集成，Google AppEngine 还推出了软件开发套件(SDK)，包括可以在用户本地计算机上模拟所有 Google AppEngine 服务的网络服务器应用程序。

(2)Google 云计算基础架构

Google 使用的云计算基础架构模式包括四个相互独立又紧密结合在一起的系统。它们是建立在集群之上的文件系统 Google File System(GFS)，针对 Google 应用程序的特点提出的 Map/Reduce 编程模式，分布式的锁机制 Chubby 以及 Google 开发的模型简化的大规模分布式数据库 BigTable。

目前 Google 拥有超过 200 个的 GFS 集群，其中有些集群的计算机数量超过 5000 台。Google 现在拥有数以万计的连接池从 GFS 集群中获取数据，集群的数据存储规模可以达到 5 个 PB，并且集群中的数据读写吞吐量可达到每秒 40G。

分布式计算最重要的一个设计点就是在分布式处理中，移动数据的代价总是高于转移计算的代价(Moving Computation is Cheaper than Moving Data)。简单来说就是分而治之的工作，需要将数据也分而存储，本地任务处理本地数据然后归总，这样才会保证分布式计算的高效性。

Hadoop 是 Apache 开源组织的一个分布式计算开源框架，在很多大型网站上都已经得到了应用，Google 也使用和扩展了 Hadoop 框架。Hadoop 框架中最核心的设计就是：Map/Reduce 和 HDFS。Map/Reduce 的思想用一句简单的话解释就是“任务的分解与结果的汇总”。HDFS 是 Hadoop 分布式文件系统（Hadoop Distributed File System）的缩写，为分布式计算存储提供了底层支持。

在 Map 前还可能会对输入的数据有 Split（分割）的过程，保证任务并行效率，在 Map 之后还会有 Shuffle（混合）的过程，对于提高 Reduce 的效率以及减小数据传输的压力有很大的帮助。

HDFS 分布式文件系统有三个重要角色：NameNode、DataNode 和 Client。NameNode 可以看作是分布式文件系统中的管理者，主要负责管理文件系统的命名空间、集群配置信息和存储块的复制等。NameNode 会将文件系统的 Meta－data 存储在内存中，这些信息主要包括了文件信息、每一个文件对应的文件块的信息和每一个文件块在 DataNode 的信息等。DataNode 是文件存储的基本单元，它将 Block 存储在本地文件系统中，保存了 Block 的 Meta-data，同时周期性地将所有存在的 Block 信息发送给 NameNode。Client 就是需要获取分布式文件系统文件的应用程序。这里通过三个操作来说明他们之间的交互关系。HDFS 基本的几个特点如下：

- 对于整个集群有单一的命名空间；
- 数据一致性。适合一次写入多次读取的模型，客户端在文件没有被成功创建之前无法看到文件存在；
- 文件会被分割成多个文件块，每个文件块被分配存储到数据节点上，而且根据配置会由复制文件块来保证数据的安全性。

综合 Map/Reduce 和 HDFS 的 Hadoop 的结构如图 5.23 所示。在 Hadoop 的系统中，会有一台 Master，主要负责 NameNode 的工作以及 JobTracker 的工作。JobTracker 的主要职责就是启动、跟踪和调度各个 Slave 的任务执行。还会有多台 Slave，每一台 Slave 通常具有 DataNode 的功能并负责 TaskTracker 的工作。TaskTracker 根据应用要求来结合本地数据执行 Map 任务以及 Reduce 任务。

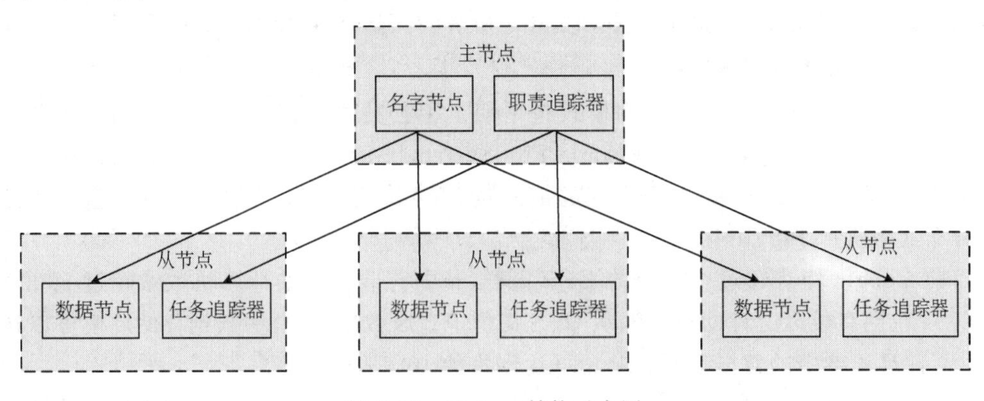

图 5.23　Hadoop 结构示意图

Chubby 是一个高可用、分布式数据锁服务，当有机器失效时，Chubby 使用 Paxos 算法来保证备份。

BigTable 是一种用于管理超大规模结构化数据的分布式存储系统，可以管理分布在数以千计服务器上的以 PB 计的数据。Bigtable API 将包括用于创建、编辑表和列，改变群集、表、列元数据的函数。BT 不支持完全的关系数据模型，而是为客户提供了简单的数据模型，让客户来动态控制数据的分布和格式，BT 只能支持大部分 SQL。

Google 公开了其内部集群计算环境的一部分技术，使得全球的技术开发人员能够根据这一部分文档构建开源的大规模数据处理云计算基础设施，其中最有名的项目即 Apache 旗下的 Hadoop 项目。

5.3.3.2 IBM"蓝云"计算平台

"蓝云"解决方案是由 IBM 云计算中心开发的企业级云计算解决方案。该解决方案可以对企业现有的基础架构进行整合，通过虚拟化技术和自动化技术，构建企业自己拥有的云计算中心，实现企业硬件资源和软件资源的统一管理、统一分配、统一部署、统一监控和统一备份，打破应用对资源的独占，从而帮助企业实现云计算理念[114]。

IBM 的"蓝云"计算平台是一套软、硬件平台，将 Internet 上使用的技术扩展到企业平台上，使得数据中心使用类似于互联网的计算环境。"蓝云"大量使用了 IBM 先进的大规模计算技术，结合了 IBM 自身的软、硬件系统以及服务技术，支持开放标准与开放源代码软件。

"蓝云"基于 IBM Almaden 研究中心的云基础架构，采用了 Xen 和 PowerVM 虚拟化软件，Linux 操作系统映像以及 Hadoop 软件(Google File System 以及 MapReduce 的开源实现)。IBM 已经正式推出了基于 x86 芯片服务器系统的"蓝云"产品。图 5.24 为 IBM"蓝云"的架构。

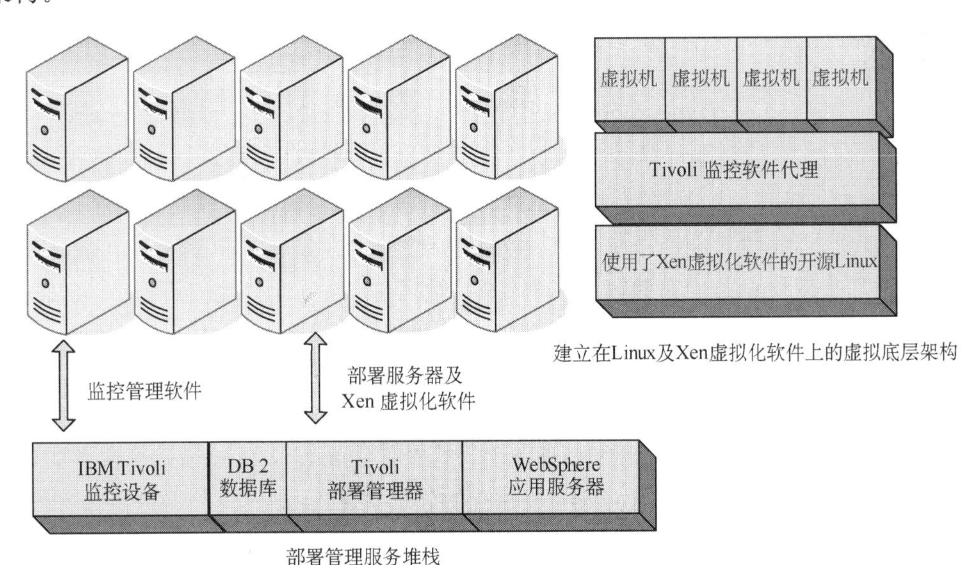

图 5.24 IBM"蓝云"的架构

由图可知，"蓝云"计算平台由一个数据中心、IBM Tivoli 部署管理软件"Tivoli provisioning manager)、IBM Tivoli 监控软件(IBM Tivoli monitoring)、IBM Web Sphere 应用服务

器、IBMDB2 数据库以及一些开源信息处理软件和开源虚拟化软件共同组成。"蓝云"的硬件平台环境与一般的 x86 服务器集群类似，使用刀片的方式增加了计算密度。"蓝云"软件平台的特点主要体现在虚拟机以及对于大规模数据处理软件 Apache Hadoop 的使用上。

"蓝云"平台的一个重要特点是虚拟化技术的使用。虚拟化的方式在"蓝云"中有两个级别，一个是在硬件级别上实现虚拟化，另一个是通过开源软件实现虚拟化。硬件级别的虚拟化可以使用 IBM p 系列的服务器，获得硬件的逻辑分区 LPAR(logic partition)。逻辑分区的 CPU 资源能够通过 IBM Enterprise Workload Manager 来管理。通过这样的方式加上在实际使用过程中的资源分配策略，能够使相应的资源合理地分配到各个逻辑分区。p 系列系统的逻辑分区最小粒度是 1/10 颗 CPU。Xen 则是软件级别上的虚拟化，能够在 Linux 基础上运行另外一个操作系统。

虚拟机是一类特殊的软件，能够完全模拟硬件的执行，运行不经修改的完整的操作系统，保留了一整套运行环境语义。通过虚拟机的方式，在云计算平台上获得如下一些优点：

(1)云计算的管理平台能够动态地将计算平台定位到所需要的物理节点上，而无须停止运行在虚拟机平台上的应用程序，进程迁移方法更加灵活；

(2)降低集群电能消耗，将多个负载不是很重的虚拟机计算节点合并到同一个物理节点上，从而能够关闭空闲的物理节点，达到节约电能的目的；

(3)通过虚拟机在不同物理节点上的动态迁移，迁移了整体的虚拟运行环境，能够获得与应用无关的负载平衡性能；

(4)在部署上也更加灵活，即可以将虚拟机直接部署到物理计算平台上，而虚拟机本身就包括了相应的操作系统以及相应的应用软件，直接将大量的虚拟机映像复制到对应的物理节点即可。

"蓝云"计算平台中的存储体系结构：无论是操作系统、服务程序还是用户的应用程序的数据都保存在存储体系中。"蓝云"存储体系结构包含类似于 Google File System 的集群文件系统以及基于块设备方式的存储区域网络 SAN。

在设计云计算平台的存储体系结构时，可以通过组合多个磁盘获得很大的磁盘容量。相对于磁盘的容量，在云计算平台的存储中，磁盘数据的读写速度是一个更重要的问题，因此需要对多个磁盘进行同时读写。这种方式要求将数据分配到多个节点的多个磁盘当中。为达到这一目的，存储技术有两个选择，一个是使用类似于 Google File System 的集群文件系统，另一个是基于块设备的存储区域网络 SAN 系统。

在蓝云计算平台上，SAN 系统与分布式文件系统(例如 Google File System)并不是相互对立的系统，SAN 提供的是块设备接口，需要在此基础上构建文件系统，才能被上层应用程序所使用。而 Google File System 正好是一个分布式的文件系统，能够建立在 SAN 之上。两者都能提供可靠性、可扩展性，至于如何使用还需要由建立在云计算平台上的应用程序来决定，这也体现了计算平台与上层应用相互协作的关系。

5.3.3.3 Amazon 的弹性计算云

Amazon 是互联网上最大的在线零售商，为了应付交易高峰，购买了大量的服务器。而在大多数时间，大部分服务器闲置，造成了很大的浪费，为了合理利用空闲服务器，Amazon 建立了自己的云计算平台弹性计算云 EC2(elastic compute cloud)，并且是第一家将基础设施作为服务出售的公司。E2C 的使用如图 5.25 所示。

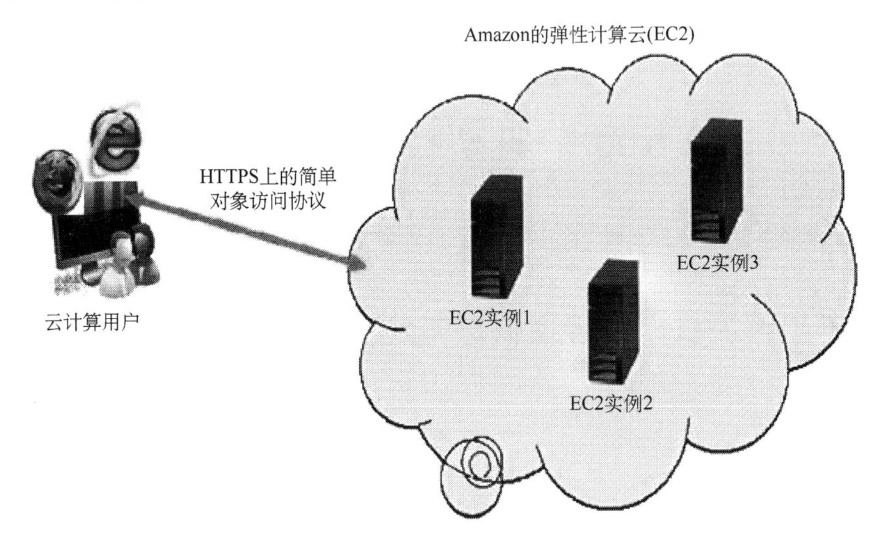

图 5.25　E2C 的使用

Amazon 将自己的弹性计算云建立在公司内部的大规模集群计算的平台上，而用户可以通过弹性计算云的网络界面去操作在云计算平台上运行的各个实例。用户使用实例的付费方式由用户的使用状况决定，即用户只需为自己所使用的计算平台实例付费，运行结束后计费也随之结束。这里所说的实例即是由用户控制的完整的虚拟机运行实例。通过这种方式，用户不必自己去建立云计算平台，节省了设备与维护费用。

从图中可以看出，弹性计算云用户使用客户端通过 SOAP over HTTPS 协议与 Amazon 弹性计算云内部的实例进行交互。这样，弹性计算云平台为用户或者开发人员提供了一个虚拟的集群环境，在用户具有充分灵活性的同时，也减轻了云计算平台拥有者（Amazon 公司）的管理负担。弹性计算云中的每一个实例代表一个运行中的虚拟机。用户对自己的虚拟机具有完整的访问权限，包括针对此虚拟机操作系统的管理员权限。虚拟机的收费也是根据虚拟机的能力进行费用计算的，实际上，用户租用的是虚拟的计算能力。

Amazon 通过提供弹性计算云，满足了小规模软件开发人员对集群系统的需求，减小了维护负担。其收费方式相对简单明了：用户使用多少资源，只需为这一部分资源付费即可。

第6章　典型技术应用示例

6.1　基于工作流技术的管理信息系统

6.1.1　工作流管理概念

6.1.1.1　工作流管理系统

工作流的概念起源于生产组织和办公自动化领域。它是针对日常工作中具有固定程序的活动而提出的一个概念。目的是将一个具体的工作分解成多个任务、角色，并通过一定的规则和过程，约束这些任务的执行和监控，从而达到提高办事效率、降低生产成本、提高企业生产经营管理水平和企业竞争力。工作流是一类能够完全或者部分自动执行的业务过程，它根据一系列程序规则，在不同的执行者之间传递和执行文档、信息或任务。工作流管理系统则是指这样的一个系统，该系统完全定义、管理和执行“工作流”[115]。

1993年工作流管理联盟(WFMC，Work Flow Management Coalition)的成立标志着工作流技术开始进入相对成熟的阶段。WFMC给出的工作流管理系统的定义是：“工作流管理系统是一个软件系统，它完成工作流的定义和管理，并按照在计算机中预先定义好的工作流逻辑推进工作流实例的执行。”

工作流管理系统的一般功能如下：

- 建立阶段功能：工作流过程和相关活动的定义。
- 运行阶段的控制功能：在一定运行环境下，执行工作流过程，并完成每个过程中活动的资源分配、排序和调度。
- 运行阶段的人机交互功能：实现各种活动执行过程中用户与计算机应用程序之间的交互。

基于工作流管理系统参考模型的MIS集成框架具有以下特点：

(1)降低劳动强度，提高工作效率。使用基于工作流技术的管理信息系统时，不需要像在传统数据库应用软件中那样在许多不同的窗口，菜单及对话框中寻找、查询，只需要在一个统一的功能界面中就可以完成各项工作。

(2)高度自动化、协作化。基于工作流技术的管理信息系统可以大大减少重复劳动。它通过工作流系统传递任务、信息，用数据库存储信息，不再需要人工传递文书，并且前一阶段工作输入的信息可以自动被下一阶段工作利用。

(3)能够很好地适应企业业务流程重组。将工作流技术引入到管理信息系统中，很好地解决了以前将工作流程硬编码到信息系统中的弊端，企业可以按需改造业务流程，而不用更改具体应用。

(4)支持动态应用集成。虽然现在有很多信息集成框架,如传统的EAI(企业应用集成,Enterprise Application Integration)集成框架、基于XML(可扩展标记语言,Extensible Markup Language)和Web Service技术的集成框架,它们多局限于静态信息交换格式的定义,对各应用系统间相互协作共同完成某项任务的情形考虑较少,工作流技术的引进,恰好解决了这个问题。工作流管理系统可以根据流程的定义,在适当的时间激活相应的应用程序,传递给应用程序相应的参数,获取应用系统的结果,把其传递到下一应用,从而实现动态应用配置与集成。

6.1.1.2 工作流管理系统参考模型

按照WFMC的参考模型,工作流的主要组成分为定义态系统和运行态系统两大部分。

定义态系统包含流程模型、流程建模工具和流程定义存储服务三部分。流程模型是对工作流的抽象表示,它应该完整地支持工作流定义的概念,能够清楚地定义任意的工作流。目前有一些相对比较成熟的工作流模型,包括基于活动网络的流程模型、基于事件驱动的过程链模型、基于语言行为理论的工作流模型和基于Petri网的工作流模型。流程建模通常由许多离散的活动步骤组成,活动步骤与计算机和人的操作以及控制活动步骤的流程的进程的规则关联。流程建模工具对业务过程进行建模,生成工作流引擎所能解释的脚本。流程建模包含所有关于流程的必要信息,以便被工作流运作软件(workflow enactment software)执行。这些信息包括流程的起始和完成条件,组成的活动和活动之间的转移,要承担的用户任务,被调用的应用程序的引用以及任何可能会引用的相关工作流数据等。流程定义存储服务则是为具体模型提供存储空间,工作流系统可以根据规模和负载情况,灵活配置和调整工作流存储服务的位置及内容,使工作流存储服务不至于成为系统瓶颈。

运行态系统主要负责解释具体的工作流模型、控制工作流的实例化、调度工作流程中的各个活动步骤,并进行相应的交互处理和控制,其核心组件是工作流引擎。引擎负责流程实例化、流程控制、活动实例化、活动调度,以及多方交互等。工作流引擎得到工作流脚本后进行解释,创建流程实例并开始执行,按照脚本的定义执行相应的处理,与其他引擎进行交互,通过工作表发送任务给用户,调用已有的应用以及使用企业的各种资源来完成定义的流程。

为了满足对工作流管理系统产品的集成需求,工作流管理联盟(WFMC)提出了有关工作流管理系统的一些规范,分别定义了工作流管理系统的结构及其应用、管理工具和其他工作流管理系统之间的应用编程接口。其主要目的是为了实现工作流技术的标准化和开放性,使异构工作流管理系统与产品之间的互操作得到支持,进而实现与其他应用的快速有效集成。WFMC提出的工作流管理系统参考模型如图6.1所示,该模型中以工作流服务为核心共定义了五类接口。

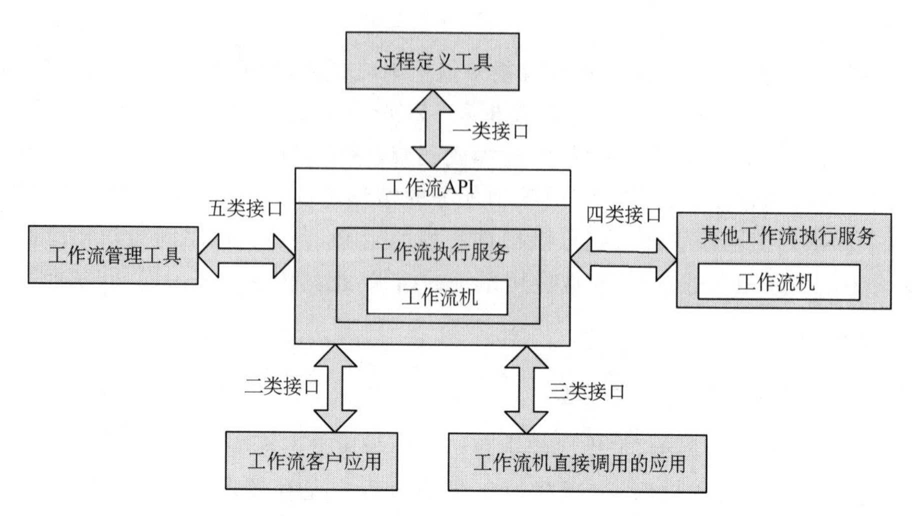

图 6.1　工作流管理系统参考模型

(1)一类接口

工作流服务和工作流建模工具之间的接口，包括工作流模型的解释和读写操作。

(2)二类接口

工作流服务和客户应用之间的接口，为工作流参与者执行需要人工干预的工作流活动而提供的客户端。该客户端为工作流参与维护异构待办构建工作列表，通过该列表用户可以获取任务权限、过程中活动的状态信息以及相关数据、提交任务执行结果等。作为最主要的接口规范，它约定所有客户方应用与工作流服务之间的直接接口。

(3)三类接口

工作流机和直接调用的应用程序之间的直接接口，为工作流系统调用不同的形式、不同的位置的应用程序提供统一模式，负责管理与应用程序间通信的建立、应用管理，以及与应用程序间数据的交互。

(4)四类接口

工作流管理系统之间的互操作接口，包括建立连接、对工作流对象的互操作以及数据交互等功能。

(5)五类接口

工作流服务和工作流管理工具之间的接口，实现对工作流系统本身、过程的状态参与者和实用资源的检视和管理。

如图 6.2 所示的工作流系统体系结构给出了抽象的工作流管理系统的功能组成部件和接口，它能够满足工作流管理系统和产品所被需要的主要功能特征，为实现工作流产品之间的操作提供公共基础。

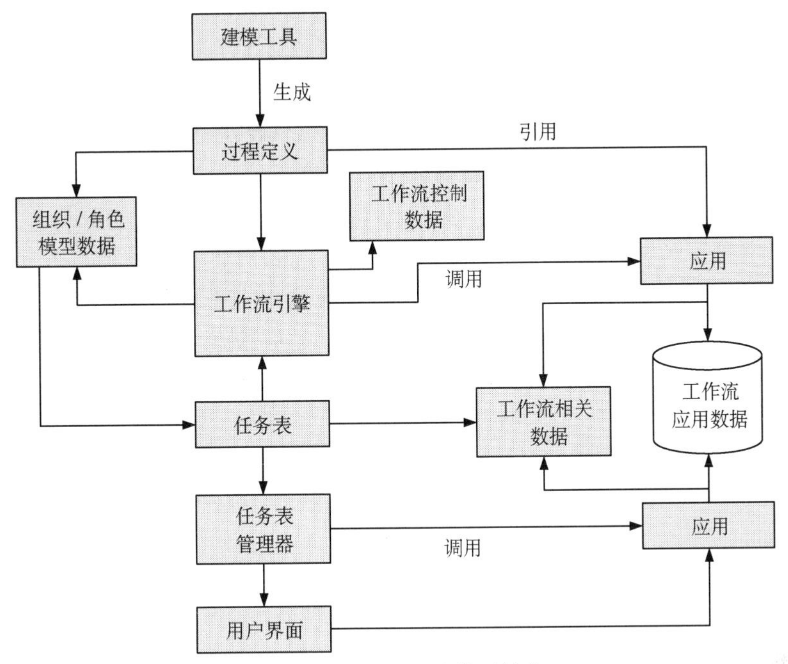

图 6.2 工作流系统体系结构

建模工具被用来创建计算机可处理的业务过程描述。它可以是形式化的过程定义语言或对象关系模型,也可以是简单地规定用户间信息传输的一组路由命令。

过程定义(数据)包含了所有能够使业务过程被工作流中的执行子系统所执行的必要信息。这些信息包括起始和终止条件、各个组成活动、活动调度规则、各业务的参与者需要做的工作、相关应用程序和数据的调用信息等。

工作流执行子系统也称为(业务)过程执行环境,包括一个或多个工作流引擎。工作流引擎是 WFMS 的核心软件组元。它的功能包括:解释过程定义;创建过程实例并控制其执行;调度各项活动;为用户工作表添加工作项;通过应用程序接口(API)调用应用程序;提供监督和管理功能等。工作流执行子系统可以包括多个工作流引擎,通过协作不同工作流引擎共同执行工作流。

工作流控制数据指被工作流执行子系统和工作流引擎管理的系统数据,例如工作流实例的状态信息、每一活动的状态信息等。

工作流相关数据指与业务过程流相关的数据。WFMS 使用这些数据确定工作流实例的状态转移情况,例如过程调度决策数据、活动间的传输数据等。工作流相关数据既可以被工作流引擎使用,也可以被应用程序调用。

任务表列出了与业务过程的参与者相关的一系列任务项;任务表管理器则对用户和任务表之间的交互进行管理。任务表管理器完成的功能有:支持用户在任务表中选取一个任务项,重新分配任务项,通报任务项的完成,在任务被处理的过程中调用相应的应用程序等。

应用程序或应用数据可以直接被 WFMS 调用或通过应用程序代理被间接调用。通过应用程序调用时,WFMS 部分或完全自动地完成一个活动,或者对业务参与者的工作提供支持。

6.1.1.3 系统集成中的工作流描述

随着 MIS(Management Information System,管理信息系统)的广泛应用,一方面大大提高了工作效率;另一方面由于系统通常是由不同公司在不同时期采用了不同的技术而开发的,因此,各系统之间难于通讯、数据结构不一致、信息不能共享,由此形成了“信息孤岛”。基于工作流技术的MIS集成允许相关人员快速开发、部署新的管理信息系统、方便集成原有的遗留系统、能够适应单位不断改造业务流程的情况。

MIS有两个的发展方向,一是广度,现在的MIS集成的内容越来越多;二是深度,主要表现在对系统中数据和资料的利用上,如知识管理系统和内容管理系统。孤立的MIS已经无法实现实时的信息存取和对业务流程的控制,也无法对业务流程进行全面的管理。如何实现各个系统的集成,使不同MIS可以共享资源,以适应快速多变的市场竞争成了急需解决的问题。MIS集成包括四个层面:

(1)界面集成

把原先系统分散的前端表示形式用一种标准化的界面(如Portal、HTML、JSP、PHP、ASP)来替换。

(2)数据集成

对数据进行标识并编成目录、确定元数据模型,达到数据共享的目的。

(3)应用集成

利用一定的技术手段对现有的各种应用系统尽可能的集成和封装,保护现有的投资,又能使原有的应用符合现在的需求。

(4)流程(过程)集成

利用计算机软件集成支持工具(如工作流管理系统)实现各种应用间数据、资源的共享和协作。它的优点就是将应用逻辑和过程逻辑相分离,将过程建模与具体数据、功能分离,企业可以非常容易地修改业务流程和行政管理流程,而不影响具体应用,有利于企业根据具体实际进行业务流程改造,以适应市场竞争的需要。

过程集成是MIS集成发展的主要方向,因此目前很多系统集成技术采用基于工作流技术的集成框架。基于工作流管理系统参考模型的MIS集成框架如图6.3所示。

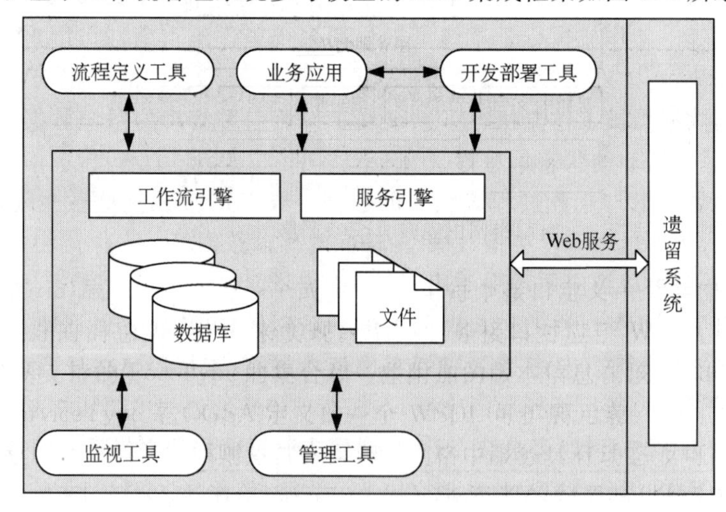

图6.3 基于工作流管理系统参考模型的MIS集成框架

其中,工作流引擎是整个框架的核心部分之一,它解释并执行流程定义的全部或部分业务信息,并同外部的应用程序进行交互来完成工作流程实例的创建、执行和管理,然后生成有关的工作项或任务,通知用户进行处理等。

工作流引擎主要完成工作流程实例的创建、执行和管理。服务引擎则主要为整个系统提供基本的通讯保障和统一的资源管理。服务引擎需要提供访问文件、数据库等资源的统一接口,各应用程序可以通过服务引擎提供公共访问接口进行资源的统一存取。

流程定义工具主要是对实际业务流程进行分析、建模,并能保存为工作流引擎所能识别的代码。

业务应用主要指企业中实际运行的业务系统,这些应用一般为该框架提供的开发部署工具进行开发的新应用。这些应用和工作流很容易结合,完成流程所定义的任务。为了建立一个开放式的平台,集成所有的应用系统,必须尽可能采用现行的标准,使系统和外界系统能够比较容易地进行交流。在该框架中,所有对外服务的接口都以 Web Service 的形式提供,并提供调用 Web Service 的相应工具。

在 WFMC 的参考模型中不包括开发部署工具,在该集成框架中将其包含进来是为了提高系统的可扩展性。众所周知,工作流管理系统并非企业的万能系统,它不能解决企业内部所有的信息技术问题,因此集成框架必须具有良好的可扩展性。纵然现有的开发工具、部署工具很多,应用这些工具开发具体应用很难或根本无法集成到框架中来。如果从整个框架角度出发,需要一种能够灵活的、并和工作流系统紧密结合的软件开发工具,利用该工具可以开发新的应用或集成遗留系统。

监视工具主要对整个系统中的工作流程、各种资源进行监控。通过该工具,管理人员可以看到各个流程的执行状况,也可以监视当前用户的登陆状态、分配的任务以及各资源使用情况、各个工作流引擎和服务引擎的负载情况等。

管理工具主要包含两个部分,一是面向管理人员提供一个统一的界面对整个系统的资源进行管理,包括人员、角色、组织结构的创建、删除;文件的存放和管理等。二是面向终端操作用户提供的工作台,用户可以通过该工具查看、完成分配的任务等;此外还包括一些基本的通用功能,如:日历、记事本、邮件管理、通讯录等;该工具是用户的主要工作环境,可以根据需要对传统的业务应用进行改造,并将其集成到该工具中。

6.1.2 财务信息系统集成中的工作流技术

6.1.2.1 财务信息系统组成

财务信息系统是一类特殊的 MIS,本节以水利行业财务信息系统为例,介绍工作流技术在系统集成中的应用。

水利行业某科研院所(以下简称水科院)在财务管理上一直坚持"资金集中管理,会计一级核算"的财务管理模式,对全院的资产实行统一管理,对科研项目实行全成本核算,对管理部门实行预算管理。但由于科研课题多、核算工作量大、部门办公地点分散、内部独立核算单位结算滞后等原因容易造成科研项目结算不及时、管理部门预算执行不平衡、手工录入会计信息易出错、财务信息使用者不能及时查到所需的信息资料、信息重复录入造成工作效率低下管理滞后等许多问题。为了解决以上这些问题,把财务人员的精力从繁杂的日常工作中解脱出来,投入更多的精力到财务管理工作中去,把日常工作规范化、程序化,同时建立会计电算化系统与财务管理信息系统的无缝链接(信息共享),实现财务核算与财务管理在单位经济业务信息利用上的同步,在进一步加强单位财务管理的同时,又满足会计核算的需要。

基于单位日常财务工作的实际需要,利用计算机、网络等信息技术,以用友核算软件为基础,以实现会计核算和财务管理一体化为目标,通过开发财务管理网络信息系统(网络结算系统和信息管理系统),建立会计电算化系统与财务管理信息系统的无缝链接(信息共享),实现财务核算与财务管理在单位经济业务信息利用上的同步,在进一步加强单位财务管理的同时,又满足会计核算的需要。

财务信息系统集成需完成的任务包括:

(1)用户数字证书登陆认证

登陆用户在终端插入密钥,通过服务器认证后进入系统。

(2)系统结算功能的建设

该功能以控制财政预算、项目余额、部门预算为基础,院内职工、结算部门和财务人员可以通过院内网络进行不同的网上交易和数据处理,不同层次管理人员可以对交易信息流转审批,财务部门根据结算信息生成凭证信息导入商品财务软件中。

(3)信息查询功能的建设

不同的用户角色登陆系统后,可以查询不同的信息。信息内容包括:财政经费执行情况、院内财务状况、所财务状况、个人负责项目财务状况、工资信息、公积金信息、发票信息、项目基本信息、支票信息等。

(4)财务内部管理功能建设

该功能主要由财务部门使用。主要包括财政预算、会计科目、经济分类、项目信息、个人信息、部门信息、往来单位等基本信息维护;核算系统和结算系统余额校核监控,票据管理,台账管理、内部报表管理等。

(5)系统接口建设

包括核算系统和结算系统、网上银行和核算系统、结算系统和科研管理系统的接口维护和数据传输等功能建设。

财务信息系统主要由财务信息结算平台,财务管理辅助信息平台,财务信息分析平台,财务基本信息维护平台,财务信息查询平台等五个子系统组成。系统组成如图 6.4 所示。

财务信息结算平台功能:通过对财政支付信息、政府采购信息、横向项目信息、会计科目及辅助信息、部门人员和往来单位信息的维护,达到对财政预算、横向项目余额、部门预算经费和有关会计科目余额的控制,并定期把结算交易按规则传输到财务核算系统,生成财务制度需要的会计信息和报表。

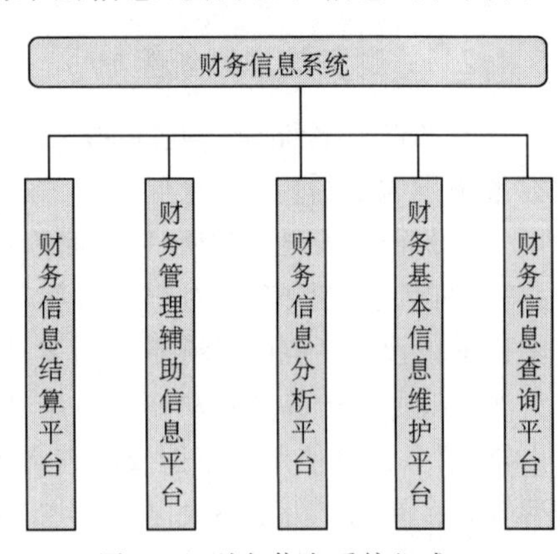

图 6.4 财务信息系统组成

财务管理辅助信息平台功能:该子系统涉及财务管理的所有事项,主要包括:对结算系统和财务核算系统数据的监控和校核、财务电子台账的生成和登记备份、票据的登记开具管理、应到未到款催收管理、内部报表的动态定义管理,项目基本信息的登记管理、合同信息的登记管理、政府采购执行台账、文档管理功能。

财务查询及分析平台功能:根据不同的用户角色

查阅单位、部门、个人的财务、工资、往来、资产等信息，财务、税务、规章制度等公共信息搜索查询。该子系统查询的信息是财务结算、财务核算、财务管理信息经整合后的综合信息。

系统管理及维护平台功能：用户密钥的定制和维护、数据的备份和恢复、登陆用户的信息查询、不同子系统间数据交换，开发软件、商品化软件、财政部门软件、银行系统、税务部门之间接口开发维护，短信中心设计和维护、业务流转设计及维护、系统安全设计维护等功能。

6.1.2.2 财务信息系统的集成需求

财务信息系统需要与其他系统之间进行集成，以完成必要的数据交换。主要包括以下几个方面的集成需求：

(1)与商品化财务核算软件(核算系统)集成

开发的结算子系统需从核算系统中读取项目、部门、个人、往来单位等信息经处理后，作为结算系统的基本信息数据。结算系统定期生成的信息按核算系统要求的规则传入核算系统，并校核，保证两系统相关信息的一致。

(2)与网上银行系统集成

核算系统定期从网上银行读取对账单，按照选择的对账期间，自动对账并生成相关对账报表；网上银行可从结算系统读取信息，自动生成支付交易，经审核后转入对方或个人信用卡。

(3)与水利部、财政部、科技部报表系统集成

可从核算系统中读取相关信息，按照选择的期限，定义生成水利部、财政部、科技部所需要的报表格式，并按照提供的接口转入。

(4)与院内科研管理系统集成

可以动态地从院科研管理系统读取项目、合同等相关信息，修改后保存到核算和结算系统，作为核算和结算系统的基础数据库，定期把项目收支信息传入科研管理系统，以便校核。

(5)与院内设备管理系统集成

可以动态地更新设备信息库，根据设备分类校核总帐和明细帐差异，生成资产管理台账，并上传供有关人员查询。

(6)与院内其他系统集成

和信息中心查询系统和院办档案查询系统交互信息。

该系统覆盖了与财务、财政管理相关的全部功能，各分系统独立运行(运行环境与操作方式都不相同)又相互协作，因此系统是一个集成管理平台；系统能够与手机、智能 PDA、磁卡等多种硬件设备进行交互，从技术的角度看是一个综合业务平台；系统能够与多个外部系统交互，包括商业财务软件、银行系统等；系统能够跨多个网进行通信，是一个广域网的运行环境；系统由多个部门协同使用，支持业务的流程化控制，具有明显的工作流控制功能。

6.1.2.3 工作流技术的使用

财务系统集成过程中，主要使用基于工作流管理系统参考模型的 MIS 集成框架，其中重点在于利用工作流引擎完成系统内部各个子系统之间的业务流转以及与外部系统之间的数据交换和集成。

以财务系统内部各个子系统之间的业务流转为例，根据用户角色的不同，主要包含的工作流程：

(1)一般人员

通过密钥登陆系统→选择支付的项目→选择项目经济分类→填写支付金额或有关借款信息→系统校核余额信息→完成支付并发送上一级领导审批。

(2)领导审核

通过密钥登陆系统→审批流转来的财务支付业务→填写简单的审批意见→选择同意或退回→完成审批并流转到下一个审批人。

(3)支付终端

主要包括材料仓库、食堂、酒店、服务中心和所办结算点。如用磁卡结算基本按目前的程序运行，如网上支付流程如下：通过密钥登陆系统→审核流转来的支付业务→确认支付金额和支付科目和摘要→确认支付→定时结账上传财务部门→完成结算。

(4)财务部门

通过密钥登陆系统→审核流转来的财务支付、借款、转账业务→调整支付项目→审核有关财务事项→确认生成会计信息。

其中，财政项目直接报销的工作流程如图 6.5 所示。

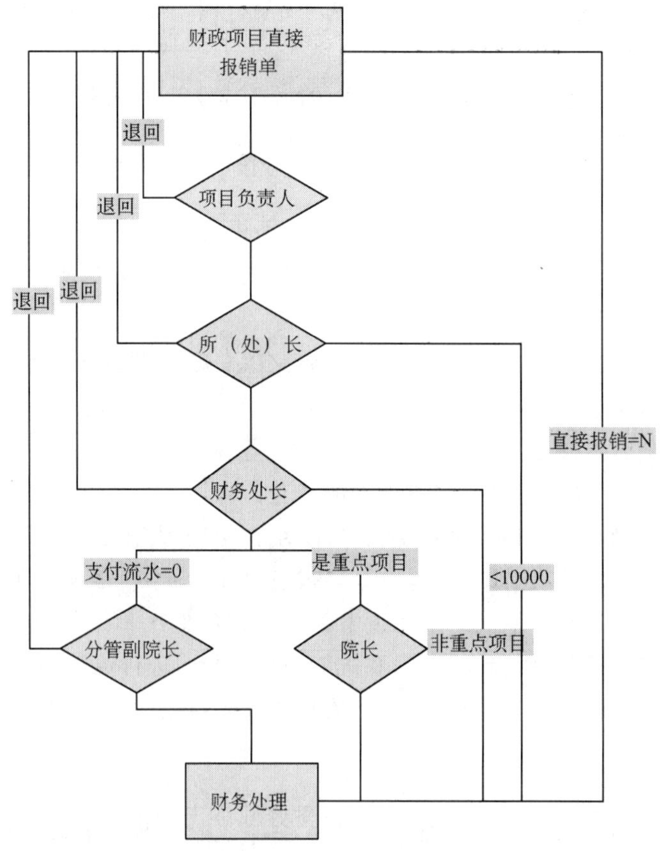

图 6.5　财政项目直接报销业务流程

在实现过程中，采用了 JBPM(Java Business Process Management，Java 业务流程管理)作为基于工作流管理系统参考模型的 MIS 集成框架中的核心组件来使用，即工作流引擎和流程定义工具。

JBPM是覆盖了业务流程管理、工作流、服务协作等领域的一个开源的、灵活的、易扩展的可执行流程语言框架。JBPM目前支持三种不同的流程语言:JPDL、WS-BPEL和Seam框架的Page flow。JBPM提供了开发流程、发布流程、执行流程、管理角色任务、管理商业流程、协调Web Service等功能。

使用JBPM进行开发的一般步骤包含:

(1)选定JBPM所用的数据库。只要是Hibernate支持的数据库即可,数据库的初始化可以由JBPM自动完成,也可以在JBPM外部自己创建所需的表。

(2)使用工作流定义语言定义工作流(如:JPDL),生成工作流定义文件。可以采用GUI工具,XML的DTD定义文件在JBPM下载包中。

(3)运行Ant create. pde生成pde包的工作目录。将工作流定义文件和其他需要的文件放在指定的目录下,使用ant build. precess. archives生成pde包。pde包的格式采用jar。

(4)更改pde工作目录/src/config/jbpm. properties的相关属性。主要是设定相关的数据库连接信息,注意要将数据库的JDBC驱动放在pde工作目录的lib目录下。

(5)运行Ant deploy. process. archives将刚才生成的pde部署到数据库。实际上就是向数据库插入一些相关数据。

(6)利用JBPM API函数开发相应的工作流程。

以财务直接报销流程为例,JBPM的流程定义文件的部分内容如图6.6所示。

```
<?xml version="1.0" encoding="UTF-8"?>
<work className="com.jbpm.dto.DirectExpense"
deploymentId="directExpenseApply-1">
    <task name="申请" assignee="ApplyUser" resultView="success2">
        <transition relation="isPublicFunding" to="项目负责人审批" isDesigne="2"
bussiness="b-1">
            <param key="isPublicFunding" kval="1" operator="不等于"></param>
        </transition>
        <transition relation="isPublicFunding" to="财务办理" isDesigne="0" bussiness="b-1">
            <param key="isPublicFunding" kval="1" operator="等于"></param>
        </transition>
    </task>
    <task name="项目负责人审批" assignee="MasterAuditUser"
resultView="success3">
        <transition relation="MasterAuditSuggest" to="所处长审批" isDesigne="1"
bussiness="b-1">
            <param key="MasterAuditSuggest" kval="1" operator="等于"></param>
        </transition>
        <transition relation="MasterAuditSuggest" to="申请" isDesigne="2"
bussiness="b-1">
            <param key="MasterAuditSuggest" kval="0" operator="等于"></param>
        </transition>
    </task>
    <task name="院长审批" assignee="DeanAuditUser" resultView="success6">
        <transition relation="deanAuditSuggest" to="财务办理" isDesigne="0"
bussiness="b-1">
            <param key="deanAuditSuggest" kval="1" operator="等于"></param>
        </transition>
    <transition relation="deanAuditSuggest" to="申请" isDesigne="2"
bussiness="b-1">
            <param key="deanAuditSuggest" kval="0" operator="等于"></param>
        </transition>
    </task>
    <task name="财务办理" assignee="FinanceUser" resultView="success7">
        <transition relation="" to="结束" isDesigne="2" bussiness="b-1"></transition>
    </task>
    <class name="b-1" className="com.jbpm.DirectExpense"
method="afterSubmitForm"></class>
</work>
```

图6.6 财务直接报销流程JBPM的流程定义文件

文件格式的大致说明如下：

- <work>标签指定某个表单和流程模板的对应关系；
- <task>标签指定流程中的每个任务节点，即流程中的处理节点；
- <transition>标签中 relation 属性是表达式，to 属性是跳转节点名称（表达式为 true，则跳转节点），isDesigne 属性表示节点跳转的方式；
- <param>标签中的 key 属性是根据 relation 表达式提供需要对比的参数，然后和 kval 属性中的值进行比对，根据比对结果 operator 向相应的方向进行流转，例如项目负责人审批这个节点，relation 提供了 1 个需要比对的参数 MasterAudit-Suggest，该参数的值与 kval 属性值进行比对，根据比对结果决定流程跳转的方式。

6.2 基于 SOA 的防汛抗旱应用支撑平台

6.2.1 系统总体框架

6.2.1.1 系统组成与结构

国家防汛抗旱指挥系统一期工程覆盖中央、流域机构、省（自治区、直辖市）和地（市）四级数据库和决策支持应用系统，工程的主要建设内容包括：信息采集系统（含水情信息采集系统、实时工情信息采集试点和旱情信息采集）；数据汇集与应用支撑平台系统（含数据汇集平台、数据库、应用支撑平台）；水情应用系统（含气象产品应用、热带气旋信息服务、洪水预报和水情会商）；防洪调度应用系统（含防汛信息服务、防洪调度、灾情评估、防汛业务管理和防汛会商支持）；抗旱管理应用系统（含旱情信息查询服务和旱情分析）；天气雷达应用系统和计算机网络与通信系统[116]。

一期工程建设最终将形成水情应用、防洪调度应用、抗旱管理应用三大业务应用系统。各级各类防汛抗旱业务应用系统要求统一基于平台协同工作，以实现信息交换与共享，减少重复开发，达到降低建设、管理与运行维护成本和保持开放性与可靠性的目的。为此将三大业务应用涉及的各类资源整合为统一的四个层次，即采集、网络、平台及应用。系统层次结构如图 6.7 所示。

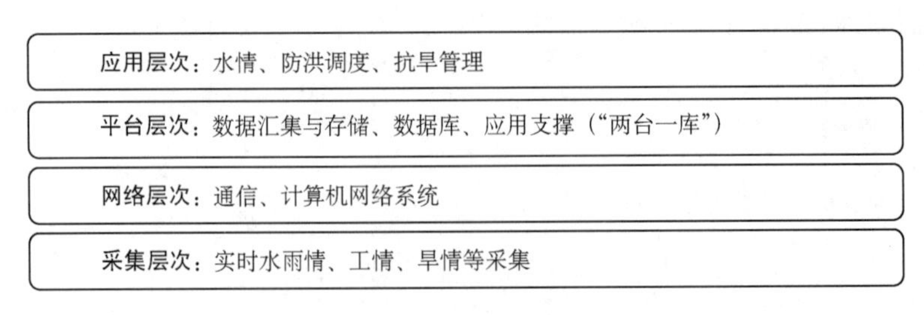

图 6.7 系统层次结构

各层次间的关系由接口定义，而层内各子系统间的关系由协议规范。其基本原则是：采集系统与平台间通过网络相连，而用户应用系统则基于平台实现信息及软件资源的共享。

为保证各应用系统开发能做到集约、有序,“两台一库”的设计与开发应率先进行(基本结构见图6.8),形成标准开放、资源共享、相互支撑、协同工作的有机整体。

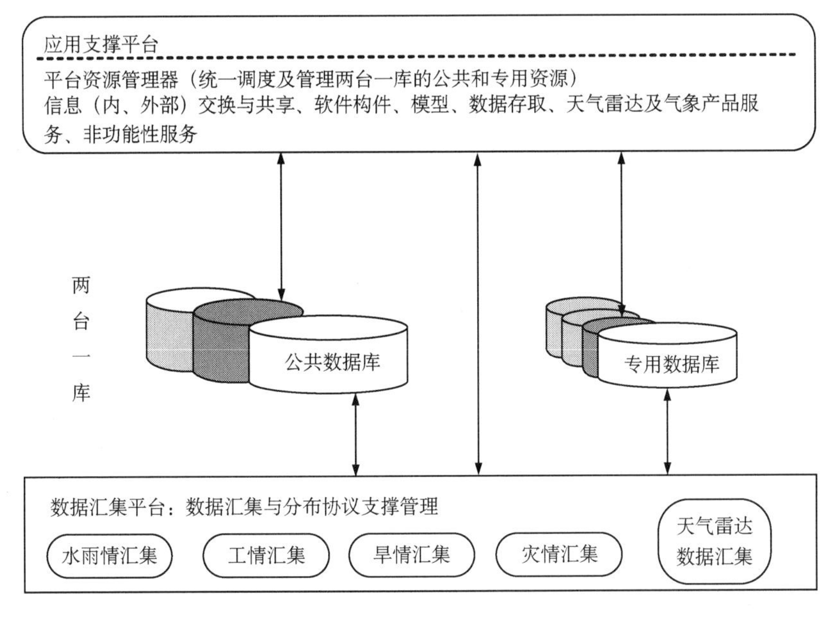

图6.8 “两台一库”基本架构

应用支撑平台:包括资源管理、信息交换与共享、软件构件、模型和数据存取等部分,(鉴于天气雷达及气象产品服务的公用特性,也将其作为公共服务列入应用支撑平台),为防汛抗旱指挥业务处理提供信息及软件资源支撑服务。该平台是提供全系统需要共享的信息资源的集合。资源共享的实现依赖于数据库技术及软件复用技术的支撑。

数据库系统主要管理两类数据库。一类是公共数据库,另一类是专用数据库。公共数据库存贮需要提供全系统共享的数据,一期工程主要建设其中的八个:实时水雨情数据库、历史大洪水数据库、历史洪灾数据库、热带气旋数据库、防洪工程数据库、社会经济数据库、图形库和旱情数据库。专用数据库是支撑应用系统自身运行的数据库,它们只服务于自己所属的应用,一般不需要向全系统提供数据共享服务。专用数据库由业务应用根据需要建立和管理,平台为其提供生成与运行支撑环境。

数据汇集平台:包括水雨情、工情、旱情、灾情和天气雷达数据汇集,并实现基于数据分布协议的数据管理,重点是保障数据的一致性。

由此可见,应用支撑平台主要包含了一系列的服务组件,非常适合遵循SOA的理念进行设计、开发和部署。

6.2.1.2 应用支撑平台的要求

应用支撑平台作为一个载体,是应用架构的基础,用户可以在这个载体上,根据应用需求以及业务发展的需要形成各种具体的应用,有利于防汛抗旱系统采用统一的技术架构,保证其在逻辑上成为一个有机的整体,实现数据和软硬件资源共享。

应用支撑平台担负着对下管理汇集数据,对上支撑应用的核心作用,并提供全系统信息共享服务。这两方面的大作用,也可以描述成一是对底层数据资源的集成共享,二是对上层应用软件资源的集成重用。

对底层数据资源的作用可以概括为:构建统一的数据交换体系;构建统一的数据共享机制;形成一整套数据管理的标准规范和办法。

对上层应用的支撑可以概括为:统一的用户权限管理、统一的流程管理、统一的界面展现、统一的平台资源管理等,形成一个统一的防汛抗旱指挥应用系统开发和运行平台。

因此,应用支撑平台的可认为是信息资源集合,系统支撑环境,应用服务中心,运维管理基础。应满足下列要求:

(1)资源整合

水利信息化(包括防汛抗旱指挥系统)是个历史过程,对已有系统,特别是已有的知识系统的保护和继承是新系统的重中之重,新平台应该能使新应用和需要继承的遗留系统很好地整合和包容。

(2)提供开发环境

新平台应该是一种构架和环境,能为不同的功能实体独立实现提供服务和支撑。

(3)基于松耦合的信息共享

必须实现业务逻辑与公共服务的分离,保证信息服务的松耦合,以适应业务和环境的不断变化。

(4)可伸缩的配置

平台应能根据业务的轻重进行不同级别的配置,以保证系统合理的规模和经济性。

(5)个性化的服务

能为不同的使用者提供"随需"而变的个性化服务。

(6)方便重构和扩展

业务、环境和技术可能会变,系统应能很容易地重构和扩展。

6.2.1.3 应用需求特点

应用支撑平台主要针对洪水预报、防洪调度、抗旱管理和天气雷达四类应用,除了每个应用中都要用到的相关信息查询、会商和数据查询服务外,必须特别支持洪水预报和防洪调度这两个关键业务的正常运行。

(1)洪水预报

根据洪水形成和运动的规律,利用历史和实时的水文、天气资料,对未来一定时间内的洪水情况进行预测分析的过程,称为洪水预报。洪水预报是水文预报中最重要的内容,包括河道洪水预报、流域洪水预报、水库洪水预报、风暴潮洪水预报等。主要预报项目有洪峰水位(或流量)、洪峰出现时间、洪水涨落过程、洪水总量等。

洪水预报系统是指完成从数据接收(或录入)、分析处理、模型选择、参数率定、实时作业预报和成果输出整个过程的计算机软件系统。

虽然洪水预报的流程基本相同,但中央、流域级和省级所用洪水预报系统及模型都不尽相同。预报模型包括 Mike 11、新安江模型、河海 2 水动力模型和 D 模型等,大都包括预报分区及时段选择、降雨—径流相关图查看、Pa 值计算或人工确定、产流计算、汇流单位线选择、汇流计算、实时校正等功能,开发语言和运行平台也不同。

另外，洪水预报系统与其他应用系统在两个方面存在联系。一是各个应用系统的结果之间存在联系，如洪水预报系统需要气象产品应用系统、天气雷达应用系统输出的实况或预报的流域面平均雨量，洪水预报系统的预报结果作为防洪调度系统的输入等。二是各个应用系统的应用功能之间存在联系，如洪水预报系统的水文预报模型或预报方案可供防洪调度系统直接调用，气象产品应用系统或天气雷达应用系统的面平均雨量计算功能可供洪水预报系统调用等。应用系统结果之间的互相调用通过公共数据库来实现，应用系统功能之间的互相调用则通过应用支撑平台来实现。

因此，按系统逻辑结构，洪水预报系统中的数据预处理等功能模块归入数据汇集平台，业务处理功能模块中的公共模块归入应用支撑平台，提供公共信息服务的子系统也纳入应用支撑平台。

(2)防洪调度

防洪调度主要是依据水、雨、工情实况和暴雨、洪水预报，统筹江河防洪的全局，处理好局部和全局的关系，设计出满意、可行的防洪调度方案，运用防洪的各项工程措施和非工程措施，有计划地调节、控制洪水，保证防洪安全，努力减少洪水灾害。主要的流程包括情报收集、预测预报、方案制定、方案选择(决策)，而调度工作的重点是后两个阶段，即针对落地雨预报洪水和模拟洪水，以人机交互方式，设定或修改防洪工程的运用参数，进行洪水水情仿真计算，据此拟定多个调度方案，再通过对各方案进行可行性分析，提出多种方案的综合比较结果，提交会商讨论和决策。

防洪调度系统最重要的特点是利用各种数学模型进行防洪系统的水情仿真和防洪调度方案的后果预断，以及评价各种可能的水雨情变化对汛情发展的影响。尽管其防洪调度工作流程、工作项目基本相同，但中央、流域和省级系统的决策支持内容会存在许多差异，不可能用一个通用调度系统，需要分别设计。

对现有防洪调度应用系统的再利用可以采用改造使用、数据整合和保持独立运行三种方式，因此需要对各种调度模型进行分析、改造，使之能借助于应用支撑平台提供独立于具体调度系统的服务组件。

(3)抗旱管理

通过旱情信息采集、处理、查询和报送，形成完整的旱情管理、服务和逐级上报体系；建立中央节点旱情分析系统，利用遥感、水文、气象、农业等信息，采用多种方法，进行合理选择，通过综合判断，估算各类干旱指数，形成标准化的全国旱情监测预测业务流程。旱情实时监视预测业务系统，以图表和统计数据的形式按日、旬、月、季等不同时段输出全国旱情监测和分析产品，反映全国的旱情实况和未来短期旱情发展变化的信息，进行全国及地方的旱情监测预测，为指导抗旱、水利建设、水资源配置、农业生产等提供科学依据和决策支持。

该应用系统系新建系统，包含旱情数据库及旱情信息查询服务子系统、旱情分析子系统和重点旱区的旱情信息采集(试点)子系统。其地理信息、信息查询等部分可利用应用支撑平台的公共服务组件。

(4)天气雷达

天气雷达业务应用系统由信息接收和预处理、专用数据库、数据加工处理和产品服务四部分组成，也属新建系统。该系统对红外云图资料、地面气温、地理信息等资料进行综合加工处理，生成雷达回波图、流域面雨量定量估算和预测数据图表等多种雷达应用产品。因为气象部门提供的雷达测量雨量资料缺乏订正和校准而不能直接用于洪水预报，因此本系统利用雨量、雷达、卫星、气温资料，通过综合计算分析得到更接近于实际降水分布的多源降水场。其地理信息、信息查询等部分可利用应用支撑平台的公共服务组件。

(5)信息查询

信息查询服务包含水情信息查询服务和旱情信息查询服务两类，其中水情应用系统还包括气象产品的信息服务。旱情信息主要有水文数据、墒情监测站的实时墒情数据、抗旱工程数据、抗旱水资源数据、抗旱管理数据和历史旱灾数据等；地方单位提供旱情数据主要是地方抗旱部门通过当地政府有关部门获得的气象数据、农情数据、旱灾数据和社会经济等数据。

水情信息主要由降水量、河道水位、流量、含沙量、水库蓄量和进出库流量、闸坝开启度和下泄流量、感潮河段水位等组成。基础信息来自水文部门的基层报汛站，预报和统计分析信息是经由相关的业务应用系统计算、处理而得。

水情和旱情信息查询服务在水情和旱情数据库的基础上，为用户提供方便快捷的水情和旱情信息的查询服务。因此，其服务的重点是要解决统一数据访问接口和各类数据面向不同应用系统的格式转换和查询映射等问题。

(6)水情会商

水情会商主要通过群体(包括决策者、决策辅助人员以及其他有关技术人员等)会议的形式，分析防汛抗旱形势，研究、制定、评估防汛抗旱调度可行方案，协调各方利益，以发挥最大防汛抗旱效益为原则，作出科学决策，并组织实施。基本服务包括会商信息准备、会商用户权限管理、会商数据显示、各种文档管理、数据维护等功能。

6.2.2 应用支撑平台设计

6.2.2.1 应用支撑平台功能结构

由 6.2.1 描述可见，防汛抗旱应用系统均需要在复杂的地理空间和多层次的行政区划范围内共享资源，特别是共享信息资源(硬件、数据和软件)。为了实现信息共享，有效减少软件的重复开发，降低系统的维护成本，提高系统的升级能力以及对需求改变的适应能力，要求系统中的业务应用需要与数据保持相对独立，减少应用系统各功能模块间的依赖关系，通过定义良好的接口与协议形成松散耦合型系统，在保证系统间信息交换的同时，尽量保持各系统的相对独立运行。

因此，平台的主要功能应该围绕防汛抗旱指挥系统一期工程应用软件运行环境建设，定义一组适合应用软件开发、部署的规则和标准，建立一套数据共享和交换的机制与方法，提供二期工程建设的统一起点和服务扩展接口。

采用系统分层设计的方法，将应用支撑平台划分为应用服务、公共基础服务和系统资源服务，分类和分层的原则是用户可见的程度由浅入深。其总的功能结构如图 6.9 所示。

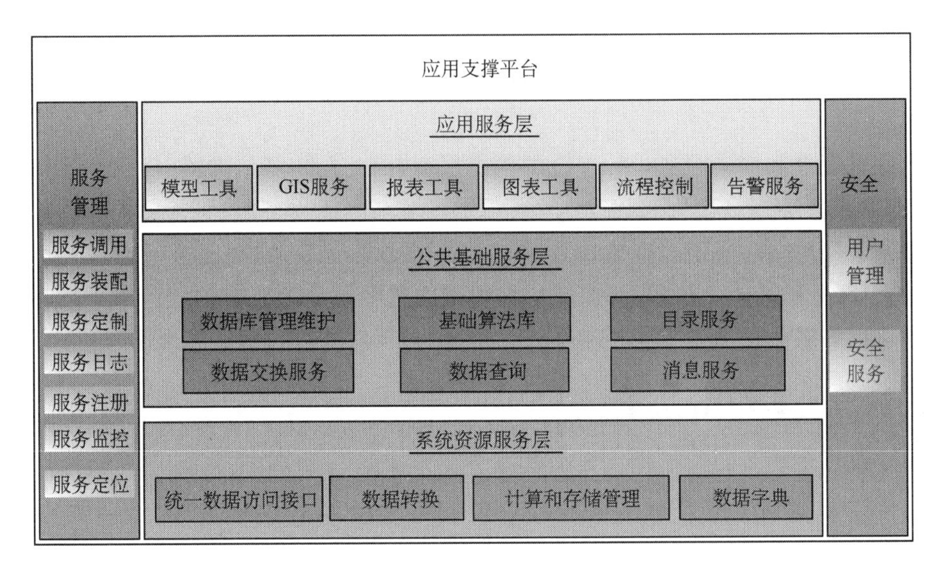

图 6.9　平台的功能结构

从分层结构的横向来看，每一层的服务都可以为上层服务所共享，各类应用可以直接使用应用服务层的服务、公共基础服务层的服务，甚至系统资源服务层的服务。各层服务的服务封装粒度是不同的，应用服务层的服务层次与应用保持着一定的相关性，因此该层中的服务封装粒度较大，各类应用可以非常方便地直接使用或者进行简单地组合之后再使用；公共基础服务层的服务层次与应用基本没有相关性，因此该层次的服务封装粒度较小，可以非常灵活地进行组合；系统资源服务层的服务层次的服务封装粒度也比较小，同样也便于组合。

从分层结构的纵向来看，应用可以直接使用应用服务层的服务组件，而应用服务层的服务组件可以对公共基础服务层的服务组件和系统资源服务层的服务组件进行组合，组合的多样性决定了应用服务层的服务组件所提供的服务功能的多样性，这也就使得应用服务层的服务组件可以为上层应用提供多种服务。同时某个应用也可以使用多个应用服务层的服务组件的组合来满足自身的需求。应用所使用的服务实际上可以是三个层次服务组件的共同组合，这样应用支撑平台中的各类服务在纵向也可以进行组合，体现了服务组合的灵活性。

(1)系统资源服务层

系统资源服务层主要包含了对各类系统资源进行综合管理的功能，这些资源包括数据资源、通信资源、存储资源等等。这些资源可以被面向公共基础的服务单元以及面向应用的服务组件所使用，但是对于各类业务应用已经不可见，业务应用对这些资源的访问必须通过面向公共基础的服务单元或者面向应用的服务组件来进行。根据需求规格说明书提出的本层所需的服务功能，细化实现方式和技术手段，给出算法和使用方法。

主要提供的服务包括统一的数据访问接口、数据转换服务、计算和和存储管理，数据字典服务等。

(2)公共基础服务层

公共基础服务层主要包含了各类通用的服务，这些服务是从所有具体的应用中抽象出来的，服务粒度较小，通用性较强，非常适合通过组合与装配形成某个应用服务层的服务，这些服务同时也可以直接由某个应用进行调用，完成其所需要的某项功能，主要包括数据库维护管理、数据查询、数据交换服务、基础算法库、消息服务、目录服务、服务管理、用户管理和安全服务。

其中服务管理和安全服务设计平台的各个层面，因此在功能结构图中放在两侧。

(3)应用服务层

应用服务层主要包含了与业务应用紧密相关的各类服务，这些服务可以由各类上层应用直接使用，服务的功能力度较大，上层应用可以对这些服务做简单的组合来满足自身的需求。它所提供的服务包括：GIS服务、报表工具、图表工具、模型工具、流程控制和告警服务。

6.2.2.2 应用支撑平台控制系统

应用支撑平台本身的功能模块要通过服务管理来统一管理，并向用户提供使用和管理的portal平台。另一方面，平台根据众多应用程序的需求和系统所能提供的服务，协调各应用实例的服务调用。因此从系统提供者的角度看，应用支撑平台由服务调用子系统，服务装配子系统和资源管理子系统组成。其中服务调用子系统负责提供服务描述和服务访问接口；服务装配子系统负责提供服务程序装配加载和数据关联；资源管理子系统负责管理系统涉及所有模型资源、数据资源和设备资源（主要指计算和存储设备）。

应用支撑平台内部管理和监控系统的组成结构见图6.10，各子系统服务组件之间的调用和组合运行可通过工作流工具进行关联，用到以下部分：

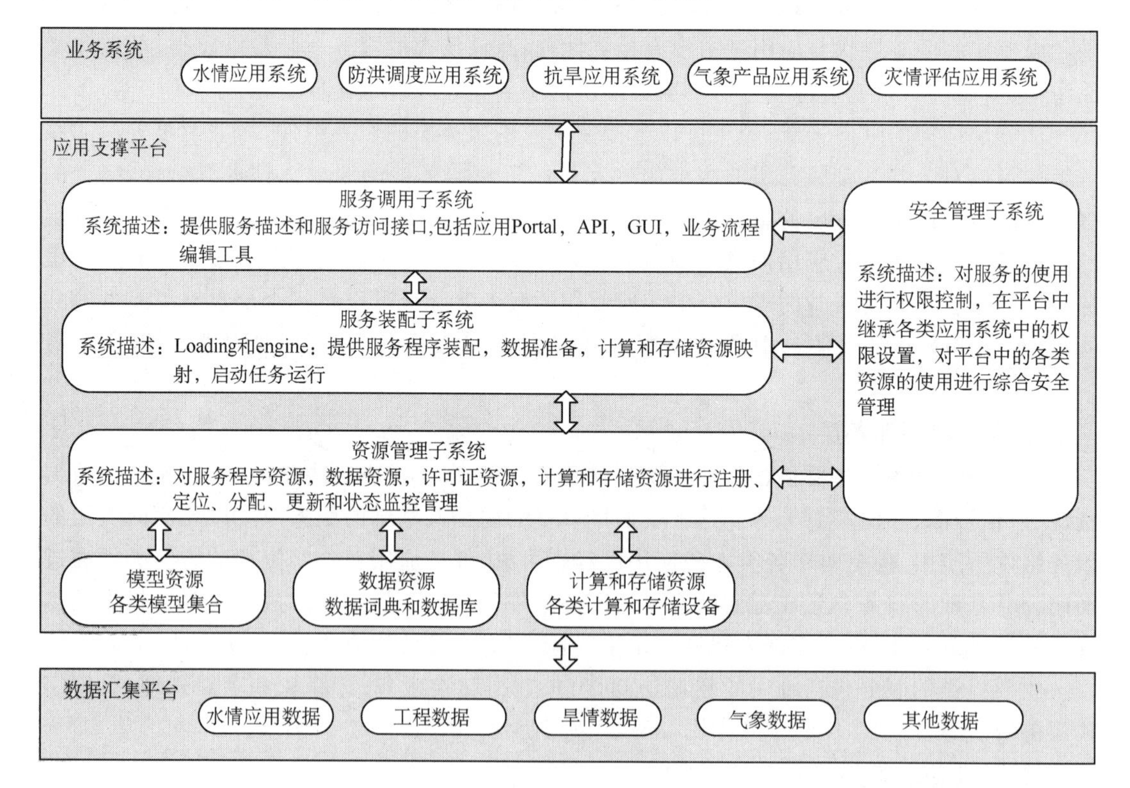

图6.10 应用支撑平台控制系统视图

(1)流程定义工具

给用户提供一种对实际业务过程进行分析、建模的手段，它生成业务过程的可被计算机处理的形式化描述。流程定义工具与工作流执行服务之间的交换是通过接口1(工作流定义读写接口)实现的，它为工作流程定义信息的交换提供了标准的互换格式及API调用。

(2)工作流客户方应用

给用户提供处理流程实例运行过程中需要人工干预的任务的手段。这些任务可以聚合成一个统一的任务列表并以公共的用户接口展示给用户。这个接口称为"接口2"(客户应用程序API)。

(3)被调应用程序

工作流引擎在流程实例的运行过程中，需要调用应用程序对业务数据进行处理，这些应用程序可以是本地程序、J2EE/EJB企业组件或者符合其他对象模型的组件以及Web服务等。在流程定义中包含这种应用程序的详细信息，如类型和访问方式等。这个接口称为"接口3"，目标就是提供一些标准的服务，供应用代理使用。

(4)工作流执行服务

这是工作流的核心部分，借助于一个或者多个工作流引擎，激活并解释流程定义的全部或部分，并同外部的应用程序进行交互，完成工作流过程实例的创建、执行与管理，如流程定义的解释、流程实例的控制(创建、激活、暂停、终止等)，在流程各活动之间的游历(控制条件的计算与数据的传递等)，并生成有关的工作项通知用户进行处理等，为工作流程的进行提供一个运行的环境。工作流执行服务之间的互联是基于接口4(互操作接口)的，它定义了互联模型、互联一致性级别及操作元素集。

(5)管理和监控工具

对工作流管理系统中流程实例的状态进行监控与管理，如管理组织角色与参与者、管理流程实例、监控流程和活动运行状态、查询工作吞吐量或其他的统计等等。它与工作流执行服务之间的交互是通过接口5(管理及监控接口)完成的。

上述五个接口统称为Workflow API(WAPI)。这些标准的制订，对于实现不同厂家的产品之间的互操作及基于工作流执行服务开发新的应用，具有重要意义。

6.2.2.3　应用支撑平台技术视图

从框架概念上讲，凡是可被用户和业务应用软件使用的各类资源，在SOA的体系中均以服务形式提供；但从技术层面讲，不同的类型的资源仍然需要采用不同的技术加以管理，因为它们的使用属性是不同的，这就是我们给出功能视图的目的。而在系统视图和技术视图中，功能视图中的三类服务组件已不再显式地出现，因为系统功能是系统动作的结果或者系统的一部分。技术、系统、需求三者的动态平衡和协调统一，才能完成一个良好的目标系统的实现，另外，三者在系统设计得所起的作用也不同。

例如，在服务调用子系统，利用应用portal层的JSP、Servlet等技术，实现对业务应用组件的调用和访问；在服务装配子系统，是通过Web Services管理层的一系列协议、标准和工具，完成业务应用组件和公共基础服务组件之间的组合和装配；而资源管理子系统则是依托网格工具集实现对不同资源的使用和管理，在这里所有的功能都成为服务的构件被系统所调用或管理了。

平台的技术视图见图6.11。

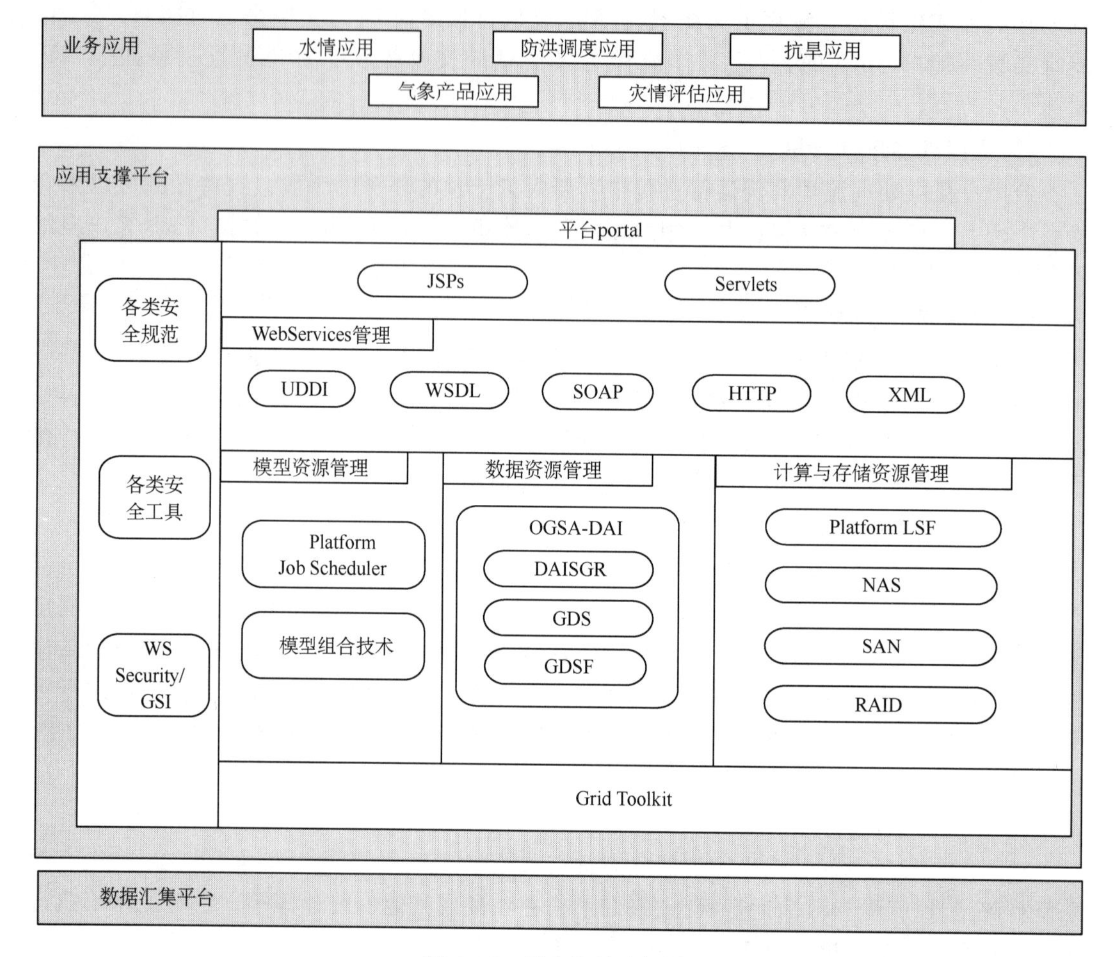

图6.11　平台的技术视图

(1)平台 portal

平台Portal是用户使用应用支撑平台控制系统的界面,用户根据需要,输入相应的控制参数,定制处理流程和布局结果显示,将应用和计算数据有机地结合起来。

平台portal可将应用支撑平台中的服务通过"构件封装"或"段打包"的方式部署成一个系统,用户可通过配置的方式选择和配置想要的服务,该portal不同于Web服务意义下的portal,而是借用这个术语表达平台控制系统的操作界面,它本身是C/S模式,但可关联到系统中应用服务器,既能够访问和管理传统技术的dll模型库,也能够通过Web服务器,访问Web和管理服务用户,让用户以简单、快捷、易操作的方式进行系统的维护,主要包括对各类模型库的查询、维护和更新。通过Web Services管理的服务容器来对应用服务组件进行定位和调用,通过Platform Job Scheduler以可视化的形式来提供用户对业务流程的管理,包括对业务流程的定制、装配和监控等。

(2)Web Services 管理

Web Service管理的主要管理对象有两个:Web Service的注册节点和Web Service容

器，其中涉及 Web Services 相关的服务描述、服务对象访问和通信等的标准和技术。

需要说明的是应用支撑平台上管理的 Web 服务不一定全部用 Java 开发，只是新系统建议采用 J2EE 技术来管理 Web 服务，因为这样可以依托成熟的第三方 J2EE 应用服务器。根据系统开发人员的编程经验，完全可以采用熟知的编成语言来开发服务组件和模型，为了统一管理可逐步封装成 Web Services 接口。

• Web Service 的注册节点

Web Service 的注册主要通过 UDDI 规范来实现。所有访问模型的 Web Service 都在 UDDI 注册中心被注册，客户端在访问某个模型的 Web Service 时无需知道该模型的 Web Service 的地址，而只需要知道例如服务名称等信息即可。UDDI 提供了一种编程模型和模式，它定义与注册中心通信的规则。UDDI 规范中所有 API 都用 XML 来定义，包装在 SOAP 信封中，在 HTTP 上传输。通过 HTTP 从客户端的 SOAP 请求传到注册中心节点，然后再反向传输。注册中心服务器的 SOAP 服务器接收 UDDI SOAP 消息、进行处理，然后把 SOAP 响应返回给客户端。客户端根据收到的 SOAP 响应中的 WSDL 文档来访问其所需要的 Web Service。

如果某个模型的 Web Service 注册信息需要动态改变，则 UDDI 注册中心应该在运行时分发此信息，而不能导致访问该模型的 Web Service 的所有客户端中断。

UDDI 注册中心可以返回符合某个查找条件的多个 Web Service，并且能够返回与这些 Web Service 相关联的元数据，客户端可以根据这些元数据来选择他们最终需要的 Web Service，即优化选择。

• Web Service 容器

Web Service 容器的主要作用是利用 Java 技术构建访问模型库的 Web Service，使用 WSDL 来定义 Web Service 的访问接口。该容器同时也可以发布 Web Service。

它管理 SOF 框架中符合 Web Services 标准接口定义的服务组件，而其他非标准的组件通过应用支撑中的相应工具管理。其中对容器中的各类组件的装配和加载需要定义与软、硬件物理属性和访问权限相关的策略和系统数据结构，开发内部控制和数据消息传递程序，以及执行控制引擎。

使用 Web Service 容器的最大好处是既统一了本地服务和远程服务的管理与调用，也统一了 C/S 和 B/S 的服务访问。对于目前只使用本地 C/S 服务的应用系统来说，可以暂时不对相关服务和模型进行 Web Services 的改造。

(3)各类资源管理器

平台管理的系统资源主要包括以下三类：模型资源、数据资源和计算与存储资源。

利用 Web Service 容器可管理封装成 Web Services 的模型管理起来，而未封装的模型就要用其他技术向应用系统提供索引和服务装配。

使用专业工具可以完成对上述几类资源的管理。

计算与存储资源管理

如 Platform LSF HPC，它是一套机群管理系统，支持异构的、分布式 Unix/Linux，Windows 计算环境，为用户提供可靠的机群管理、负载共享、复杂的作业管理及调度功能和大规模并行计算的能力。Platform LSF 与 Platform LSF Reports 相结合可以自动生成基于主机的 CPU 利用率，以及操作系统的可用内存、存储系统 swp 和 tmp 空间等资源使用报表。

数据资源管理

在数据字典服务组件的帮助下，通过数据库管理工具可以对系统中的各类数据库资源进行统一管理。如借鉴 OGSA－DAI(开放式网格服务体系—数据访问与集成)中间件技术，选择合适的统一数据库访问接口，向应用系统提供独立于数据库物理存储结构的数据库访问服务。

6.2.3 应用支撑平台的使用

6.2.3.1 应用支撑平台本身的集成

平台的各个功能模块与一般应用系统的不同，它不是逻辑上严格属于某配置项的，要通过一系列的服务定制、服务调用和服务装配手段组装，因此，从系统开发的角度将上述三层功能通过子系统形式加以集成，形成服务调用子系统，服务装配子系统和资源管理子系统。为此，要说明各种服务可能的集成方法，例如通过系统提供的配置管理工具、动态链接库、Bean、或提供独立的用户界面。

系统集成除了硬件统一购置、关键系统软件统一风格外，主要是应用软件与“两台一库”的集成，平台本身各组件之间的集成。

“两台一库”的集成，可以按照以下方式进行：

(1)应用支撑平台原则上不和数据汇集平台发生关系，只通过数据库得到所需的数据，对于应用程序中需要的临时数据(如会商、计算等)，通过应用支撑平台自身的工具向相应节点和系统获取。

(2)应用支撑平台通过系统数据字典和数据访问工具访问本地库和远程数据库；

(3)应用支撑平台内部服务组件之间严格按照系统定义的服务接口设计，便于相互之间的调用。

(4)为了满足非 Web 方式的应用系统使用平台提供的服务，应用支撑平台提供 C/S 模式的流程管理工具，方便 C/S 应用程序之间的集成应用。

应用支撑平台三个层次的服务组件根据其服务对象的不同，可以三种主要形态提供对外服务。第一是提供独立的用户态运行方式，支持直接的 GUI；第二是提供应用程序的编成接口，支持传统的 API，如 exe，dll，bean 等，对于 Web 环境下的应用也支持 EJB 和 Web Services 调用，为未来系统升级预留接口；第三是提供进程级的系统调用接口，支持服务器对系统所有资源的管理和优化，以及系统运行时的各相关功能模块的装配。

服务组件可能的运行方式如表 6.1 所示。

凡是有独立的 GUI 运行方式的服务组件可以供用户用来管理应用支撑平台本身，也可以让用户进行具体应用级的定制，如报表定制、地图数据制作等，还可供流程控制服务在运行时调用；有 API 的服务组件，可以供用户在开发应用程序时调用，成为应用程序的一部分；而只有进程系统调用的服务组件，原则上由平台总控程序直接控制。

表6.1 服务组件运行方式列表

服务组件		独立的GUI	传统API	Web Services	进程系统调用
应用服务	GIS服务	√	√	√	
	报表工具	√	√		
	图表工具	√	√		
	模型工具	√	√	√	
	流程控制	√			
	告警服务	√	√	√	
公共基础服务	数据库维护管理	√			
	数据查询		√	√	
	数据交换服务		√	√	
	基础算法库		√	√	
	消息服务			√	√
	目录服务	√	√	√	
	服务管理	√		√	
	用户管理	√		√	
	安全服务	√		√	
系统资源服务	统一数据访问接口		√	√	
	数据转换		√	√	
	计算和存储管理				√
	数据字典		√	√	

6.2.3.2 应用系统与支撑平台的集成

现有的洪水预报及防洪调度系统大多采用Windows平台，洪水预报系统根据各级用户的使用情况可采用B/S或C/S模式，预报结果通过耦合系统与调度系统交互，未来的调度系统可采用B/S，应用支撑平台可通过流程控制服务将洪水预报、调度系统等相关业务过程关联起来。新建应用系统包含水情应用、防洪调度、抗旱管理和天气雷达应用，其中与平台服务组件相关的功能，建议采用平台提供的工具开发，并调用平台的相关服务。

因此，新老系统与应用支撑平台的集成要解决以下几类问题：

(1)现有的C/S模式的洪水预报系统要将客户端的控制和核心模型相分离

从软件的设计结构来看，GUI和软件后台逻辑的处理是分开的，真正完成业务逻辑处理的是一批动态链接库，另外，还有一个将GUI和动态链接库相连接的中间件。所以，可以把动态链接库放到应用支撑平台并封装成Web Services，然后在本地重新创建一个同名的动态链接库，但调用的是已经封装好的Web Services，因为同名，所以无需更改中间件代码。

因此，一方面把现有的模型库集中放到应用服务器中，通过模型管理工具统一管理；另一方面，为了提高模型的通用性，可将主要模型封装成Web Services，便于将来其他流域或应用系统调用。

(2)相对独立的应用系统保持不变,通过流程控制实现运行时的集成

这方面的典型例子是引进的丹麦DHI系统,太湖流域洪水预报调度系统,暂时无法改造,通过应用平台的流程管理服务组件将其与其他应用组合。

(3)通过专用中间件实现应用系统之间的数据传递

现有的洪水预报系统在模型的参数传递、结果数据的输出上大多采用文件形式,即使有些系统采用了数据库方式,也是与应用系统紧密绑定的非标准数据库结构,不便于其他系统的使用。应用支撑平台的数据转换服务组件,可以针对上述情况,开发相应的数据转换模块,定义系统的元数据,将产生的数据文件(或本地非标准库的记录)自动地转换成半格式化的XML文件,由数据交换服务将XML文件写入标准数据库。

(4)现有的B/S模式下的应用软件采用.NET和ASP技术,视情况分别对待

传统意义上的应用服务器常针对某个单一的应用或某个专门的技术,新的应用支撑平台可以看成是一个逻辑上的面向所有应用的应用服务器。对于某个具体应用系统而言,它只通过一个应用服务器使用某种技术或某个服务,而多个应用系统,即便是在一个单位也可能要经过多个应用服务器使用多种技术或多个服务。应用支撑平台成为管理众多应用服务器上各种服务的场所,如果老系统希望利用平台提供的某些服务,如统一数据库访问接口访问新增的数据库,无论是原有的运行环境是.NET和ASP,只要统一数据库访问接口提供WebServices调用方式,并由应用支撑平台授权使用该服务即可。

原来用COM组件开发的模型一方面可以继续使用,另一方面要想与新系统在同一种运行环境下运行,也可封装成Web Services,逐步过渡到J2EE应用服务器上。

(5)新的数据库建立之后,老系统要借助于系统提供的数据字典进行改造

现有的应用系统与数据库是紧耦合,一旦数据库结构发生变化,必须修改程序。伴随着“两台一库”的建立,老的数据库不可避免地要改造,老的应用系统也要改造。应用支撑平台要建立系统使用的数据字典,并且可用数据库管理维护工具更新之。为了使得应用系统今后不再随数据库变化而变化,建议通过统一数据库访问接口和数据字典,将逻辑参数映射成物理参数,得到所需数据,而不是直接访问物理库。

(6)水情数据汇集

属于数据汇集平台的建设范围,其数据传输问题,可以考虑单独部署端到端的数据传输程序,通过应用支撑平台对每个端点的传输程序进行配置。

(7)新系统开发应尽量遵循J2EE构架

除水情应用中的洪水预报外,其余应用均可在B/S模式下开发,遵循J2EE构架,将模型封装成Web Services(原有的dll可以继续保留,供本地系统使用),便于今后应用的升级和改造。洪水预报系统虽然以C/S模式开发,也应遵从三层结构,改胖客户端为瘦客户端,让核心模型位于应用服务器,通过总控程序分配模型程序的运行环境,并通过应用服务器访问数据库,而不是直接由客户端访问数据库。

系统的工作模式如图6.12所示。

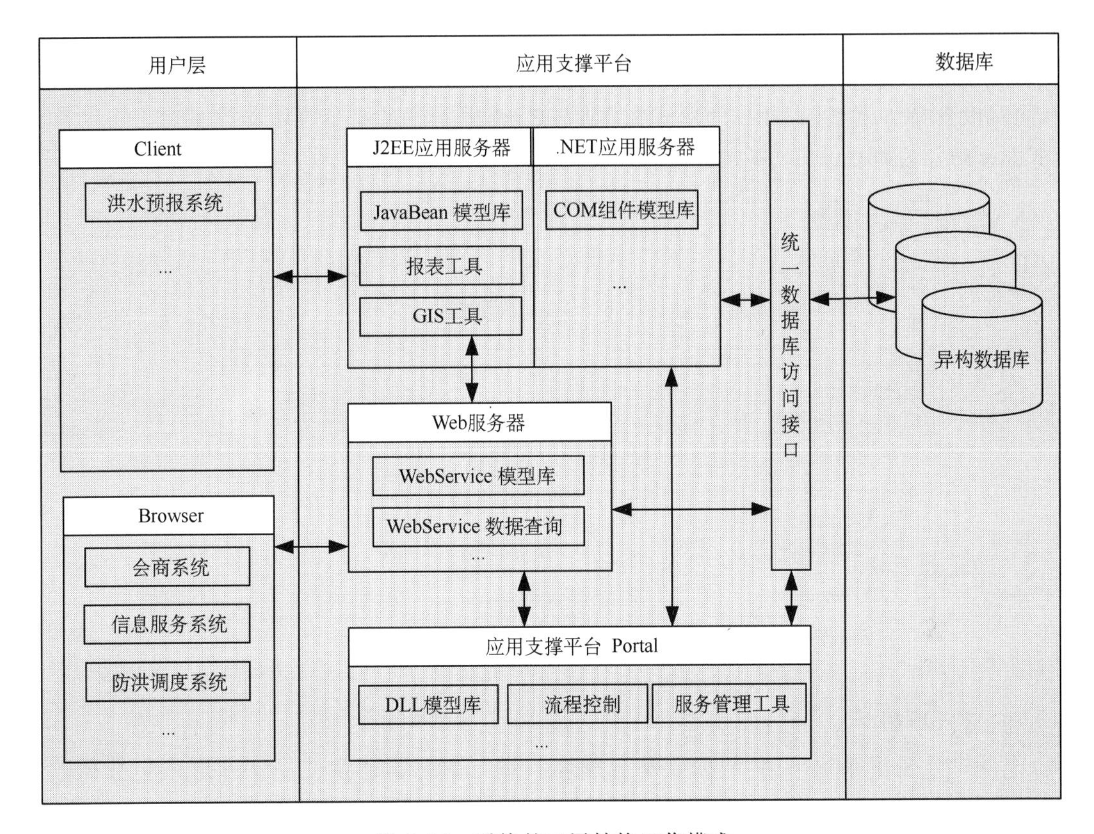

图 6.12　系统的三层结构工作模式

6.2.3.3　应用系统与支撑平台的运行时组合

应用支撑平台的配置，包括硬件、系统软件、网络环境和服务组件等几个部分。其中软件配置包括多种第三方支撑软件，如J2EE应用服务器、GIS服务器、报表服务器等。对于使用功能有限、需要大量二次开发的产品，如目录管理、服务管理等，它们不属于主业务应用系统直接使用的功能模块，也可以选择良好声誉的开源产品作为开发基础。服务组件根据提供服务的方式，选择合适的开发工具和接口。例如面向系统资源的服务可用运行效率较高的C++编程语言开发；公共基础类服务，要结合平台总体运行环境，适当考虑跨平台适应性，建议选择Java和C++编程语言开发，可供封装成Web Services；面向应用的服务，主要考虑开发便捷、有继承性等因素，原则上不限定开发语言，应当提供可供运行时调用的接口。程序开发过程中应考虑效率问题，如选择高效的计算方法，调用接口尽量简单，减少参数传递。

应用支撑平台提供的服务组件对应用系统的支持表现在三方面：

- 应用系统开发时，调用平台上提供的服务作为内部处理模块；
- 应用系统运行时，通过平台提供的服务实现数据共享、设备共享；
- 应用系统需要进行相关的数据资源维护时，通过平台的工具软件完成。

以洪水预报系统的开发和运行为例，说明应用系统和支撑平台的服务组合和调用关系。

(1)模块组合

首先将所用到的计算模型部分放入应用支撑平台，模型提供 Web Services 方式进行调用，同时也支持将模型以 DLL 的形式在本地进行调用。该系统在应用支撑平台上可利用的服务的运行组合如图 6.13 所示。

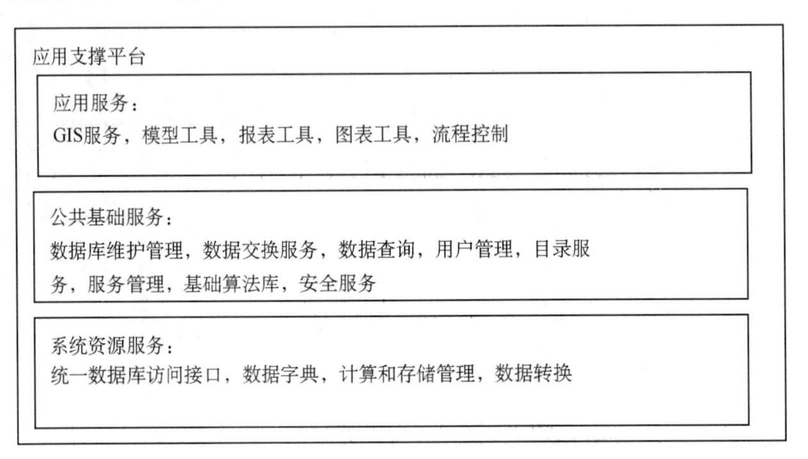

图 6.13 洪水预报系统的运行组合

(2)运行控制

老的洪水预报系统采用"数据库平台加客户端"的模式，通常使用文件形式将数据输入到模型，所需模型代码传递到客户端运行，其运行方式如图 6.14 所示：

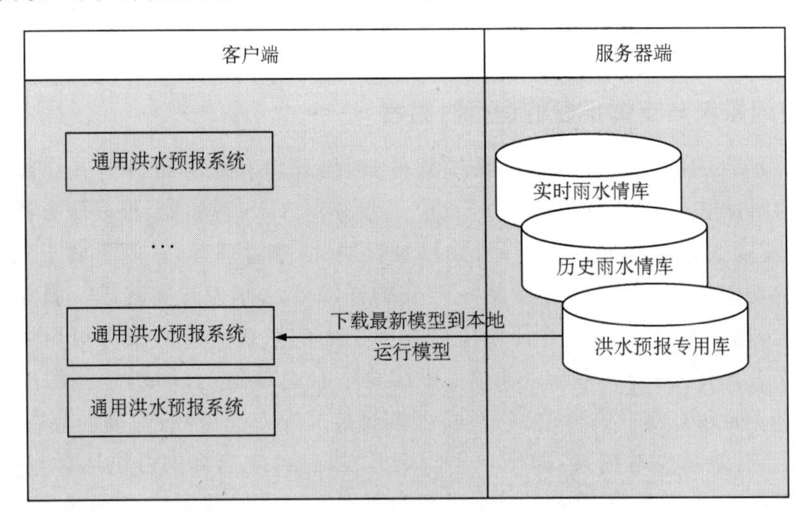

图 6.14 老的洪水预报系统的运行方式

常用预报模型的输入和输出文件种类，共有 9 种，此 9 个数据文件名称按固定顺序存于一控制文件中，该文件名为模型构件的接口参数，以实现系统与模型构件之间的信息交换。

客户端为一套通用的、固定的洪水预报系统。服务器端安装有实时雨水情数据库、历史雨水情数据库和洪水预报专用数据库，其中洪水预报专用数据库用于存储预报模型名称代码、参数、状态，预报方案属性，预报根据站点属性，预报成果，用户信息等。

当用户发出调用模型构件申请时，首先判断客户端是否存在模型构件，是否是最新的模型构件，从而做出是否下载模型构件或直接运行。通过传递模型构件名称和控制文件两参数调用模型，这样模型构件名称只是一参数，不会因模型构件不同而修改预报系统的源代码。以新安江模型(XAJ)为例，预报系统调用时其形式为：

```
Dim ModelName, ControlName as String
ModelName="XAJ"
ControlName="控制文件"
CALL MODEL(ModelName,ControlName)
```

有了应用支撑平台，新的洪水预报系统的模型调用机制如图6.15所示。

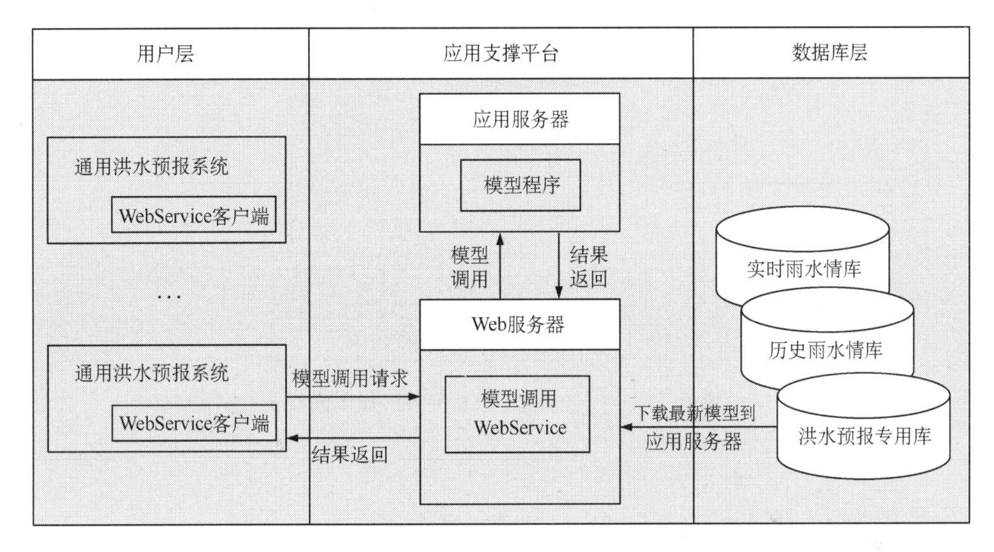

图6.15 洪水预报系统与应用支撑平台相结合的运行方式

将洪水预报系统与应用支撑平台相结合，主要包含两方面的工作：洪水预报系统的改造和应用支撑平台的建设。

- 洪水预报系统的改造

老的洪水预报系统需要将原来的模型调用方式改为基于 Web Service 的调用方式，即增加一个 Web Service 客户端程序。Web Service 客户端程序的输入参数与原先洪水预报系统的输入参数相一致，即模型构件名称和控制文件名称。

洪水预报系统的数据访问主要涉及模型的访问和模型所需数据的访问，模型的访问可以封装为 Web Service，交给平台来完成；而模型所需数据的访问由于一方面是模型参数获取时洪水预报系统对数据库的访问，另一方面是模型自身对数据库的访问，对于模型自身对数据库的访问，考虑到模型本身已自成一体，就不必采用应用支撑平台的统一数据访问接口了，对于新建的模型，必须采用统一数据访问接口来访问数据库；对于模型参数获取时洪水预报系统对数据库的访问，由于洪水预报系统目前对数据库的耦合程度较高，如果加入统一数据访问接口，可能修改的幅度较大，所以也不采用应用支撑平台的统一数据访问接口，对于新建的系统，必须采用统一数据访问接口来访问数据库。

- 应用支撑平台的建设

在本例中,应用支撑平台的建设表现为:将对模型程序的调用封装为 Web Service 并且让模型运行在应用支撑平台所在的应用服务器中。

Web Service 的封装可采用 Java 或者 VS. NET 来进行,封装的内容是对模型程序的调用过程,封装部分的程序流程如图 6.16 所示。由于模型程序本身已经被封装成动态连接库(DLL),可以直接被调用,因此封装的主要内容是调用模型的相关逻辑,这部分可以用 Java 或者 C#语言重写。

由于 Web Service 调用的参数为数据文件,所以必须在 Web Service 客户端进行调用的时候将文件上传,模型运行完毕之后再将文件下载到本地。相关代码略。

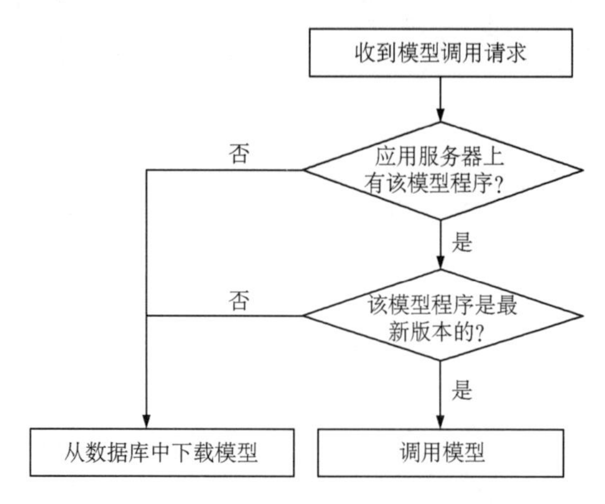

图 6.16 Web Service 封装部分的程序流程

6.3 支持网格化服务的气象水文数据中心

6.3.1 系统总体框架

6.3.1.1 系统体系结构

气象水文数据中心处于气象水文信息化基础设施的核心位置,担负着数据的汇集、存储、加工和服务支持的多重任务,既要支持各级气象水文部门对本地区、本部门的信息资源适度集中,又要对其他地区的数据实现共享。就行业机构分布而言,国家层面的有中国气象局、水利部,区域层面的有水利部七大流域管理机构及其下属省市结构,各省市气象局等。有些国家级直属站必须按规定将数据及时上报到国家中心,而有些地方站点的数据则需要“按需获取”,尤其在对重大气象水文事件的决策支持时,充分体现了“资源虚拟化”使用的思想。而在传统技术体制下,各类资源,包括计算资源、存储资源、数据资料、预报产品和处理计算软件分属不同部门,相对独立,无法进行大规模、跨单位、跨部门的透明信息共享和协同保障,需要融合各种信息交换、处理和存储手段,综合各种应用系统产生的结果,提供单点登录的入口(portal),通过气象水文服务保障平台,进行业务流程的可视化定制,在授权和身份认证的基础上,打破单位、部门和系统的限制,直接调度和使用面向任务需要的、分散的各种气象水文资源,实施联合保障。

因此，需要使用一种技术使集中的、分散的和分布式的多个资源看起来就像是一个资源。在用户面前，不必关系它们的物理属性；可以让所需的多个计算资源以一种单一映像的方式呈现；也可以让所有感兴趣的数据表现为同一个数据库，在访问信息的时候不需要考虑其所在的位置。

开放网格服务体系结构（OGSA）不仅认同网格服务技术是基于面向服务的体系结构（SOA）的，而且表达了网格系统体系结构向基于 Web 服务概念和技术演进的趋势，在实现技术上也采纳并扩展现有 Web 服务技术，提出了支持网格服务的 Web 服务资源框架（WSRF）。

鉴于此，提出如图 6.17 所示的气象水文信息服务网格支持系统的结构。

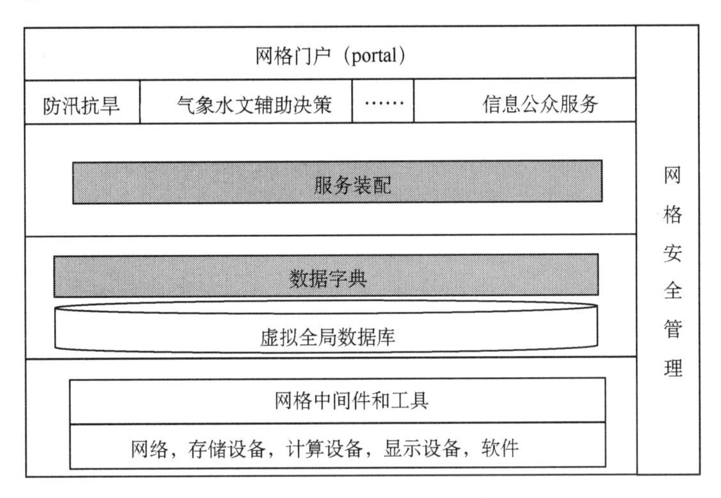

图 6.17 气象水文信息服务网格支持系统结构示意

网格中间件和工具包括分布式业务处理控制软件，如流程管理、任务调度、资源映射、虚拟机和 Globus 平台等。网格安全管理身份认证、单点登录、跨域身份映射、资源访问控制、证书管理、SOAP 加密传输、软件安全接口等。

用户通过用户层的网格门户（Portal）访问网格服务，网格门户首先验证用户身份，根据用户身份的不同向其提供不同功能模块的操作界面，用户即可根据这些操作界面完成相应工作。

6.3.1.2 网格节点建设

网格（Grid）是近年来国际上兴起的一种重要信息技术。其目标是把网络整合为一台巨大的超级计算机，实现计算资源、存储资源、信息资源、知识资源等的全面共享，消除信息孤岛和资源孤岛。

我国从 20 世纪 90 年代中期开始跟踪网格技术的发展，基本与国外同步。进入 21 世纪，中科院计算所联合十几家科研单位，承担了 863 重点项目“国家高性能计算环境”的研究。“国家高性能计算环境”把我国的 8 个高性能计算中心通过因特网连接起来，进行统一的资源管理、信息管理和用户管理，并在此基础上开发了多个计算型的网格应用系统，取得了一系列研究成果。此后陆续实施了五大网格项目，他们是中国国家网格、863 空间信息网格、国家自然科学基金网格、教育科研网格、上海信息网格。同时，利用我国 5 大网格，还开发出地质调查网格，数字林业网格，气象网格和制造网格等等。其中中国国家网格

(CNGrid)和中国教育科研网格(ChinaGrid)是两个有代表性的项目。

与气象相关的代表性网格应用是中国气象应用网格(CMAG),受 863 重大专项资助,其目标是以"十五"国家科技攻关项目"中国气象数值预报系统技术创新研究"的研究成果为基础,研制基于网格技术的数值天气预报软件及其支持软件;利用中国气象局已有的卫星气象通讯网络和高性能计算资源,深入研究数值预报工作流管理、服务网格构造、防火墙突破等技术,在 2005 年建立连接中国气象局气象信息中心、中国气象科学研究院、国防科大计算机学院和广东、上海、广西等气象局的跨地域网格平台,建立我国新一代 GRAPES 数值天气预报系统的业务化网格协同攻关环境,同时利用气象应用网格提供按需数值预报能力,为数值预报技术、计算资源相对匮乏的地区提供数值预报服务,以充分发挥气象应用服务网格的作用,实现应用层面的互联互通、资源共享和协同工作,提高气象部门的资源利用率、业务预报和自动化水平。这些项目基本上解决了"计算网格"的问题。

水利部在 2005 年开展的水利信息服务网格支持系统的研发工作,目标是解决"数据网格"和"服务网格"问题,选择中央、长江水利委员会、黄河水利委员会及太湖流域管理局作为网格节点,基于 Platform 系列软件形成网格化软硬件资源管理监控系统;针对洪水预报调度系统和 MODIS 遥感数据处理实现流程控制;针对水文数据,实现跨节点的信息查询;提出水利数据中心资源共享规程草案和水利数据网格节点建设规范。

为此,各级气象水文数据中心要通过整合全局可利用的硬件资源、软件资源和数据资源,吸收 SOA 的理念,采用网格化的信息服务模式,完善资源的优化配置和信息的合理调度。在"物理分散"的条件下,实现"逻辑集中",变对"信息实体"的管理为对"信息使用"的管理,在确保节点自治的前提下实现节点间的软硬件资源共享。最终实现如图 6.18 所示的网格化气象水文资源共享与服务环境。

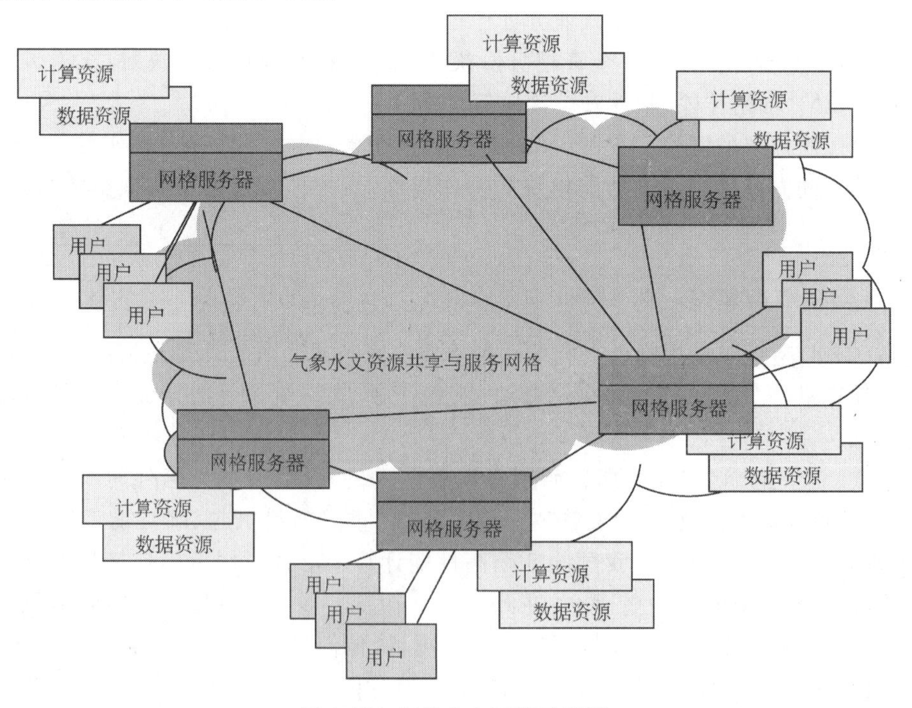

图 6.18 气象水文网格示意图

对于单个节点来说，网格服务器是一组运行广域网集群管理、服务注册、远程数据访问控制、资源目录管理的服务器集合，是构成节点间具有一致性资源共享视图的关键。网格服务器与节点内部的资源关联通过一系列中间件实现。支持网格化服务的节点内部部署如图6.19所示。

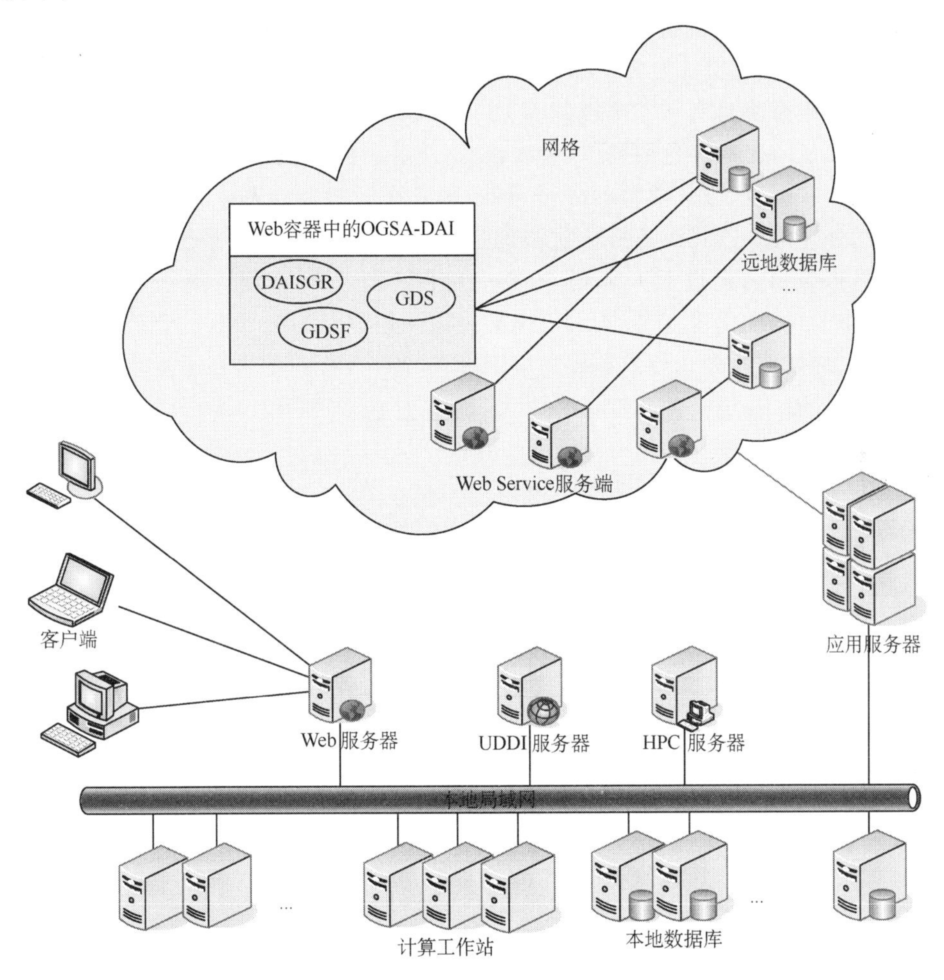

图6.19 网格节点部署机制

网格数据中心由服务器群集、目录服务器群集、数据库服务器群集、CA服务器和UDDI服务器通过网络互联构成。通过在运行现有系统的计算机上部署多个Web Service来为集成现有系统和共享现有系统中的数据资源提供接口，在Web服务器上部署各种Web应用来实现系统集成中所需要的多种业务以及给用户提供简单易用的网格资源使用接口。

目录服务器是数据中心各种数据资源的索引，通过目录服务器可以查找到所需访问的数据资源的位置。数据库服务器用于存放数据中心所有的数据资源。CA服务器用于提供服务访问的安全管理，包括认证和授权。UDDI服务器用于Web Service服务的动态集成。

6.3.1.3 关键技术发展与应用

2002年6月，开放式网格服务体系结构（OGSA）的理念被Globus联盟首次在全球网格论坛(GGF)上提出,服务网格的研究开始走上了正确的轨道。OGSA 试图实现网格体系结构的标准化,采用标准、通用的“服务”模式,对各种类型应用提供统一的支持。

(1)OGSA 服务框架

在 OGSA 刚提出不久,GGF 及时推出了开放网格服务基础架构(OGSI)草案,并成立了 OGSI 工作组,负责该草案的进一步完善和规范化。OGSI 是作为 OGSA 核心规范提出的,其 1.0 版于 2003 年 7 月正式发布。OGSI 规范通过扩展 Web 服务定义语言 WSDL 和 XML Schema 的使用,来解决具有状态属性的 Web 服务的问题。它提出了网格服务的概念,并针对网格服务定义了一套标准化的接口,主要包括:服务实例的创建、命名和生命期管理,服务状态数据的声明和查看,服务数据的异步通知,服务实例集合的表达和管理,以及一般的服务调用错误的处理等。OGSA 不提倡过多的层次,把各种元素按照是否会发生大的变化和是否能够在虚拟组织内提供服务来划分,高变化的本地资源管理不属于 OGSA 的管理目标,相对变化小的、标准化程度高的、可供虚拟组织使用的和面向服务的组件是 OGSA 关注的重点,而其上的增值服务和用户领域的应用可在 OGSA 提供的平台上运行。图 6.20 展示了 OGSA 服务框架。

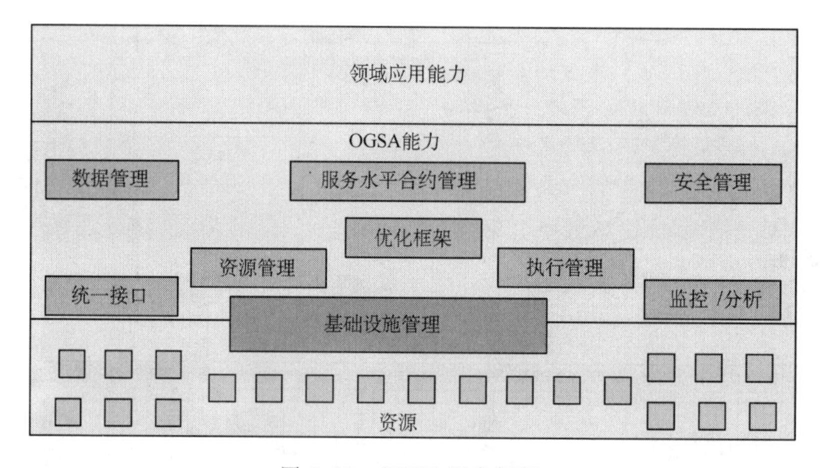

图 6.20 OGSA 服务框架

OGSI 明显的不足是其过分强调网格服务和 Web 服务的差别,导致了两者之间不能更好地融合在一起。2004 年 3 月,IBM、BEA 与微软联合发布了 WS－Addressing 协议。基于该协议规范,Globus 联盟和 IBM 迅速推出了 Web 服务资源框架 WSRF,试图解决 OGSI 和 Web 服务之间存在的矛盾。结构信息标准化促进组织(OASIS)随即成立了两个技术委员会,分别是网络服务资源框架技术委员会(WSRF TC)和网络服务通告技术委员会(WSN TC)。WSRF 采用了与网格服务完全不同的定义:资源是有状态的,服务是无状态的。为了充分兼容现有的 Web 服务,WSRF 使用 WSDL 1.1 定义 OGSI 中的各项能力,避免对扩展工具的要求,原有的网格服务已经演变成了 Web 服务和资源文档两部分。WSRF 推出的目的在于,定义出一个通用且开放的架构,利用 Web 服务对具有状态属性的资源进行存取,并包含描述状态属性的机制,另外也包含如何将机制延伸至 Web 服务中的方式。

(2)典型研究和工具集

国内外许多网格研究项目,一部分是研究网格的通用平台以及相关基础工具,而另一部分则是以现成的网格工具去构建应用相关的网格平台。比较有影响并为其他项目提供开放源代码的网格研究项目主要包括 Globus,Cactus 和 OGSA-DAI。

• Globus 项目

Globus 是一个多研究机构联合开发的项目,它力图实现计算网格结构,来提供对高性能远程计算资源普遍的、可靠的、一致性的访问。目前,包括全球网格论坛、对象管理组织、环球网联盟以及 Globus 网格联盟在内的诸多团体都在争夺网格标准的制定权。Globus 联盟在网格标准协议制定上有很大发言权,因为迄今为止,它开发的网格平台 Globus 工具箱已经被广泛采用,因此 Globus 可以认为是计算网格技术的典型代表和事实上的规范。Globus 最核心的部分就是它的元计算工具包,其中定义了构建计算网格最基础的服务。一些重要的公司,包括国际商业机器公司(IBM)、甲骨文公司(Oracle)、微软公司、康柏公司、Platform 公司等都公开宣布支持 Globus 工具箱。基于 Globus Toolkits 构建的网格应用还有很多,包括:大规模模拟应用——SF-Express,该项目基于网格模拟了多达 10 万个战斗单位的作战场面,创造了该领域的世界纪录;NASA 的 OVERFLOW-D2:气流模拟项目;Nimrod:对分布计算资源进行参数研究;Neph:使用卫星数据对气象模式进行虚拟等。目前大多数国内网格应用项目也都是基于 Globus 箱所提供的协议及服务建设的。

• Cactus 项目

该项目由德国爱因斯坦研究所领衔开发,已经延续多年,系统庞大而应用界面简单。该系统将 Globus Toolkits 和网格应用程序有机地联系在了一起,使得网格应用程序的编写以及应用程序“网格化”的难度大大降低,以至于在编写网格应用程序的时候不需要考虑许多具体的网格问题。Cactus 项目的一个代表性应用就是求解爱因斯坦方程并求解出天体的运动规律。

• OGSA-DAI 项目

OGSA-DAI 即开放网格服务架构数据访问和集成(Open Grid Services Architecture2Data Access and Integration),由 UK Database Task Force 提出构想,并紧密地和全球网格论坛数据访问和集成服务工作组(GGF DAIS-WG)以及 Globus 团队一起工作。该项目致力于建造通过网格访问和集成来自不同的孤立数据源的中间件,提供对现有的、自主管理的数据库的一致访问,支持 DB2、Oracle、Xindice、MySql 等数据库管理系统。它符合基于 OGSA 标准,并在 Globus Toolkits 上进行开发,并努力成为 DAIS 网格数据库服务推荐标准的第一个参考实现。

(3)网格服务执行管理

2004 年 6 月,OGSA 1.0 版本发布,阐述了 OGSA 与 Web 服务标准的关系,同时给出了不同的 OGSA 应用实例。OGSA 2.0 版本于 2005 年 6 月发布。作为 WSRF 的基础支撑协议 WS-Addressing,也得到了万维网联盟(W3C)的承认,并成立了 W3C WS-Addressing 工作组。目前网格所使用的技术主要包括:Web Services、SOAP、WSDL、UDDI 等等。由此可见,OGSA 实现服务的接口,提供逻辑上的服务运行平台;服务本身遵循 Web service 构建,包括语义、命名、和扩展等;服务之间的交互遵循面向服务的体系结构(SOA),包括属于各服务的资源状态。

与非网格的 IT 系统相比,OGSA 的核心作用体现在执行管理服务上,它隐藏了服务方的资源部署细节,并将各种异构、异地的资源经过整合优化后向用户提供服务。改变了原来服务请求和服务提供双方直接交互的方式，通过标准化的“元交互”(mate—interaction)统一使用系统资源，其工作流程如图 6.21 所示。

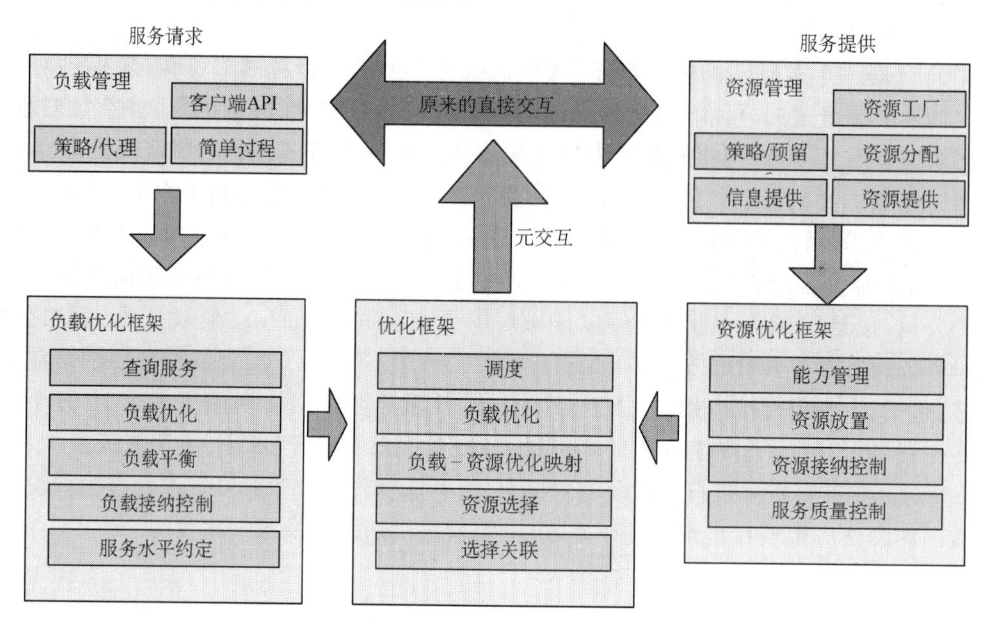

图 6.21 OGSA 服务流程示例

(4)网格服务安全管理

对于某些特定环境，如军事单位、国家安全部门等，网络必须有足够强的安全措施，否则该网络将是个无用、甚至会危及信息安全的罪魁。无论是在局域网还是在广域网中，都存在着自然、人为等诸多潜在威胁因素和网络的脆弱性。故此，网络的安全措施应是能全方位地针对各种不同的威胁和脆弱性，这样才能确保网络信息的保密性、完整性和可用性。网格上的安全服务机制更是虚拟共享资源可用性的保证，要解决网格环境下的动态身份认证和网格环境下安全一致性保证等问题。

采用 CA(Certificate Authority)认证的结构是实现系统安全的有效解决方案。CA 是认证机构的国际通称，它是对数字证书的申请者发放、管理、取消数字证书的机构，其作用是检查证书持有者身份的合法性，并签发证书(用数学方法在证书上签字)，以防证书被伪造或篡改。由认证中心 CA 颁发电子证书，任何一个信任 CA 的通讯一方，都可以通过验证对方电子证书上的 CA 数字签名来建立起和对方的信任，并且获得对方的公钥以备使用。

数字证书也被称作 CA 证书(简称证书)，实际是一串很长的数学编码，包含有客户的基本信息及 CA 的签字，通常保存在电脑硬盘或 IC 卡中。数字证书一般是由 CA 认证中心签发的，证明证书主体(“证书申请者”获得 CA 认证中心签发的证书后即成为“证书主体”)与证书中所包含的公钥的唯一对应关系。证书中包括证书申请者的名称及相关信息、申请者的公钥、签发证书的 CA 的数字签名及证书有效期等内容。

6.3.2　网格中间件应用

6.3.2.1　网格 Web 服务动态发现机制

对于 Web 服务的调用，可以把它写进代码里，但如果 Web 服务较多的话，把 Web 服务引用都写进代码里，比较混乱，各种服务的描述会很不清楚，会给编程带来麻烦，这样我们就需要有一台 UDDI 服务器专门提供服务，在它上面统一发布、注册 WebService。

UDDI 的全部计划是为了综合解决 Web 服务搜索问题。Web 服务本身是一种分布式的软件体系结构，它需要某种探索形式来寻找这些服务。

UDDI API 规范定义了应用程序如何与 UDDI 注册中心交互，该规范是完全基于 XML 的，它定义了一套访问 UDDI 注册中心的 SOAP 请求与响应消息。UDDI API 分为两类：查询 API 和发布 API。可以匿名使用查询 API，但发布 API 必须通过授权才能使用。

用 UDDI 注册 Web 服务并作为中心储存库，在那里可以找到这些服务，并且可以应用已有的体系结构，如同 UDDI 使用 HTTP 和 XML Web 服务堆栈一样，这就是 UDDI 解决问题的具体方式。XML Web 服务应用服务器的体系结构的核心件就是 UDDI。

如果在 Visual Studio.NET 环境下，可以通过编码的形式去 UDDI 服务器查找我们所需的 Web 服务。使用客户端 SDK，通过 API 连接 UDDI 服务器。该 SDK 是一组类和对象，从对象角度来处理 UDDI，并获得与 XML 的完全交互。对于开发人员来说，UDDI 是一个可以搜寻和发布 Web 服务的场所。运行时使用 UDDI，能够在 Web 服务出现变动的情况应用程序也可以很好地重新恢复，不需在程序中修改代码，只需维护 UDDI 服务器上的 Web 服务即刻，这种方式具有较好的灵活性和可靠性。

UDDI 定义了五个主要数据结构，这些结构用于表示一个机构、机构的服务、实现技术以及与其他商务的关系：

- businessEntity，表示提供 Web 服务的商业组织或者机构；
- businessService，表示一个 Web 服务或其他某些电子服务；
- bindingTemplate，表示 Web 服务到其他访问点以及到 tModel 的技术绑定；
- tModel，表示一个特殊类型的技术，或者表示一种分类系统，bindingTemplate 引用的 tModel 说明了 Web 服务使用的技术类型；
- publisherAssertion，表示两个商务实体之间的关系。

UDDI 数据模型非常复杂，因为它试图对任何类型的服务开放，而不是只对基于 WSDL 的 Web 服务开放。尽管已经有一些 UDDI 产品可供使用，但使用不太方便，因此大多数组织更倾向于组织内部使用自己的服务存储库。

Web 服务发现算法的与其服务发现模型是紧密相关的，包含基于语义的服务发现算法和非语义的服务发现算法。

非语义的服务发现算法是，在服务的发现过程中，往往是通过关键字或文本的匹配来实现的，因此，又可以分为单关键字的匹配和多关键字的匹配。在早期的 UDDI 中，服务发现是通过在数据库中查找获得包含或者与用户提交请求的关键字完全相同的服务。这种方法由于交换的信息量少，虽然查询速度快，但是准确率不高。因此，有研究人员提出了多关键字服务发现算法。在多关键字匹配算法中，往往采用信息检索技术，将请求和服务表示为关键字串或文本向量使用字符串匹配或余弦度相似度等计算相似度。

基于语义的服务发现算法可以分为基于领域本体的服务发现算法和基于通用本体的服务发现算法。为了改善服务的描述能力，提高服务发现时QoS，W3C提出了WSMO，它提供了一个概念框架和一个形式化的语言来对Web服务进行较为详尽的描述，以实现在Web上的电子服务的自动发现，组合和调用。WSMO对WSMF采用形式化的本体语言重新做了提炼扩展作为框架，从四个方面来阐述WSMO的主要组成部分：本体，提供其他WSMO所使用的术语；Web服务描述，描述一个服务各方面的功能和行为；目标，表示服务Web服务解决的问题；中介者(mediators)，服务之间发生交互时，用于处理不同的WSMO元素间的异构。WSMO除了定义了一些主要的元素外，还规定了WSMO中使用的形式逻辑语言。这种语言的语义和易于处理性，其详细规范语法在Web Service Modeling Language (WSML)文档中定义和讨论。

Web服务的发现在沿着拓展服务发现的范围和提高服务发现的精度(即查准率和查全率)两个方向进行研究，主要研究集中在改进服务发现模型、改进服务发现算法、提高服务本体语言的描述能力三个方面。

若将网格节点组成的网络看成P2P网络，对于其上的服务发现研究还涉及对于覆盖网络(Overlay Network)模型的描述，因为服务不仅仅是通过特定服务器来提供，用户就可以更方便、快捷、主动地与网络中的其他用户直接进行资源共享和信息交互。服务发现算法必须借助于网络拓扑结构关系来表达。有四种典型的P2P网络拓扑结构形式：中心化拓扑(Centralized－All)，全分布式无结构化拓扑(Decentralized but unstructured)，全分布式结构化拓扑(Decentralized and structured)和半分布式拓扑(Partially Decentralized Topology)。

(1)中心化拓扑

中心化拓扑的代表是Napster，有着中央目录服务器网络结构。每个结点向中央目录服务器提交本地存储的文档目录，并由目录服务器编制文档的索引。结点向中央目录服务器发起搜索请求，并由目录服务器检索本地文档索引后返回存储匹配文档的结点地址。由于采用了中央目录服务器，Napster可以提供快速准确的搜索服务。搜索的方式也可以很灵活，其灵活程度和准确度取决于用户提供给目录服务器的文档目录信息的翔实程度。但是这种结构最大的缺陷在于可扩展性不高，集中式的中央目录服务器容易成为系统的瓶颈。

(2)全分布式无结构化拓扑

无结构的P2P网络系统采用完全分布式的拓扑结构，各个节点之间没有明确位置关系，文档的存储也较为随意，结点的加入和离开仅需遵循一些简单的规则。无结构P2P网络中每个结点保存各自共享的文档，由于不再存在中央目录服务器，每个结点对本地保存的文档进行索引，并转发或应答其他结点的搜索请求。

在无结构P2P网络中，由于缺乏中央目录服务器且文档并不存储在特定的结点上，所以资源查找最基本的方式是泛洪(flooding)或类似泛洪的盲目搜索。Gnutella是无结构P2P网络中的典型系统。Gnutella是一个用于文档共享的P2P网络系统，通过将搜索请求同时转发给尽可能多的邻居结点进行文档的搜索，还通过设置大于零的TTL值来限制每个搜索请求传播的范围以避免过多的网络流量。

(3)全分布式结构化拓扑

结构化P2P网络也是完全分布式的P2P网络系统，通常采用的是分布式哈希表(Distriuted Hash Table)的结构，代表性的网络类型是Chord，Pastry，CAN和Tapestry。和无结构P2P网络相比，结构化P2P网络对文档在系统中的存放位置有严格的控制，并且结点之间的关系比较紧凑。结构化P2P网络的最大优点在于其可以在(log$n$)(n是系统中结点数)的跳数之内完成文档的路由和定位。结构化P2P网络的主要特点是自组织、可扩展、负载均衡、以及较好的容错性。和无结构P2P网络主要用于文件共享领域不同，结构化P2P网络的这些优良特性使得它可以应用在对可靠性和扩展性要求比较高的场合。

DHT类结构能够自适应结点的动态加入/退出，有着良好的可扩展性、鲁棒性、结点分配的均匀性和自组织能力。DHT类结构最大的问题是DHT的维护机制较为复杂，尤其是结点频繁加入退出造成的网络波动会极大增加DHT的维护代价。DHT所面临的另外一个问题是DHT仅支持精确关键词匹配查询，无法支持内容/语义等复杂查询。

(4)半分布式结构

半分布式结构(亦称作Hybrid Structure)吸取了中心化结构和全分布式非结构化拓扑的优点，选择性能较高(处理、存储、带宽等方面性能)的结点作为超级点(SuperNodes)，在各个超级点上存储了系统中其他部分结点的信息，发现算法仅在超级点之间转发，超级点再将查询请求转发给适当的叶子结点。半分布式结构也是一个层次式结构，超级点之间构成一个高速转发层，超级点和所负责的普通结点构成若干层次。最典型的案例就是KaZaa。

KaZaa综合了Napster和Gnutella共同的优点。从结构上来说，它使用了Gnutella的全分布式的结构，这样可以使系统更好地扩展，因为它无需中央索引服务器存储文件名，它是自动地把性能好的机器成为SuperNode，它存储着离它最近的叶子节点的文件信息，这些SuperNode，再连通起来形成一个Overlay Network。由于SuperNode的索引功能，使搜索效率大大提高。

实际系统的构造可根据机构体制和业务流程选择合适的网络模型，并据此制定服务发现策略和模型。

6.3.2.2 数据访问机制

基于中间件的气象水文信息服务系统构建的网格平台是基于.Net环境，其中数据访问技术主要面向Windows操作系统平台。为了使分布在不同地理位置、不同结构、不同运行环境的各种数据库中的数据能够被共享，必须采用某种数据访问策略来提供对Linux、Unix等非Windows操作系统平台上的数据库的访问支持，从而体现“网格”的优势。

对于非Windows操作系统平台下的数据访问策略，采用部署在基于Globus Toolkit 4.0环境中的OGSA-DAI数据访问服务。

OGSA-DAI(Open Grid Service Architecture-Data Access and Integration)是一种中间件，它不仅能实现对网格环境中关系数据库数据(目前支持的数据库有MySQL，SQL Server，DB2，Oracle)和XML、文件形式(OMIM，SWISSPROT和EMBL)数据的访问，而且为实现网格环境中高级数据的集成提供了方便。OGSA－DAI提供了一个允许对数据进行访问和更新的可扩展框架，除了对关系型数据执行SQL查询和用XPath语句对XML数据进行操作外，还提供了数据异步传输的功能，对于不同类型的数据，OGSA-DAI提供了统一的访问方式。

OGSA-DAI 的新版本 OGSA-DAI WSRF 1.0 在 GT4 上通过了严格的测试。结合使用 GT4 中新增的 Web 服务组件 WS Authentication Authorization 和 WS Core,可以使用户在网格环境下更加安全地访问数据。

数据库访问是大多数信息系统所需要的公共基础服务,甚至是一些信息系统的核心部分,因此将数据库访问功能抽象出来,为组织内部其他应用服务提供统一的数据访问服务符合面向服务的思想。

在 OGSA 下开发一个服务要经历如下步骤:

(1)定义一个服务接口;

(2)定义配置相关文件(比如 build. xml,namespace2package. mappings 等等);

(3)生成服务 stubs;

(4)实现这个服务接口、资源类、资源管理器、QNAME 接口;

(5)配置服务的部署信息;

(6)编译所有 Java 代码并生成 GAR 文件;

(7)发布服务;

(8)配置服务的部署信息;

(9)服务调用。

每个服务的资源由该服务的 Resource-Home 统一管理(包括创建、修改、删除等),Resource 和 Resource-Home 都需要根据服务的需求来创建。一般来说,对资源的操作都封装在一个资源类中,通过 QName 形成与 WSDL 的映射。服务接口的实现只完成逻辑处理,对资源的访问和操作都通过资源类的成员函数;由于资源是统一管理的,所以服务实现必然只能通过 Resource－Home 来访问资源。

QName 即 Qualified Name,把 Resource 类中的成员变量映射到 WSDL 的元素。从编程角度看,不希望看到标记语言夹杂在 Java 语言中,所以用一个 Java 类自动地把 Resource 成员变量映射到 WSDL 描述中的元素。

这里的部署信息包含在两个文件中,分别用来描述服务本身及其资源。

编译完成的服务生成 GAR 文件,并发布服务。发布的过程是将服务绑定到注册中心(Service Registry)。可以通过 JAXR 编程发布,也可以使用注册中心提供的工具进行发布,IBM、Microsoft 等都提供了 UDDI 注册工具。

在网格服务中的消息传递过程,可以遵从 Web 服务通知规范(WSNotification)。

以异地数据访问为例,首先,添加元数据信息,建立元数据字典。通过提供业务数据库连接信息,并将业务数据库表结构映射到行业标准数据库表结构,使得各个业务数据库提供统一的且符合标准的数据视图。

其次,定义查询类型,指定一个或者多个业务元素作为查询对象。查询类型的命名可以是与业务密切相关的,而在后台被映射到标准数据库及其存储结构,最后根据元数据字典提供的映射关系映射到业务数据库。

最后,实现查询服务,以及查询结果显示。由于统一数据访问都采用了基于 XML 的数据表示,因此,服务请求者只需使用规定格式的 XML 片段表示查询条件,并解析返回的 XML 片段。而基于 XML 的数据表示更有利于使用 Web 服务进行交互。最后服务请求客户端可以通过定制各种图表形式展现查询结果。

元数据字典表结构定义包含表和类型映射表、数据库连接信息表、查询类型映射表、站点一查询类型一数据库映射表、表别名映射表、字段别名映射表、数据库一表一字段映射表和查询类型一表一字段映射表。例如,如表 6.2 所示的查询类型一表一字段映射表,存储用户定义的查询中条件输入参数字段和结果输出字段。其中“查询类型”可与用户给定的某个应用功能建立关系,如“雨洪过程”,表示降水和河道水位的关系。

表 6.2 查询类型一表一字段映射表:INFO_QTFMAP()

字段	类型	说明
QTYPE	char(4)	查询类型
TALIAS	varchar2(20)	表别名
FALIAS	varchar2(20)	字段别名
ISIN	char(1)	是否是输入字段
ISOUT	char(1)	是否是输出字段

“雨洪过程”不是一个简单数据查询,实质上是一段函数过程的调用。为此,要预先定义业务概念相关的查询,再将业务概念相关的查询条件映射到标准表结构,最后将标准表结构映射到实际业务数据库中的表结构。

数据查询条件和查询结果统一采用 XML 格式,以“雨洪过程”查询为例,输入参数的定义方式如图 6.22 所示。其中 qtype 节点指定用户定义的查询名称,date 节点定义了查询业务要素的时间跨度,begintm 为起始时间,endtm 为结束时间,stations 定义了查询业务要素来自的站点,stcd 指定该站点的编号,stnm 指定该站点的名称,可以同时定义多个站点,从多个站点同时查询数据。

```
<?xml version="1.0" encoding="GB2312"?>
<information>
    <qtype>雨洪过程</qtype>
    <date>
        <begintm>2001-12-19 20:00:00</begintm>
        <endtm>2003-12-23 20:00:00</endtm>
    </date>
    <stations>
        <station>
            <stcd>63301150</stcd>
            <stnm>嘉兴</stnm>
        </station>
    </stations>
</information>
```

图 6.22 “雨洪过程”查询表达示例

通过“统一数据访问接口”中间件,将上述查询转换成中间查询条件,其定义方式如图 6.23 所示。其中,input 节点代表查询条件参数,type 节点代表用户所定义的查询的代码,stcd 节点代表某个测站,每个 parameter 节点代表了一个查询条件三元组,alias 代表了标准表结构中查询条件对应的字段名称,operator 节点代表了操作符,value 代表了查询字段的值。

```
<?xml version="1.0" encoding="GB2312"?>
<input>
    <type>FARP</type>
    <stcd value="63301150">
        <parameter>
            <alias>STCD</alias>
            <operator>=</operator>
            <value>63301150</value>
        </parameter>
        <parameter>
            <alias>TM</alias>
            <operator>&gt;=</operator>
            <value>2001-12-19 20:00:00</value>
        </parameter>
        <parameter>
            <alias>TM</alias>
            <operator>&lt;=</operator>
            <value>2003-12-23 20:00:00</value>
        </parameter>
    ……
</stcd>
……
</input>
```

图 6.23 “雨洪过程”中间查询条件定义示例

每个网格节点必须建立和维护相同格式的数据索引，即元数据字典中关于数据存放位置属性的表。在元数据字典中添加可共享的数据源信息，如数据库连接信息表：INFO_DB-CONN（存储数据库连接信息）等，并定义特定数据库结构与标准数据库结构的映射关系，如表别名映射表：INFO_TMAP（存储标准数据结构中表的显示名称）等。

网格服务器在接收到本地查询后，会首先在本地数据索引上查找，未发现合适的条目就会将此查询发布到其他节点的网格服务器上。

每个节点的网格服务器应当定义可提供的数据服务，以查询为例，网格服务器负责传递查询指令和查询结果，实际查询过程由各节点的本地代理完成，不仅可以进行简单的查询，也可以通过本地代理完成复杂过程查询，通过扩展的查询命令，激活本地相应的处理程序，完成数据的关联。

最终得到的输出结果的定义如图 6.24 所示。output 节点代表输出结果，stcd 节点代表某个要查询的测站，value 属性为该测站的编号，table 节点代表了该查询所对应的标准表结构中的表名称，每一个 record 节点代表了一条查询记录，field 节点表示查询要素，该节点所包含的为该查询要素的查询结果，alias 为该查询要素的名称。可以同时查询多个测站、每个测站查多张表、每张表查多个字段。

通过提供统一的数据访问接口，屏蔽数据库访问的技术细节，使得对数据库的访问与业务密切相关。透明数据访问考虑了现实可能存在的数据库管理系统的异构性以及数据库结构的异构性，为集群内各种异构数据库提供统一的访问视图，采用更加贴近业务实际的业务数据查询定义，通过定义特定于业务需求的查询，使得使用者只需根据业务需要定义查询，而不用过多关注数据库技术细节，并通过定制过程线的展示方式显示最终查询结果。图 6.25 为一“雨洪过程”的查询结果实例。

```
<?xml version="1.0" encoding="UTF-8"?>
<output>
    <stcd value="63301150">
        <table alias="ST_PPTN_D">
            <record>
                <field alias="DYP">3</field>
                <field alias="STCD">63301150</field>
                <field alias="TM">2002-05-01 08:00:00.0</field>
            </record>
            ……
        </table>
        ……
    </stcd>
    ……
</output>
```

图 6.24　“雨洪过程”输出结果定义示例

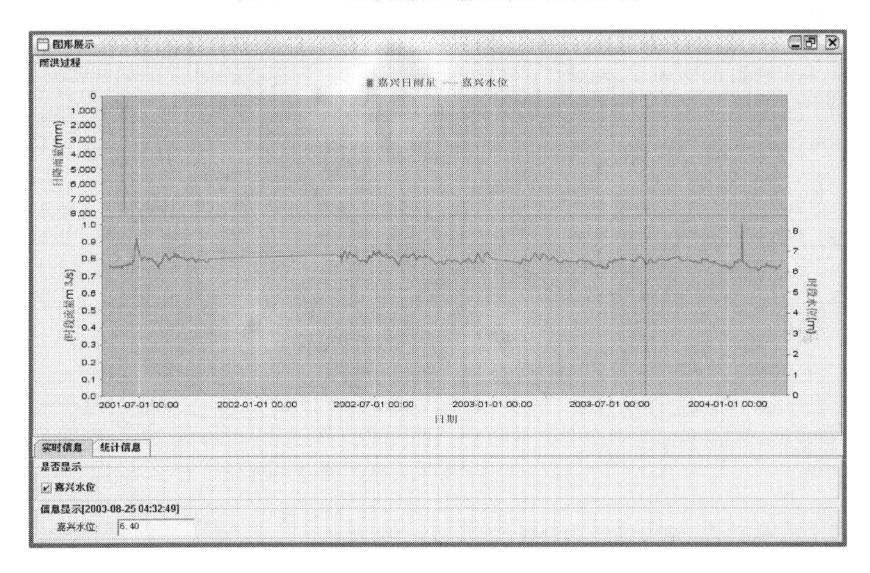

图 6.25　查询过程线实例

选择实际业务数据库时，首先判断在某个数据库中数据是否存在，当同时存在多个数据库存在相同的数据时，则根据事先定义的优先级和其他网格服务调度算法，挑选出合适的数据库查询数据。

6.3.2.3　安全访问控制和系统扩展

OGSA 安全的主要目的是减轻虚拟组织内部安全相关策略的强制执行问题，以满足高级业务目标。安全管理需要通过健壮的安全协议和策略访问服务。例如若想获得应用程序并将其部署到网格系统时，需要身份认证和授权；共享资源时，需要提供跨越管理域安全资源共享机制来保护网格系统。

在分布式环境中，由于服务和相关的日志可能属于不同的管理域，使得登录服务、互斥地安全访问日志成为困难的问题。登录服务应该具有安全特征，这样才能使日志是安全的，能防止窜改和确保消息的完整性。一种复杂的情况是引入审计的概念，所有事件以安全的方式记录。

如果服务的请求方和提供方调用不同基础设施的安全服务以保证遵从一致的策略，这种调用发生在末端网络以内，外部情况对于应用来说是透明的。图 6.26 给出了这种调用的示意图。

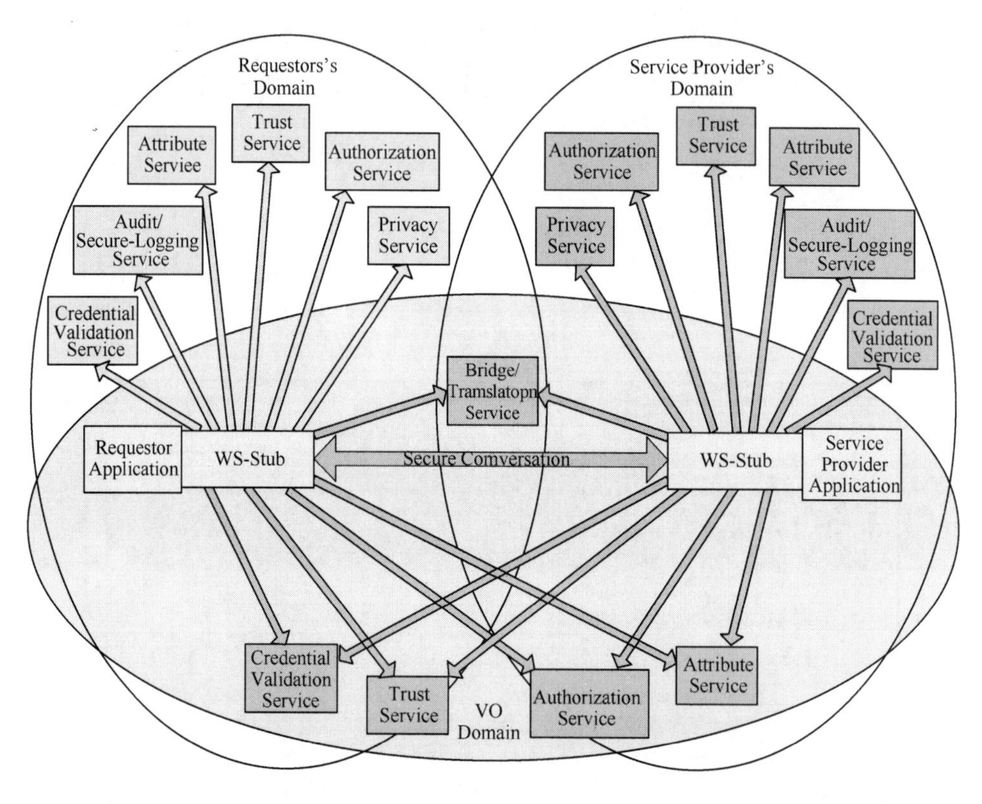

图 6.26 虚拟组织中的安全服务设置

对应用开发着来说，最小化安全规范代码是理想的，但通常服务的调用必须服从请求者、服务提供者和虚拟组织的策略，而这些策略的管理是在各个不同的组织内的。常用的功能有：

- 认证：认证涉及验证一个声明的标识，它是图 6.26 中的信用合法性(Credential Validation)和信任服务(Trust Services)的部分功能。例如，评价用户名和口令的组合；再如由服务请求者传递一个“票”到服务提供者的运行环境中，这个“票”决定该调用的合法性。
- 身份标识映射：图 6.26 中的信任、属性和桥/翻译服务(Trust, Attribute and Bridge/Translation Services)提供将一个身份标识转换为另一域的身份标识功能。如一个域的身份标识是以 X.500 可区分名字(DN)的形式表达的，它被携带到X.509 V3 数字证书中，包括 DN 主题、DN 签发者和证书序列号等，可以被认为是携带了服务请求者的身份标识。假设该证书被用来传递服务请求者的身份，身份标识映射服务经由策略控制，可以将该标识转换成服务提供者本地运行平台环境下的注册信息。这是一种严格的策略驱动映射服务，与认证无关。

- 授权：涉及解决基于策略的访问控制决策，根据服务请求者的身份，决定它是否有权访问某种资源。抽象的访问控制服务取决于访问控制策略强制执行的粒度。
- 信任转换：图6.26中的信任、属性和桥/翻译服务(Trust, Attribute and Bridge/Translation Services)提供了从一种信任类型转换到另一种信任形式的，包括有协作关系的组成员，特权，属性和相关实体的陈述等。该服务解决不同信任类型之间的互操作。
- 审计和安全日志：审计服务负责产生跟踪安全相关事件的记录，该记录可被用来推理和检查以确定强制执行的安全策略是否是满意的。
- 保密：基本上涉及个人身份信息(PII)不被暴露的范畴，采用虚拟组织的保密策略。

相关安全组件之间的关系如图6.27所示。

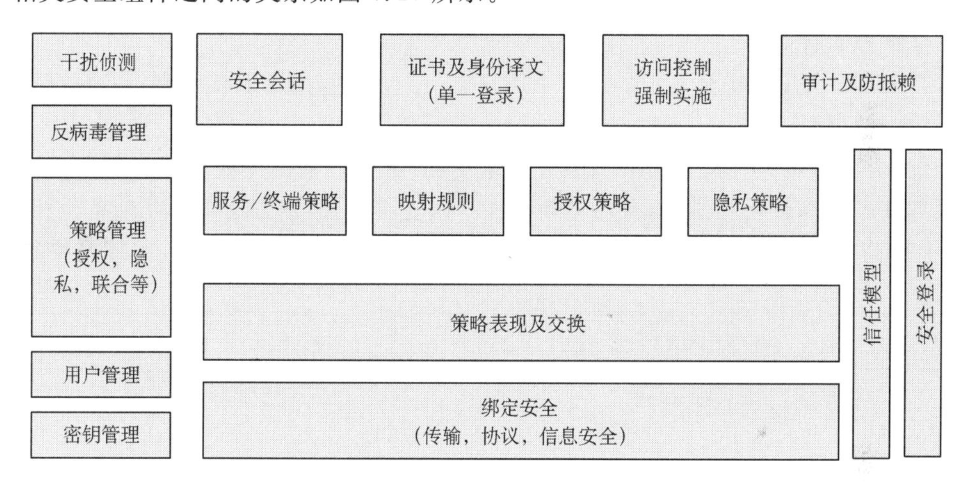

图6.27 安全服务组件的关系

所有的安全接口遵从OGSA标准，其特殊实现应当能够替代某一个安全服务。

当网格中需要扩大节点、或节点中需要扩大集群服务器时，需要严格按照规范执行。假设将集群分为Windows集群、Unix集群和混合集群三类；网格节点分为Window节点和Unix节点两类。

通常Windows的网格节点既可以加入Windows集群中也可以加入到Unix的混合集群中；Unix的网格节点只能加入到Unix的集群中，在Unix中可以分为文件共享和非文件共享的两种。这些操作都需要在相应的产品支持下完成。

(1)增加集群

增加新的集群以及使得新的集群和原有的集群进行通讯，实现作业的相互提交和协同计算，需要在相应的产品支持下完成操作，抽象的步骤如下：

- 首先建立一个新的集群
- 在两个集群中的master中互相添加另外一个集群的master
- 修改两个集群的配置文件；
- 检查机器状态，看是否正常；

- 在两个 master 中配置通讯的消息队列，往往需要配置一个发送和一个接受队列；
- 提交作业，检验。

(2)增加和改变流程

业务的流程可以通过相应产品的过程管理的组件来编辑业务流程。编辑后可以将业务流程保存到文件中，提交到过程管理的服务器中。服务器将根据业务的定制的时间和条件来运行作业。

(3)增加和改变数据源

增加数据源需要改变元数据字典中存储的数据源信息：

- 首先在元数据字典库 INFO_VMAP 表中添加数据源的数据库管理系统类型和版本信息；然后在 INFO_DBCONN 表中添加该数据源的连接信息；
- 根据该数据源所提供的数据类型在 INFO_SQDMAP 表中添加查询类型映射；
- 在 INFO_VTFMAP 表中添加实际业务数据库中数据字段与标准数据库表结构中数据字段的映射；
- 在 INFO_QTFMAP 表中指定某个用户定义查询类型所关联的水利行业标准存储结构中的字段。

利用网格技术构建气象水文信息服务数据中心，可实现数据分散存储与集中存储相结合，全员维护与共享使用相结合，自动更新与强行恢复相结合，常态运行和冗余备份相同步，从根本上提高数据的再生和抗打击能力，极大发挥网络设备和协作效能，发挥网格技术的优势。

第7章　气象水文信息网络系统设计案例

7.1　信息网络系统总体框架

7.1.1　建设需求

气象水文信息具有获取源高度分散、信息处理高度集中、信息用户分布广泛、信息流量大和信息实效要求极高的特点，要求具备快捷安全可靠的信息传输与处理能力。面对遂行区域跨度更大、保障空间范围更广、信息时效性更好、产品精细程度更高、决策支持能力更强的挑战，要求信息传输与处理形成全球覆盖、广域链接，快速组网、机动传输，高效处理、按需获取和辅助决策、信息集成的能力。因此信息传输与处理是气象水文保障体系的重要基础设施和纽带，主要包括信息传输、信息处理和信息管理。而信息网络系统只是一个典型的信息传输与处理业务系统，它不仅涵盖信息传输与处理的主要功能，还扩展到整个系统的管理，是一个面向气象水文观探测信息和预报产品收集、传输、存储、处理、发布、查询和管理的网络应用系统，保证在观探测网与预报警报、辅助决策以及专用装备之间建立数据传输通道，同时建立各类信息用户之间的信息交换通道[117]。

系统的总体要求如下：

(1)可实时收集各种实时气象水文信息资料，能够及时将各种实时气象水文信息、加工产品和预报指导产品分发给各级气象水文台站；

(2)可实现气象水文信息的自动处理和入库、层次化数据存储管理、应用服务等功能；

(3)可对地址资源、空间链路、入网设备、数据以及网络安全等进行综合管理。

因此，可将整个系统大致分为网络通信、数据管理与服务和网络管理三大组成部分。其中网络通信负责综合利用有线通信、卫星通信和其他无线通信资源，建立能够覆盖全国乃至全球的气象水文信息传输网络，实现各级气象水文部门之间、气象水文部门和保障对象之间各种实时气象水文信息和预报产品的快速交换和高度共享。数据管理与服务负责对来自各种信息获取单元的原始数据进行解码、转换、过滤、质量控制、存储和分发处理，建立以气象水文数据库为核心的管理与应用服务系统，实现气象水文海量信息的按需访问和优质服务。网络管理负责对本级系统、全局网络通信资源和其他级别的重点入网设备进行状态监控，合理分配各类传输、存储和计算资源，实现气象水文信息网络资源的科学管理、故障预警和安全使用。

7.1.2 系统组成结构

系统通常可以分成一级、二级和三级。其中，一级系统的气象水文信息最为集中，是气象水文信息网络系统的核心和枢纽，安装在国家级气象水文业务单位；二级系统的气象水文信息较为集中，安装在对区域性负有指导任务的省市级气象水文业务单位；三级系统的气象水文信息较少，只负责本单位的气象水文信息传输、处理、存储和管理，可安装在地市级台站，也可经过适当增减功能安装到机动节点。系统的结构如图 7.1 所示。

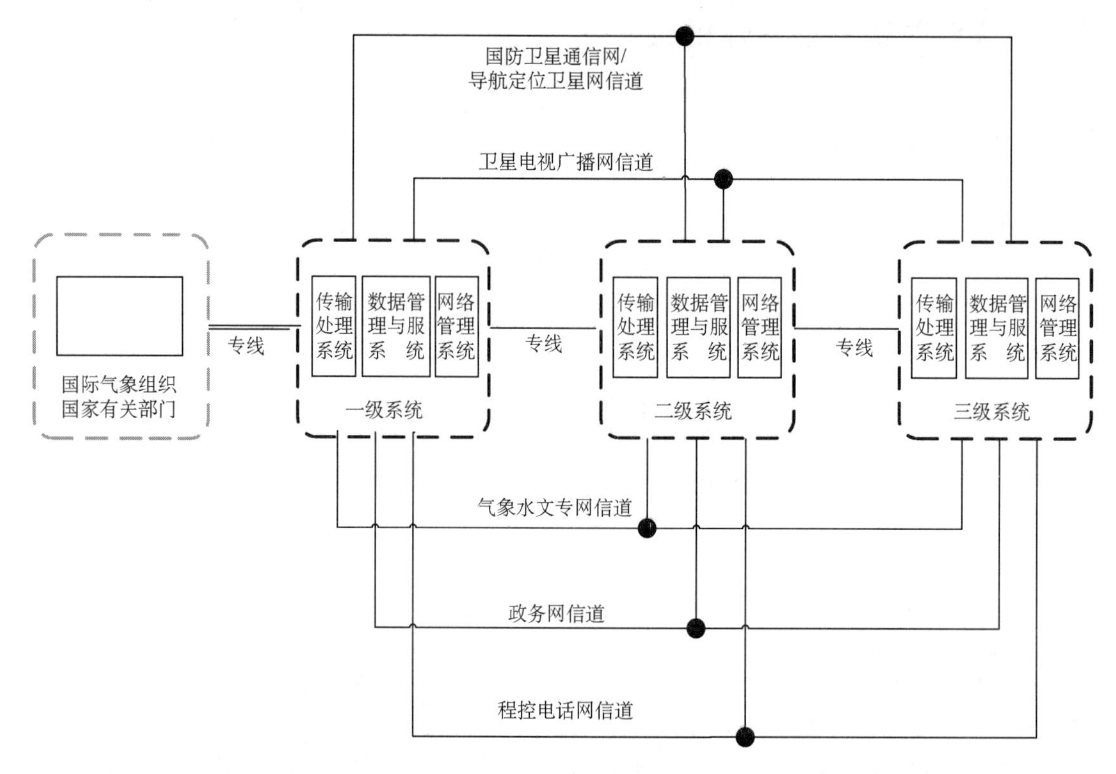

图 7.1 系统结构示意图

如上图所示，要求综合利用各种网络通信资源，实时收集和上报本台站(含海洋站)的各种观探测资料，接收上级发布的相关气象水文海洋空间观探测资料、卫星资料、雷达资料、预报产品和其他业务信息；提供以本地气象水文数据库为核心的气象水文信息处理、管理与查询，实现局部实时气象水文信息的自动处理、存档和管理；对本级系统网络通信资源和重点入网设备进行状态监控，实现区域气象水文信息网络资源的科学管理和故障预警。

软件研制开发重点解决气象水文信息收集、分发、处理、管理、检索应用、共享以及网络管理等问题，其组成结构见图 7.2。

传输处理分系统应当规范数据来源、统一数据出口、统一通信协议、统一资源管理策略和业务调度机制，形成完整的网络通信平台；能够收集和传输气象水文信息，分发和发布常规气象水文观探测信息和预报产品；提供公众数据分发与发布服务，远程计算资源共享和会商服务；具有传输级的安全控制和离散点安全接入能力。

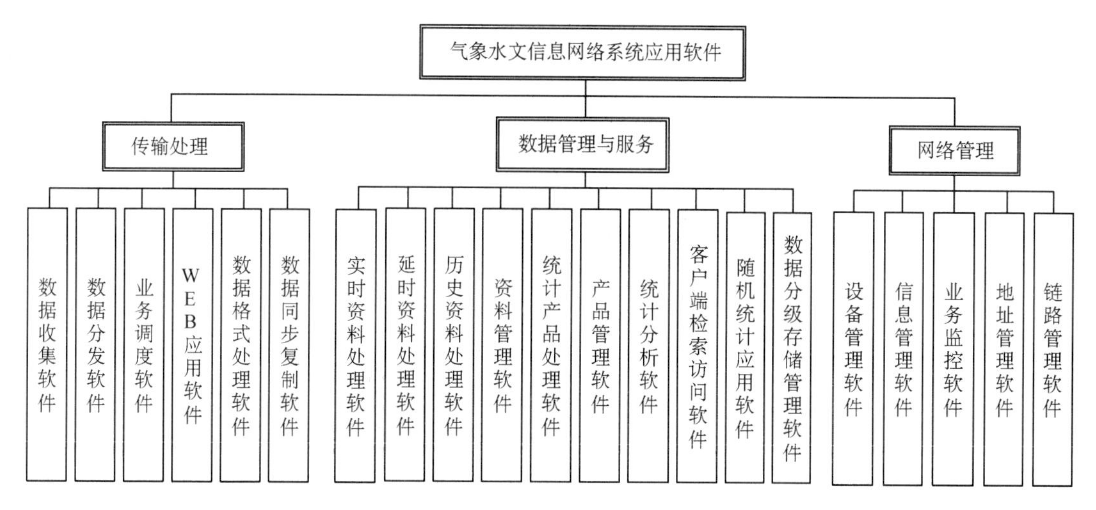

图7.2　系统应用软件组成结构

数据管理与服务分系统应当统一数据格式、统一访问方式、统一数据字典和统一数据表达，形成一致的数据存储、处理、查询、展示和调用平台；建立海量气象水文数据存储体系；能够进行实时气象水文资料处理保存，延时和历史气象水文资料批量处理入库，气象水文数据统计分析；提供统一数据库访问接口，数据库管理与维护服务，信息查询检索服务，气象水文信息应用系统数据转换服务和容灾备份服务；具有存储级的安全访问控制和共享能力。

网络管理分系统应当统一全网地址分配原则、统一空间链路管理策略、统一被管对象状态信息接口、统一安全管理和信息管理等级标准，形成层次化的、分级综合网络管理平台，实现对全网资源的运行监控和管理；能够进行网络拓扑和配置管理，网络性能管理，网络故障管理，网络用户和安全管理；提供网管代理服务，综合态势分析服务，全网资源配置优化服务；具有网络级安全访问控制能力。

7.2　传输处理分系统

7.2.1　气象水文信息传输种类及其基本要求

气象水文信息传输主要分为基本观探测数据的收集与分发，预报产品的发布与传输。经由信息网络系统中各类通信信道传输的基本气象水文信息包括：

(1)收集/发送各地气象水文台站天气实况资料、探空资料、测雨雷达探测资料和海洋监测资料；

(2)收集/发送国内外常规气象水文资料(含陆地水文和海洋)、气象卫星资料、气象传真图等实时气象水文信息；

(2)接收/发送预约报、航危报等产品；

(3)发送数值预报产品等指导性加工产品；

(4)传输全球地面气象观测、海洋气象观测、海洋水文观测、高空气象探测等历史气象水文资料及其加工产品；

(5)传输机关业务管理信息。

上述数据传输的可能途径如图 7.3 所示。

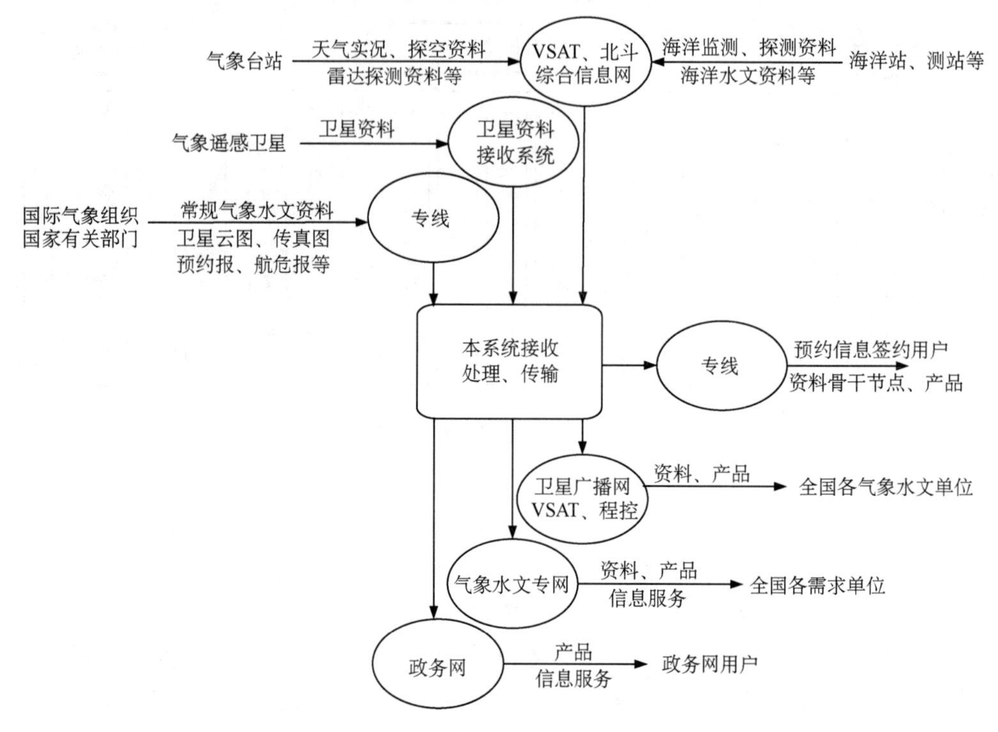

图 7.3 气象水文信息种类及其传输途径示意图

按照数据传输的时效性分类,气象水文数据又可分为实时数据和延时数据。其中实时数据一般指要求从观探测设备获取数据(或计算得到数据)到最终用户得到数据的时间间隔在 10～60min 以内,通常包括实况报、雷达报等;而延时数据的传输时间间隔根据传输载体的数据收集周期的不同而不同,通常指 1 小时以上,对于伴随舰船远海航行所监测到的数据,有时延时时间可长达数月。

从业务上来说,气象水文信息传输主要考虑满足实时数据的传输要求,因此,网络通信系统的传输时效性应当满足以下要求:

(1)天气实况时延不大于 5min;

(2)探空报时延不大于 10min;

(3)测雨雷达资料时延不大于 30min;

(4)常规气象报时延不大于 10min;

(5)海洋监测资料时延不大于 30min;

(6)卫星资料时延不大于 20min;

(7)主要传真图时延不大于 30min;

(8)数值预报产品时延不大于 30min。

7.2.2 传输信道及其组网方式

目前，我国已经建设了比较完善的数据通信基础设施，如专线、国家分组交换网(CHINAPAC)、VSAT卫星通信、广播电视卫星网、海事卫星(Inmarsat-C)、国家公共电话网(PSTN)和短波或超短波(VHF/UHF)无线通信等，还有各种行业专用网、电子政务网、北斗导航定位系统等。

随着技术的进步和业务的发展，上述通信资源必将不断扩容和升级。气象水文信息网络系统除了利用行业统一部署的通信基础设施外，还依托国家卫星网络，建立气象水文VSAT卫星通信网；利用国家广播电视卫星通信资源，建立气象水文卫星广播通信系统；同时还可以通过租用专线和海事卫星等方式解决主干节点之间的高速直达线路和远洋数据传输信道。

各种信道的混合组网示意图如图7.4所示。

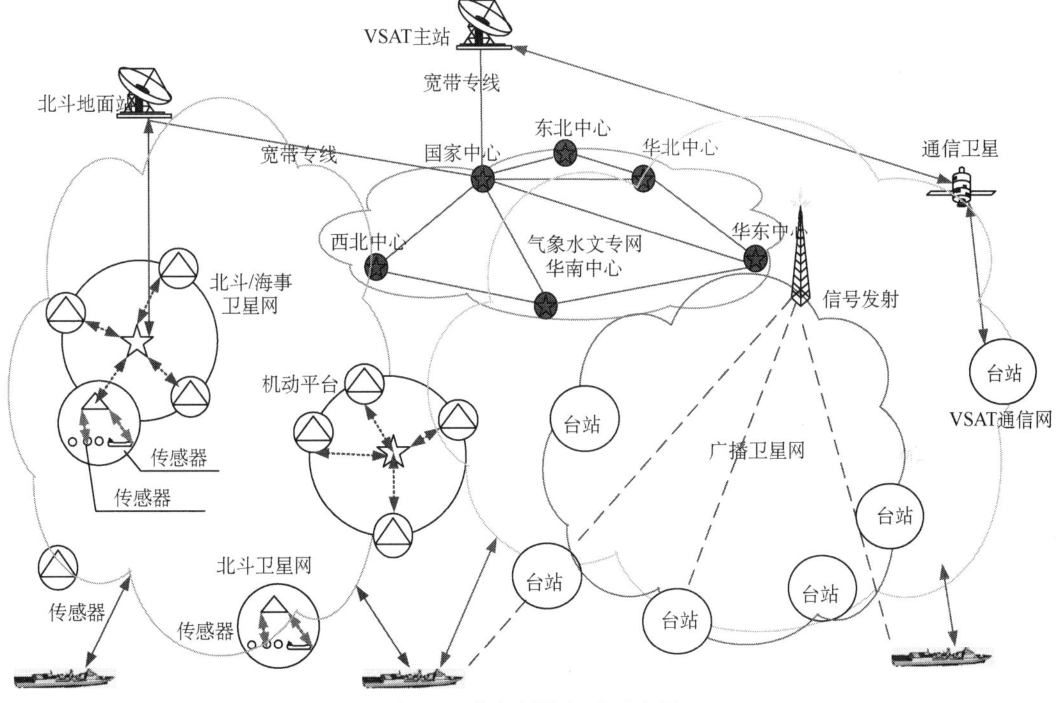

图7.4　信息网络组成示意图

(1) VSAT通信

主要完成全球气象常规监测资料、全国海洋监测资料、预报产品向全局系统自动分发，可连接1个主站(国家中心)和数百个气象水文台站，上行速率64kbps，下行速率512kbps。增加DirecWay专线功能后的下行速率可达2Mbps。

(2)专线通信

国家中心所属单位通过铺设专线和租用电信部门专线，与国家和军队相关单位建立连接，主要完成全球气象监测资料(GTS)、预报等信息传输，带宽2M～4Mbps。

(3)CHINAPAC、PSTN通信

利用CHINAPAC和PSTN通信技术和装备，建立涵盖测站、区域业务中心和国家业务中心三级节点广域网，完成全国气象水文资料传输与处理。通信速率9.6～64kbps。

(4)国外商用卫星数据传输

利用海事卫星Inmarsat－C通信终端，建立区域中心与海上监测平台点对点数据传输，速率为600bps。表面漂流浮标数据传输方式，只能采用ARGOS卫星，数据在国外落地后，经Internet网络传回国内。

(5)VHF/UHF数据传输

利用超短波通信设备，建立台站与监测点之间数据传输，速率为9600bps。

(6)北斗定位导航卫星数据传输

“北斗”系列定位导航卫星系统，在保证定位导航业务的前提下，还可以提供实时短消息通信服务，可以满足小数据量的实时数据通信，传输速率在2.4～9.6kbps之间。

(7)广播电视卫星数据传输

国家中心将需要发送的文件按照自定义的格式封装到UDP协议数据单元中，通过专线传至中央电视台源媒体路由器(SMR)，经由卫星播出系统以DVB数据广播的形式播发，各级气象水文台站安装必要装置和软件后均可单向接收。速率为512kbps。

(8)行业专用网

中国气象局、水利部、海洋局等相关单位均在不同时期建设了连接体系内部机构的专用网，大都采用骨干网、区域网和本地局域网的构架。通常骨干网的主信道选用SDH(基本速率为2Mbps)；备用信道选用ISDN拨号线路(速率为128kbps)/VSAT卫星网(速率为64k～512kbps)等。

(9)电子政务网

顺应国家电子政务发展的需要，气象水文部门要提供相关预报产品和统计信息作为电子政务参考数据，出于安全考虑，这些数据通过专门服务器和网关接入电子政务网。

综上所述，在所传输内容的安全级别和传输带宽许可范围内，可采用其他通信手段作为补充，如短波无线传真广播网、移动通信C网和G网等。无论采用何种数据传输技术，都必须解决数据封装发送和接收解码问题，同时，如果用于海上平台的数据传输，还要考虑通信设备的体积、用频、固定方式等因素。

为了使系统设计具有实用性、先进性和可扩展性，必须对相关技术的发展趋势有鲜明的认识，充分利用了互联网、信息栅格、卫星通信和无线电技术的最新成果，同时也要针对具体的应用特点进行优化设计。既要考虑专业领域的应用，如在军事领域中气象水文应用，主要包括气象水文信息测量、收集、处理及存储网络系统，气象、水文、潮汐、天文情况分析网络系统，气象数值预报网络系统，气象保障指挥控制网络系统，人工影响天气装备网络系统，气象辅助决策系统，支持训练、演习与气象装备、器材管理网络系统，武器装备试验保障系统等；又要兼顾一些通用领域与气象水文信息网络系统的互操作，如信息传输服务网络系统，文电处理服务网络系统，态势感知与处理服务网络系统，位置确定和时统服务网络系统，系统技术状态管理服务，安全保密服务系统，系统环境保障系统和战场空间信息集成服务系统。

7.2.3 主要信息传输软件设计思想

气象水文信息传输的主要业务体现在以下四个方面：一，观探测数据收集；二，气象水文信息分发和发布;三,信息传输任务调度;四,其他数据传输服务。

由于各种通信信道的特性不同,适合承载的通信任务也不同;各类气象水文数据传输的要求不同,所需的通信服务质量也不同,因此,要在信道、任务和执行时间之间形成映射和分配。

7.2.3.1　观探测数据收集

常规观探测数据的来源主要各气象水文台站、海洋站等集成单位,而这些单位的地面宽带通信基础设施上不健全,不能保证地处偏远地区的台站都能被综合信息网覆盖。因此,可通过 VSAT 气象水文通信系统最大限度的收集这些信息。

至于其他气象卫星资料、雷达资料等大数据量的信息可以通过专门接收系统来收集。

VSAT 气象水文通信系统可采用 C 波段和 Ku 波段卫星转发器,分配 5～6MHz 通信带宽,可覆盖全国气象水文台站,主要任务是收集全国气象水文台站上报的气象水文资料,同时也可下发有关气象水文信息。该网的中心至主站的出向速率大于 2Mbps,主站的出向速率为 512kbps,小站入向速率 64kbps 左右,为双向非平衡系统。

VSAT 通信网,相当于一个多路由、多端口的空中通信网桥,由 VSAT 卫星通信主站,经过通信卫星转发器,把 VSAT 卫星通信小站联接成一个卫星通信互联网,并通过 VSAT 卫星主站和小站自备的各类计算机网络接口,实现计算机广域网互联。

各气象水文单位的计算机局域网可通过接入 VSAT 卫星通信网实现互联互通。VSAT 系统在主站和小站支持 10 BSAET 以太网组网技术和令牌环网,由于目前大多数单位的局域网采用星型结构的以太网,故建议在个级站点配置 10Mbps/100Mbps 自适应的交换式以太网与 VSAT 基带分系统衔接,这样可以继续使用原来小站的 PC 机上配备的 10Mbps 或 100Mbps 以太网卡。

基本通信协议包括:以太网协议、令牌环网协议(可选)、SDLC 协议、TCP/IP 协议(含 UDP)、HDLC 协议、DDN 协议、SLIP/PPP 协议、BSC 协议等(含支持 Web 服务,域名解析等功能的协议)。

系统由监测数据集成和管理、多协议通信传输、数据链传输和服务、北斗短信通信、卫星数据收集子系统组成,体系结构如图 7.5 所示。

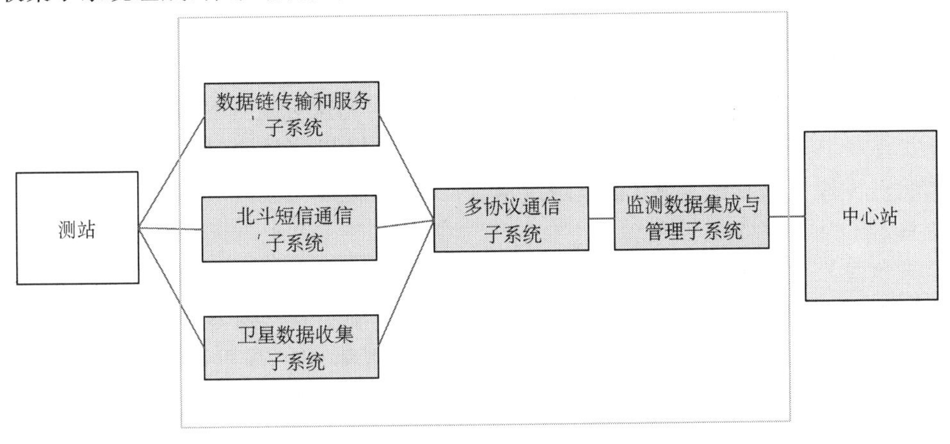

图 7.5　系统体系结构

(1)监测数据集成和管理子系统

该子系统由数据收集模块、传输差错控制模块、前端机管理模块、数据压缩/解压模块、数据加密/解密模块、文件管理模块、管理调度模块和二次开发接口模块组成，相互配合，实现分布式数据收集、传输差错控制、压缩/解压缩、加密/解密、监测数据文件管理和转发等功能。

(2)多协议通信传输子系统

多协议通信子系统是支持FTP、Socket、UDP等TCP协议及RS－232、USB1.0/2.0等多种通信方式和通信协议的专用海洋环境信息通信软件，可在固定站点或机动站点，可根据不同海洋环境信息的数据类型和通信信道带宽情况，选择适当的传输协议和传输方式，以最大限度、最优化的方案实现数据的快速传输。

(3)数据链传输和服务子系统

系统由全军数据链设备、海洋环境监测数据链传输编码、海洋环境监测数据链传输服务和海洋环境监测数据链传输解码组成。

(4)北斗短信通信子系统

根据所装平台的不同，北斗用户终端将适应无人值守类监测平台和无人值守类监测平台。其中无人值守监测平台中数据的采集和传输都是自动完成的，各种类型的传感器将采集到的数字式信号按照数据采集控制存储器的要求定时上报。数据采集控制存储器首先将数据进行规定格式的压缩和打包，然后通过标准的RS－232接口，将数据传送给基本型北斗用户终端，北斗终端收到数据后，按照自身的服务频度将数据发送到指定地址或北斗卫星定位总站。有人监测平台上的北斗用户终端连接结构与无人值守监测平台一样，为增强有人监测平台的通信能力，可以充分利用北斗的通信信道，增加一个简单的人机交互界面(计算机或PDA之类的信息处理终端)，就能够实现更高层次上的控制和监测数据传输。

(5)卫星数据收集子系统

卫星通信适合应用于固定台站的监测数据上报，VSAT中心站设在通过主站对全网实施管理和业务调度，应用软件在小站则提供自动观探测设备数据文件轮询发送和人工编报发送两种功能模块；在中心站完成接收小站发送来的数据资料，小站上报资料超时时，主动查询收集等功能。

7.2.3.2 气象水文信息分发和发布

当观探测数据被收集到上来后，要在规定的时延内迅速分发到各级用户，这种分发还包括气象卫星资料、雷达资料等其他数据源的信息，在有预报结果的时间段，还要分发预报产品。信息分发和发布系统由Ku波段卫星数据广播网、无线短波传真网、数据分发和产品发布系统构成。

由于气象水文信息的用户除了体系内的各级气象水文保障单位，还有其他用户，因此，要根据各类用户所拥有的信道资源选择分发渠道。其中卫星气象水文数据广播系统，是主要的数据分发渠道，其他方式作为辅助。为保证软件地通用性，采用IP组播技术，统一了数据分发接收程序，即不论用户通过VSAT通信系统还是卫星电视广播系统，或是无线短波传真网，都能使用同一个程序接收分发的数据。

组播是一种允许一个或多个发送者(组播源)发送单一的数据包到多个接收者(一次的，

同时的)的网络技术。组播源把数据包发送到特定组播组,而只有属于该组播组的地址才能接收到数据包。组播可以大大的节省网络带宽，因为无论有多少个目标地址,在整个网络的任何一条链路上只传送单一的数据包。它提高了数据传送效率。减少了主干网出现拥塞的可能性。组播组中的主机可以是在同一个物理网络，也可以来自不同的物理网络(如果有组播路由器的支持)。

信息分发和发布软件由数据集中分发、实时信息和预报产品的定制分发、发布服务三部分组成,如图 7.6 所示。

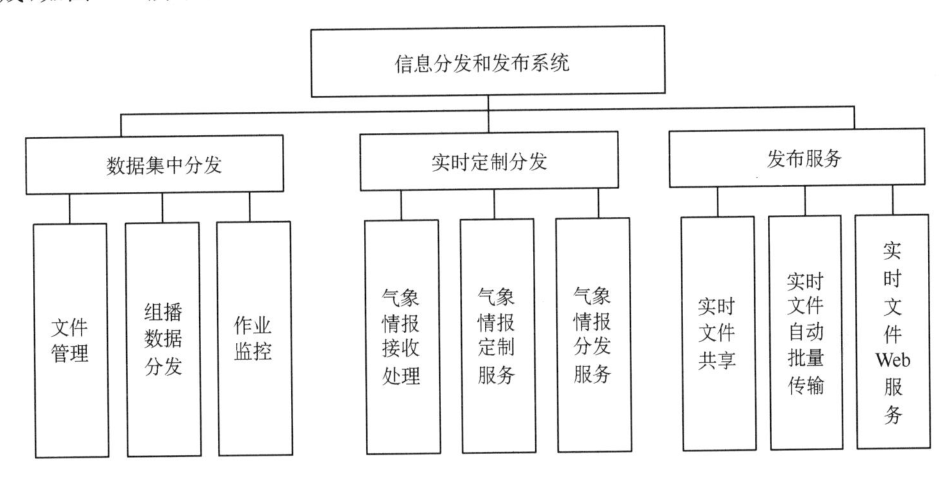

图 7.6　信息分发和发布系统组成

(1)数据集中分发

文件管理对实时文件存储进行分档管理、存储时效管理、文件命名格式管理等。分发和接收将实时观测与其他信息进行集中管理,并按集中分发策略,以组播形式实现统一的数据分发和接收功能,中心站配置集中分发服务模块,其他节点配置接收和处理模块。

(2)实时定制分发

实时定制分发模块依托数据传输骨干网,采用网络通信技术,研制建设扁平高效的实时信息定制分发平台,由气象情报接收处理、气象情报定制服务和气象情报分发服务模块组成,对区域内多源气象情报信息进行融合处理,形成统一的气象情报态势,实现区域内气象情报资源的有效管理与共享。

(3)发布服务

根据局域网、广域网以及部分专线网络环境的特点,按照效率和安全相结合的原则,实现包括文件共享、自动 FTP 文件传输和 WWW 万维网服务等方式的数据分发服务。

7.2.3.3　信息传输任务调度

信息传输任务调度(也称业务调度)是整个气象水文信息传输和业务运行的核心,其主要任务是对气象水文信息网络系统各项业务进行调度、运行监控和信道资源分配,实现按照业务流程划分传输几十个不同种类的气象水文信息所利用的信道、占用信道的时段和优先等级的功能,实现对数据传输的灵活调度,高效、合理地综合利用信道资源,并能够对业务流程进行监控。

数百个固定台站和若干个机动站参加组网，气象水文信息量大、时效要求高，而信道资源有限，要确保各种实时气象水文信息能及时收集上来、广播下去，必须对各类信息的特性及其流程进行综合分析，合理设计，充分发挥信道使用效率。例如对于 VSAT 子网中的传输数据，要避免长数据独占空间链路时间过长，影响其他数据的正常传输。为了有效地分担负荷，需要和网络管理系统中的空间链路管理分系统的管理策略配合，充分利用 VSAT 网络本身的优先权控制机制。

根据各信道的特点，对每一信道上承担的主要任务进行划分，优先等级划分原则为常规实时观测资料第一，区域特殊观测气象水文信息其次，台站之间相互传输的业务信息最低。

为了有效设计调度策略，还要对每个台站每天需要上报的实时气象水文信息种类、信息量及时效要求，中心站每天需要向下广播的信息种类、信息量及时效要求等进行详细分析。如表 7.1 和表 7.2 所示的主要上报和分发数据特性。

表 7.1　气象水文台站上报实时气象水文资料信息量统计表

资料种类	时效要求(min)	信息量(kB)	每日次数	日总量(kB)	备注
正点报	<5	0.1	24	2.4	
半点报	<5	0.1	不定	0.8	
临时报	<5	0.1	不定	0.8	
危险报	<5	0.1	不定	1.2	
探空报	实时	2.0	1	2.0	
空中风报	<5	1.0	1	1.0	
预约报	<5	0.1	不定	0.5	
雷达报	实时	2.0	不定	4.0	
航危报	<5	2.6	24	62.4	20×0.13kB
测雨雷达资料	<2	500.0	2	1000.0	压缩数据
地面观测资料	<15	1.5	24	36.0	

表 7.2　中心广播实时气象水文资料信息量统计表

资料种类	时效要求(min)	信息量(MB)	日次数	日总量(MB)	备注
台站实况报	<5	0.1	24	2.4	400 站
测雨雷达资料	<2	100.0	2	200.0	200 站
探空报	实时	0.8	1	0.8	400 站
常规气象报	<10	0.5	8	4.0	
卫星云图	<20	0.5	24	12.0	每小时 2 幅
传真图	<30	0.3	50	15.0	
产品	<60	300.0	1	300.0	部分产品

业务调度控制程序要控制和指挥通信程序通过专线直接向主站发送数据和接收数据，中心站要对同时到达的连接请求进行优先权控制。各级调度程序只对同时请求发送的数据进行优先权控制，接收进程处于等待状态。

作业监控程序的调度事件分两类，一类是时间，另一类是其他事件消息。受时钟触发的动作主要反映了正点报、半点报等由业务需求定义的气象水文观探测资料的传输；受其他事件消息触发的动作主要表现了对其他时间信息传送请求的响应以及在数据传输模块和数据处理子系统之间的操作协调。

总之，业务调度总控程序根据调度规则（由时间、方向、任务、优先级等综合因素确定）触发数据传输子系统和数据处理子系统的运行。调度软件组成及工作流程如图7.7所示。

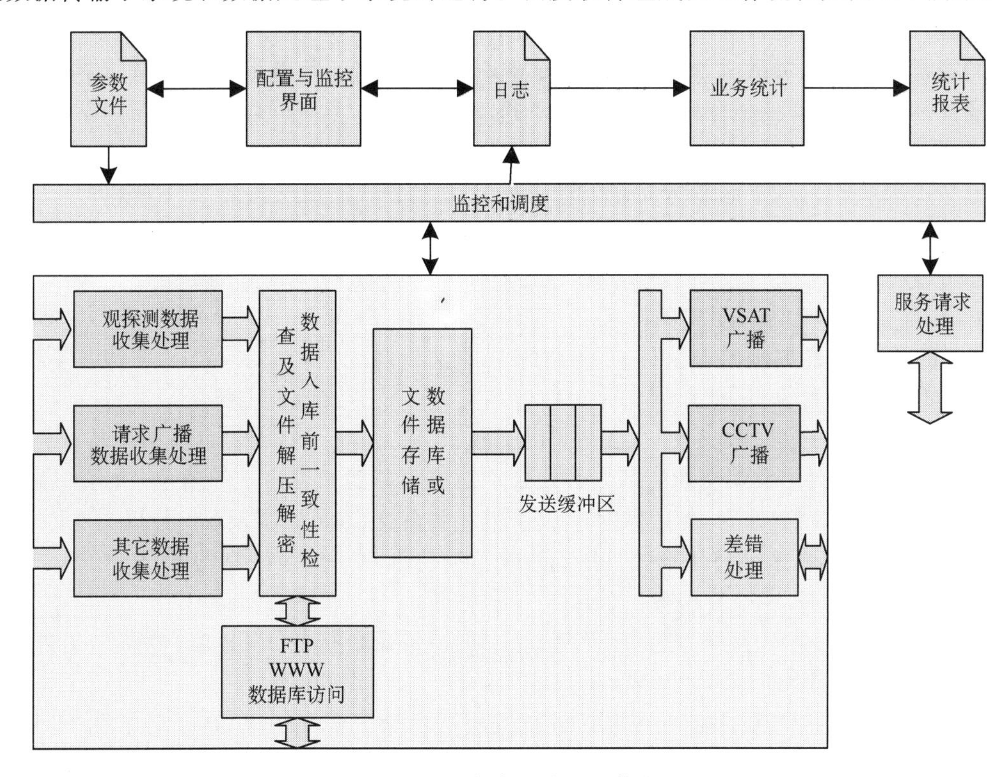

图7.7 调度软件组成及工作流程

业务调度的监控模块通过对本系统收发情况的分析、统计，一旦发现错误率过高或响应过慢，也可以填写"故障诊断请求"位，触发设备管理的故障管理模块发出探询报文，进行网络的故障诊断。

7.2.3.4 其他数据传输服务

除了前面三类主要信息传输业务外，在日常工作中，还要用到一些通用的数据传输手段，如通过Web服务器和FTP服务器提供信息查询、数据上传和下载等。在传输过程中，还要根据任务和数据的特性进行必要的压缩和加密处理。

(1)基于Web的公共气象水文信息服务

基于Web的公共气象水文信息服务系统，要求宽带数据传输作为技术支撑，目前的主要任务是为其他非气象水文部门提供各种公用气象水文信息服务。因此，它包括面向公众的一般气象水文信息服务和面向党政军的特殊气象水文决策支持信息服务。前者可通过互联网发布，后者需要遵循有关规定，接入电子政务网。由于其使用简单方便，深受一般用户喜爱，随着网络覆盖面的扩大和接入手段的多样性，该项业务可以逐步扩展新的内容和访问方式。

该系统可提供的信息服务主要包括全球主要站点天气预报、天气实况、气象卫星云图、传真图、数值预报产品等，以及气象水文知识、气候概况、气象新闻、气象水文科技动态、电子版气象杂志等气象水文服务信息。

(2)气象水文远程拨号访问服务

气象水文远程拨号访问服务系统，是利用程控电话网(PSTN)传输气象水文信息，主要任务是作为备份手段进行补报和提供查询、访问服务。

该系统的特点是灵活机动，虽然通信速率低，但可以通过采用压缩算法提高系统效率，对设备要求低，只要有电话线路、调制解调器和普通 PC 机，并知道拨号号码和口令，就能够与服务器连接，上网进行数据传输。

在中心站要提供远程拨号服务，采用 TCP/IP 协议，通信速率最高支持 56kbps，主要提供各种气象水文报文和较小数据量的传真图和数值预报产品。

(3)FTP 数据传输

FTP 是 TCP/IP 协议组中的协议之一，是英文 File Transfer Protocol 的缩写。该协议是 Internet 文件传送的基础，它由一系列规格说明文档组成，目标是提高文件的共享性，提供非直接使用远程计算机，使存储介质对用户透明和可靠高效地传送数据。

这种方法可用于实时收集人工/自动观测资料、气象雷达探测资料，也可用于从服务器获取所需数据资料文件。数据交换的双方必须分别扮演服务器和客户端的角色，由客户端登录到服务器上设立的 FTP 账户，然后借助于 FTP 的相关命令，就可以实现双向数据文件传输。

FTP 在客户端有多种使用形式，可通过浏览器使用，也可安装独立的 FTP 客户端软件，但对方必须安装并开启 FTP 服务器程序。

通常 Windows 操作系统自带“ftp”命令，这是一个命令行的 FTP 客户程序，另外常用的 FTP 客户程序还有 CuteFTP、Ws_FTP、Flashfxp、LeapFTP 等。

FTP 可提供用户授权服务和匿名服务。授权用户除了要知道 FTP 服务器的 IP 地址，还必须要知道 FTP 服务器授权的账号，即用户标识和一个口令，才能登录 FTP 服务器，享受 FTP 服务器提供的服务。

而匿名 FTP 服务器可向公众提供文件拷贝服务，不要求用户事先在该服务器进行登记注册，也不用取得 FTP 服务器的授权，要知道 FTP 服务器的 IP 地址，就能登录 FTP 服务器，享受 FTP 服务器提供的服务。

FTP 地址在浏览器上表示为 ftp://用户名:密码@FTP 服务器 IP 或域名:FTP 命令端口/路径/文件名。

上面的参数除 FTP 服务器 IP 或域名为必要项外，其他都不是必须的。如以下地址都是有效 FTP 地址：

ftp://ads.qxj.org

ftp://test:list@ads.qxj.org

ftp://test:list@ads.qxj.org:2003

ftp://test:list@ads.qxj.org:2003/soft/mmnwp.txt

在用独立 FTP 软件或 Windows 操作系统自带的“ftp”命令时，可根据系统提示输入 IP 地址、用户标识和口令等进行操作。

关于 FTP 的其他详细内容，不在本书中赘述，可参考相关资料。

(4)数据压缩

信息网络系统所依托的信道资源和业务发展的要求始终是一个矛盾，为提高信道的使用效率和提供信息的实时服务，如何针对气象水文数据的特点，对数据进行有效的编码和压缩是一个难点问题，解决方法如下：

- 根据气象水文数据的使用要求和统计特征，选取和设计数据压缩算法：对于气象卫星云图、雷达资料等图像资料，采用有损压缩算法以获得较高的压缩比；对于传真图、报文、产品等数据，采用不同的无损压缩算法以保证数据的准确性。
- 在保证实际业务需求的条件下，尽可能地提高数据压缩比，同时减少压缩和解压缩时间。

常规气象水文数据主要包含 GRID 数据、GRIB 数据、FAX 数据和一般的报文数据，选取算法的难点在于：1. 无损；2. 压缩率高；3. 运算速度要快。因此要针对不同数据的特点，在众多的压缩算法中选择不同的算法对不同数据进行处理。

例如主要数据类型的特点和解决办法如下：

- 格点报数据（GRID 数据）的前后相关性和相邻行相关性很强，可以先对数据进行预测，得到预测误差，再采用 Huffman 算法对预测误差进行压缩。
- GRIB 数据是已编码过的数据，关键要解决 GRIB 数据的解码问题。其解码原理如下：首先，对格点数据进行适当的缩放；其次，遍历缩放后的格点数据找出其中最小的数据 R；然后，将所有的数据都减去最小数据 R 得到差值表；最后，根据其中最大值确定所需要的码字长度，完成编码。但初期由于缺乏实际的数据，无法完成对解码算法进行正确性检验。
- 传真图数据特点是二值图像，采用 ITU-T. 6 推荐二维 MRC（Modified Relative Element Address Designate Code，改进的相对地址编码）算法对 FAX 数据进行编解码。
- 一般报文数据的规律性差，工作的难点在于最优算法的选择，在算法的选择上注重算法的通用性和压缩率。经过对大量报文数据进行实测，统计各种算法对不同数据的压缩率，最后确定压缩率偏差较小，压缩率较高的 LZW 算法为最终算法。
- 将基于小波的零树编码有损压缩方法应用于气象卫星遥感图像数据的压缩，可解决传统的无损压缩方法压缩比低的问题，并对零树编码进行改进，能提高数据的压缩比，达到压缩比为 20 倍的性能要求。零树编码在传输时可做到渐进式传输，接收端可以做到根据实际需要随时停止压缩数据的接收，以节约传输时间。

(5)数据加密

常规数据的加解密算法一般分为对称算法和非对称算法，对称算法运算速度快，加解密采用相同密钥，解密算法是加密算法的逆过程。加密一方需要把密钥通过秘密信道传送给解密一方，一旦在传输过程中密钥泄漏会造成机密数据的泄密。非对称算法加解密采用不同的密钥—公钥和私钥，私钥由解密方保存，公钥可在公开场合公布，不需要专用秘密信道传输密钥，因而可以减小密钥泄漏的几率，但运算速度要比对称算法慢。

对常规数据的加解密过程中主要存在两个难点：一是，加解密的运算处理速度；二是，密钥的保存和分发。对于以上两个难点，对照参考了多种加解密算法后，最后确定采用 RSA 和 IDEA 两种加密演算法联合使用的方式。采用对称 IDEA 算法对常规数据进行加解密运算，速度较快，能满足实时处理的要求，特别是经过 8 轮迭代运算后，可以达到很高的加密级别。采用 RSA 非对称算法对 IDEA 的密钥进行加密。利用 RSA 的非对称性可以采用密级较低的数据通道传输加密后的 IDEA 密钥，这样就很好地确保了密钥的保密性。

7.3 信息存储与服务分系统

7.3.1 资料种类及其编码标准

7.3.1.1 气象水文资料大类和报文文件

按照国家气象行业标准《气象资料分类与编码》(QX/T102－2009)[118]，气象资料依其内容属性、结合考虑来源属性，分为14个大类。各大类气象资料依其资料特性，选取内容属性、区域属性、时间属性、空间属性、来源属性、观测属性、格式属性、使用属性等各种属性中部分属性的不同组合进行进一步的分类。见表7.3。

表7.3 气象资料大类和编码

简码	大类名称	标识符	说明
A	地面气象资料	SURF	包括地面观测台站、地面边界层观测站、闪电定位系统和其他种类的观测台站获得的地面气象观测资料及其综合分析加工产品，不含单独用卫星、数值模式、科考等方式获得的地面资料
B	高空气象资料	UPAR	包括高空探测台站、飞机、火箭、GPS、风廓线仪等手段获得的高空气象探测资料及其加工产品，不含单独用卫星、数值模式、科考等方式获得的高空资料
C	海洋气象资料	OCEN	包括海洋船舶、浮标获得的海洋观测及其统计资料，不含单独用卫星、数值模式、科考等方式获得的海洋资料
D	气象辐射资料	RADI	包括常规地面辐射台站、大气本底站、南极站等台站地面观测取得的辐射资料，不含卫星、科考等方式获得的辐射资料
E	农业气象和生态气象资料	AGME	包括农业气象台站和各类生态气象监测台站取得的农牧作物、物候、农业气象灾害、植被物理化学特性、土壤物理化学特性资料，不含科考等方式获得的农业气象资料
F	数值分析预报产品	NAFP	指通过数值分析预报模式获得的各种分析和预报产品
G	大气成分资料	CAWN	指大气本底观测站、酸雨观测站、大气臭氧观测站获取的有关反映大气环境状况的大气物理、大气化学、大气光学资料
H	历史气候代用资料	HPXY	指可反映历史气候条件的各种非器测资料
I	气象灾害资料	DISA	指记录各种天气气候灾害的气象实况及其影响的资料；围绕灾害主题(如台风、暴雨、沙尘暴、雾)进行的观测或加工集成获得的各种资料集等。不含农业气象报告中的农作物灾害和灾情资料
J	气象雷达资料	RADA	通过各种气象雷达探测获得的资料和产品
K	气象卫星资料	SATE	通过各种卫星探测获得的气象资料和产品
L	科学试验和考察资料	SCEX	在科学试验和考察中观测获得的或收集加工获得的各种资料和产品
M	气象服务产品	SEVP	直接面向决策服务、公众服务的各类产品，以文字和图形图像产品为主
Z	其他资料	OTHE	指无法归并到上述资料内的气象资料和产品，如某些天气气候分析数据(如大气环流指数、ENSO指数等)；与气象相关的水文、冰雪、海洋、生物、社会经济、地理信息等资料

值得注意的是军队和地方的气象水文报文的标识及其编报规则尚不完全一致，因此在军地数据共享时，需要专门的解报程序对原始资料进行译码或对解码后的数据进行格式转换才便于使用。

通常报文文件以特殊的字母表示类型，可以遵循表 7.3 的标识符，也可以自定义。由于表 7.3 的资料太粗(像“其他资料”)，而且还有可能不好对应的部分(如欧洲格点报)，所以在实际工作中常常划分更多的种类、使用更为简短的标识，如用两位大写字母表示类别，如果在某个大类中又包含了子类，可以在首字母不变的情况下，改变第二个字母，以示区别，统称为“简式报头”。例如 GX 表示格点报，包含高度场资料、气压资料、温度资料和风场资料，就分别用 GH、GP、GT 和 GW 表示。

报文一般是 txt 文件，文件名常采用“类别＋时间”的方式，用规定的后缀名表示(如 *.abj)。时间有两种格式：

- 6 位长度：日(2 位)、时(2 位)、分(2 位)。
- 12 位长度：年(4 位)、月(2 位)、日(2 位)、时(2 位)、分(2 位)。

例如，用 6 位长度时间格式，文件名 gx010000.abj 是 8 位长度，表示本月 1 号零时零分的格点报；若转成 12 位时间格式，则文件名为 gx201201230100.abj，是 14 位，表示 2012 年 1 月 23 日 1 时零分的格点报。由此可见，8 位长度的文件名只适合表示相对时间的报文，有效期为一个月；而 14 位长度的文件名适合表达绝对时间的文件名，有利于长期保存。通常气象报文涉及的时间都是世界时间，必须经过时差换算才能得到本地时间。

而一个报文文件的内部格式也有约定，除了各种标识外，还有顺序和电码定义，必要时可以包含加密字段，因此必须了解所有细节，才能正确解报。

水文资料尚无国家统一颁布的分类标准和编码，业内公认指陆地水文，海洋水文归为海洋资料。陆地基本上按照水文基础(含测站、河道、水库等信息)、水情、工情(含堤坝、水库、闸门等信息)和水质等几类。而海洋水文则包含海水物理化学特性、海面风浪潮、水深、地质和重磁等。

以水情信息为例，标准建议草案根据水情站站类和水情信息的特性，水情信息编码分为降水、河道、水库(湖泊)、闸坝、泵站、潮汐、墒情、地下水、特殊水情、水文预报等 10 类。水情站有多个编报项目时，在同一份编码中，各类信息编码可编报的水情信息及编列顺序如表 7.4 所列。

表 7.4　水情信息编码分类码、可编报的水情信息及编列顺序

序号	编码类别	编码分类码	可编报的水情信息及编列顺序
1	降水	P	①降水 ②蒸发
2	河道	H	①降水 ②蒸发 ③河道水情 ④沙情 ⑤冰情
3	水库(湖泊)	K	①降水 ②蒸发 ③水库水情 ④冰情
4	闸坝	Z	①降水 ②蒸发 ③闸坝水情 ④沙情 ⑤冰情
5	泵站	D	①降水 ②蒸发 ③泵站水情
6	潮汐	T	①降水 ②蒸发 ③潮汐水情
7	土壤墒情	M	①降水 ②蒸发 ③土壤墒情
8	地下水	G	①降水 ②蒸发 ③地下水情
9	特殊水情	Y	特殊水情
10	水文预报	F	水文预报

由此可见,一个信息系统包含的信息种类越多,它所涉及的报文解码、资料分类保存、数据存储共享问题就越复杂。当与相关部门进行信息交互时,数据间的语义、格式和互操作性是首当其冲的,除了标准先行外,还有许多历史数据和未来新数据的兼容问题,这些不仅仅是统一数据库格式能解决的,必须寻找新的技术途径。

7.3.1.2 图像文件

图像文件包括气象传真图、卫星云图和雷达图等。

(1)传真图

气象传真图一般为二值图像,也可以是灰度、彩色图像,对二值传真图,国际电信联盟ITU(前身为国际电话与电报咨询委员会 CCITT)于 1988 年公布了 T.6《四类传真机的传真编码方案和编码控制功能》建议 (ITU-T Recommendation T.6 11/88),推荐二维 MRC (Modified Relative Element Address Designate Code,改进的相对地址编码)作为传真四类机的标准编码方案。对灰度、彩色传真图,ITU 于 1997 年公布了相应的标准编码方案《四类传真机的终端特性》(ITU-T.563—Amendment 1,07/97)。目前系统主要接收北京和日本气象传真图,文件类别名分别为 BJ 和 JP。

(2)卫星云图

QX/T102—2009 的卫星气象资料分类方法为:选取产品等级属性、卫星类别属性、卫星探测器属性、波段属性、产品内容属性、区域属性按先后顺序的组合进行。其中区域属性是公共属性,产品内容属性从属于产品等级属性(见表 7.5)。

表 7.5 卫星气象产品等级属性分类和编码

简码	卫星气象产品等级名称	标识符	说明
01	0 级产品	L0	未经过任何处理的原始数据,即 1A 数据和未展宽资料
02	1 级产品	L1	经过定位和定标处理过的卫星资料,即 1B 数据和展宽数据
03	2 级产品	L2	通过低级别的卫星资料反演出的地球物理参数产品
04	3 级产品	L3	通过低级别的卫星资料经时空重采样的产品
05	4 级产品	L4	通过低等级资料分析得出的结果或模式计算结果,属于直接面向应用的增值产品

卫星气象 4 级产品如果是直接面向公众服务和决策服务的,则归并到气象服务产品大类。各种卫星云图属于 2 级和 3 级产品,数据资料主要包括可见光和红外,云图形态主要包括区域云图、立体图、圆盘图和投影图等,有彩色图像和黑白图像。各种云图由相应软件读取卫星数据资料绘制而成,图像资料可保存为 JPG 等格式,供用户分析观察。但其他反演和深度加工的产品,必须在资料数据的基础上进行。

(3)雷达图

QX/T102-2009 的气象雷达资料分类方法为:选取区域属性、雷达种类属性、产品等级属性和产品内容属性按先后顺序的组合进行。其中区域属性是公共属性,产品内容属性从属于雷达种类属性和产品等级属性。气象雷达产品等级属性分类和编码见表 7.6。

表 7.6 气象雷达产品等级属性分类和编码

简码	气象雷达产品等级名称	标识符	说明
01	0级产品	L0	未经过任何处理的原始数据(雷达信号)
02	1级产品	L1	经过初加工的原始资料,即基本数据
03	2级产品	L2	在1级产品基础上加工获得的雷达反演产品(包括定量产品和图像产品)

雷达图像属于2级产品。由于常规天气雷达和多普勒天气雷达在技术上差别很大,其数据处理差别也很大。前者主要的产品是根据回波强度产生的降水图像产品,后者可根据不同扫描方式产生回波强度、降水强度、等高面、风暴路径、垂直风廓线和三维风场等大量气象产品。各种雷达图由相应软件读取雷达数据资料绘制而成,图像资料可保存为JPG等格式,供用户分析观察。但其他反演和深度加工的产品,必须在资料数据的基础上进行。

7.3.2 常规信息处理软件设计思想

气象水文信息处理主要是对实时接收到的全球气象水文观探测资料进行预处理和质量控制;对收集整理得到的全球气象水文观探测历史资料进行预处理、质量控制;对已有气候水文产品进行再加工,并针对资料的特点采取不同存储方式。

7.3.2.1 报文数据预处理

气象电报不仅实时性强、容量大、种类繁多,而且其不同报类的来报时次、报文格式也不相同,再加上其编报、收发、传输等中间环节较多,有时气象电报误码甚至错误难以避免,为了更好地利用数据,将数据以一定格式保存,在对于进入数据库的实时常规和非常规气象观探测资料要进行报文分检,格式检测,错报处理,要素译码等大量预处理过程,对需导入的历史资料也必须进行格式检测和要素译码。

(1)报文分检

由于报文来源不同,所以需要处理的报文种类多,观测资料信息量大、格式复杂不统一、方式多样等,需按照不同资料进行分检、处理、组织和管理。报文分检即读取报文的类型信息,将不同类型的报文分类存储,以待下一步的处理。

(2)资料错情及格式检测

由于编码发报和传递中的某些原因,造成天气观测报告资料存在各种各样的错情,因此,弄清资料中可能存在的各种错情,并针对各种错情进行处理,再经过加工整理后,变可获得格式标准和排列规则的资料,这对于以后的资料的进一步分析处理是十分必要的。报文资料中可能存在的错情是多种多样的,就其涉及范围来讲,观测报告中的每一个电码都有发生错误的可能,因而,想要全面地指出错情形式是不可能的。观测资料的电码格式检测比较复杂,其检测项目随报类格式的不同而有所区别,以下所列的检测规则对多数报类都是适用的。

• 公报格式的检测

检测报头行,如果没有或不能识别,则该份公报作为错报输出。

• 报文格式的检测

报告分割:报告分割以区站号(或船舶呼号、经纬度,或观测地名)和“=”为分割符,即一份报告中必须含有区站号(或船舶呼号、经纬度,或观测地名)和“=”,否则不能进入报告库。

一些常见的错情及预处理如下:区站号检测、呼号检测、经纬度检测、字母数字变换、码组检测、指示码检测、少组、多组和错组检测、五码检测。

(3)重报处理

重报是指同一观测报告出现两次或两次以上的现象,重报会不合理地增加这些观测报告的比重,从而影响统计结果的代表性。重复的天气报告之间也往往不全相同。区站号(或船舶呼号)是判定重报的依据,尤其是在经纬度有错的情况下,更是唯一的判断依据。在没有区站号(或船舶呼号)时,确定为重报的基本条件是报告的经纬度、象限、日期、时间等完全相同。

重报处理的原则是:以观测时间、经纬度、区站号(或船舶呼号)相同的视为重复报,凡是重复报的取前舍后,更正报必取为原则。

(4)要素译码

要素译码就是对天气报告中的所有气象要素,根据各报类的编码规则从电码中提取,并按照译码规则抽取所需的信息。

7.3.2.2 图像产品数据处理

信息网络系统中图像产品的数据处理的基本内容包括图像的配准,图像增强,图像特征显示和分析计算。

(1)图像配准

在图像的分析应用中,需要对不同传感器在同一时间获取的同一天气的图像或者不同时间对同一传感器获得的图像进行分析比较,产生一组空间对准的图像。通常采用的方法有:

• 相对配准:选择一组图像中的某一个图像作参数,其他图像以它为准进行配准;

• 绝对配准:指定一个控制网格,所有图像都以此进行配准。

图像配准以后,就可以进行多幅图像的叠加或嵌套。

(2)图像增强

图像增强的目的是为了在图像信息提取和分析中给分析者提供更直观、更具体的图像。通过弄清楚图像中感兴趣部分的特征,或者利用适合人类视觉系统的图像来完成。增强的方法有对比度增强(灰度级修正)、边缘增强、彩色增强(伪彩色)和多图像增强。

(3)图像特征显示

根据天气分析的需要,突出显示天气的一些主要部分。常用的方法有漫游、开窗、缩放、动画、多图像显示、特征显示和模拟三维立体图像。

(4)图像分析计算

为了对云图、回波图能够定量地进行分析计算,对第一次处理的图像经过进一步处理,可以得到常用的一些经过分析计算的图形、图像。主要的分析计算有等值线分析、风场分析、直方图计算、图像算术运算等。

7.3.2.3 信息查询与综合显示

信息处理的最后一步是要能够向用户提供所有信息的查询检索服务，并以准确、直观的方式展示。其中信息查询主要是针对数据库中保存的信息，能够按时间、站点和数据类型等进行精确定位和检索；综合显示主要是对数据库中查询出来的数据进行可视化表示，表现形式分为文本显示和图表显示。

(1)信息查询

信息查询通常可采用浏览器/服务器(B/S)和客户端/服务器(C/S)两种方式进行，通过用户界面接口，接收用户的输入信息，进行功能选择(菜单、按钮)，输入要查询的条件，主要包括：

- 日期：要查询资料的日期，包括年、月、旬、日等组合条件；
- 时次：要查询资料的时次；
- 站点/站点组：要查询资料的站点，站点号或经纬度(格点资料)；
- 层次：对于高空资料和海洋水文资料，可能选择的层次；
- 区域：要查询的资料的地理区域，主要指经纬度范围，鼠标选择；
- 其他信息：在功能操作中，需用户输入的信息等。

系统将上述输入参数转换成数据库查询语句，在数据库中寻找满足条件的记录，并将结果返回给用户。由于各类数据的表达方式不同，通常信息查询都伴随着相应的显示功能，自动选取合适的工具，将查询结果作为显示程序(函数)的输入数据，并调用执行。

从业务应用角度，也可从信息类型来描述查询功能，如：

- 实时资料查询：包括地面气象、高空气象、海洋水文、热带气旋、城市预报和潮汐预报信息查询；
- 历史资料查询：包括热带气旋历史资料和再分析格点资料查询；
- 统计产品查询：包括地面气候、高空气候、海洋气候、海洋水文产品、格点资料产品和热带气旋产品查询。

(2)文本显示

文本显示可对信息进行文字表达，使用表格、对话框等将描述性信息和数据进行展示，适用于准确信息的表示。

(3)图表显示

广义的图表显示包括图形图像显示和各类报表显示，可对所查询的信息进行生动形象的表达，通常使用地理信息系统(GIS)和专题图等方式。

GIS的应用主要解决以地图为背景的气象水文信息叠加，利用GIS工具进行图形浏览、图形设置、图形输出等。

气象水文专题图包括各类由列表、等值线、曲线图、温压对数图、高空剖面图、天气图、直方图、玫瑰图、矢量图和台风路径图等，形象直观的表现数据库中各类气象水文信息。

7.3.2.4 质量控制

在资料预处理的过程中，气象资料数据出现了各种问题，怎样对气象数据进行质量控制是一个重要的问题。气象数据经过预处理外，还需进行“实时质量控制”和“非实时质量控制”的校正处理，才能为预报提供有价值、可靠的科学数据。

(1)影响质量的因素

气象观测数据的质量一般要受到两方面的影响，一是要受到观测环境改变、人的素质和仪器运行状况的影响，二是要受到读数误差、统计计算错误等人为误差的影响。近年来，由于城镇的扩建改建，在气象台站观测场地周围附近的一些建筑物不符合规范要求或者周围植被改变等，使观测环境遭受到不同程度的破坏，严重影响到气象数据的代表性和连续性。一些天气要素和天气现象与以往累年值相比有明显差异，如气温或地温偏高(排除气候变暖因素)；大风日数明显减少；个别台站云的记录种类很少，而一些天气现象能简单则简单，出现“复杂天气简单化，简单天气模式化”现象。这些都是由于观测简单化或误观测等，直接影响到数据准确而导致的结果。还有观测仪器的运行状况也会对气象记录造成一定的误差，如使用超检和故障仪器等，都能使所记录的值在计量上产生误差或造成缺测使记录不连续。人为误差是由于工作人员粗心、对于业务规定不熟悉等造成的误差，如数据的误读、一些天气现象的误认以及统计计算错误等等。这些误差是可以通过校对、复算、审核和质检等手段发现并可以及时解决的。

随着大气探测业务的发展，探测仪器精度提高，又很少受人为因素的影响，不仅减轻了劳动强度、提高了观测数据的精度和时间密度，而且也大大减少了人为误差，使观测数据更加客观、准确和完整。根据世界气象组织规定，在进行大气探测自动化进程中，需要一定时间的平行观测，对资料进行质量检查评估，以确保历史资料的均一性，发现重大问题及时解决，并且要找出两种观测数据间的差异。两者间的这种差异并不是越小或无差异越好。自动观测与人工观测不论是从观测仪器的原理还是从观测时间上讲，是两种不同的观测系统，所采集到的数据，两者肯定要有差异，而且要素不同，差值也不同，有的要素差值大，有的差值小，如地温、降水等相差就大，而气压、气温等相差就小。要通过两种观测系统的平行观测资料，找出自动站数据与人工站数据的系统差值，来订正自动站数据或人工观测资料，从而使今后自动站数据资料与历史资料相衔接统一。

(2)基层测站质量控制

包括对要素的下列质量检查：

- 极值检查(range check)：将检查值限制在一定范围
- 时变检查(step check)：限制某要素在观测时段内的可能变化值，如限制气温在3h内可改变多少
- 缺测检查(missing value check)：以确保重要项目不为空白。例如每个观测要素必须有确定的观测地点和观测时间，即地点和时间不能为缺测或空白
- 格式检查(format/code check)：检查文件格式错误或代码错误
- 一致性检查(consistency check)：指要素间的逻辑一致性检查，如天气现象和气温，干球温度与湿球温度是否相关。

针对不同类型的测站，台站质量控制的方法也有人工检查、计算机程序自动检查以及两

者相结合的方法,并且不同的要素采用的方法和检查的内容也各不相同。对于自动气象站,多采用PC机自动质量控制程序,有些自动观测仪器包含有一些内部的检查(算法检查),并在观测产品中有错误报告,在某些情况下,这种算法检查会自动删除有问题的观测记录,但通常不会自动作任何更正。人工测站的观测资料先要输入计算机后,再进行质量控制,然后再进行传输。

(3)实时资料质量控制

实时资料质量控制是指实时资料进入数据库前所进行的质量控制,以使用户得到可靠的资料。由于实时资料到达数据库的时间是不确定的,因此利用相邻台站的资料做质量检查是不可能的。实时资料质量控制主要针对报文代码进行内部一致性检查,极值检查和完整性检查。实时资料质量控制方法基本类似于台站质量控制,不同的是实时资料质量控制可以利用更多更好的统计值,且检查的要素比台站质量控制要多。

(4)非实时资料质量控制

非实时资料质量控制是对已存入数据库中的资料所进行的质量控制。由于非实时资料数据库中具有众多台站的长期资料,与实时资料的质量控制相比,非实时资料质量控制可以进行诸如观测资料的时间一致性检查和水平一致性检查的质量控制,也可以利用相邻近台站的资料对缺测资料或错误资料进行插补。

非实时资料质量控制中应用的质量控制方案除了台站质量控制和实时资料质量控制所采用的方法外,还采用包括数值诊断模式资料的应用,统计方法(空间内插、水平检测等),也有针对特定产品而采用的特定方法,所有方案均是通过计算机程序自动实现的。

非实时资料质量控制的对象有逐小时资料、逐日资料和月统计资料。

(5)人工质量控制

人工质量控制可以在任何一级的质量控制中进行,它是在台站质量控制、实时资料质量控制和非实时资料质量控制后对错误和有疑问的记录用人工检查方式进行的质量控制。进行人工质量控制的方式可以有多种,例如:借助纸质报表、可能的错误列表、资料的图像表达等,也可以利用GIS系统对质量标记和记录的图形表达进行人工判断。

质量控制方法分类,可将质量控制所涉及的气象资料分为两类:

A类:$X_{t1},\cdots,X_{tn}$,表示单站要素的时间序列(当$n=1$时为当前观测值)

B类:$X_{t1},k_1\cdots,X_{tn},k_m$,表示多个台站要素的时间序列。

对于不同类型的资料,所采用的质量控制方法也不一样。例如,对于A类资料,就不能采用空间检查方法,只能使用时间检查方法,而B类资料既可以采用时间检查方法,也可以采用空间检查方法。对B类资料可以使用更复杂的质量控制技术。

根据上述两类资料,质量控制方法分为两大类:A类—单站质量控制方法;B类—空间质量控制方法。上述两类方法又可根据所涉及的资料对象分为:针对当前资料(单个);针对时间序列。根据所涉及的要素个数又进一步细分为:涉及一个要素;涉及一个以上的要素。可根据具体情况,将上述方法组合使用。

- 单站资料质量控制方法

单站资料质量控制一般是在人工质量控制和实时资料质量控制阶段进行,针对A类资料,即单站当前资料或时间序列资料。单站资料质量控制方法包括范围检查(或极值检查)、时变检查、一致性检查等。

范围检查又称极值检查，是根据要素的气候特征，对其出现的范围作出判断。有两类极端值用于范围检查中，一是异常值(u 或 U)，二是物理上不可能出现的值(i 或 I)。假定要素 X 的历史最小值和最大值分别为 r 和 R，一般来说，有 $i_m = r_m - \Delta < r_m < u_m < U_m < R_m < R_m + \Delta = I_m$，$m$ 是月份变量。(i,I)和(u,U)的确定需要根据要素 X 的概率分布特征进行判断。

时变检查是一种时间一致性检查方法，主要是根据要素在某一时段内可能变化的范围判断该要素值是否可疑。一般计算要素在 10 min 到 24 h 前后的变化值，所涉及的要素不同，给出的阈值各不相同。对气候序列而言，可以将被检查值与其前后的要素观测值进行比较，判断该记录是否正确。

一致性检查是利用不同变量间的物理联系，通过一个变量的观测值，判断另一个变量同时刻的观测值是否可信。一致性检查可以检查出确定性错误，也可以检查出可能性错误。例如，对气温而言，如果：$T > T_{max}$ 或 $T < T_{min}$ 或 $T_{max} < T_{min}$，则必有一个要素是错误的；如果：$T_{max} - T > K$ 或 $T - T_{min} > K$，则可能有一个要素是错误的。

如一致性检查所比较的要素对可以有：

①定时气温与最高(或最低)气温，干球温度与湿球温度，干球温度与露点温度，定时温度与过去 8 次定时温度之平均值，定时气温与天气现象；

②气压与气压倾向；

③3h 降水与 6h 降水，降水与天气现象；

④风速与风向，风速的时间变化与风向的时间变化，最大风速与定时风速；

⑤观测的相对湿度与用露点温度计算的相对湿度，相对湿度与天气现象(雾等)；

⑥总云量与低云量，云量与云状；

⑦能见度与天气现象等。

- 其他方法

对单站要素的质量控制还有一些其他的方法。如利用数值天气预报模式的要素预报场所进行的质量控制，通常预报场与观测场之间的差值比较小，且这种差值具有正态分布，当某站点的差值数倍于预报场误差的标准差时，就认为该台站观测值可疑。

(6)空间质量控制方法

仅利用单站资料进行该站观测记录的质量控制是不够的，邻近台站资料的存在使得观测资料的质量控制能够利用更多的参考信息。空间质量控制方法就是充分利用与检测站邻近的多个台站的同时刻的观测资料，进行该站资料的质量控制的方法。主要有：Madsen－Allerup 方法、DECWIM 方法、Kriging 统计插值方法、MESAN 方法等。

随着各种观测手段的不断增加和观测要素的不断增加，必将出现更多的质量控制方法。

7.3.3 气象水文信息存储管理

7.3.3.1 一般数据存储方式

资料经预处理和质量控制之后需进行数据库的存储操作，针对数据的不同特点，可分为非结构化和结构化两种方式进行数据的存储。其中非结构化存储方式指同类数据的存储格式不是严格遵循字段类型、长度、精度和相互关系等定义好的数据结构，通常不能通过数据库管理系统(DBMS)的命令(如 SQL)直接读写单个要素，属于文件级数据存储；而结构化存储方式是指每类数据都严格遵循一致的数据结构，保证每个要素的字段类型、长度、精度和相互关系具有一致性，可通过数据库管理系统（DBMS）的命令（如 SQL）直接读写单个要素，属于字段和记录及数据存储[119～122]。

对于数值模式产品、雷达资料和卫星遥感资料通常采用非结构化存储方式，方法有以下两种：

（1）使用文件系统存储文件，在数据库中存储文件的访问路径。

（2）使用数据库管理系统（DBMS）的文件存储功能，如 Oracle 数据库软件中提供的 BFILE/BLOB 字段实现数据的存储。

对于常规地面、高空观测资料，信息网络系统采用结构化数据的存储方式，即将预处理和质量控制之后的数据以数据表（table）的方式入库存储。

随着 Web 应用的发展，为提高气象水文数据的公共服务度和跨单位的数据共享，数据还可以采用半结构化的存储方式，即借助于 XML 的表达形式，定义一定的标记，一对标记括起的数据具有定义好的意义。由于标记不像数据库表的字段具有严格类型、长度、是否允许为空等要求，具有一定的松弛度，既可表示一般的数值、字符，也可表示声音、图片等多媒体信息，甚至包含文件、链接等信息，因此称之为半结构化数据存储。

7.3.3.2　数据分类存储管理

为了有效存储和查询海量数据，可通过按时间和属性关系建库的方法对气象水文数据进行分类存储。如按时间关系建立实时资料数据库、缓冲资料数据库、历史资料数据库、气象水文统计产品数据库等，既可减少各类数据库包含的数据量，实现快速查询，也有利于长期数据资料的积累和保存，因为不同时间尺度上的应用对资料的颗粒度要求不同，所使用的数据结构定义也不尽相同[123～125]。

(1)实时资料的管理

实时气象水文资料管理根据全球实时气象水文观探测资料数据种类多、应用方式不同、应用时效要求高等特点，按照不同的资料种类分类进行组织和管理。建立若干个子库，如公报库、报告库、要素库、场库、产品库、图形图像库、台风库。原则上近一个月的数据保存在实时资料数据库中，超过时间的数据可以划分到缓冲资料数据库中，以保证实时资料的查询速度最快。

(2)缓冲资料管理

由于大多数气象水文保障业务需要使用 1 年内的数据资料，为了提高该类数据的访问速度，设立了缓冲库，其数据库结构与实时库一致，滚动保存近 1 年的资料，作为更新历史资料库的数据源，同时也支持用户按实时库方式检索库中的资料。近实时气象水文资料管理软件，将超过实时资料数据库保存期限的资料，以 1 年为周期定期追加到历史资料数据库中，实现实时资料和历史资料的无缝联接。

(3)历史资料的管理

历史气象水文资料采用批量方式入库，借助数据库提供的装载工具软件进行。以后的更新主要通过两种途径实现：基于缓冲资料数据库中的资料，经质量控制后，经由开发的数据库接口追加到历史资料数据库中；新收集到的历史资料数据集，按照历史资料的生成过程追加到历史库中。

(4)统计产品的管理

气象水文统计产品资料管理历年和累年各类气象水文统计产品。气象水文统计产品数据库的生成，主要包括基于文件和基于数据库两种方式，基于数据库方式分别针对历史资料数据库和缓冲资料数据库进行统计分析后联机生成统计产品。气象水文统计产品数据库更新由程序自动控制。根据数据源不同，统计产品的更新与统计产品生成的方式类似，包括统计产品的增加和修改。

为了生成统计产品，专门设计了统计分析软件，基于历史资料数据库和统计产品数据库，根据各统计产品的统计要素、统计项目、统计要求等内容对各类气象水文历史资料进行统计分析和再加工，生成统计产品，并保存到统计产品数据库。对于每一种基于数据库的统计加工过程，如果用于统计加工的数据源发生了变化，则重新运行相应的统计加工过程来执行统计产品数据库的相应的更新工作。

统计分析方法包括一般的均值计算、极值计算和数学期望、方差等数理统计方法，为长期气候变化分析提供依据。当然，随着数据积累的时间越来越长，有可能进行预测、关联等深度的数据挖掘处理。

7.3.3.3 数据分级存储管理

数据分级存储管理制定的海量数据存储管理的策略的基本思想是：基于 SAN 存储体系，磁盘阵列和自动带库硬件环境，设备厂商提供的数据分层存储管理软件和数据库管理系统平台，提供对用户透明数据分级存储和自动回迁机制[126]。

对于各种气象水文资料，设计了分级原则：根据资料的使用频度来划分，使用频度高的资料存放于一级存储设备上，使用频度低的资料存储于二级存储设备上。借助于存储设备厂商提供的镜像存储软件，实现数据的自动备份和自动回迁，向用户提供透明的数据检索机制，即用户不必关心数据存储的物理位置，均执行同样的数据检索访问的方式。

(1)存储区域网(SAN)存储结构

所谓 SAN(Store Area Network)，是指在网络服务器群的后端，采用光通道(Fiber Channel)等存储专用协议联接成高速专用网络，使网络服务器与多种存储设备直接连接。所以，又被称为“服务器后面的网络”。SAN 通过使用互联设备实现服务器和存储设备之间的任意连接，去掉了在传统连接以及服务器拥有并管理存储设备的概念，存储设备从通用服务器上剥离，物理上分开，逻辑上仍为一个整体，取消了一台服务器所能访问的数据量的限制以及与某台服务器相连的存储设备的数目限制。

SAN 结构中存储设备是被当作本地设备访问的，文件系统和数据的维护在主机端完成。SAN 利用在服务器后面的、架构在光纤通道结构之上的专门网络进行数据传输，通常不采用光纤中继，使得传输速度只受单段光纤长度传输带宽的限制，因而能够提供：超大存储容量、大数据传输率以及高系统可靠性。同时 SAN 存储还具有很强的可扩展性，数据备份和灾难恢复手段也很简便。

一个 SAN 由三部分构成：存储和备份设备，光纤通道网络连接部件和应用和管理软件。

其中存储和备份设备包括磁带库、磁盘阵列和光盘库等；光纤通道网络连接部件包括主机总线适配卡、光缆(线)、集线器、交换机、光纤通道与小型计算机系统接口 SCSI 间的桥接器等；应用和管理软件包括：备份软件、存储资源管理软件、设备管理软件等。

构造方法有：基于交换机的交换式 SAN、基于集线器的共享式 SAN、以交换机为主干的混合式 SAN。

采用何种结构来构造一个 SAN，不仅要考虑数据存储量大小，还要考虑其他的功能需求，如数据重要性；存储设备的分布距离、可用性和可管理性；系统抗灾难能力；数据备份的可用性以及系统价格等。围绕交换机来构造 SAN 可以最大限度地满足上述功能需求。

信息网络系统中所存储的数据量达到 TB 级，而且每年都会大量增加，以服务器为中心的传统存储方式已不能适应大数据流的传输和存储管理的需求，而 SAN 提供了大容量数据共享的解决方案，不仅为服务器和存储设备之间提供了 Gb/s 的高速互联，而且在存储设备的数量和传输距离上有了大幅度的提高，为基于 client/Server 结构的信息网络系统的大容量数据的频繁访问奠定了完备的物理基础。

在这样一个存储着大容量信息网络系统环境中构建 SAN 结构网络，可以将多个服务器和多个 RAID 磁盘阵列、带库等存储设备，采用以交换机为中心的混合式 SAN 来连接。服务器和 RAID 磁盘阵列可直接连接到交换机上，带库则通过网桥连接到交换机上。这样，信息网络系统由前端网络和后端网络组成，前端网络是由用户端和服务器组成的 LAN，服务器面向用户提供网络服务和数据传送。后端网络是由服务器和存储设备组成的 SAN，通过集中存储管理机制，对数据进行存储和备份。由服务器来桥接前端网络和后端网络，前端网络的所有用户都可透明地访问后端网络中所有的存储设备。

基于 SAN 技术的信息网络系统存储架构拓扑示意图如图 7.8 所示。

这种 SAN 网络具有如下的优点：

- 将服务器的数据传送和存储相分离，使远程的工作站和服务器非常方便地访问一个共享数据存储池，提高了服务器的吞吐能力。
- 提高了网络存储系统的可扩展性和可伸缩性，理论上用 Hub 和交换机可无限制地扩展，易于实现海量存储。
- 提高了网络存储系统的可用性，易于实现系统容错和安全性。
- 服务器和存储设备之间直接通过光纤传输，网络数据备份和恢复不占用网络带，降低了 LAN 网络上传输的负载。
- 统一使用存储设备，避免了各个服务器单独使用存储设备的负载不均衡现象。
- 存储设备独立于服务器平台，易于实现不同服务器平台之间的数据共享。
- 光纤通道是一种开放标准，基于该技术的组件对许多厂商是通用的。

(2)数据库分区技术

随着数据规模的不断扩大，信息网络系统中的数据库成为 VLDB(Very Large Database，超大数据库)，在 VLDB 中，放在一张数据表，其中的记录会随着时间的推移数越来越多，成为非常大的表格。大表在数据库存储管理中带来许多问题：

- 大表占用较大的数据库存储空间，有时会跨越多个物理存储设备。其中任一设备发生故障时，都会引起整张数据表不能被访问。在没有进行数据备份的情况下，甚至会造成全表数据的丢失。即使进行了数据备份，因其数据量过大，对其进行全表恢复往往也需耗费相当长的时间。因此，大表在数据安全性及可用性上存在一定的风险。
- 对于记录数庞大的大表，其存储数据的重装载，索引的重建，以及对其中满足某条件

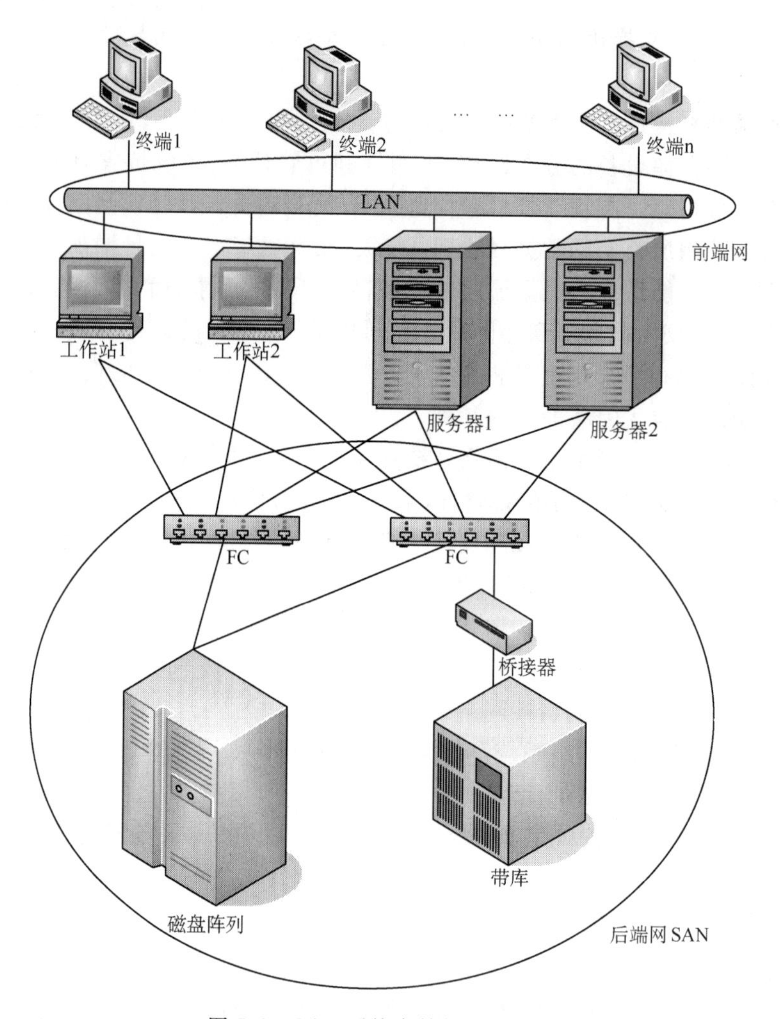

图 7.8 SAN 系统存储架构示意图

的小部分数据的删除操作，均需花费较长的时间。

- 由于大表的记录数及索引都非常大，对其进行数据查询的开销往往大于对其子集的同条件检索，特别是查询优化器选择全表扫描时。

数据库分区技术的提出，可将大表或其索引按照某种策略划分成多个相对较小的、各自独立的存储空间，每个存储空间作为分区可被独立地管理和操作，且在整个表格范围内维持数据的完整性和一致性约束。分区对数据存储、检索等应用保持透明数据库分区技术为大表的存储管理提供了较优的解决方案，而且分区对应用是透明的，不必因为使用分区技术而修改现有的应用系统。这一特性与多表存储管理方式相比，极大地降低了应用的复杂程度，便于系统的实现及维护。

Oracle 数据库的分区分为：范围分区、列表分区、哈希分区、组合分区。

由于在信息网络系统的数据库中，历史资料数据库的存储量最大，而且不断增加，因此，对历史资料数据库使用分区技术，根据历史资料数据库表的特点，采用范围分区技术，根据资料的年份或者是年份范围进行分区，解决对历史数据库表和索引的存储和检索问题，极大地提高数据查询效率，降低系统故障时数据恢复和维护时间，并可对表中的每一个分区独立管理，而不影响其他分区的维护和操作，极大地提高数据的可管理性。

7.3.3.4　数据访问及安全管理

(1)数据字典

为能够融合不同标准的气象水文数据库数据，定义了数据字典，制定了结构编码的标准，实现了数据库的标准化管理[127~130]。

数据字典是对系统涉及的数据库表名称、结构、访问、管理等元数据进行记录和解释的数据结构。元数据是关于数据与信息资源的数据，对于统一数据元素的语义和描述至关重要，目前被越来越多的应用于系统建设过程中。元数据是一种规范化的描述信息，它是按照一定内容标准，由数据各项特征描述构成的信息集合。这种规范化描述可以准确地和完备地说明数据各方面的特征。利用元数据，可以记录整个系统中数据的来龙去脉，这样可以把整个业务的工作流、信息流有效地管理起来，提高系统的可扩展性。信息网络系统的元数据贯穿于数据库建设的各个环节之中，元数据库的设计充分考虑到各类数据的特征，并且清晰地反映它们的关系，同时还具有良好的查询策略，实现信息统一管理、共享策略管理。

具体来说，系统元数据内容分为5类：

- 数据分类信息：主要对数据类别进行描述。依据气象资料产生属性或来源属性，把数据分为地面资料、高空资料、海洋资料、大气环境资料、卫星资料、雷达资料等45类。
- 基本数据集描述信息：是关于数据集的基本描述。针对各类数据建立的数据集，给出具体的说明信息，包括数据集名称、别名、数据类别、数据集作者、数据集内容关键词、时间信息、空间信息等。
- 访问信息：是关于数据集提供服务的信息。包括气象数据集存放地点、存取路径、数据使用权限、获取方式、联系途径等。
- 背景信息：说明气象科学数据获取的观测系统信息，即有关气象台站、观测仪器设备方面的历史沿革信息等。
- 管理信息：说明系统内部管理和用户权限以及数据处理存储等方面的信息。是系统运行时产生的各类管理信息，如有关于数据的（数据更新状态，数据处理状态，数据存储状态等），有关于用户的（用户名和期限，用户访问数据的记录等），也有关于系统本身的（数据库，表的名称与物理存储位置，系统各部分模块及其功能等）。

数据字典就是元数据的管理系统，具有元数据的输入、修改、删除、添加、更新、维护和查询功能。

(2)用户访问权限

为防止不合法的用户访问数据库，造成数据泄漏、更改或破坏，信息网络系统的核心数据库使用的是Oracle数据库，Oracle作为关键的数据库平台和应用方案供应商，提供业界最安全的应用开发和部署平台，其安全机制为：

- 防止非授权的数据库存取；
- 防止非授权的对模式对象的存取；
- 控制磁盘使用；
- 控制系统资源使用；

- 审计用户动作；
- 利用 Oracle 的安全机制，信息网络系统建立了用户访问权限，实现用户的安全管理；
- 设置不同访问级别的用户；
- 通过设置不同权限组合的角色，实现对不同用户访问权限的管理；
- 设置概要文件，实现对不同用户进行资源限制。

(3)数据备份技术

为保证数据库的可靠性，使之能够不间断地运行，系统必须能够应付以下两种类型的问题：一是系统级的失败——计算机系统失败，二是数据级的失败——数据丢失或被破坏。针对上述可能出现的问题，信息网络数据库系统采取两种备份和恢复措施：

- 运行环境备份

用两台互为备份的 HP 服务器作为数据库服务器（分别承担实时库、近实时库和历史库），分别运行实时库和历史库，各服务器配置两块千兆网卡连接千兆网，同时两个光通道交换机相连。存储设备选用性能出色的 HP 全光纤全冗余磁盘阵列系统，该磁盘阵列的光纤端口，采用点对点的 SAN 拓扑结构与同时两个光通道交换机相连。

服务器安装 VERITAS Cluster Server（VCS）高可用集群系统软件。VCS 能够使得多台服务器协同工作，保证客户能够随时存取应用和数据。把两台互为备份的服务器作为一个集群系统，并配置相应的支持软件。然后把每台服务器上运行的数据库和相关的存储管理进程作为应用资源，由 VCS 进行监控，实现双机热切换运行环境。

运行历史库的服务器为备份服务器，该服务器承担备份管理、磁带库机械手管理、备份策略设定等任务。安装 VERITAS NBU Master server 作为备份软件；安装 Oracle Agent（数据库备份模块），在线备份本服务器上的 ORACLE 数据库；安装 Veritas HSM，以实现数据文件的迁移。

运行实时库的服务器上配置 NBU Media Server 和 Oracle Agent 数据库备份模块。通过 SAN 存储局域网将 Oracle 数据库备份到磁带上。磁带库系统采用性能优异的 STK 自动磁带库系统，通过 SCSI 端口直接连接到光通道交换机。

- 数据库数据备份

数据库数据备份针对数据本身的特点来制定备份策略。在信息网络数据库系统中，除了实时资料数据库中的数据外，其他的历史数据和统计数据是相对稳定的，其变化需要一定的周期。基于这些特点，制定多种备份和恢复策略，针对具体情况，在其中选择最快的恢复途径，缩短数据库系统的恢复时间。

7.4 网络管理分系统

7.4.1 网络系统基本管理要素

7.4.1.1 网络系统的管理要求

网络系统是一个多元、复杂的应用系统，包含了大量软硬件，无法单靠人工方法来管理和控制系统各组成部分的正常运行，必须引入网络管理系统对其设施自动监控，使网络高效正常运行[131]。

在操作系统接口OSI管理体系结构中，定义了五个管理功能：

- 性能管理(Performance Management)；
- 配置管理(Configuration Management)；
- 记账(计费)管理(Accounting Management)；
- 故障管理(Fault Management)；
- 安全管理(Security Management)。

(1)性能管理

性能管理的目标是衡量和呈现网络性能的各个方面，使人们能在一个可接受的水平上维护网络的性能。

性能管理是通过对一系列的性能变量实施连续监控来实现的。性能变量的例子有网络吞吐量、用户响应时间和线路利用率。

性能管理包含以下几个步骤：

- 收集网络管理者感兴趣的那些变量的数据；
- 分析这些数据，以判断是否处于正常水平；
- 为每个重要的变量决定一个合适的性能阈值，超过该限值就意味着出现了值得注意的网络故障，管理实体不断地监视性能变量，当某个性能阈值被超过时，就产生一个报警，并将该报警发送到网络管理系统。

(2)配置管理

配置管理的目标是监视网络和系统配置信息，以便跟踪和管理不同的软、硬件单元的配置及其变化情况。

配置信息对于维持一个稳定运行的网络是十分重要的。

每个网络设备均有一系列不同版本的信息，例如，一台工程工作站可能的配置如下：

- Windows 操作系统，版本 2003 SP1；
- 以太网接口，版本 5.4；
- TCP/IP 软件，版本 2.0；
- Netware 软件，版本 4.1；
- 串行通信控制器，版本 1.1；
- SNMP 软件，版本 1.0。

为了便于访问，配置管理子系统将上述信息存储在数据库中，当发生故障时，可从该数据库中查询到解决故障所需的相关信息。

(3)记账(计费)管理

计费管理的目标是衡量网络的利用率，以便使一个或一组网络用户可以更有规则地利用网络资源，这样的规则使网络故障率降低到最小，因为网络资源可以根据其能力大小而合理地分配，也可使所有用户对网络的访问更加公平。

为了达到计费管理的目的，必须通过性能管理测量出所有重要的网络资源的利用率，对其结果的分析就可以产生计费信息以及可用于资源利用率优化的信息。

(4)故障管理

故障管理的目标是自动地检测、记录网络故障并通知给用户。由于故障可以导致系统的瘫痪或不可接受的网络降级，因此，故障管理是所有网络管理的实施中首先被考虑的管理要素。

故障管理包含几个步骤：

- 搜集故障信息；
- 判断故障症状；
- 修复、隔离该故障；
- 记录故障检测信息及其修复结果。

(5)安全管理

安全管理的目的是控制对网络资源的安全访问，以保证网络不被侵害(有意识的或无意识的)，并保证重要的信息不被未授权的用户访问。例如，管理子系统可以监视用户对网络资源的登录，从而对那些具有不正确访问代码的用户加以拒绝。

安全管理子系统将网络资源分为授权和未授权两大类。对于某些用户，不允许访问所有的网络资源(这样的用户通常是体系之外的)，即使对一些体系内部用户，对某些敏感信息的访问也应该受到限制。

安全管理子系统执行以下几种功能：

- 标识重要的网络资源(包括系统、文件和其他实体)；
- 确定重要的网络资源和用户集间的映射关系；
- 监视对重要网络资源的访问；
- 记录对重要网络资源的非法访问。

对于一个特定环境下的网络管理系统来说，可以根据所在信息网络的特点，设计和实现具体的管理功能。如气象水文信息网络系统是一个非赢利性组织内部的应用系统，可以不考虑计费问题，但随着网络服务能力的增加，信息共享范围的扩大，应当考虑将记账功能纳入网络管理系统。一来为精细化统计各类网络资源的使用(分用户群、分资源种类)提供依据，二来为合理划分不同资源的使用权限及其代价提供可能。

气象水文信息网络系统的管理除了满足常规的管理要求外，还要提供主要业务运行状态的监控和全网各级节点综合运行状态的统计分析，因此，要有针对性地开发综合网络管理系统。

7.4.1.2 网络管理体系结构

大部分网络管理体系结构具有同样的基本结构和关系集，由被管对象(即被管设备，如计算机和其他网络设备)上嵌入的代理软件来搜集网络的通信信息和网络设备的统计数据，并把它们存入管理信息库中。代理(Agent)是驻留在被管设备中的软件模块，负责搜集被管设备的信息，将这些信息存储到管理数据库中，并通过网络管理协议将这些信息提供给网络管理系统中的管理实体。除了设备上的代理软件可以主动发出告警外，管理实体也可以向被管设备进行轮询，以检查某个统计值。轮询可以是自动的，也可以是由用户发起的，在被管设备中的代理负责对这些轮询作出响应[132]。

如果某个统计数据超过规定的阈值则向网管工作站上的管理实体发出告警。接收到这些告警后，管理实体将执行一组动作，包括：发出告警信息(通知操作员)；写入事件日志；关闭系统；自动恢复系统。

目前主流的网络管理系统标准有两个：

- 国际标准化组织 ISO 的公共管理信息协议(Common Management Information Protocol ,CMIP) 公共管理信息服务(Common Management Information Service)
- 因特网的简单网络管理协议(Simple Network Management Protocol, SNMP)

SNMP 最初是为符合 TCP/IP 的网络管理而开发的一个应用层的协议,其主导思想是尽可能简洁、清晰,因此比开放式网络 OSI 网络管理体系要简单得多。由于大多数网络设备,甚至计算设备和存储设备都支持 SNMP,所以 SNMP 成为网络管理系统使用最多的网络管理协议。

(1)SNMP 管理模型

SNMP 建立在 TCP/IP 传输层的 UDP 协议之上,提供的是不可靠的无连接服务,以保证信息的快速传递和减少对带宽的消耗。SNMP 协议到目前为止已有三个版本:SNMP 1.0 版本是初始版本;SNMP 2.0 版本增加了安全性方面的功能,并在操作性和管理体系结构方面作了较大改进。目前最新的版本是 SNMP 3.0。

SNMP 管理模型可以分成三大部分:

- SNMP 网络管理系统(NMS)
- SNMP 被管理系统
- SNMP 管理协议

三者的关系如图 7.9 所示。

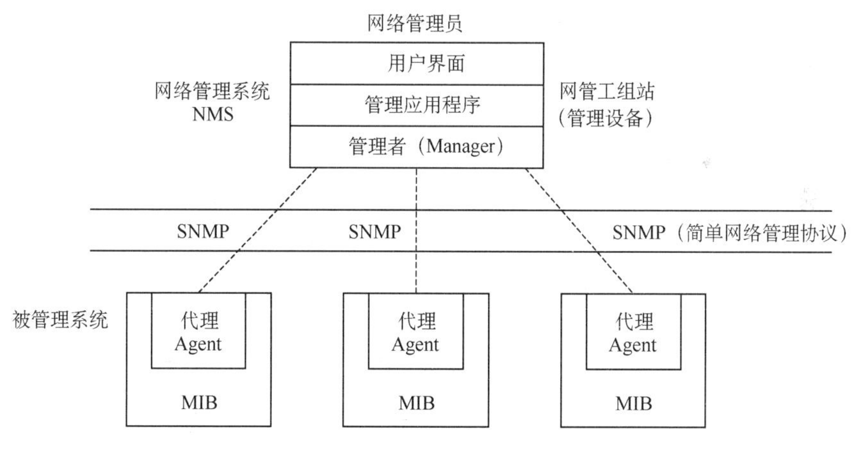

图 7.9　SNMP 管理模型

网络管理系统是 LAN 上安装有网管软件的一台工作站(或服务器),可称为网管工作站。网管软件中的管理者驻留在网管工作站上,经过各类操作原语(Get, Set, Trap 等)向上与网管应用软件通信,向下经 UDP/IP 及物理网与被管理系统进行通信。

网管应用程序为用户(网络管理员)提供良好的人机界面,通过图形用户界面(GUI)来监控网络活动,进行配置、故障、性能、计费等管理。

被管理系统是被管理的所有网络上的设备,包括主机、集线器、交换器、网桥、通信服务器、路由器等,它们广泛分布在不同的地理位置。

在各个可管理的网络设备中都有一个特殊的软件,称为 Agent(代理)。Agent 能监测所在网络设备及其周围的局部网络的工作状况,收集网络运行的有关信息。Agent 响应网络管理系统(NMS)中来自管理者(Manager)的定期轮询、接受管理者设置某个变量的指令以及在某些紧急事件发生时(例如设定的阈值超出时)主动向 NMS 发起 Trap(陷阱)报警。

管理信息库(MIB)通常位于相应的 Agent 上,所有相关的被管对象的网络信息都放在 MIB 上。

(2)SNMP 网管协议

网络管理协议规定在管理者和代理之间使用协议数据单元(PDU)进行通信以实现被管设备与 NMS 间的协同管理操作,其定义与 SNMP 版本相关,本书不展开,只引入必要的基本概念。如 SNMP 1.0 共定义了五种 PDU。

- get-request:查询一个或多个变量的值;
- get-next-request:检索下一个变量,利用该命令判定被管理设备支持哪些变量;
- get-response:对 get/set 报文作出响应;
- set-response:设置一个或多个变量值;
- trap:向管理进程报告代理中发生对事件。

其中带"get"简称为"读"命令;带"set"的,简称为"写"命令。"trap"表示陷阱,由被管理设备主动报告。如果 NMS 想要控制一个被管理设备,它可以向被管理设备发出一个信息(含在上述 PDU 的数据字段里),并通过改变被管理设备的一个或多个变量的值来实现对被管设备的控制。

在代理进程端用端口 161 接收 get 和 set 报文,在管理进程端用端口 162 来接收 trap 报文。

(3)管理信息库 MIB

所谓支持 SNMP 的设备,是指在设备内部有驻留的代理程序(agent),能够使用 SNMP 的五种 PDU,与网络管理系统进行信息交互,而所交互的信息被称为状态信息,是遵循共同的国际标准定义的,即 MIB 管理对象。

MIB 实际上就是一个有关管理对象的数据库,可描绘成一棵树,其树叶为不同的数据项。在该树中,目标标识符惟一标识了 MIB 的目标。顶级的 MIB 对象标识符由国际标准化组织/国际电工联盟来分配,而低级的对象标识符则由相关的机构分配。几个 MIB 树的主要分支如图 7.10 所示。

从树根到某个分支的路径标识,表示一个机构的唯一标识。如{1.3.6.1.4.1},即企业,目前已有 3000 多个所属结点,像 IBM 是{1.3.6.1.4.1.2},Cisco 是{1.3.6.1.4.1.9} 等。任何单位可以向 iana-mib@isi.edu 申请获得一个结点名,为自己的产品定义被管对象名,使之能用 SNMP 进行管理。

这就是为什么在选择联网的设备时,力求使用支持 SNMP 的设备,就是为了能够方便的被网络管理系统管理。

当前使用的 MIB－II,规范了 10 组管理对象信息类型:

- System:关于系统的整体信息;
- Interfaces:关于每一个从系统到子网接口的信息;
- At(地址转换,被替换):Internet 到子网地址映射地址转换表的描述;
- Ip:与系统中 Ip 实现和执行经历有关的信息;
- Icmp:与系统中 Icmp 实现和执行经历有关的信息;

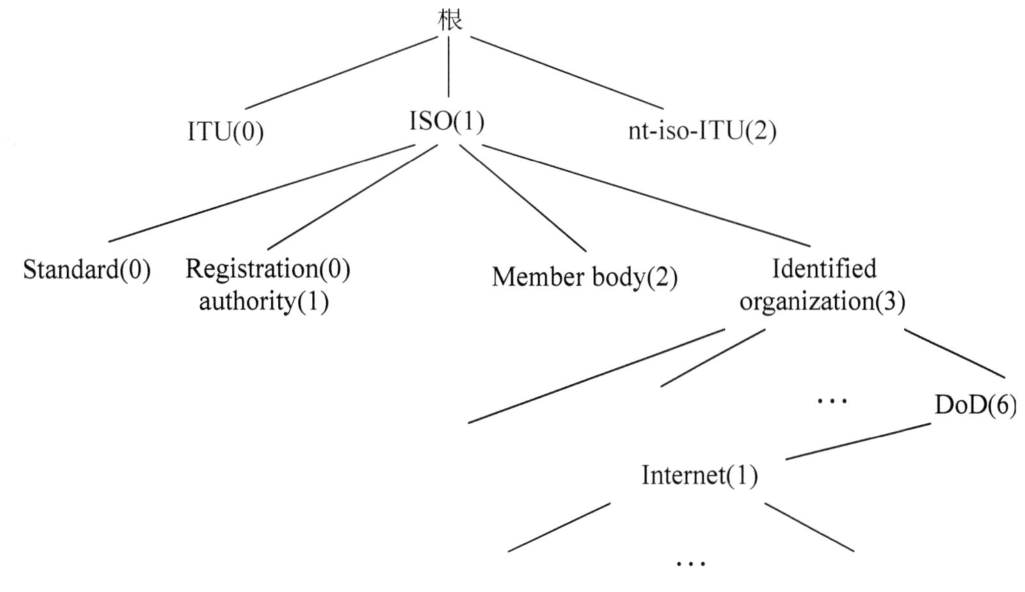

图 7.10　MIB 的主要机构

- Tcp：与系统中 Tcp 实现和执行经历有关的信息；
- Udp：与系统中 Udp 实现和执行经历有关的信息；
- Egp：与系统中 Egp 实现和执行经历有关的信息；
- Dot3(传输)：关于每个系统接口的传输方案和访问协议的信息；
- Snmp：与系统中 Snmp 实现和执行经历有关的信息。

MIB 树可根据经验和专用分枝进行扩展。例如，对于设备制造厂而言，他们可以为自己的产品定义专用的分枝，而那些未被标准化的 MIB 则通常处于经验分枝上。对于这些被标准化的 MIB 对象，通常要在网络管理系统中扩展相应的自定义管理对象；但对于用户希望管理而被管理设备中不支持的管理对象，必须自己开发相应的代理软件(agent)和对应的网络管理系统模块。

7.4.2　综合网络管理系统

7.4.2.1　系统的总体结构

气象水文信息网络不仅要管理各类入网设备，还要管理主要业务进程和可直接入网的自动观探测设备，因此，一般意义上的网络管理系统不能完全满足系统的管理要求，必须增加有针对性的管理功能。系统的总体结构如图 7.11 所示[133,134]。

其中网元是网络元素的简称，表示各种被管对象。系统的被管对象包括通用网络设备和服务器，主要通信业务进程，卫星通信子网和台站重要观探测设备及其综合状态。

系统的主要功能模块如图 7.12 所示。从中可见，除了保留了 OSI 提出了五个管理功能域中的四个，又增加了五个其他的管理功能，随着整个信息网络系统的扩展和升级，综合网络管理系统也应当随之扩展。

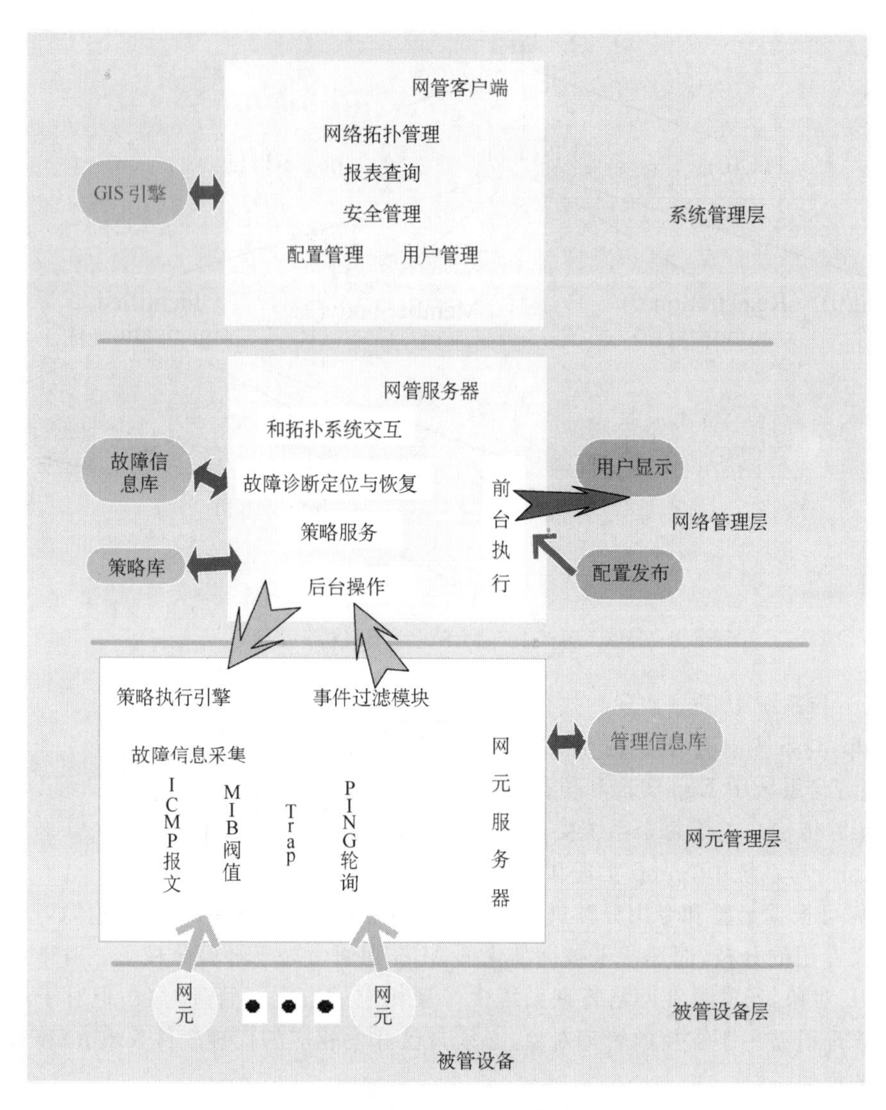

图 7.11 综合网络管理系统体系结构示意图

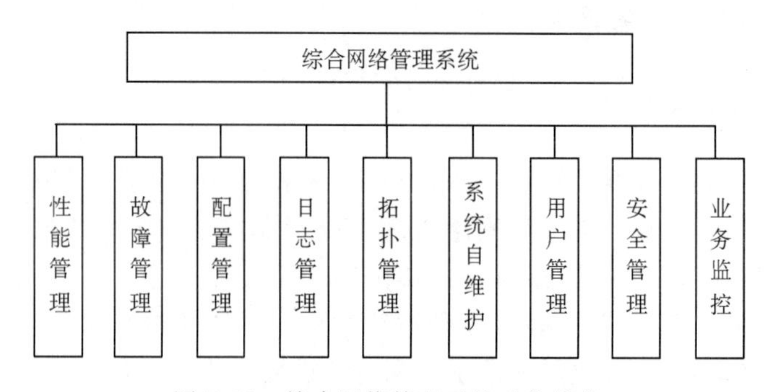

图 7.12 综合网络管理系统功能模块

7.4.2.2 系统的主要功能设计

系统部署到各个网络节点，由网管服务器、客户端和代理三部分组成。

(1)网管服务器

网管服务器是网络管理系统的核心部分,分为前端服务和后端服务两层,其中前端服务通过客户端应用来调用,后端服务对被管理对象的数据采集和系统自身资源进行管理,并对数据进行整理和入库。采集的方法根据对象不同,采用 SNMP、ICMP、Socket 及协议分析等方式。网管服务器包括以下 8 个子功能模块:

• 采集平台

负责网络设备和网络链路的数据采集,包括设备性能参数和链路性能参数,有配置管理和 SNMP 采集两个基本单元组成。前者根据不同被管对象的特性,从数据库读取相应配置信息,为 SNMP 采集准备必要的配置信息;后者根据设备列表和链路列表进行数据采集。

• 报表生成

负责按时进行各项网络数据的统计,并定期生成日、月报的基本数据。监听进程信息的采集,对采集后的数据进行过滤和预处理,并计算传输性能,由前处理器和后处理器两个单元组成。前者从数据库读取报表所需的配置信息,获取设备标号和链路标号;后者对当天的实时信息进行后期处理,计算传输性能,定期将该统计时段内传输性能的平均值和最大值存入性能数据库。

• 代理信息处理

处理由网管代理上报的状态信息:远地重要接入设备上报信息入库(如接收/读取 VSAT 主站和大型探测雷达等设备上报的状态信息并更新相应的数据库),节点信息入库(如接收/读取下属传输节点上报的综合状态信息并入库)。

• 后台服务管理

完成后台自测服务(如负责在程序启动时候,完成初始化的工作),后台各服务进程状态查询、启动、停止等各项操作,对服务进程的故障进行异常情况处理。

• 网络拓扑显示及维护

显示包括节点和设备在内的拓扑结构;响应用户修改、配置拓扑结构的请求,支持增、删、改和坐标位置变换,配置操作应在单独的面板中执行,配置结果应能反映到所有视图,并修改远程数据库。

• 网络资源管理

汇总整个拓扑数据库中的所有设备、链路和节点的基本情况。如列出设备的基本情况,包括 IP 地址,设备名称,内存大小,操作系统类型,当前状态等等;列出链路的基本信息,包括链路类型、源节点编号、目标节点编号、源节点接口编号、目标节点接口编号等等;列出节点的基本信息,包括单位名称、配发时间、详细地址、战区、网络地址等等。

• 性能报表

为网络管理员提供网络设备、线路的总体性能报表,包括实时报表、设备性能历史报表、节点状态统计报表、线路状况统计报表等。

• 数据库接口

封装与数据库的接口,提供客户端到管理信息库的统一的数据库访问接口,包括对指定的数据库中的信息进行参数查询和对数据库进行更新操作两个部分。

(2)网管客户端

网管客户端负责向用户提供网络管理工具和显示管理结果,是网络管理系统与用户的接口。用户通过网管客户端来请求前端服务，为网络管理员提供良好的网络监控界面和配置工具，查看各类被管理元素的信息。此部分可用 C/S 模式实现，也可用 B/S 模式实现，前者效率高，后者方便安装使用和远程访问。

(3)网管代理

根据被管理对象的特性，分为标准 SNMP 代理和非标准设备代理两类。其中标准 SNMP 代理主要包括网管系统所在局域网内的网络设备(路由器、交换机等)、主机等状态信息。非标准设备代理指对 VSAT 通信设备、大型探测雷达等的管理软件，可根据需要配备。代理与网管服务器的关系如图 7.13 所示。

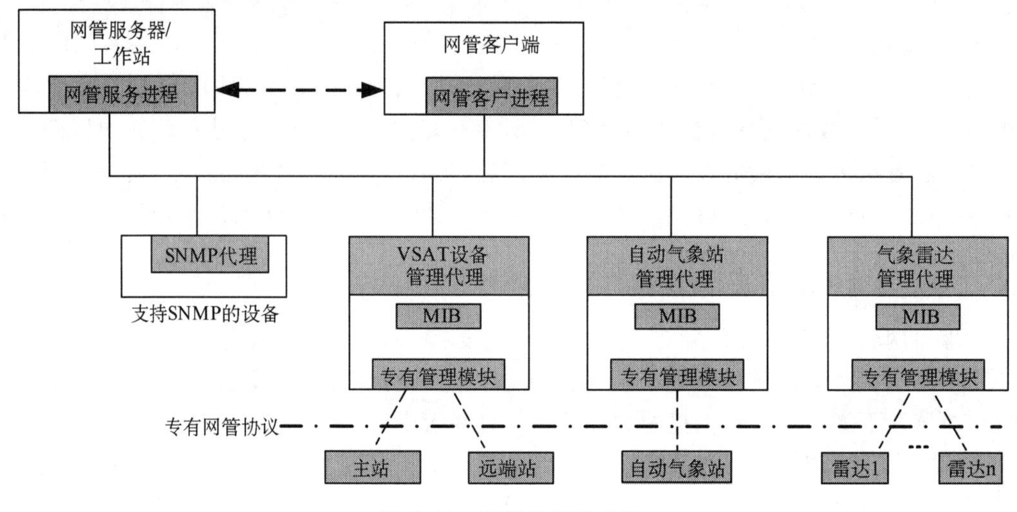

图 7.13 网管代理示意图

7.4.3 系统安全防护

信息网络系统的安全防护在“经得起用”、“经得起侦”、“经得起查”、“经得起攻”、“经得起扰”的总要求下完成，通过加强安全管理，采取综合安全防护措施，统一制定安全策略，建立电磁防护、线路加密、网络防护、系统加密、单机防护和安全管理的多层次分级防护体系。

7.4.3.1 安全策略

安全策略是指在一个特定的环境里，为保证提供一定级别的安全保护所必须遵守的规则。实现网络安全，不但要靠先进的技术，而且也得靠严格的管理、法律约束和安全教育。当前的网络安全策略主要包含下列几方面的策略。

(1)物理安全策略

物理安全策略的目的是保护计算机系统、网络服务器、打印机等硬件设备和通信链路免受自然灾害、人为破坏和搭线攻击；验证用户的身份和使用权限，防止用户越权操作；确保计算机系统有一个良好的电磁兼容工作环境；建立完备的安全管理制度，防止非法进入计算机控制室和各种盗窃、破坏活动的发生。

(2)访问控制策略

访问控制是网络安全防范和包含的主要策略,它的主要任务是保证网络资源不被非法使用和访问。它也是维护网络系统安全,保护网络资源的重要手段。各种安全策略必须相互配合才能真正起到包含作用,但访问控制可以说是保证网络安全最重要的核心策略之一。它主要由入网访问控制、网络权限控制、目录级安全控制、属性安全控制、网络服务器安全控制、网络检测和锁定控制及网络端口和节点的安全控制组成。

(3)防火墙控制

控制进出两个方向通信的门槛。在网络边界上通过建立起来的相应网络通信监控系统来隔离内部和外部网络,以阻挡外部网络的侵入。

(4)信息加密策略

信息加密的目的是保护网内的数据、文件、口令和控制信息,保护网上传输的数据。常用的方法有链路加密、端到端加密和节点加密三种。链路加密的目的是保护网络结点之间的链路信息安全;端到端加密的目的是对源端用户到目的端用户的数据提供保护;节点加密的目的是对源节点到目的节点之间的传输链路提供保护。

(5)端口封锁策略

制定端口封锁策略,对于重要数据资源所在的机器要进行必要的端口封锁,禁止使用非加密存储介质拷贝。

(6)隔离交换策略

有效利用物理隔离、离线摆渡、多级防区递进式过滤等隔离交换策略建立军地安全交换机制,实现军地之间的信息交换和共享。

7.4.3.2　主要安全防护措施

(1)防火墙

防火墙将内部网络和外部网络进行隔离,防火墙对收到的来自外部网络的数据包进行分析后将合法请求传送给相应的服务主机,对非法访问加以拒绝。内部网络的情况对于外部网络的用户来说是不可见的。防火墙可以对所有针对内部网络的访问进行详细的记录,形成完整的日志文件。在逻辑上,防火墙是一个分离器,一个限制器,也是一个分析器,可有效地监控了内部网和外部网之间的活动,保证了内部网络的安全。基于访问控制的防火墙系统能有效地实现网络系统访问控制、代理服务、身份认证,建立信息网络的安全边界,访问控制。

(2)防病毒

在众多的病毒传播媒介中,网络已经成为病毒的主要传播途径,网络文件共享和磁盘介质的文件拷贝等方式极易为病毒所利用。网络蠕虫病毒利用网络和操作系统漏洞不断进行攻击和传播,造成网络堵塞和计算机操作系统瘫痪,对于网络系统和计算机系统构成严重威胁。信息网络系统的所有节点机都必须配备防病毒系统,在网络边界部署防毒网关,控制和减少病毒的传播。每个节点的内部要有一台防病毒服务器,提供病毒库及时更新服务。

(3)身份认证和访问控制

访问控制是信息安全的一个重要组成部分,授权和认证是访问控制的基础,正确的授权实际上依赖于认证。认证是决定一个用户的身份是否合法的过程。授权决定一个用户是否有权访问系统资源。一个信息系统必须维护一些用户 ID 和系统资源之间的关系，建立一个授权用户被允许访问的资源列表。访问控制技术不仅仅包括授权和认证，可以有很多形式，如智能卡、密钥锁，生物信息识别（指纹、视网膜或人脸）等。

根据信息网络系统不同设备和数据资源的安全级别，建立用户、角色和权限等数据库表，并且建立之间的关系，进而建立相应的身份认证机制。有条件的情况下可以建立第三方鉴权中心，发放身份证明证书（尤其是对未来广域范围内的数据库访问）。

(4)入侵检测

入侵检测系统（IDS）可弥补防火墙的“防外不防内”的不足，对系统或网络资源进行实时检测，及时发现闯入系统或网络的入侵行为。通过对系统或网络日志分析，获得系统或网络目前的安全状况，发现可疑或非法的行为并发出警报。入侵检测系统包括基于网络的分布式入侵检测系统和基于主机的入侵检测系统。

每一个探测器就是一个哨位，而哨位可以按照用户系统的安全要求分布在每一个需要它的地方。探测器可安装在各个外部网络与被保护的内部网络（各级局域网）之间，对流经的数据进行实时检测，进行实时自动攻击识别和响应。设一个 IDS 网络控制台（安全控制中心），当探测器发现安全违规事件的时候，将有关的报警信息和日志信息发送到安全控制中心。

(5)主机加固

在关键业务服务器上安装主机加固系统，并根据实际运行情况及时进行策略的修改和调整，是提高操作系统安全级别，保障数据安全和系统正常运行的重要技术措施。

(6)关键业务隔离防护

关键业务隔离防护系统部署在核心业务网络和其他本地网络之间，用来隔离保护核心业务网络，阻止任何非业务数据进出信息网络核心系统，有效地保护业务系统的正常运行。关键业务隔离防护系统具有多重功能和身份：

- 隔离功能：关键业务隔离防护系统隔离核心业务网络和其他本地局域网络，对预定义的业务数据内容进行交换。
- 信息交换功能：关键业务隔离防护系统可以配置为只交换预先定义好的应用数据，交换规则不仅依据源和目的地址、服务类型，还依据应用数据的内容。
- 逻辑网关功能：从用户角度看，关键业务隔离防护系统就像一个互联网关，负责将本地局域网络中的较高保密级别的核心业务信息网络和本地高速网络的其他部分安全地互联起来，实现预定义信息的安全传输。
- 内容检查功能：关键业务隔离防护系统可以通过内嵌内容检查（如病毒检查）部件的方式，对到达保护边界的数据内容进行安全检查。

(7)攻击诱骗

攻击诱骗系统主要目标是检测未授权的（可疑的）行为，可以同时监视所有未使用的 IP 地址，通过软件模拟等方法在网络上创建虚拟的网络、虚拟主机及其上的服务，来诱骗入侵者访问或攻击。

(8)脆弱性解决方案集成

包括手工解决方案的集成和自动方案的集成。手工解决方案包括参数设置、安装配置、软件与系统选项设置、安全策略设置等。自动解决方案主要是指脆弱性存在对应的补丁程序，通过安装补丁程序解决漏洞问题。如建立脆弱性数据库系统，保存了常见的各类系统漏洞特征和相应的应对措施、网络系统当前的脆弱性状态，以及和系统漏洞分析与实施应对相关的系统安全配置策略。用“推”(push)的方式将各类系统的安全补丁等脆弱性应对措施递交给分布在不同目标系统上的脆弱性响应代理；或者由分布在这些系统上的脆弱性响应代理根据系统安全配置策略，使用“拉”(pull)的方式，主动地通过脆弱性管理服务，从系统脆弱性数据库中获得所需要的安全补丁等系统脆弱性应对措施，完成系统安全漏洞的修复。

第8章　信息系统综合管理

8.1　应用服务运行监控

8.1.1　进程监控技术

信息系统中的各类应用服务往往都以进程的形式运行在操作系统平台之上，实施对应用服务的监控，技术上往往归结为对应用进程的监控[135]。

目前常用的进程监控技术从实现角度和进程本身的特性可以分为两类：一是注入式进程监控技术，该技术的前提是可以修改进程的源代码，是能够从进程内部辅助监控的技术；二是外部进程监控技术，该技术针对无法修改其源代码的进程，只能从外部或者操作系统实施对进程监控的技术。

注入式进程监控技术实现的进程监控软件功能强大，可以获得的进程状态信息很丰富，在条件允许的情况下是首选的进程监控技术。该技术从实现角度来说一般分为两个部分，即监控端和被监控端，被监控端以源代码的方式注入被监控进程，在进程运行的关键环节(如：系统启动、数据处理、数据库操作)注入监控的相关代码，读取进程的运行状态，以消息、文件、网络、数据库等方式与监控端进行通信，将进程的运行状态发送给监控端，通信的时机可以是触发式或者定时，监控端接收到进程的运行状态之后，便可以进行分析处理，对进程当前的运行情况进行判断和显示。

该技术的缺点在于应用范围较窄，通常各类被监控应用服务进程是不对外开放源代码的，因此大部分情况下无法进行源代码级别的进程监控实施。

外部进程监控技术是目前较为常用的进程监控技术，也是本节介绍的重点。该技术通常使用操作系统提供的相关 API 函数实施对进程状态的获取，然后根据进程状态判断进程的运行情况。该技术的优点在于适用范围广，实施简单；缺点则在于能够监控到的进程状态信息有限，并且对于不同的操作系统平台而言，具体的实现技术有所差异。与注入式进程监控技术类似，该技术从实现角度来说一般也分为两个部分，即监控代理和监控服务器，监控代理负责采集进程的运行状态信息，监控服务器则负责接收并处理获取到的进程运行状态信息，对进程的运行情况作出判断。其中监控代理是该技术的核心部分，下面就目前主流的两种操作系统平台 Windows 和 Unix 分别介绍外部进程监控技术中监控代理的实现方式。

8.1.1.1　Windows 平台进程监控代理技术

对于 Windows 平台，某个进程的运行状态主要由进程列表、进程基本信息、注册表、进程事件、进程关联文件等等方面所综合决定，因此监控代理通过 Windows 系统提供的各类 API 函数对进程列表、进程当前运行状态、注册表信息等等内容进行获取，由监控服务器根据事先制定的进程监控策略进行统计分析，最终判别某个业务进程当前的运行状况。

Windows 平台进程监控代理一般通过以下几个模块进行实现：业务进程监控模块、注册表监控模块、进程事件监控模块、文件监控模块、信息收集处理模块[136,137]，如图 8.1 所示。

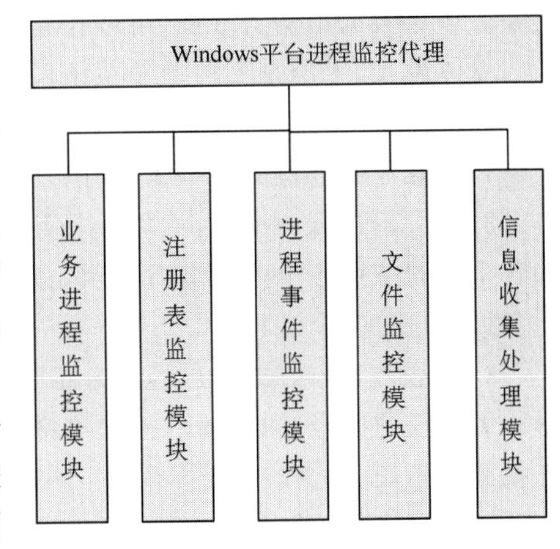

图 8.1 Windows 平台进程监控代理功能结构

(1)业务进程监控模块：从系统内核态获取业务主机中运行的所有进程信息，可以直接从内核的数据结构中获得进程列表，这部分进程信息包含系统运行的所有进程的列表(含隐藏进程)。

(2)注册表监控模块：通过 Hook(挂钩，Windows 提供的一种应用编程接口 API 技术)注册表相关系统服务来监视注册表的操作，包括注册表项的创建、修改、删除等操作。

(3)进程事件监控模块：进程事件主要是指进程被创建或被销毁的事件，该模块要时刻监视进程的变化情况，当发生进程被创建或者进程被销毁时，该模块将进程变化的详细信息发送至信息收集处理模块。

(4)文件监控模块：主要用于对进程源文件的监控，Windows 系统中各个业务进程可能会关联其他文件，并且进行操作，该模块就是对进程相关的文件操作进行监控，作为判断进程运行是否正常的一项指标。

(5)信息收集处理模块：对以上各个模块采集到的信息进行汇总输出成指定的格式，作为进程运行情况分析的基础数据。

8.1.1.2 Unix 平台进程监控代理技术

Unix 平台下监控进程最简单的方法就是调用系统命令。通过将用户级别的 top、ps 等系统命令应用到进程监控技术中，以及采用一系列的 Unix 内核技术，就可以实现用户与内核两个层次全方位地对 Unix 系统中的重要业务进程进行监控管理。用户层的进程监控方法主要基于调用操作系统提供的相应接口函数或者系统调用来实现的，所得到的只是接口函数处理后的结果，不能够主动地从操作系统内核的进程数据结构当中获取需要的信息。如果想获取更有实时性的监控数据，就必须在内核层实现进程监控。因此，内核层进程监控技术是 Unix 操作系统平台下较为常用的进程监控技术。该技术主要包括业务进程分类、业务进程基本信息表、检测信息表的构造以及相关的信息检测、进程恢复等[138,139]。

业务进程基本信息表作为进程监控的依据，系统只对列表中的业务进程进行监控。在系统运行过程当中，如果发现系统业务进程列表当中的某些重要进程不在运行或出现错误，则对他们进程恢复。检测信息表中定义进程的检测指标，作为判定进程是否正常运行的标识，包括文件访问权限、文件索引节点号、文件的所有者、文件大小、文件类型、修改时间、访问时间等。进程基本信息表包含关键进程的基本信息，并标明该进程对于业务运行的重要性。在进程监控模块的实现过程中，首先需要定义涉及的各个数据结构，通过对内核中所保护的进程、进程调度以及进程相关的数据结构进行分析，确定进程基本信息表、检测信息表的数据结构。在这些数据结构的定义过程中，大部分参考了内核中进程控制块(PcB)。因为，进程控制块中的数据定义包含了进程与文件系统、文件对象、内存区、进程属性等方面的关系。以该数据结构为基础，可以得到内核中有关进程监控方面的结构信息。

总体说来，无论是哪种操作系统，实施外部进程监控技术的流程可以抽象为以下几个关键步骤：

1)获取业务进程的基本信息、以及进程打开文件的信息，构造进程列表。

2)对进程进行分类：由于各个业务系统可能包含不止一个进程，因此需要对进程列表中的各个进程按照各个业务进行分类，如数据采集业务、数据处理业务、绘图业务等等。一种业务可能包含多个进程。

3)以哈希表的方式将进程编号组织成哈希链表，定义一个一维数组存储哈希头指针，根据相关进程的编号进行查找，根据哈希链头遍历哈希链表，逐个比较该链中各成员是否与待查找进程相同。

4)编写进程监控代码，即编写进程监控代理或者修改内核源代码，主要完成的工作就是信息搜集、进程监控、发现情况后记入相关日志信息并进行恢复处理。

8.1.2 分布式应用故障检测技术

上节所介绍的进程监控技术旨在解决判定某台计算机(或称之为节点机)上的应用服务的运行状态，这对于单机环境下的系统监控十分重要，随着网络技术的不断发展，各类应用服务已经逐步由单机和简单网络结构转变为分布式运行的结构，因此分布式监控和故障检测技术对于当前的各类应用服务的监控以及系统的故障自恢复有着重要的意义。

8.1.2.1 分布式系统故障模型

故障检测的研究是建立在不同的分布式系统模型之上的，为此，首先需要对其进行简单介绍。假设分布式系统由 $n\geqslant 1$ 个节点 $\{N_1, N_2, \cdots, N_n\}$ 构成，节点之间利用通信网络发送和接收消息。根据分布式系统运行所表现出的各种属性的不同，一般把分布式系统分为同步系统、部分同步系统和异步系统[140~142]。

其中同步系统模型是一个理想的系统模型，该系统中对节点之间的消息延时以及相对执行速度都进行了具有已知上界的假设，研究起来比较方便，但是实际应用中这类系统模型很难找到，特别是对于大规模的分布式系统，假设基本上都无法成立，因此基于同步系统模型的研究很难达到实际应用的效果。异步系统模型没有对分布式系统中的各类运行特性进行假设，这类系统模型适用性很强，但是由于实际网络状态和负载等因素存在太多的不确定性，使得很多故障模型的研究工作无法开展或者复杂度太高，因此基于此类模型的研究也较少。

部分同步系统模型对分布式系统中不同的运行特性进行不同的假设，使得系统既有同步系统模型的特点，又有异步系统模型的特点，而很多分布式协议只需要系统在一定程度上或者一定时间内满足同步特性即可，因此部分同步系统模型可以较好地适应实际网络情况，并且便于研究，使其成为目前最适合研究和实际系统设计的分布式系统模型。分布式存储系统的系统抽象模型可以参照部分同步系统模型进行研究，即消息的传输延迟和进程相对执行速度是有上限的，但是这个上限是未知的；各节点具有实时的、不会漂移的时钟并且可以不同步；各节点间的网络连接是不可靠的，但只要不是网络链路永久损毁，则不可能无止境地发生持续丢包。

讨论故障发生的可能原因，建立故障模型，是为了更快地定位故障、处理故障，最终恢复系统至故障前的状态，因此，建立合理的故障模型，界定故障的处理范围、分析故障对系统状态的影响，对于故障的检测和恢复起着重要的指导作用。

分布式系统的故障模型，目前有很多分类方法，概括起来，主要有以下几类：

按故障维持时间：永久故障、间歇故障、瞬时故障；

按故障表现及限制程度：崩溃故障、遗漏故障、时间故障、响应故障、拜占庭故障；

按故障发生对象及范围：站点故障、局部事务故障、通信故障（包括消息丢失和网络分割）、介质故障。

8.1.2.2 故障检测器

故障检测器是实施并完成故障检测功能的实体，也是故障检测技术的核心内容，可以将故障检测器定义为一个故障检测模块的集合，每一个模块对应于一个进程，其输出为一系列此进程所怀疑发生故障的进程集合。一个故障检测器的输出历史为进程 p 的故障检测模块在 t 时刻的输出，即应用程序在 t 时刻“查询操作”所得到的答案。目前，大部分的故障检测器的实现都依照这一模型。为了衡量检测器的解决问题的能力，Chandra 和 Toueg 提出了故障检测器最基本的两个属性，完整性（Completeness）和准确性（Accuracy）。完整性是用来反映一个故障检测系统最终怀疑每一个故障的进程的能力；准确性是用来反映一个故障检测系统不会将正确的进程误判为故障的能力。

完整性包括以下两种级别：

1）强完整性：每一个故障的进程最终都会被所有正确的进程永远判定为故障。

2）弱完整性：每一个故障的进程最终都会被一部分正确的进程永远判定为故障。

如果仅考虑完整性本身，它并不是一个很有意义的属性。因为如果一个故障检测系统怀疑所有的进程，那么它满足了强完整性属性，但却毫无用处。因为这个进程不断地怀疑其他的进程，但并没有提供有用的故障信息。为了解决这一问题，一般在讨论完整性的同时要引入准确性特性，准确性限制了故障检测者可能出现的错误。

准确性被划分为以下四种级别：

1）强准确性：正确的进程永远不会被判定为故障。

2）弱准确性：一部分正确的进程永远不会被判定为故障。

3）最终强准确性：存在某个时间 t，在此之后，每个正确的进程都不会被任意一个正确进程判定为故障。

4）最终弱准确性：存在某个时间 t，在此之后，存在部分正确的进程，它们不会被任意一个正确进程判定为故障。

根据一个故障检测系统能同时达到的完整性级别和准确性级别，可以把故障检测分为八种类型：

1）P 称为完美故障检测器，满足强完整性和强准确性。

2）S 称为强故障检测器，满足强完整性和弱准确性。

3）◇P 称为最终完美故障检测器，满足强完整性和最终强准确性。

4）◇S 称为最终强故障检测器，满足强完整性和最终弱准确性。

5）Q 类型的故障检测器满足强准确性和弱完整性。

6）W 称为弱故障检测器，满足弱准确性和弱完整性。

7）◇Q 类型的故障检测器满足最终强准确性和弱完整性。

8）◇W 称为最终弱故障检测器，满足最终弱准确性和弱完整性。

根据完整性级别之间的关系和准确性级别之间的关系，可以得到关于这八个类别间的关系。Toueg 定义了还原关系来刻画不同级别的故障检测器之间的强弱关系，并证明了可以在异步环境下解决一致性问题的最弱故障检测器为◇W。

故障检测器模型的研究以解决一致性这类分布式系统基础问题为目标，不存在任何时间假设的异步系统导致其规格说明中含有许多“最终”行为。但是，在实际分布式系统中，分布式应用一般都具有一些时间上的限制，不可能任何应用都可以等待检测器需要的“足够长的时间”。在这样的系统中，应用程序所需要的故障检测器将不再是仅仅满足某一类检测器的“最终”行为。

例如，一个故障检测器在一个进程真正故障后一个小时才将其检测出来，这完全满足解决一致性所要求的基本属性，但是这却很难满足实际分布式应用对故障检测的需求。因此，故障检测器模型还应提供相应的服务质量（Quality of Service，QoS）。

实际系统中，应用程序主要从以下两方面评价一个故障检测器所提供的 QoS。

1）故障检测器对真实发生的故障的检测速度，即一个故障检测器需要多少时间发现故障进程；

2）故障检测器在一定检测速度下，发生错误输出的概率，即对一个正确进程产生怀疑的概率。

为了准确评价故障检测器的 QoS，用 T 表示检测器认为进程处于正常状态，S 表示检测器认为进程处于故障状态。则 T-transition 表示检测器的输出由 S 变为 T，S-transition 表示检测器的输出由 T 变为 S。下面三个基本评价指标，可定量地描绘一个故障检测器的 QoS。

检测延迟：指的是从进程发生故障的时刻到它最终被怀疑的时间。检测延迟作为一个随机变量，表示从故障发生到检测器发生 S-transition 之间的时间。

错误间隔时间：两次发生错误输出之间的时间间隔的度量，错误间隔时间作为一个随机变量，表示连续两个 S-transition 之间的时间间隔。描述故障检测的准确度。

错误持续时间：故障检测器修正一次错误判断所需要的时间。错误持续时间作为一个随机变量，表示从一个 S-transition 到下一个 T-transition 之间的时间间隔，描述故障检测的准确度。

在这三个指标中，检测延迟用来衡量一个故障检测器的检测速度，同时可保障故障检测器输出的完整性要求；错误间隔时间和错误持续时间用来描述故障检测的准确度。以这三个基本指标为基础，可以唯一地确定其他的 QoS 评价指标，如平均错误发生概率，查询准确率等。

8.1.2.3 故障检测技术的实现

故障检测技术的实现实际上就是故障检测器的实现，一般包括故障检测框架和故障检测算法两个部分，故障检测框架指故障检测器所采用的构架、对节点的组织形式、故障检测器之间的通信协议等；故障检测算法指故障检测器所使用的检测方式、故障判断机制等。

故障检测应用于分布式系统中，往往采用不同的框架，归纳起来有全广播式框架、层次式框架和流言式框架 3 大类。

全广播式框架又称为 all-to-all 框架，如图 8.2 所示。该框架将故障检测器分布在每个被检测节点上，每个节点的故障检测器对其他所有节点进行检测，这样便能够获得全局故障检测信息，这种方式由于检测通信量和负载太大，显然不适应规模大的分布式系统。

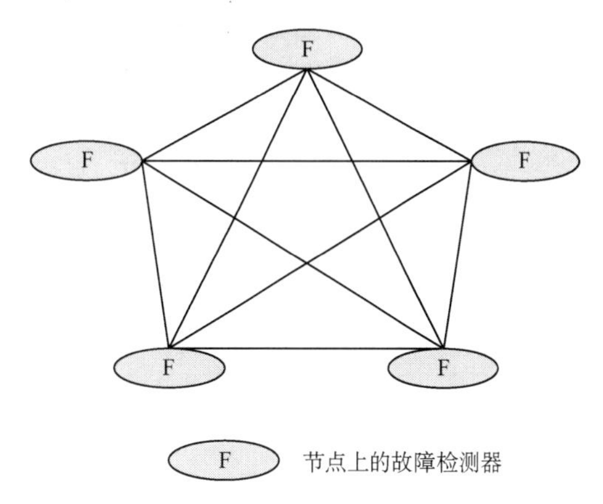

图 8.2　故障检测全广播式框架

层次式框架如图 8.3 所示，将 N 个节点分为若干个组，每个组分配一个故障检测器 F，组与组之间一般采用树形结构进行组织，形成树状层次型结构，每个组的故障检测器只负责检测本组内的节点故障信息，并且将本组的故障检测信息和下层上报的故障检测信息汇报给上层的故障检测器，各个组的故障检测信息通过逐层汇聚，最终到达树形结构的根节点，这样根节点便具有全局故障检测信息，根节点再通过广播的方式将全局故障检测信息下发给各个组的故障检测器。可见，层次式框架较传统的全广播式框架有效减少了故障检测的消息负载，同时提高了故障检测系统的可扩展性，目前众多故障检测器的设计都是基于层次式框架进行的。

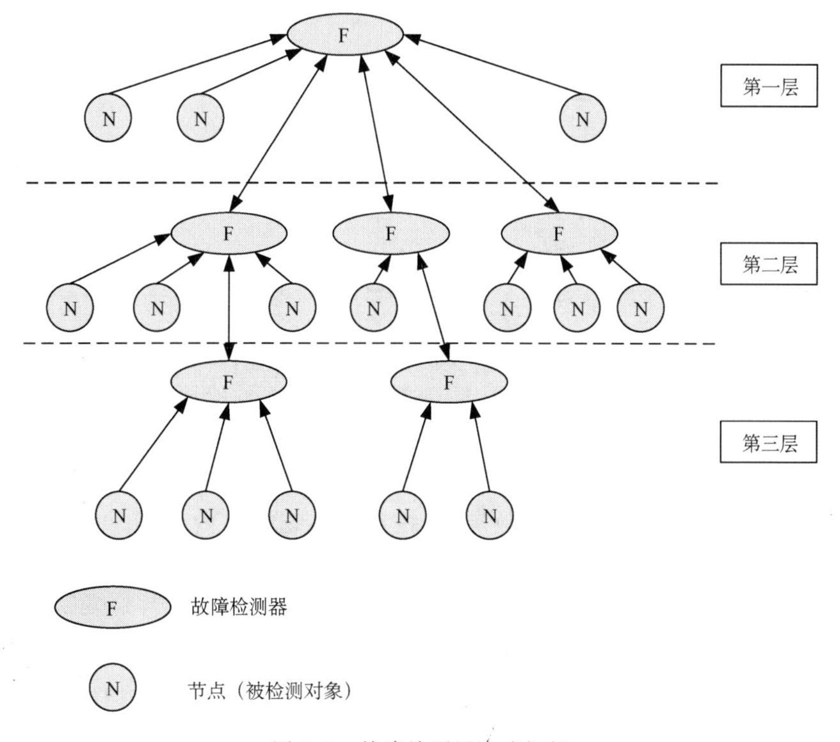

图 8.3　故障检测层次式框架

流言式框架如图 8.4 所示，故障检测器驻留在每个节点上，每个节点保存一份所有节点的列表，列表中为每个节点设置一个心跳计数器，故障检测器在 A 节点每隔 Tg 定时随机选择其他某个节点 B，在列表中增加所在节点的心跳计数之后，将自己的列表发送给 B 节点的故障检测器。当 B 节点收到 A 节点故障检测器的列表时，它会将收到的列表和自己的列表进行合并操作，合并规则就是针对每个节点，用较大的心跳计数更新较小的心跳计数。如果一个故障检测器在某个超时时间 To 后发现列表中某个节点对应的心跳计数还未改变，就认为该节点发生了故障。流言式框架分为基本式框架和多层式框架两种，多层式框架是结合层次式框架的产物，根据节点的 IP 地址进行域、子网等范围的分组，目的在于采用分组管理来减少流言信息的传播。

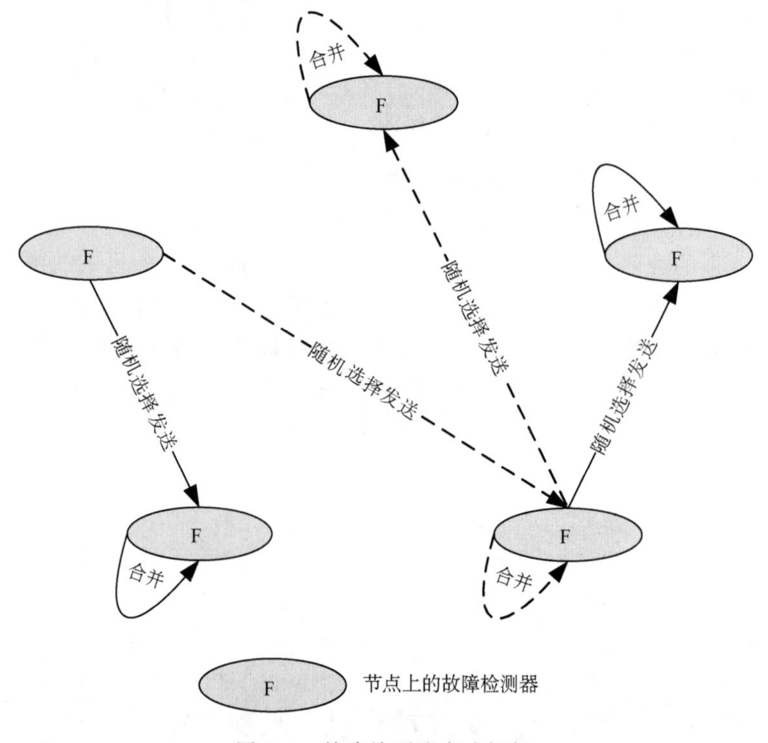

图 8.4　故障检测流言式框架

流言式框架比较典型的有 Gupta 提出的 SWIM 故障检测器，该故障检测器利用冗余机制来避免误检测，即对某个节点的检测结果是通过多个节点的检测结果汇总得到，从而提高故障检测的准确率。

实现故障检测算法最常用的技术是心跳技术。检测模块之间通过周期性地发送心跳消息来检测对方的状态(是否已经发生故障)。按照其实现方式的不同，可以分为 PUSH 和 PULL 两种基本方式，如图 8.5 所示。二者都是按照一定周期发送检测消息来检测对方的状态。所不同的是，PUSH 方式是被检测者主动向它的检测者周期性地发送消息以表明自己是正确的；而 PULL 方式则是由检测者向被检测者主动发送查询信息，而被检测者收到查询后，被动地发回应答消息表明自己状态。对于传统的基于超时机制的故障检测器来讲，一般需要设置一个相应的超时值，当超过此时间，仍未收到预计的消息，就认为被检测进程已经发生故障。很显然，PULL 方式与 PUSH 方式相比，得到同样的性能需要两倍数量的消息，但这并不影响其可扩展性(增加的倍数为常数，与节点数目 n 无关)。但是，PULL 方式是一种主动检测方式，可以只在需要的时候才发起检测，由于是“按需检测”，使得其对于复杂性高、规模大的分布式系统的适应性和可扩展性都比较好，而且能够适用于策略机制(根据策略即时调整检测需求)。因此，PULL 方式在目前故障检测算法中更为常用。

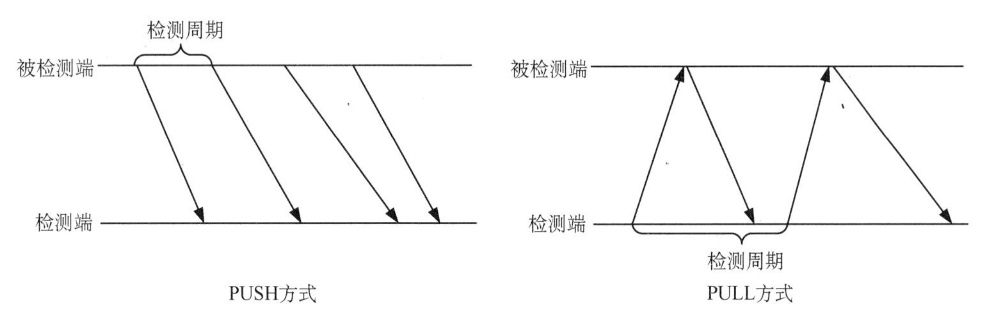

图 8.5　常用检测通信机制

8.1.3　系统故障自恢复技术

系统故障恢复是指系统出现故障后，如何保证系统在最大概率下正常运行，是系统应用服务管理中的重要技术，故障恢复技术一般利用系统监控、故障检测等环节的处理结果对检测到的可恢复故障(如临时软件故障)进行处理，利用重组(Reconfigure)对不可恢复故障(如永久硬件故障)进行处理，从而实现系统的自我恢复，也可以称之为容错。其作用是消除错误造成的影响，使系统自动恢复到正常工作状态重新运行下去[143]。

系统故障恢复技术早期大多通过在部件级形成冗余，针对具体应用，采用专门的容错计算体系结构，设计开发各类专门的硬件，以使各级冗余部件协调地共同完成系统的故障恢复，实现难度较大，随着硬件技术的飞速发展，商用硬件设备和计算机系统可靠性逐渐提高，并且在计算机系统硬件遵循着摩尔定律发展而不断更新的今天，早期的故障恢复技术在当前的实际应用中已经越来越少地被采用了。

随着硬件设备的可靠性不断提高，目前多数系统都采用软件的方式实现故障恢复，或者使用一些专门用于故障恢复的硬件，这种方式不需要专用的软硬件体系结构支持以及专用硬件，只需要在现有系统中增加一些用于故障恢复处理的硬件或者软件即可，使得故障恢复的复杂性大大降低，通用性和可扩展性大大提高，因此实际应用中使用较为广泛。当前的故障恢复技术一般分为向前恢复和向后恢复两种方式。而检查点技术则是故障恢复中使用最常用的手段。

8.1.3.1　检查点技术

设置检查点进行故障恢复，是故障恢复的主要手段之一。检查点是进程执行过程中的某一点，该点是进程故障前一个一致的正确断面。检查点常常与向后恢复技术结合在一起使用，所以也常常称为检查点与向后恢复技术。系统按照某种策略设置检查点，把程序在运行时的正确状态保存到稳定存储器中；如果在随后的运行中检测到故障，系统就向后转回到前一个检查点，即从稳定存储器读出前一个检查点的正确状态，然后从该点继续执行[144]。

设置检查点进行进程状态保存形成检查点文件的时刻称为检查点时刻。设置检查点不仅可以用于故障的向后恢复,也可以用于故障的向前恢复,这时发生故障的计算机从其他计算机中读取最近检查点的正确状态进行故障恢复。

设置检查点不仅可以使计算机系统恢复到正确状态,消除故障所造成的影响,更重要的是可以避免因故障而导致的程序从头重新执行,因而能够有效减少恢复的工作量。

使用检查点恢复不需要对故障的原因、位置等因素作任何假设,也就是说,对于任何偶然性故障,只要保存的检查点状态是正确的,无论是硬件故障引起的,还是电源失效引起的,都是可恢复的。因此检查点技术被广泛应用于单处理器、分布式系统、多处理机系统以及并行计算机的故障恢复。

目前检查点技术根据其适用范围可分成两类:单进程程序检查点技术和分布式程序检查点技术。

单进程程序检查点技术用于保存和恢复单进程程序的运行状态,其保存过程为:首先把必要的进程核心区内容保存到进程的用户区中,通过系统调用保存进程的 pc 和 sp 指针等内容;然后,保存进程打开的文件的打开方式及指针偏移;最后利用进程此时的数据段、堆栈段和代码段信息组合成一个可执行的检查点文件。恢复时,只需执行程序的检查点文件。检查点文件执行时,首先将进程恢复到检查点时刻的运行状态,然后利用系统调用恢复进程的 pc 和 sp 指针使进程继续向下运行。单进程程序检查点技术主要的局限性在于用户程序不能使用与进程派生、进程通信有关的系统调用,因此应用范围有限。

分布式程序检查点技术用于保存和恢复分布式程序的运行状态,它是对单进程程序检查点技术的发展。一个分布式程序由分布在多台机器上的多个并发进程组成,这些进程在运行中要不断地相互交换数据,分布式程序的运行状态由每个进程的运行状态和进程间的消息组成。在全局检查点时刻,保存单个进程状态的同时,还要正确保存进程间的通信关系,形成全局一致的检查点。分布式程序在转回执行时,必须转回到一个一致的全局状态。分布式程序的检查点技术主要包含:非协同检查点算法、协同检查点算法以及通信诱发的检查点算法等。

检查点算法好坏的评价主要有两个指标:开销和延迟。开销包括时间开销和空间开销。延迟是指检查点操作使目标程序中断而暂停运行的时间。目前提高检查点算法性能的策略主要是减少检查点时刻所要保存的进程的状态信息及提高检查点操作与程序运行的并行性。减少检查点时刻所要保存的进程的状态信息包括增量法、用户参与法、编辑器辅助内存排除法、数据压缩法等。提高检查点操作与程序运行的并行性包括主内存法、写复制法、CLL 法等,这些算法在提高并行性,减少检查点算法延迟的同时却增加了一些时间和空间开销。

IEEE 制定的 POSIX 1003. lm 就提出了一套检查点系统接口规范,但是大部分的通用操作系统中并没有实现相应的功能,通常只有在开发某些必须有故障自恢复支持的应用系统时,开发人员才会设计和实现出一套简便而缺乏通用性的检查点系统来供应用系统使用。这一方面增加了开发过程上负担,同时也是宏观上的资源浪费。

8.1.3.2 向前恢复技术

向前恢复技术指系统从错误中恢复时,从出错时刻以后的某一时刻点开始恢复。执行的任务不需重新运行前一段已执行过的代码。一般通过计算进程出错时的状态并以此为恢复点继续执行进行恢复,或者通过冗余的方式,复制正常模块的状态到新加入模块继续执行进行恢复。向前恢复的优点在于恢复时间较向后恢复短,并且不存在多米诺效应。

8.1.3.3 基于检查点的向后恢复技术

向后恢复技术与向前恢复技术不同,指系统从故障中恢复时,从出错时刻以前的某一时刻开始恢复,因此也称为转回恢复。向后恢复往往基于检查点技术来实现,检查点指程序执行过程中的某个正确点,包含了程序运行的正确状态,向后恢复技术首先在程序运行过程中设定若干个检查点,一旦出现故障,则将程序后退到某个检查点重新执行进行恢复,这使得程序的执行必须经过暂停、选择检查点、重试等步骤,因此恢复时间一般要长于向前恢复技术。向后恢复技术比较容易出现多米诺效应,并且对于程序状态的保存具有一定的难度[145~148]。

如果系统的向后恢复完全依靠检查点实现,那么称为基于检查点的向后恢复。这种类型的故障能使系统恢复到最近的一致性全局检查点,即恢复底线。但是这种故障恢复方法无法保证与故障前的状态完全一致,所以适合于不频繁与外界交互作用的情况。基于检查点的向后恢复有三种方法:非协同检查点设置、协同检查点设置以及通信引发的检查点设置。

非协同检查点设置,有时也称为独立检查点设置,允许每个进程以完全独立的方式决定何时设置检查点。这种方法的最大优点是无故障情况下的运行开销比较小,因为每个进程都可以按照各自的检查点开销设置最优的检查点。然而,这种方式在发生故障的情况下却可能引发多米诺效应。

为了使系统在发生故障后能够产生一致性的全局检查点,系统在正常执行期间要根据进程之间的消息传递关系对各个进程的检查点之间的依赖关系加以记录,即直接依赖跟踪技术。如果发生故障,系统就根据先前记录的检查点之间的依赖关系,确定恢复底线。确定恢复底线的方法可以采用向后依赖图或者检查点图。

对于非协同检查点设置,还必须解决无用存储单元的回收问题,将恢复底线之前的检查点空间回收,由于需要每个进程都保留多个检查点以确定恢复底线,所以这种收集工作比较复杂。

协同检查点设置

协同检查点设置是指各个进程在设置检查点时协同完成一致的全局检查点,所以不会发生多米诺效应。其优点还在于可以简化无用存储单元的收集,并且向后恢复的过程也十分简单。这种方法的主要缺点是为协调检查点设置要进行大量的消息传递,引入过多的时间开销,尤其在向外界产生输出之前,对性能有比较严重的影响。

设置协同检查点的最直接方法是使用两阶段阻塞协议,阻止进程在设置检查点期间的进程通信,以保证系统的状态一致。显然,阻塞进程会导致比较大的时间开销。为了减少这部分开销,设置协同检查点时还可以选择非阻塞检查点协同、同步检查点时钟以及最小化检查点协同等方法。

通信引发的检查点设置

通信引发的检查点设置也能够避免多米诺效应,其主要途径是在消息传递过程中,通过捎带方式传递有关信息。如果消息接收者发现这些信息满足一定条件，就在处理消息前设置检查点。根据实现机制的不同，这一方法又可分为两种：基于模型的检查点设置，建立无多米诺效应的检查点与通信关系模型，如果消息传递过程中接收到的消息不满足模型要求，则设置附加检查点使之满足；基于索引的协调检查点则是通过通信方式引入的一种协调机制，根据捎带的检查点索引判断是否设置附加检查点。为了防止有时通信引发的附加检查点过多，可以采用 Lazy 检查点设置或者准同步检查点设置使附加设置的检查点数量保持在一个合理的水平。

8.1.3.4 基于日志的向后恢复技术

如果向后恢复的过程中需要同时使用检查点和日志就称为基于日志的向后恢复。基于日志的向后恢复依赖于分段确定性模型的假设：一个进程的执行由许多的状态间隔组成，每个间隔由一个非确定的事件启动（例如接收到来自其他进程的消息），但进程在每个间隔的执行则是完全确定的。采用这种方法，在正确的执行过程中，进程不仅要保存检查点，而且要将上一个检查点以来的所有非确定事件记入日志[149~153]。

一旦发生了故障，进程先恢复到前一个检查点的正确状态，然后根据日志记录的每个事件及其发生的顺序、时间，重演上一个检查点以来的执行过程。基于日志的向后恢复与基于检查点的向后恢复相比，最大的不同在于前者能够完全重复发生故障以前的执行过程，而后者由于分布式执行的不确定性，向后转回到恢复底线以后再次执行的过程不一定与发生故障前的状态完全相同。这个特点使得基于日志的向后恢复非常适于与外界频繁发生交互作用的情况，因为系统对外界的输出一般是不可向后的，通过将这些事件记入日志可以使故障发生后的进程输出与以前保持前后一致。

基于日志的向后恢复也分为三种：悲观日志、乐观日志和因果日志。

1)悲观日志

悲观日志假设每个非确定事件后都很可能发生故障，所以必须保守地在每个事件处理之前，就将其记入日志（也称为同步日志）。这样故障恢复过程和无用存储单元的回收变得十分简单，而且设置检查点和故障恢复只与一个进程有关，有利于系统性能的提高。然而，进程必须等待同步日志完成之后才能对事件进行处理，结果导致了大量的时间开销。

为了减少这部分开销，除了可以采用特殊硬件快速保存日志以外，还可以使用基于发送者的消息日志。这种方法需要消息的接收者通过应答，将所接收消息的顺序再通知消息的发送者，后者则将消息连同其顺序一起存储在内存的日志中。如果发生故障，需要恢复的进程就可以从所有向它发送过消息的进程中得到全部消息及其顺序。另外一种方法则通过放松记录日志的原子性来达到减少开销的目的，即把某些日志记录操作合并起来，减少对稳定存储的访问次数。

2)乐观日志

乐观日志是基于这样的乐观假设：在发生故障前，能够将日志保存到稳定存储器中。所以其日志保存操作是异步的，日志不是立即保存到稳定存储器中，而是先保存在内存中，经过一段时间以后才能刷新到稳定存储器中。这样就可以不必阻塞进程而提高性能。然后一旦发生故障，引起尚未保存到稳定存储器中的日志丢失，就需要在整个系统内对消息的依赖关系进行检查，所以其故障恢复、无用存储单元的收集以及对外界的输出提交等过程变得很复杂。

采用乐观日志协议的恢复过程有两种。一种称为同步恢复,需要所有的进程根据依赖关系和日志,使用特殊的恢复协议,将系统恢复到最近的可恢复状态。另一种称为异步恢复,它只恢复那些含有孤儿消息的进程,但存在导致指数次向后回卷的危险,即单个错误引起一个进程向后指数次的恢复处理。

3)因果日志

因果日志只把每一个与进程状态变化有先后因果关系的事件记入日志中或者保证其可以被当前进程访问。由于避免了以同步方式存取稳定存储器,所以具有乐观日志那样在非故障条件下的性能。不仅如此,因果日志还具有悲观日志的一些优点,不仅允许每个进程独立地向外界提交输出,而且在向后恢复过程中,任何一个进程向后仅仅限于稳定存储器中保存的最近一个检查点。

然而,因果日志也存在一个非常大的缺点,就是过于复杂。因果日志通过先行图完成对事件与进程因果关系的跟踪。在无故障运行时,每个进程都利用捎带信息,建立非确定事件与进程状态的完整因果关系图。如果能够保证所有的进程中只有一部分进程在同一时间段内发生故障而不是全部进程,那么还可以采用基于家族的日志协议,进一步减少性能开销。

8.1.3.5 恢复块技术

恢复块是为容忍软件故障而提出的一种故障恢复方法,但也能用于硬件故障和临时故障的恢复,因为硬件故障和临时故障后也会反映到程序故障上来。恢复块方法是以故障检测、向后回转和冗余软件模块三种技术为基础而提出来的。在结构上由检查点、替换算法和验收测试三部分组成。

恢复块方法按下述过程执行:启动恢复块时,首先执行原基本算法,基本算法结束后,由验收测试模块根据设定的条件检测,若检测无错,表明运行成功,跳出恢复块,继续向前执行;若检测有错,表明基本算法运行失败,则执行向后恢复、程序向后转回至恢复线,开始执行替代算法。执行完后再测试,这样最多到全部替换算法都执行、测试一遍。期间只要有任一替换算法执行成功,都会使进程退出恢复块;若全部替换算法都运行失败,则该恢复块向它的调用者(或系统)报告错误。

8.2 网络通信系统监控管理

8.2.1 网络管理概述

网络通信系统的监控管理也称之为网络管理,广义上的网络管理是对资源的管理,是指调度和协调资源,以便在所有时间都能使计划、运营、管理、分析、评估、设计和扩充网络以合理的成本和最佳的能力满足服务等级的目标。网络管理包括运行、管理、维护和供给功能,这些功能提供了管理网络资源的有效方法。而从狭义上入手,网络管理是指对网络状态进行监控,当网络出现故障时能及时做出报告和处理,调整网络资源,使网络能正常、高效地运行。一般而言,网络管理有五大功能:配置管理、性能管理、故障管理、安全管理、计费管理。

这五大功能是保证一个网络系统能够正常运行的基本功能集合[155~158]。

配置管理可细分为拓扑管理和参数管理。拓扑管理是指自动发现网络内的所有设备以及设备之间的连接情况，对发现的结果能够自动更新以保证和实际网络的一致性。能够以图形化的方式表现网络拓扑结构、网络状态、设备信息。参数管理是保证设备配置信息的完整性，对配置信息的正确性检查，配置数据的查询与统计。

性能管理主要提供性能监测功能、性能分析功能。性能监测功能是对网络流量、设备资源使用情况（如 CPU 占用率、内存占用率等）等性能数据进行连续地采集。性能分析功能主要是根据监测到的性能数据进行统计和计算，获得网络及其主要成分的性能指标，定期或在必要时生成性能报表和图表。

故障管理的目的是迅速发现和纠正网络故障，动态维护网络的有效性。故障管理的主要功能包括告警监视、故障定位、告警过滤。告警监视用来监视网络设备出现的故障。故障定位用来确定故障产生的位置或者产生故障的设备。告警过滤用来过滤大量告警中不重要的信息从而突出网络的故障所在；当网络中的某个地方出现故障以后，往往会引发很多告警信息，这就需要通过告警过滤从这些告警信息中找出根本问题。

安全管理的目的是提供信息的隐私、认证和完整性保护机制，使网络中的服务、数据以及系统免受侵扰和破坏。

计费管理主要是正确的计算和收取用户使用网络服务的费用，同时进行网络资源利用率的统计和网络的成本效益核算。

在以上管理功能中，配置管理是整个网络管理的基础，因为它提供了网络管理所需的基础数据，也是网络管理的基本对象的集合。而其中，网络拓扑信息以及拓扑节点信息是配置数据中的最基本数据。因此网络拓扑以及节点的数据获取和更新成为网络配置管理的基础功能，也是整个网络管理的基础功能，而这一过程即网络拓扑发现和拓扑更新过程。

网络管理主要是规划、监督、设计和控制网络资源的使用和网络的各种活动，以确保其尽可能长时间地正常运行，或者当网络出现问题的时候尽可能快地发现和修复故障，使之最大限度地发挥其应有的效益的过程。

从网络管理系统的组成上来说，现代计算机网络的网络管理系统基本上由四部分组成：至少一个网络管理工作站、多个被管代理、一个通用的网络管理协议和一个或多个管理信息库（MIB）。

1）管理站：一般是一个单机设备或者是一个共享网络中的一员，它是网络管理员与网络管理系统的接口。管理站向被管设备发送请求，从被管设备提取信息，并进行分析处理；同时向被管设备发送命令信息，指挥被管设备进行各种操作；也可以接收被管代理主动发来的陷阱（Trap）信息，这往往说明被管代理出现了某些异常。

2）被管代理：除了管理站之外，网络管理系统中的其他活动元素都是管理代理，代理中存储着被管设备的状态信息，根据管理站的要求，代理负责提取设备数据以及状态信息，并发送给管理站，或者对设备执行某些操作。在被管设备发生异常情况时，代理会主动向管理站发送陷阱信息。

3）网络管理协议：管理站和代理之间通过交换管理信息进行工作，这种信息交换是通过网络管理协议来实现。管理站和代理可能是属于不同厂家的产品，两者之间能够通信就要求有统一的接口，有了接口，任何厂家的网路管理产品就能方便地管理其他厂家的产品，不同厂家的网络管理产品之间还能交换管理信息，这个接口就是标准的网络管理协议。

4)管理信息库(MIB)：代表被管代理特性的数据变量集合。管理站和代理进行操作、分析的就是这些信息。管理站通过获取 MIB 对象的值来实现监视功能，通过修改代理的特殊变量的值来修改代理配置。

网络管理的流程简单来讲就是：管理工作站接受管理员的命令，通过标准网络管理协议向各个被管代理发送请求信息，同时接受各个被管代理的通告或者中断信息；被管代理接受来自管理站的命令，执行对代理 MIB 信息的查询或者修改，并发起响应事件；网络管理协议负责封装和交换管理工作站和代理之间的命令和响应信息。

8.2.2　基于 SNMP 的标准网元状态监控

在网络管理中，一般会采用管理者/代理的模式，如果各厂商提供的管理者和代理之间的通信方式不同，将会影响网络管理系统的通用性以及不同厂商设备产品之间的互连，因此就需要指定一个管理者和代理之间的通信标准，这就是网络管理协议。

简单网络管理协议(SNMP：Simple Network Management Protocol)是由互联网工程任务组(IETF：Internet Engineering Task Force)定义的一套标准的网络管理协议。SNMP 目前包含 3 个版本：SNMPV1、SNMPV2、SNMPV3。第 1 版和第 2 版没有太大差距，但 SNMPV2 是增强版本，包含了其他协议操作。与前两种相比，SNMPV3 则包含更多安全和远程配置。SNMP 由于其实现简单，得到了众多的厂商的支持，被应用到大多数网络设备中，因此支持 SNMP 的网络设备(也称之为标准网元)可以通过 SNMP 进行管理，这也使得 SNMP 成为了网络管理中适用性很广的协议[159]。

SNMP 的网络管理模型遵循通用的网络管理系统结构，即包括管理站、管理代理、管理信息库和网络管理协议四个部分。SNMP 为应用层协议，是 TCP/IP 协议族的一部分，通过 UDP 协议来操作。在管理工作站中，管理者进程对位于管理站中心的 MIB 的访问进行控制，并提供网络管理员接口。管理者进程通过 SNMP 完成网络管理。每个管理代理也必须实现 SNMP。另外，有一个解释 SNMP 的消息和控制管理代理 MIB 的代理进程。SNMP 具体的协议环境如图 8.6 所示。

从管理工作站发出 3 类与管理应用有关的 SNMP 的消息：GetRequest、GetNextRequest、SetRequest。3 类消息都由管理代理用 GetResponse 消息应答，该消息被上交给管理应用。另外，代理者可以发出 Trap 消息，向管理者报告有关 MIB 及管理资源的事件。

SNMP 的基础是包含被管元素信息的被称为 MIB 的数据库。每个被管资源由对象来表示，MIB 是这些对象的有结构的集合。在 SNMP 中，MIB 本质上是一个树型的数据库结构。网络中每个的系统(工作站、服务器、路由器、网桥等)都拥有一个反映系统中被管资源状态的 MIB。网络管理实体可以通过提取 MIB 中的对象值监测系统中的资源，也可以通过修改这些对象值来控制资源。MIB 的具体结构如图 8.7 所示。

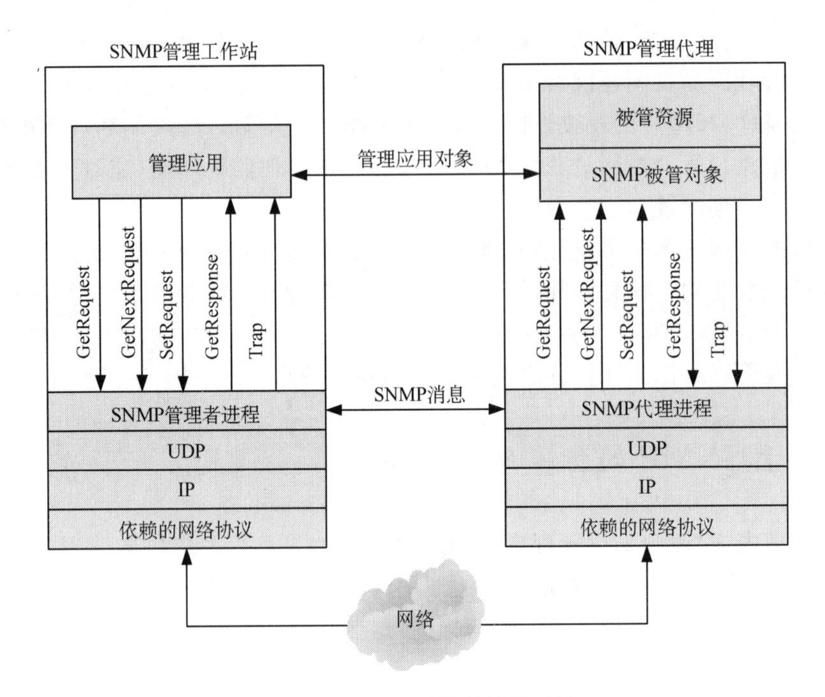

图 8.6 SNMP 具体的协议环境

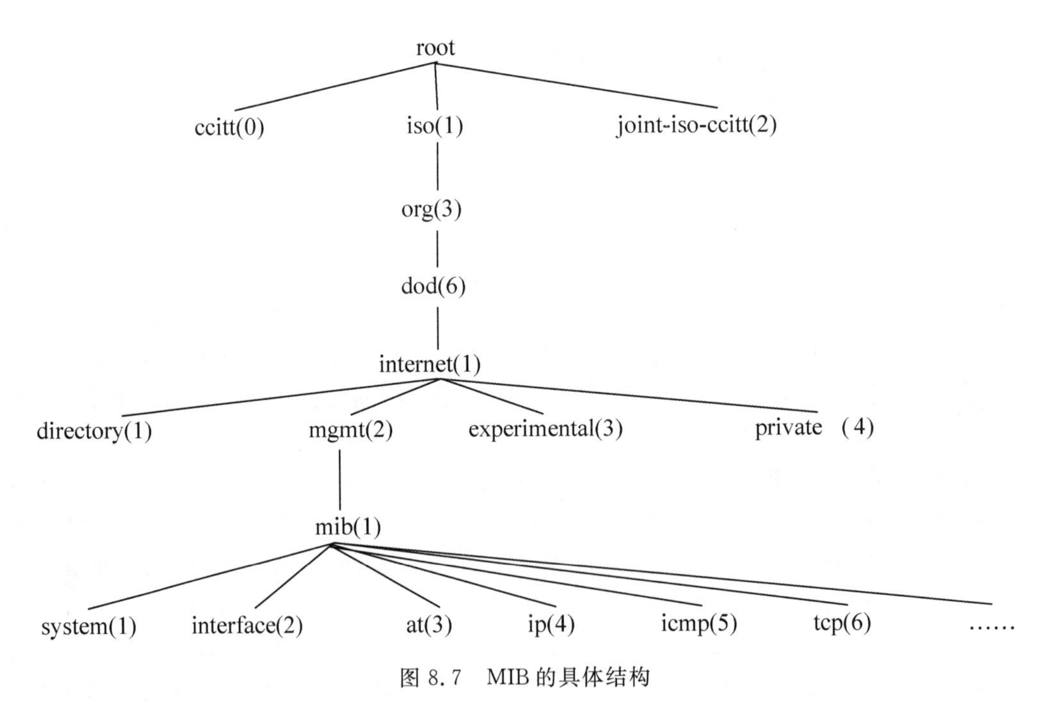

图 8.7 MIB 的具体结构

SNMP 中的所有的被管对象都被排列在一个树型结构之中。处于叶子位置上的对象是实际的被管对象，每个实际的被管对象表示某些被管资源、活动或相关信息。树型结构本身定义一个将对象组织到逻辑上相关的集合之中的方法。MIB 中的每个对象类型都被赋予一个对象标识符，以此来命名对象。另外，由于对象标识符的值是层次结构的，因此命名方法本身也能用于确认对象类型的结构。对象标识符是能够唯一标识某个对象类的符号。

例如，MIB中，对象标识符（OID，Object ID）为1.3.6.1.2.1.2表示接口的相关信息，OID为1.3.6.1.2.1.2.2.1.5表示的是接口带宽信息，OID为1.3.6.1.2.1.2.2.1.9则表示接口运行时间，OID为1.3.6.1.2.1.2.2.1.9则表示接口接收的总字节数，等等。SNMP可以通过GetRequest、GetNextRequest、SetRequest等消息，以OID作为参数，查询某个对象的详细信息，以完成对网络的管理和监控。

如果管理站负责大量的代理者，而每个代理者又维护大量的对象，则靠管理站及时地轮询所有代理者维护的所有可读数据是不现实的。因此管理站采取陷阱引导轮询技术对MIB进行控制和管理。

所谓陷阱引导轮询技术是在初始化时，管理站轮询所有知道关键信息（如接口特性、作为基准的一些性能统计值，如发送和接收的分组的平均数）的代理者。一旦建立了基准，管理站将降低轮询频度。相反地，由每个代理者负责向管理站报告异常事件。例如，代理者崩溃和重启动、连接失败、过载等。这些事件用SNMP的trap消息报告。管理站一旦发现异常情况，可以直接轮询报告事件的代理者或它的相邻代理者，对事件进行诊断或获取关于异常情况的更多的信息。陷阱引导轮询可以有效地节约网络容量和代理者的处理时间。网络基本上不传送管理站不需要的管理信息，代理者也不会无意义地频繁应答信息请求。

8.2.3 基于Agent的其他网元状态监控

对于某些支持SNMP的网元（可能是交换机、路由器、主机等等），可能无法使用标准的SNMP协议对其进行监控和管理，因此就需要采用其他的方式使得管理站能够获取该网元的状态信息。一般所采用的方法就是开发代理程序与网元之间进行通信，获取网元的状态信息汇报给管理站，这种方式可以称之为基于Agent的监控方式。从实现角度来说，又可以细分为以下两种：基于Agent（代理）的方式和基于Proxy Agent（委托代理）的方式[160]。

1）基于Agent的网元状态监控

这种方式的网元状态监控一般应用于管理站和被监控网元都不支持标准的网络管理协议（如SNMP）的情形，在这种情况下，一般通过开发针对特殊网元专有的Agent来获取该网元的状态信息，Agent必须实现特殊网元所支持的私有协议，然后再通过私有协议与管理站之间通信，上报所获取到的网元的状态信息。基于Agent的网元状态监控结构如图8.8所示[161~162]。

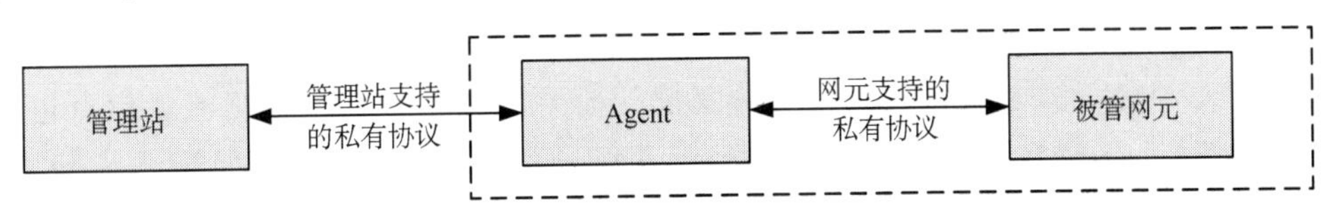

图8.8　基于Agent的网元状态监控结构

图8.8中的虚线框表示大多数情况下Agent都是作为一个程序与被管网元运行在同一平台上，例如，需要监控某一型号不支持SNMP的路由器的运行状态，可以开发一个Agent，实现该路由器支持的监控协议，然后将该Agent程序部署在路由器的操作系统平台中，一旦路由器运行，Agent就可以实时获取路由器的运行状态，并与管理站之间通信上报该路由器的运行状态。

2)基于 Proxy Agent 的网元状态监控

这种方式的网元状态监控一般应用于管理站支持标准的网络管理协议(如 SNMP),而被监控网元不支持标准的网络管理协议的情形,在这种情况下,开发的 Proxy Agent 不仅需要实现特殊网元所支持的私有协议,还需要实现标准的网络管理协议(如 SNMP),这样管理站就可以通过标准的网络管理协议与 Proxy Agent 之间进行通信,获取网元的运行状态。图 8.9 展示了基于 Proxy Agent 的网元状态监控的结构[163]。

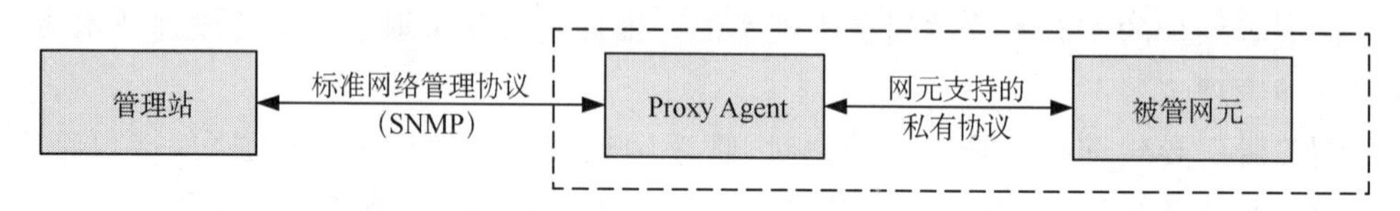

图 8.9 基于 Proxy Agent 的网元状态监控的结构

Proxy Agent 实现了被管网元私有协议与 SNMP 协议之间的转换,使得支持 SNMP 的管理站无需做任何改动即可实施对不支持 SNMP 的网元的监控,这样可以将不支持 SNMP 的网络纳入开放式的 SNMP 环境中来,因此,Proxy Agent(委托代理)对集成化网络监控管理的实现有很大的作用。

8.2.4 网络探针技术

网络探针技术指在网络链路上获得原始数据报文,由专用的探针设备处理分析后得到关于网络的各种信息,达到网络系统监控的目的。探针技术一般适用于城域网、接入网或者企业网等小型网络[164~166]。

网络探针通常用于网络流量的监测,从实现角度来说可以分为以下四种方式:

基于流量镜像协议分析的实现技术

流量镜像协议分析方式是把网络设备的某个端口(链路)流量镜像给协议分析仪,通过 7 层协议解码对网络流量进行监测。例如:通过解码协议可以得到网络上传输的数据包所采用的协议类型,如 HTTP、FTP、TCP、UDP 等等。与其他三种方式相比,协议分析是网络监测的最基本手段,特别适合网络故障分析。缺点是流量镜像协议分析方式只针对单条链路,不适合全网监测。

基于 SNMP 的实现技术

基于 SNMP 的流量信息采集,实质上是测试仪表通过提取网络设备 Agent 提供的 MIB 中收集的一些具体设备及流量信息有关的变量。基于 SNMP 收集的网络流量信息包括:输入字节数、输入非广播包数、输入广播包数、输入包丢弃数、输入包错误数、输入未知协议包数、输出字节数、输出非广播包数、输出广播包数、输出包丢弃数、输出包错误数、输出队长等。相似的方式还包括 RMON。与其他的方式相比,基于 SNMP 的流量监测技术受到设备厂家的广泛支持,使用方便,缺点是信息不够丰富和准确,分析集中在网络的 2、3 层(链路层和网络层)的信息和设备的消息。SNMP 方式经常集成在其他的三种方案中,如果单纯采用 SNMP 做长期的、大型的网络流量监控,在测试仪表的基础上,需要使用后台数据库。

基于 Netflow 的实现技术

Netflow 是基于网络设备(Cisco)提供的 Netflow 机制实现的。Netflow 为 Cisco 之专

属协议，已经标准化，并且 Juniper、extreme、华为等厂家也逐渐支持，Netflow 由路由器、交换机自身对网络流量进行统计，并且把结果发送到第 3 方流量报告生成器和长期数据库。一旦收集到路由器、交换机上的详细流量数据后，便可为网络流量统计、网络使用量计价、网络规划、病毒流量分析，网络监测等应用提供计数根据。同时，Netflow 也提供针对 QoS (Quality of Service)的测量基准，能够捕捉到每笔数据流的流量分类或优先性特性，而能够进一步根据 QoS 进行分级收费。与其他的方式相比，基于 Netflow 的流量监测技术属于中央部署级方案，部署简单、升级方便，重点是全网流量的采集，而不是某条具体链路；Netflow 流量信息采集效率高，网络规模越大，成本越低，拥有很好的性价比和投资回报。缺点是没有分析网络物理层和数据链路层信息。Netflow 方式是网络流量统计方式的发展趋势。

硬件探针实现技术

硬件探针是一种用来获取网络流量的硬件设备，使用时将它串接在需要捕捉流量的链路中，通过分流链路上的数字信号而获取流量信息。一个硬件探针监视一个子网(通常是一条链路)的流量信息。对于全网流量的监测需要采用分布式方案，在每条链路部署一个探针，再通过后台服务器和数据库，收集所有探针的数据，做全网的流量分析和长期报告。与其他的三种方式相比，基于硬件探针的最大特点是能够提供丰富的从物理层到应用层的详细信息。但是硬件探针的监测方式受限于探针的接口速率，一般只针对 1000M 以下的速率。而且探针方式重点是单条链路的流量分析，Netflow 更偏重全网流量的分析。

8.2.5 网络服务质量管理基本要素

QoS(Quality of Service)即服务质量。对于网络业务，服务质量包括传输的带宽、传送的时延、数据的丢包率等。网络服务质量管理通常指在网络中通过保证传输的带宽、降低传送的时延、降低数据的丢包率以及时延抖动等措施来提高服务质量[167～169]。

1)丢包率：当数据包到达一个缓冲器已满的路由器时，则代表此次的发送失败，路由器会依网络的状况决定要丢弃、不丢弃一部分或者是所有的数据包，而且这不可能在预先就知道，接收端的应用程序在这时必须请求重新传送，而这同时可能造成总体传输严重地延迟。

2)时延：或许需要很长时间才能将数据包传送到终点，因为它会被漫长的队列迟滞，或需要运用间接路由以避免阻塞；也许能找到快速、直接的路由。总之，延迟非常难以预料。

3)在规定时间内从一端流到另一端的信息量，即数据传输率。

通常 QoS 提供以下三种服务模型：

1) Best-Effort service(尽力而为服务模型)

Best-Effort 是一个单一的服务模型，也是最简单的服务模型。对 Best-Effort 服务模型，网络尽最大的可能性来发送报文。但对时延、可靠性等性能不提供任何保证。Best-Effort 服务模型是网络的缺省服务模型，通过 FIFO 队列来实现。它适用于绝大多数网络应用，如 FTP、E-Mail 等。

2) Integrated service(综合服务模型，简称 Int-Serv)

Int-Serv 是一个综合服务模型，它可以满足多种 QoS 需求。该模型使用资源预留协议(RSVP)，RSVP 运行在从源端到目的端的每个设备上，可以监视每个流，以防止其消耗资源过多。这种体系能够明确区分并保证每一个业务流的服务质量，为网络提供最细粒度化的服务质量区分。但是,Inter-Serv 模型对设备的要求很高,当网络中的数据流数量很大时,设备的存储和处理能力会遇到很大的压力。Inter-Serv 模型可扩展性很差,难以在 Internet 核心网络实施。

3)Differentiated service(区分服务模型,简称 Diff-Serv)

Diff-Serv 是一个多服务模型,它可以满足不同的 QoS 需求。与 Int-Serv 不同,它不需要通知网络为每个业务预留资源。区分服务实现简单,扩展性较好。

对网络 QoS 的管理可以通过分类的方式加以实施,分类是指具有 QoS 的网络能够识别哪种应用产生哪种数据包。没有分类,网络就不能确定对特殊数据包要进行的处理。所有应用都会在数据包上留下可以用来识别源应用的标识。分类就是检查这些标识,识别数据包是由哪个应用产生的。然后根据应用的需要对 QoS 进行控制和管理,以下是 4 种常见的分类方法。

1)协议:有些协议非常占用带宽,只要它们存在就会导致业务延迟,因此根据协议对数据包进行识别和优先级处理可以降低延迟。应用可以通过它们的 EtherType 进行识别。譬如,AppleTalk 协议采用 0x809B,IPX 使用 0x8137。根据协议进行优先级处理是控制或阻止少数较老设备所使用的占用带宽的协议的一种强有力方法。

2)TCP 和 UDP 端口号码:许多应用都采用一些 TCP 或 UDP 端口进行通信,如 HTTP 采用 TCP 端口 80。通过检查 IP 数据包的端口号码,智能网络可以确定数据包是由哪类应用产生的,这种方法也称为第四层交换,因为 TCP 和 UDP 都位于 OSI 模型的第四层。

3)源 IP 地址:许多应用都是通过其源 IP 地址进行识别的。由于服务器有时是专门针对单一应用而配置的,如电子邮件服务器,所以分析数据包的源 IP 地址可以识别该数据包是由什么应用产生的。当识别交换机与应用服务器不直接相连,而且许多不同服务器的数据流都到达该交换机时,这种方法就非常有用。

4)物理端口号码:与源 IP 地址类似,物理端口号码可以指示哪个服务器正在发送数据。这种方法取决于交换机物理端口和应用服务器的映射关系。虽然这是最简单的分类形式,但是它依赖于直接与该交换机连接的服务器。

8.3 系统安全管理

随着信息技术与网络技术的不断发展,保证信息系统良好的运行状态和安全一直是系统管理所关注的重要问题,特别是信息系统的安全问题,关系到系统的安危,良好的系统安全管理是每个系统管理工作中必不可少的组成部分[170]。

系统安全管理往往根据可能存在的各类安全隐患进行防范和处理,计算机系统中常见的安全隐患主要包括:

1)黑客的攻击:由于缺乏针对网络犯罪卓有成效的反击和跟踪手段,这使得黑客的攻击具有强破坏性、隐蔽性和多样性。

2)管理的欠缺:系统安全的严格管理是企业、机构及用户免受攻击的重要措施,但很多系统都疏于这方面的管理。

3)网络的缺陷:网络本身在安全可靠、服务质量、带宽和方便性等方面存在着不适应性。

4)软件的漏洞:现在很多软件都包含大大小小的漏洞,包括很多系统软件,这使得使用此软件的用户不得不承受不安全的风险。

针对各类安全威胁,系统安全管理往往采用身份认证、加密、防火墙等技术来对系统可能存在的安全问题进行处理,总体说来可以分为用户管理、数据安全管理、设备安全管理以及网络安全管理等几个方面。

8.3.1 用户管理

用户管理主要体现在对使用系统的用户进行身份认证、角色分配和权限控制等几个方面。用户管理是对数据和服务资源进行管理的一个重要部分,与系统的安全性密切相关。严密的系统通常具备完善的用户管理机制。

在实际的用户管理过程中,可以首先对用户进行分类,例如分为系统管理员和数据用户(所有需要访问业务数据的用户被称为数据用户),则用户管理就变成了系统管理员管理和数据用户管理两部分。

系统管理员管理:只有"系统管理员"才可以使用本系统,系统管理员可以有多个,此功能对系统管理员进行管理。系统管理员不能存取业务数据,只能执行用户管理工具,因此不进行角色和权限管理。

数据用户管理:对数据用户进行管理。数据用户可以按部门、上下级等关系,以树形结构进行管理。对每个数据用户可指定多个角色(实现用户的操作权限)。

1)角色管理

角色是权限集中管理的一种机制,它是若干权限和角色的集合。当某一用户获得某一角色时,它就继承了该角色所拥有的全部权限。所以用户的管理不仅包含一般意义上的登录用户口令密码的管理,还包含用户的授权管理和定制角色管理问题。

在系统安全管理上,对每个数据项(例如:数据库中的数据表、文件系统中的某类文件等)可设置查询和修改(增、删、改)两种权限,为每个用户指明对每个表的操作权限。为了操作、管理的方便,采用角色机制。每个角色代表对一个数据集合的权限。可以按照部门、上下级等关系,以树形结构进行管理。对每个数据用户可指定多个角色(对用户授权)。权限控制粒度要适当,既要避免过细,增加不必要的操作和管理复杂度,又要避免太粗,数据和服务的安全性得不到充分考虑。

2)访问权限控制

访问权限控制主要完成对服务和数据访问权限的审核和验证,为本系统或者外部用户的访问提供统一集中的访问权限控制功能,提高系统的安全性和可靠性。

所有使用本系统的用户均需要进行验证,对通过身份验证的用户,返回用户权限,访问权限控制功能将根据用户权限列表来决定用户是否可以使用本系统的服务。系统在进行数据读写之前,由访问权限控制模块进行权限审核,根据用户所属的权限,决定是否可以对数据进行读写操作。

8.3.2 数据安全管理

系统数据安全管理主要包含数据的保密性和数据的完整性两个方面。

数据保密性保证方法一般通过加密技术来实现。加密技术通过变换和置换等各种方法将被保护信息置换成密文,然后再进行信息的存储或传输,即使加密信息在存储或者传输过程为非授权人员所获得,也可以保证这些信息不为其认知,从而达到保护信息的目的。该方法的保密性直接取决于所采用的密码算法和密钥长度。

数据传输的完整性通常通过数字签名的方式来实现,即数据的发送方在发送数据的同时利用单向的 Hash 函数或者其他信息文摘算法计算出所传输数据的消息文摘,并将该消息文摘作为数字签名随数据一同发送。接收方在收到数据的同时也收到该数据的数字签名,接收方使用相同的算法计算出接收到的数据的数字签名,并将该数字签名和接收到的数字签名进行比较,若二者相同,则说明数据在传输过程中未被修改,数据完整性得到了保证。常用的消息文摘算法包括 SHA、MD4 和 MD5 等。

根据密钥类型不同可以将现代密码技术分为两类:对称加密算法(私钥密码体系)和非对称加密算法(公钥密码体系)。在对称加密算法中,数据加密和解密采用的都是同一个密钥,因而其安全性依赖于所持有密钥的安全性。对称加密算法的主要优点是加密和解密速度快,加密强度高,且算法公开,但其最大的缺点是实现密钥的秘密分发困难,在大量用户的情况下密钥管理复杂,而且无法完成身份认证等功能,不便于应用在网络开放的环境中。目前最著名的对称加密算法有数据加密标准 DES 和欧洲数据加密标准 IDEA 等。

在公钥密码体系中,数据加密和解密采用不同的密钥,而且用加密密钥加密的数据只有采用相应的解密密钥才能解密,更重要的是从加密密码来求解解密密钥十分困难。在实际应用中,用户通常将密钥对中的加密密钥公开(称为公钥),而秘密持有解密密钥(称为私钥)。利用公钥体系可以方便地实现对用户的身份认证,也即用户在信息传输前首先用所持有的私钥对传输的信息进行加密,信息接收者在收到这些信息之后利用该用户向外公布的公钥进行解密,如果能够解开,说明信息确实为该用户所发送,这样就方便地实现了对信息发送方身份的鉴别和认证。在实际应用中通常将公钥密码体系和数字签名算法结合使用,在保证数据传输完整性的同时完成对用户的身份认证。

公钥密码体系的优点是能适应网络的开放性要求,密钥管理简单,并且可方便地实现数字签名和身份认证等功能。其缺点是算法复杂,加密数据的速度和效率较低。因此在实际应用中,通常将对称加密算法和非对称加密算法结合使用,利用 DES 或者 IDEA 等对称加密算法来进行大容量数据的加密,而采用 RSA 等非对称加密算法来传递对称加密算法所使用的密钥,通过这种方法可以有效地提高加密的效率并能简化对密钥的管理。

8.3.3 设备安全管理

设备安全管理主要指防止外部对系统各类硬件设备的非法访问、攻击等行为。一般可以从内部和外部两个方面进行管理。

就内部而言,一方面通过加强使用管理,严格使用制度,建立完善的授权和认证机制,对设备设置访问密码,防止未经授权的用户接触和使用设备,同时建立访问日志,对设备的访问记录进行跟踪,一旦出现未授权的访问,就进行系统告警。

就外部而言,可以通过防火墙等技术来进行安全防范和管理。目前的各类设备一般都会接入网络,因此设备本身的安全毫无疑问地受到网络安全的影响,因此通常通过防火墙来防范外部系统对本系统网络内各类设备的非法访问以及攻击。防火墙系统是一种网络安全部件,它可以是硬件,也可以是软件,也可能是硬件和软件的结合,这种安全部件处于被保护网络和其他网络的边界,接收进出被保护网络的数据流,并根据防火墙所配置的访问控制策略进行过滤或其他操作。防火墙系统不仅能够保护网络资源不受外部的侵入,而且还能够拦截从被保护网络向外传送有价值的信息。防火墙系统可以用于内部网络与 Internet 之间的隔离,也可用于内部网络不同网段的隔离,后者通常称为 Intranet 防火墙。

目前的防火墙系统根据其实现的方式大致可分为两种,即包过滤防火墙和应用层网关。包过滤防火墙的主要功能是接收被保护网络和外部网络之间的数据包,根据防火墙的访问控制策略对数据包进行过滤,只准许授权的数据包通行。防火墙管理员在配置防火墙时根据安全控制策略建立包过滤的准则,也可以在建立防火墙之后,根据安全策略的变化对这些准则进行相应的修改、增加或者删除。每条包过滤的准则包括两个部分:执行动作和选择准则。执行动作包括拒绝和准许,分别表示拒绝或者允许数据包通行;选择准则包括数据包的源地址和目的地址、源端口和目的端口、协议和传输方向等。建立包过滤准则之后,防火墙在接收到一个数据包之后,就根据所建立的准则,决定丢弃或者继续传送该数据包。这样就通过包过滤实现了防火墙的安全访问控制策略。

应用层网关位于 TCP/IP 协议的应用层,实现对用户身份的验证,接收被保护网络和外部之间的数据流并对之进行检查。在防火墙技术中,应用层网关通常由代理服务器来实现。通过代理服务器访问 Internet 网络服务的内部网络用户时,在访问 Internet 之前首先应登录到代理服务器,代理服务器对该用户进行身份验证检查,决定其是否允许访问 Internet,如果验证通过,用户就可以登录到 Internet 上的远程服务器。同样,从 Internet 到内部网络的数据流也由代理服务器代为接收,在检查之后再发送到相应的用户。由于代理服务器工作于 Internet 应用层,因此对不同的 Internet 服务应有相应的代理服务器,常见的代理服务器有 Web、Ftp、Telnet 代理等。除代理服务器外,Socks 服务器也是一种应用层网关,通过定制客户端软件的方法来提供代理服务。

防火墙通过上述方法,实现内部网络的访问控制及其他安全策略,从而降低内部网络的安全风险、保护内部网络的安全。但防火墙自身的特点使其无法避免某些安全风险,例如网络内部的攻击,内部网络与 Internet 的直接连接等。由于防火墙处于被保护网络和外部的交界处,网络内部的攻击并不通过防火墙,因而防火墙对这种攻击无能为力;而网络内部和外部的直接连接,如内部用户直接拨号连接到外部网络,也能越过防火墙而使防火墙失效。

8.3.4 网络安全管理

网络安全管理是系统安全管理中较为复杂而又很重要的一个环节,随着网络技术的发展,多数系统都会接入网络,通过远程访问的方式运行,为用户提供便利,但是也带来了很多的安全隐患。通常网络安全管理都会结合使用多种安全技术来保证系统的安全,除了常规的数据加密、身份认证技术之外，还包含防火墙技术、网络安全扫描技术、网络入侵检测技术、黑客诱骗技术等等。

1)防火墙技术

防火墙系统是保证内部网络安全的一个很重要的安全部件，但由于防火墙系统配置复杂，很容易产生错误的配置，从而可能给内部网络留下安全漏洞。此外，防火墙系统都是运行于特定的操作系统之上，操作系统潜在的安全漏洞也可能给内部网络的安全造成威胁。为解决上述问题，防火墙安全扫描软件提供了对防火墙系统配置及其运行操作系统的安全检测，通常通过源端口、源路由、SOCKS 等来猜测攻击潜在的防火墙安全漏洞，进行模拟测试来检查其配置的正确性，并通过模拟强力攻击、拒绝服务攻击等来测试操作系统的安全性。

2)网络安全扫描技术

网络安全扫描技术是为使系统管理员能够及时了解系统中存在的安全漏洞，并采取相应防范措施，从而降低系统的安全风险而发展起来的一种安全技术。利用安全扫描技术，可以对局域网、Web 站点、主机操作系统、系统服务以及防火墙系统的安全漏洞进行扫描，系统管理员可以了解在运行的网络系统中存在的不安全的网络服务，在操作系统上存在的可能导致遭受缓冲区溢出攻击或者拒绝服务攻击的安全漏洞，还可以检测主机系统中是否被安装了窃听程序，防火墙系统是否存在安全漏洞和配置错误等等。

在早期的共享网络安全扫描软件中，有很多都是针对网络的远程安全扫描，这些扫描软件能够对远程主机的安全漏洞进行检测并作一些初步的分析。但事实上，由于这些软件能够对安全漏洞进行远程的扫描，因而也是网络攻击者进行攻击的有效工具。网络攻击者利用这些扫描软件对目标主机进行扫描，检测目标主机上可以利用的安全性弱点，并以此为基础实施网络攻击。这也从另一角度说明了网络安全扫描技术的重要性，网络管理员应该利用安全扫描软件这把“双刃剑”，及时发现网络漏洞并在网络攻击者扫描和利用之前予以修补，从而提高网络的安全性。

Web 站点上运行的 CGI 通用网关接口程序的安全性是网络安全的重要威胁之一，此外 Web 服务器上运行的其他一些应用程序、Web 服务器配置的错误、服务器上运行的一些相关服务以及操作系统存在的漏洞都可能是 Web 站点存在的安全风险。Web 站点安全扫描软件就是通过检测操作系统、Web 服务器的相关服务、CGI 等应用程序以及 Web 服务器的配置，报告 Web 站点中的安全漏洞并给出修补措施。Web 站点管理员可以根据这些报告对站点的安全漏洞进行修补从而提高 Web 站点的安全性。

系统安全扫描技术通过对目标主机的操作系统的配置进行检测，报告其安全漏洞并给出一些建议或修补措施。与远程网络安全软件从外部对目标主机的各个端口进行安全扫描不同，系统安全扫描软件从主机系统内部对操作系统各个方面进行检测，因而很多系统扫描软件都需要其运行者具有超级用户的权限。系统安全扫描软件通常能够检查潜在的操作系统漏洞、不正确的文件属性和权限设置、脆弱的用户口令、网络服务配置错误、操作系统底层非授权的更改以及攻击者攻破系统的迹象等。

3)网络入侵检测技术

网络入侵检测技术也叫网络实时监控技术，它通过硬件或软件对网络上的数据流进行实时检查，并与系统中的入侵特征数据库进行比较，一旦发现有被攻击的迹象，立刻根据用户所定义的动作做出反应，如切断网络连接，或通知防火墙系统对访问控制策略进行调整，将入侵的数据包过滤掉等。

网络入侵检测技术的特点是利用网络监控软件或者硬件对网络流量进行监控并分析，及时发现网络攻击的迹象并做出反应。入侵检测部件可以直接部署于受监控网络的广播网段。为了更有效地发现网络受攻击的迹象，网络入侵检测部件应能够分析网络上使用的各种网络协议，识别各种网络攻击行为。网络入侵检测部件对网络攻击行为的识别通常是通过网络入侵特征库来实现的，这种方法有利于在出现了新的网络攻击手段时方便地对入侵特征库加以更新，提高入侵检测部件对网络攻击行为的识别能力。

利用网络入侵检测技术可以实现网络安全检测和实时攻击识别，但它只能作为网络安全的一个重要的安全组件，网络系统的实际安全实现应该结合使用防火墙等技术来组成一个完整的网络安全解决方案，其原因在于网络入侵检测技术虽然也能对网络攻击进行识别并做出反应，但其侧重点还是在于发现，而不能代替防火墙系统执行整个网络的访问控制策略。防火墙系统能够将一些预期的网络攻击阻挡于网络外面，而网络入侵检测技术除了减小网络系统的安全风险之外，还能对一些非预期的攻击进行识别并做出反应，切断攻击连接或通知防火墙系统修改控制准则，将下一次的类似攻击阻挡于网络外部。因此通过网络安全检测技术和防火墙系统结合，可以实现一个较完整的网络安全解决方案。

4)黑客诱骗技术

黑客诱骗技术是近期发展起来的一种网络安全技术，通过一个由网络安全专家精心设置的特殊系统来引诱黑客，并对黑客进行跟踪和记录。这种黑客诱骗系统通常也称为蜜罐(Honeypot)系统，其最重要的功能是特殊设置的对于系统中所有操作的监视和记录，网络安全专家通过精心的伪装使得黑客在进入目标系统后，仍不知晓自己所有的行为已处于系统的监视之中。为了吸引黑客，网络安全专家通常还在蜜罐系统上故意留下一些安全后门来吸引黑客上钩，或者放置一些网络攻击者希望得到的敏感信息，当然这些信息都是虚假信息。这样，当黑客正为攻入目标系统而沾沾自喜的时候，他在目标系统中的所有行为，包括输入的字符、执行的操作都已经为蜜罐系统所记录。有些蜜罐系统甚至可以对黑客网上聊天的内容进行记录。蜜罐系统管理人员通过研究和分析这些记录，可以知道黑客采用的攻击工具、攻击手段、攻击目的和攻击水平，通过分析黑客的网上聊天内容还可以获得黑客的活动范围以及下一步的攻击目标，根据这些信息，管理人员可以提前对系统进行保护。同时在蜜罐系统中记录下的信息还可以作为对黑客进行起诉的证据。

在上述网络安全技术中，数据加密是其他一切安全技术的核心和基础。在实际网络系统的安全实施中，可以根据系统的安全需求，配合使用各种安全技术来实现一个完整的网络安全解决方案。例如目前常用的自适应网络安全管理模型，就是通过防火墙、网络安全扫描、网络入侵检测等技术的结合来实现网络系统动态的可适应的网络安全目标。这种网络安全管理模型认为任何网络系统都不可能防范所有的安全风险，因此在利用防火墙系统实现静态安全目标的基础上，必须通过网络安全扫描和实时的网络入侵检测，实现动态的、自适应的网络安全目标。该模型利用网络安全扫描主动找出系统的安全隐患，对风险作半定量的分析，提出修补安全漏洞的方案，并自动随着网络环境的变化，通过入侵特征的识别，对系统的安全做出校正，从而将网络安全的风险降低到最低点。

8.4 系统自主管理技术

8.4.1 自主管理技术的起源和发展

在人类生物学领域，有个术语叫做“自主”，自主神经系统能够自动维持身体的平衡状态，而不需要人类有意识地去控制。因此，自主神经系统极大地降低了大脑对人体这个极其复杂系统的管理。例如，自主神经系统可以自动监控人体的心跳、检查人体的血糖浓度、维持人体体温在正常范围等等[171]。

受自主神经系统的启发，产生了以现有软件工程技术、人工智能技术、自适应控制技术、策略管理技术等等为基础而构建的自主计算技术，自主计算技术的核心理念就是通过多种技术手段，将计算机系统中繁重的管理工作交由计算机本身进行管理。同时，自主计算可以自动预期 IT 系统的需求并且以最少的人为干预去解决问题，这样 IT 专家们就可以专注于业务中更有价值的任务。

IBM 于 2001 年最早提出了自主计算的概念，并给出了自主计算系统的定义：自主计算系统应当能够自动运行、根据环境变化自动调整资源分配以适应任何负载、能够自动预期 IT 系统的需求并且以最少的人为干预去解决问题。

IBM 最初认为自主计算应当具备自我感知、自我配置、自我优化、自我修复、自我保护等特性，并且自主计算不可能存在于封闭的环境中，自主计算应该能够自动地根据环境的变化来指导其运行的方式，在提供给用户最优化资源的同时，屏蔽底层管理的复杂性。

2003 年 IBM 的 Kephart 等人又结合当前技术的发展强调自主计算的核心内容在于自我管理(Self-Management)，而自我管理主要通过自我配置(Self-Configuration)、自我优化(Self-Optimization)、自我修复(Self-Healing)和自我保护(Self-Protection)四个特性得以具体体现，并且给出了实现自主计算的体系结构。Kephart 给出的自我管理特性的详细定义如下[172,173]：

自我配置：自主计算系统能够自动地根据高层策略进行配置，这里高层策略指业务目标，指明要达到的配置效果，而非途径或者手段，换句话说，管理员只需要对配置目标进行“指导”即可，而无需关心具体的配置手段或者技术途径，更不用关心详细的配置信息。

自我优化：自主计算系统能够不断改善系统的运行，尽可能地寻找途径使系统具有更优的性能、更低的代价。自主计算系统能够监视、实验和调整自身的各类参数，做出合适的决策，同时可以主动寻找、定位、应用最近的更新。

自我修复：自主计算系统能够检测、诊断、修复由软硬件 bug 或者错误导致的各类本地故障，自主计算系统不仅仅能提供容错，更多地是提供纠错，能够使系统的各个组件从错误中恢复正常。

自我保护：自主计算系统的自我保护首先能够保护系统不受各类恶意攻击产生的大范围、相互关联的错误的影响，其次不受自我修复中无法纠正的级联错误的影响；此外，自主计算系统还能够根据各类报告提前预期可能发生的错误，并想办法避免或者减轻错误带来的影响。

除了 IBM 之外，还有其他不少学者也对自主计算中自我管理的内涵提出了自己的见解，比较典型的有 Sterritt 提出的自我治理(Self-Governing)、自我适应(Self-Adapting)、自我恢复(Self-Recovery)和自我诊断(Self-Diagnosis)，Tianfield 提出的自我规划(Self-Planning)、自我学习(Self-Learning)、自我调度(Self-Scheduling)和自我进化(Self-Evolution)等等。实际上，自我管理所包含的内容，在各个领域不尽相同，除了主要的四个特性(自我配置、自我优化、自我修复、自我保护)之外，各个领域可以根据本领域应用的特点，对自我管理的特性进行补充和完善。

IBM 最早提出了自主计算概念，也最早提出了自主计算的体系结构如图 8.10 所示[174]。

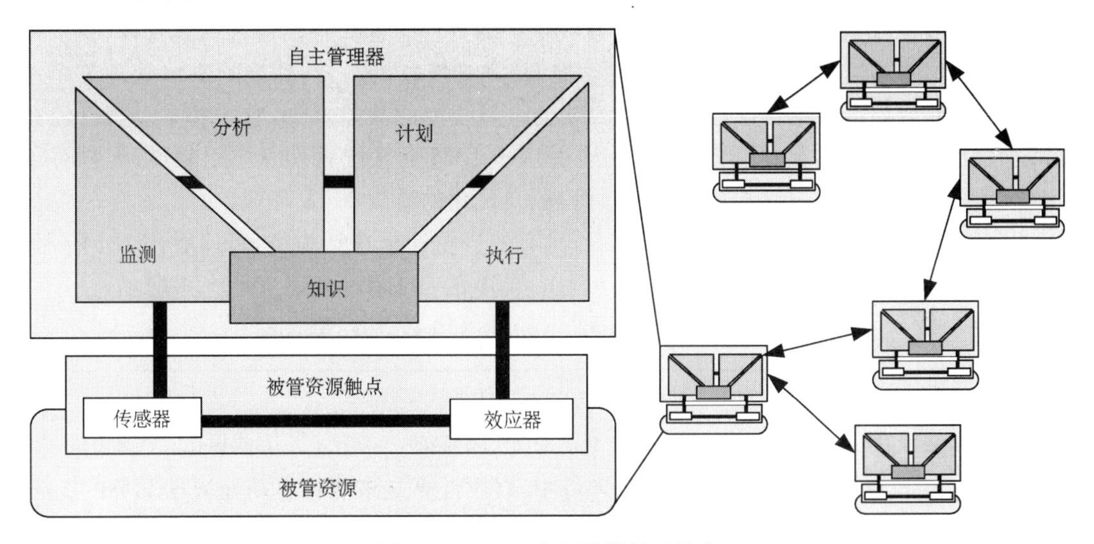

图 8.10　IBM 自主计算体系结构

图 8.10 中的体系结构给出了自主计算环境所要求的自主构件(Autonomic Element)以及自主构件之间的通信方式。可以看出，每个自主构件都包含一个被管理资源(Managed resource)和一个自主管理器(Autonomic Manager)。各个自主构件之间通过自主管理器进行相互通信。

自主构件通过传感器(Sensors)收集被管理资源的状态信息，通过效应器(Effectors)改变被管理资源的状态。传感器和效应器是自主管理器与被管理资源之间的交互接口。

自主管理器实现了包含监测(Monitor)、分析(Analyze)、计划(Plan)、执行(Execute)4 个步骤在内的智能控制环。

- 监测：负责收集、汇总、过滤、管理和汇报从一个被管理资源收集到的详细信息(状态信息、变化信息、拓扑信息等等)。
- 分析：负责对复杂的情况进行相关和建模(时间序列预测，队列建模)。它们使自主管理器能够了解 IT 环境并帮助预测未来可能发生的情况。
- 计划：负责设计实现目标所需采取的行动。计划机制使用策略来指导自己的工作。
- 执行：负责控制计划的执行，同时考虑到过程中的更新。

自主计算中的自我配置、自我优化、自我修复和自我保护特性都需要通过这样的智能控制环得以实现。

不难看出，IBM 基于智能控制环的自主计算体系结构实际上还是比较抽象的，该体系结构给出了实现自主计算的基本思路，将信息系统的管理过程抽象为监测、分析、计划、执行 4 个操作步骤。实际应用中，不同的系统所对应的结构以及实现细节是不一样的。这使得各个领域对于自主计算体系结构的实现以及体系结构本身的研究都不尽相同。

自从自主计算的概念以及体系结构被 IBM 首次提出之后，国内外一直都没有停止关于自主计算研究工作的脚步，其中国际上具有代表性的研究主要有：

1)IBM 的 eLiza 计划，该计划最早起源于 20 世纪 60 年代中期，即采用人工智能技术设计一种实现人和计算机之间通讯的程序。随着时代的发展，IBM 综合自己多年的 IT 经验和计算机领域的发展提出了 eLiza 计划，该计划认为现代企业电子商务环境所使用的软硬件系统应具备自我配置、自我优化、自我修复、自我保护的特性。这些特性通过负载管理、安全机制、群集技术、虚拟主机托管、端到端的自动控制、灾难恢复机制、端到端的系统管理等多项技术得以实现，eLiza 计划目前已经成为 IBM 的一项长期的战略规划，它的基本思想已经在 IBM 公司的服务器上得到了实现，同时它也适用于 IBM 的系统软件和应用软件，客户可以将 IBM 服务器整合在一起，构成分布式自管理、自优化的高效率 IT 环境。

以 IBM 的 UNIX 服务器 pSeries 690 所具有的自主计算特性为例，可以看出 IBM 对于自主计算的研发工作已具有相当的成效，pSeries 690 的自主计算特性如表 8.1 所示。

表 8.1 IBM 的 pSeries 690 服务器所具有的自主计算特性

自我配置	自我优化	自我修复	自我保护
热插拔磁盘、电源、风扇	LPAR 逻辑分区	初始错误定位捕获	自我保护的系统内核
热插拔 PCI 卡	群集技术和群集管理	Chipkill ECC 内存、内存位动态迁移	SecureWay LDAP 目录集成
虚拟 IP 地址	负载管理	ECC Cache、Cache 位动态迁移	Kerberos 验证服务器
微码侦查服务/产品侦察	PSSP 群集管理	内存清洗	SSL
IP 多路路由	扩展内存分配	CPU、Cache、LPA 资源动态再分配	数字证书
TCP 拥塞明确通知	RSCT 管理技术	多路径 I/O	加密技术
		系统挂起动态恢复	
		Ether Channel 失败自动接管	
		Call Home 服务支持功能	
		HACMP/HAGeo 备份软件	

2)IBM 的 Hanson 等人提出了一种自主计算的体系结构，用于实现自主计算的四个主要特性：自我配置、自我优化、自我恢复、自我保护。该体系结构描述了自主计算系统中各个组件的接口和行为需求，以及组件之间如何进行交互等问题，提出一种可以作为建立特定自主计算系统的基本框架。

3)Autonomia 是美国 Arizona 大学研发的一个自主计算环境，该研究的目的是寻求一种通用的控制和管理网络资源以及服务的方式。Autonomia 为管理员提供了丰富的工具用于针对各类软硬件资源制定和选择合适的管理方案。Autonomia 主要通过两个软件模块来实现自主管理：CMI(Component Management Interface)和 CRM(Component Runtime

Manager)，CMI负责提供针对各类软硬件组件的配置和执行策略的指定；CRM则通过预先定义好的管理接口对各类组件的运行状态进行监控。

4)摩托罗拉公司与Evry大学的LRSM实验室以及TSSG实验室合作提出了FOCALE体系结构(即Foundation，Observation，Comparison，Action，and Learning Environment；基础、观察、比较、行动和学习环境)，FOCALE对面向网络管理的自主计算体系结构给出了更加具体的意见。

5)在网络性能和状态管理领域，Yagan和Tham提出了针对区分服务中提供QoS的自我优化、自我恢复体系结构。该体系结构中使用了一种“自由增强学习途径模型”。但是实验表明这一套方法不适用于动态网络。Falko Dressler描述了一种入侵检测的方法，称之为协作自主检测系统。该系统是最先提出将入侵检测体系结构清晰划分为3个部分的系统之一：监测、分析和对抗。Clark等人描述了一种知识方法，能够使用诸如基于知识的推理、机器学习等认知技术将自我管理的行为添加到网络中。

6)AutoMate是美国Rutgers State大学研究的关于网格计算领域应用自主计算技术的项目，该项目的目的在于研究网格应用的开发技术，应用该技术开发的网格应用具有上下文感知以及自主管理特性，包括自我配置、自我优化、自我包含以及自我适应。该项目还研究了自主构件的定义、动态构成自主构件的自主应用的研发，以及如何对现有的网格中间和运行时服务进行优化设计以支持这些自主应用。

8.4.2 基于策略的管理系统概述

8.4.2.1 策略管理模型及框架

使用自主计算技术实现系统的自主管理，策略机制是一条行之有效的途径。

策略是指具有持久性、陈述性的，来自于系统管理目标的，对系统中的动作选择规则进行定义的规范。换句话说，策略必须是可重用的一种规范，它服务于系统的管理目标，指明了哪些动作应该被执行，但不追究动作的实现细节[175~177]。

基于策略的管理，就是将管理目标和管理实现相分离，管理员只需要根据用户需求规划管理目标、制定策略，具体管理工作的实现由策略管理系统自动完成。可以看出，采用基于策略的管理，可以将管理员从繁杂的系统管理工作中解放出来，提升了人工管理的层次，使得系统能够根据策略进行自我管理。

基于策略的管理首先必须具有一个良好的策略管理模型及框架，并且能够精确地描述策略、解释和执行策略，这方面目前已经有较多的研究工作可以借鉴和参考。

策略管理模型及框架需要提供策略管理系统的体系结构，界定各个功能组件的功能范围，明确功能组件之间的通信协议等。

目前较为流行的策略管理模型是因特网工程任务组IETF提出的策略框架(Policy Framework)，如图8.11所示。该策略框架主要应用于网络管理领域。

其中PMT是策略管理工具，该工具为管理员提供了策略定义接口，管理员通过该接口输入高层策略，高层策略经过PMT的有效性和一致性检测后，被转化为低层策略实施部署。可以看出，PMT的功能主要包含：

策略输入和维护接口：提供管理员定义策略、输入策略、编辑策略以及查看策略的维护

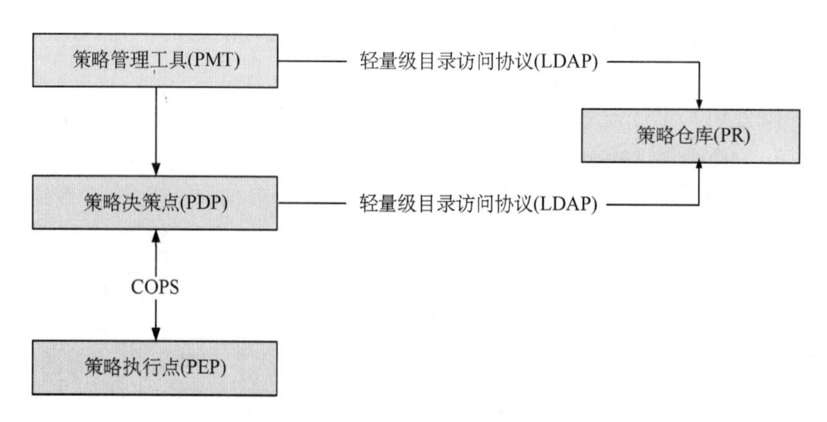

图 8.11 IETF 提出的策略框架

接口,该接口可以十分灵活,从 GUI、API 到命令行等多种形式都可以。管理员定义的策略将被存储进策略仓库(PR)中。

策略映射转化:策略分为面向用户高层的策略以及面向具体被管对象的低层策略,策略映射转化表示将高层策略通过映射机制转化为低层策略的过程,使得管理员制定的策略可以映射成一系列抽象的策略条件、策略规则,直至最终转化为实际的管理操作,这是策略管理工具的核心组成部分,也是基于策略的管理模式中至关重要的一环,起着承上启下的作用。需要强调的是,这里的低层策略是抽象的,与具体的设备、软件操作命令无关。

策略检查:对策略描述、策略规则进行语法和语义的检查,同时需要检测策略的有效性以及多个策略之间的一致性,能够发现逻辑上冲突的策略集合。

PR 是策略库,主要用于存储由 PMT 输入和维护的策略信息,以及根据策略自动生成的相关规则信息,同时还包含系统状态、参数等信息。PR 中存储的主要是经过转化的低层策略。策略库一般采用目录服务器、关系数据库或者纯文本文件实现,基于策略的网络管理框架中其他部件如 PMT、PDP 需要实现对策略库的访问。IETF 建议采用目录服务器实现策略库,目录服务器可以看成是一种特殊的数据库,但是读性能要强于一般的关系数据库,写性能较差,由于策略库的访问大多数是读操作,因此采用目录服务器实现策略库是目前较为流行的办法。

PDP 是策略决策点,它的作用是根据策略库中的策略以及当前的被管对象状态作出相应的决策,并且将决策信息发送给 PEP 执行。PDP 实现了策略的选择功能,这也是决策的核心逻辑,PDP 通过与 PEP 之间的通信,完成对被管对象的策略应用,通常 PEP 请求策略服务,PDP 根据请求以及当前被管对象状态信息,查询相关策略,根据策略选择算法选择出最优的策略,同时兼顾策略的一致性和冲突问题,最后响应 PEP 的请求。PDP 还负责监测策略的实施情况、冲突情况,并将结果反馈给 PMT。

PEP 是策略执行点,表示实际执行策略的实体,PEP 根据被管对象的状态信息向 PDP 发出策略请求,将 PDP 的决策信息转换为实际的操作命令和程序执行,并且返回决策的执行结果。PEP 还负责向 PDP 汇报被管对象的状态信息。对于网络管理来说,PEP 可能是一个实际的网络设备,也可能是需要安装代理的网络设备。

IETF 不仅定义了策略框架中各个模块的功能,还给出了模块之间通信协议的定义。

LDAP(Lightweight Directory Access Protocol)是 IETF 定义的作为 PMT、PDP 访问

PR的访问协议，该协议基于TCP，采用X.500作为数据模型，是一种跨平台的数据访问协议。COPS(Common Open Policy Service)是IETF定义的作为PDP和PEP之间的信息交互协议，主要用于QoS控制和管理，该协议基于TCP实现，并且被设计为可扩展的，能够支持不同用户的信息，采用了Client/Server的结构，其中PEP是Client，PDP作为Server，PEP的请求可以包含查询或者维护，协议本身支持报文安全性。另外，IETF对COPS进行了扩展，提出COPS-RSVP，COPS-PR，分别对RSVP信令网及非信令网中基于策略网络管理的通信机制进行规范。

8.4.2.2　策略描述

要实现基于策略的系统管理，必须对策略进行形式化的描述，使得策略能够从管理员的管理思想转变为能够被存储、被解释、被执行的管理元素，策略的描述是具有层次性的，换句话说，从不同的角度或者层次对策略的描述不尽相同，最高层次的策略描述方法是自然语言，一般表示策略的最终目标，但自然语言很难直接被计算机处理。最低层次的策略描述方法，可以是计算机代码或者配置设备的命令集合。选择合适的策略描述方法，对于策略系统起着至关重要的作用，一般来说，一个良好的策略描述方法应该具有以下特性[178]：

1)策略的表示应清晰、明确，并且简单实用；

2)策略描述应当能够方便地进行逐层映射、解释，最终转化为可操作的管理命令集合；

3)策略描述应具有分类机制，便于管理和使用；

目前关于策略描述的方法大致可以分为两类：基于策略语言的描述方法和基于策略信息模型的描述方法。

策略语言是专门用于策略定义的描述性语言，具有代表性的主要包括Ponder、PDL等。

Ponder语言是英国伦敦皇家学院在策略管理领域进行的十年研究的成果，是一种适用于分布式环境下安全和管理策略的、面向对象的说明性语言。Ponder定义了4种基本策略：授权策略(Authorization)、职责策略(Obligation)、抑制策略(Refrain)和委托策略(Delegation)。授权策略是有关访问控制的策略；职责策略定义了事件和响应的映射，提供基于事件的策略机制；抑制策略定义哪些行为是被禁止的，与授权策略不同的是，抑制策略是由策略主体而不是客体解释执行；委托策略定义主体可将哪些权限授予其他主体。除了基本策略之外，Ponder还定义了用于大型和复杂策略定义的复合策略，复合策略将策略组合并联系起来，在一个系统内对组成结构进行建模。复合策略有三种类型：角色、关系和管理结构。角色可以将具有同一个主体的基础策略聚合起来，关系表示角色间的策略，角色和关系可以组成管理结构，管理结构支持嵌套，这样就形成了层次化的策略体系。Ponder语言描述的一个职责策略示例如下所示：

```
inst oblig connectFail{
  on 5 * connectTimeout;
  subject   s=/RegionClient/connectAdmin;
  target<clientT> t=/RegionClient/clients;
  do t.sleep(10)->t.changeServer->s.log(serverlist,time)->t.connect;}
```

该职责策略表示，在C/S结构的通信程序中，如果客户端连续5次连接服务器都超时，则位于域 RegionClient 中的连接管理器 connectAdmin 就必须让客户端休眠10分钟(sleep)，然后更换服务器(changeServer)，记录日志(log)，重新连接(connect)。

PDL语言是由Bell实验室设计的，以事件机制为基础的策略描述语言，主要应用于网络管理领域，PDL的语义是在基于自动机动作理论的形式化描述及其在主动数据库中的应用的基础上形成的。PDL的核心模型便是ECA(Event-Condition-Action)，即当一个事件(Event)发生时，一条规则(ECA规则)就被触发，如果条件(Condition)成立，那么动作(Action)被执行。通常，除了这种对主动规则的非正式定义，对于事件的定义一直没有达成一致的意见。使用PDL描述上文中的策略示例如下所示：

```
Event: connectTimeout
Action: sleep; changeServer; log; connect;
Policy Description:
Triggers connectTimeout
If Count(connectTimeout)>=5
connectTimeout  causes sleep, changeServer, log, connect;
```

除了Ponder和PDL之外，很多机构和学者针对各自的领域和需求，提出了各式各样的策略描述语言。RDL(Role Definition Language)是一种面向安全网络服务的策略定义语言，主要用于证书的访问控制。RSL99(Role based Separation of duty Language 1999)是一种安全策略定义语言，主要用于基于角色的访问控制。SPL也是一种安全策略定义语言，允许组织机构使用简单的描述就能够表示全局安全策略，并且基于事件监控实现，支持允许和禁止等职责策略。XACML(eXtensible Access Control Markup Language)是一个基于XML的策略描述语言，主要用于分布式环境下的访问控制。LPDL(Logic-based Policy Definition Languag)是一种基于逻辑的策略定义语言，主要用于网络管理，具有简单的语法规则和与图灵机等价的计算能力。

基于策略信息模型的描述方法主要由IETF提出并不断完善，作为IETF提出的策略描述语言，与其他策略语言相比，具有设计简单、表达能力与可解释性相平衡和易于实现等特点。

CIM(CommonInformationModel)是分布式管理任务组DMTF提出的公共信息模型，CIM从桌面应用管理发展至分布式系统管理，主要用于异构设备和系统间的集成，是提出较早的策略信息模型，但CIM并不适用于大型网络存储系统的管理。

IETF策略框架工作组和分布式管理任务组DMTF在CIM的基础上进行扩展，共同提出了一个面向对象的信息模型来表示策略信息，称为策略核心信息模型PCIM(Policy Core Information Model)。PCIM是一个通用的策略框架，可使用关系数据库或目录服务器作为策略存储机制。PCIM定义了两种对象类，一种为结构类，表示策略信息；另一种为关联类，使结构类的实例相互关联成一个完整的策略。策略由一个或更多的策略规则组成，每一个策略规则又包括一组策略条件和一组策略行为，策略条件定义了什么时候应用这个策略规则。一个策略规则所关联的条件指明在什么时候执行该规则，多个条件通过或正则式DNF(Disjunctive Normal Form)或者是与正则式CNF(Conjunctive Normal Form)组合起来。

继PCIM之后，IETF又进一步提出了策略信息模型扩展PCIMe(PCIM Extension)增加了扩展的可能性，以及QoS策略信息模型QPIM(QoS Policy Information Model)用于使用策略实现区分服务和综合服务的QoS保证技术等等。

8.4.3 自组织通信网络体系结构

一般来说，一个综合性网络通信系统包含基础设施、数据交换系统、数据处理系统、数据存储系统和业务应用系统等等。基础设施可能包含多种自主网络系统，例如地面有线宽带网、公共电话交换网(Public Switched Telephone Network，PSTN)、卫星通信网、移动无线网等等。以气象水文业务系统(meteorological and hydrological business system，MHBS)为例，完整的信息流程包含数据采集、传输、转换、清理、分发和发布、预处理、存储以及气象预报等。MHBS中的观探测站点具有很强的分散性以及大部分站点无人值守的特点。比如，有的站点可能是沙漠或者河流中的遥感系统，可能是天上的探空气球，也可能是大海中的监测浮标。这些站点有的是永久部署的，有的则是临时部署的。他们之间的数据传输在带宽、传输方式、覆盖范围以及其他很多方面差别较大。因此，数据中心如何能够有效地管理这些站点成为了一个非常具有挑战性的研究课题[179]。

参考IBM自主计算体系结构和其他自主通信模型，自主网络通信管理体系结构可以分为4个层次，如图8.12所示。

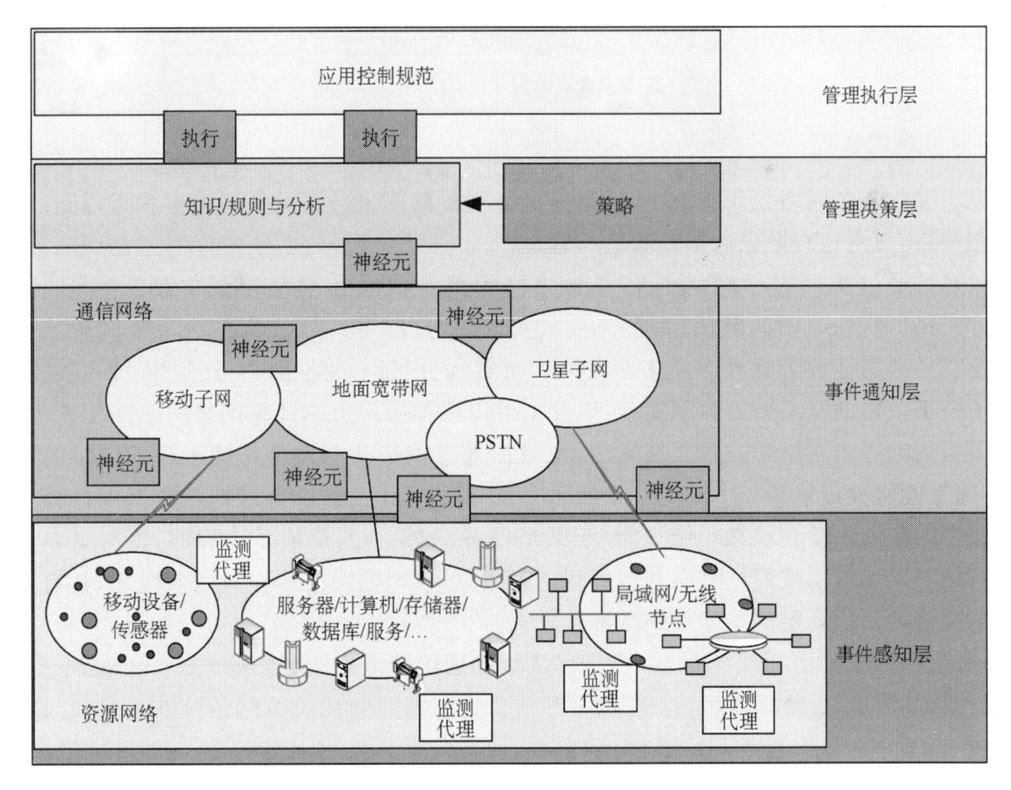

图8.12 自主网络通信管理体系结构

自下而上，第一层(最底层)，事件感知层，由资源网和各类监测代理构成，资源网络包含了负责端系统数据采集、处理和存储的各类局域网、超级计算机、服务器、海量存储器、数据库、观探测设备(例如:雷达、浮标、探空气球、以及其他远程测试单元)等等。很多监测代理作为事件感知层的实体,负责感知每一个资源要素的状态,根据策略,通过预定义的消息格式提交给本地或者远端的管理中心。

第二层,事件通知层,由通信网络和各类神经元构成。通信网络包含地面宽带网、卫星网、移动网等等,这些通信网络负责将资源网与数据中心相连,并且传输各类业务数据以及状态数据。一组神经元是事件通知层的实体,负责将监测数据从监测代理通过各自的路由传递至代理所对应的管理端。

第三层,管理决策层,由管理知识、规范、分析模型/算法构成。一旦分析实体收到了来自神经元的状态数据,由策略驱动,他们将会搜索相关的管理知识、规范,以便形成管理策略,进行控制操作调整或者提供新的数据通信建议。

第四层,管理执行层,由一系列的应用控制规范和执行实体构成。接收管理指令之后,执行实体选择并依据合适的应用控制规范设置新的系统参数,并优化系统性能。

为了能够自动管理网络通信系统,则至少实现两个基本活动,这里假定所有消息都能够被传递至管理决策层的实体。首先是必须理解所有参与者的状态信息,其次便是能够调整并优化相关操作参数。

本文下一节将介绍一个策略模型和基于策略的通信任务调度算法实例。

8.4.4 自主网络管理实例

8.4.4.1 策略模型

在实际的自主网络管理环境中,可以通过某些预测算法预测设备的未来状态,结合相应的管理策略,自主地对数据通信过程进行管理[180]。

大多数通过反馈进行网络性能控制的技术都是依靠在通信协议中使用标记、RTT(Round-Trip Time)、时间戳、时间槽等技术实现的,这样可以通过调整窗口来实现流量控制。还有一些其他的方案可以用来测量网络负载和分析网络配置。Golab W, Boutaba R.提出了基于策略的网络性能控制模型,该模型可以根据应用负载计算网络的重新配置方案,并且根据策略更新网络的配置。实际上,在数据通过网络从源设备传输至目的设备的过程中,传输性能将被传输路径中的每一个组件所影响。因此在源设备对特定数据进行分析可以从应用层推断系统的状态。例如,对于某个设备,如果其测量值是正确的,则测量单元至少是正常的。通过比较测试时间和数据到达时间,可以得到网络传输时间。因此,具有合适特性的数据可以从高层的角度反映系统状态。

Steven Davy 和 John Strassner 等人基于远程通信管理论坛定义的 DEN-ng 提出了 SID 策略模型(共享信息/数据模型,这是一种集成了信息模型和相关策略的统一模型)。DEN-ng 策略集合将策略描述为"ON 事件 IF 条件 THEN 动作",并且定义了 5 个策略集合(业务、系统、网络、设备、实例)。自主通信则定位为第六种策略,称之为自主功能策略。自主功能策略负责在自动通信环境中执行需要的功能。

基于 DEN-ng 策略模型扩展管理决策组件,就功能而言,主要扩展为策略执行点(Policy

Execution Point,PXP)、策略验证点(Policy Verification Point, PVP)、策略决策点(Policy Decision Point,PDP)、策略库(Policy Library,PL)、事件库(Event Library,EB)、策略配置工具(Policy Configuration Toolkits,PCT)、知识规范基础(Knowledge & Rule Base,K&R)。策略服务器由PXP、PVP、PDP和PL组成,组件之间相互协作提供策略服务。它的架构如图8.13所示。

定义:$Pol_i(Eve_i, Con_i, Act_i, Lev_i)$表示一种管理策略。$Eve_i$表示与$Pol_i$相关的事件,$Con_i$是$Pol_i$的执行条件,$Act_i$是$Pol_i$满足其条件时的动作,$Lev_i$是冲突中$Pol_i$可以被使用的级别。

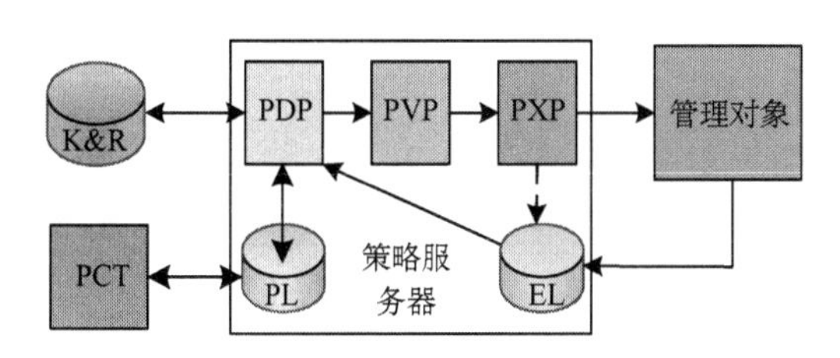

图8.13 策略模型中的管理决策组件

Act_i包含下列五种类型的动作:<许可,调用,设置,通知,协商>,其中,“许可”实现事件的授权,“调用”意味着调用一定的控制规程,“设置”是一些配置操作,“通知”动作实现了通知的责任,例如,发送一个事件显示地触发对其他组成员功能的调用,“协商”是一个可选参数,表示其重要性、权重,或者是对相关策略的索引。

8.4.4.2 管理实例

本节通过MHBS环境中两个实际管理用例,展示基于DEN-ng策略扩展模型以及设备状态预测模型的应用实例。传统方式下,由于缺乏状态预测机制,并且无法对策略进行配置和管理,导致常规的策略都是固化在管理程序中,无法适应策略随设备状态自适应的场景。基于DEN-ng策略扩展模型以及设备状态预测模型,能够将系统策略以配置的方式进行描述,并且能够根据设备的预测状态,实时改变相应的管理策略,从而实现网络通信系统的自主管理。

实例1:在第3章的环境下,假定每个监测站都有如下策略:“每个测量站必须积极地至少每天上报一次消息,否则中心站必须主动请求数据”,因此,相关正式的策略可以表示为:$Pol_0(Eve_0, Con_0, Act_0, Lev_0)$

1)Eve_0:时段事件,发生在每个小时。

2)Con_0:每天24 h计算一次,23时之前没有接收到来自监测站的任何数据。

3)Act_0:设置,配置“请求数据”命令,要求此站点发送数据。

4)Lev_0:级别1,最高级别,表示立即执行动作。

实例2:在气象水文综合信息网络中,除了有数据采集任务之外,还有很多的数据分发服务,将各类数据发送给订阅的用户。假定目前网络系统中有3种可用的信道:信道1、信道2和信道3,它们各自的带宽分别是2Mbps、512kbps和64kbps,根据第3章的假设1,每一个监测站可以访问2个信道,但是不能同时访问。所有订阅数据的用户都可以通过这3个信道来接收中心站发送的数据。当中心站提供数据分发服务时,它应该选择一条合适的信道,以取得整体通信性能最优。系统策略是：首先以最高优先级满足通信任务的需求，并且以均衡的方式使用系统资源，以获得最大的吞吐量。策略可以被表示为 $Pol_k(Eve_k, Con_k, Act_k, Lev_k)$。在以上策略的引导下，我们设计了通信任务计划模型和相关算法，综合考虑了优先级和负载均衡。

MHBS 中，大多数的数据分发任务都是周期性的。因此任务 T_i 可以被表示为 4 元组 (P_i, E_i, D_i, L_i)。P_i 表示任务周期，E_i 表示最大执行时间（假定执行时间中包含所有的传输和队列时延），D_i 表示任务的最后期限，L_i 表示任务执行所允许的延迟。

1）Eve_k：任务准备好事件，在任务 T_i 被释放时发生，假设事件周期是 P_i。

2）Con_k：任务的静态优先级以及使用第 3 章算法预测得到的 3 种信道的负载状态。

3）Act_k：调用，调用信道选择过程（Select-Channel）。基于每条信道的负载状态、队列和允许的延迟 L_i，该过程计算等待时间是否小于任务最终期限 D_i，调整动态优先级，并且按照最大剩余时间原则将任务插入信道队列。

4）Lev_k：级别 2，推荐执行。如果有冲突策略，则需要协商。

例如，有另外一种策略，Pol_l，表示“如果信道 1 可用，分发任务则必须使用该信道”，并且 $Lev_k=1$。则 Pol_k 需要产生一个“协商”动作来判别是否有冲突，然后决定最终的调整策略。如果 Pol_k 的结果是信道 2，则无论任何原因，仅在信道 1 不可用时，该策略才可以被执行。

自主网络通信管理的目标是最小化和减轻人为干预，使得通信设备和应用能够协同通信并且为了体现自我管理特性而执行决策的过程。针对 MHBS 进行自主管理、自主配置以及策略等方面的研究和探索，对于实现自主网络通信管理理论很重要，并且从实现角度缩减了复杂的体系结构。

缩 略 语

ADK	Adapter Development Kit	适配器开发包
ADO	Active Data Object	动态数据对象
AI	Application Integration	应用集成
API	Application Programming Interfaces	应用编程接口
ARP	Address Resolution Protocol	地址转换协议
ASP	Active Server Pages	动态服务器页面
ATM	Asynchronous Transfer Mode	异步传输协议
B/S	Browser/Server	浏览器/服务器模式
BBS	Bulletin Board System	电子公告牌系统
BLL	Business Logic Layer	业务逻辑层
BSC	Binary Synchronous Communication	二进制同步通信
C/S	Client/Server	客户端/服务器模式
C4ISR	Command Control Communications Computers Intelligence Surveillance and Reconnaissance	指挥控制通信计算机情报及监控与侦查系统
CA	Certificate Authority	认证机构的国际通称
CASE	Computer Aided Software Engineering	计算机辅助软件工程
CBR	Committed Bit Rate	恒定比特率
CCITT	International Consultative Committee on Telecommunications and Telegraph	国际电报电话咨询委员会
CCS	Control System	工业控制系统
CD	Compacted-Disk	压缩光盘
CD ROM	Compacted-Disk Read-only Memory	只读光盘
CDM	Conceptual Data Model	概念数据模型
CFD	Control Flow Diagram	控制流[程]图
CGI	Common Gateway Interface	通用网关接口
CIL	Common Intermediate Language	公共中间语言
CLR	Common Language Runtime	公共语言运行时环境
CMIP	Common Management Information Protocol	公共管理信息协议
CORBA	Common Object Request Broke Architecture	公共对象请求代理体系结构
CPU	Central Processing Unit	中央处理器
CRM	Customer Relationship Management	客户关系管理

CSDGM	Content Standard for Digital Geospatial Metadata	地理空间数据元数据内容标准
CSPEC	Control SPECification	控制规格说明书
CSS2	Cascading Style Sheets Level 2	层叠样式表第 2 进阶
DAI	Distributed Artificial Intelligence	分布式人工智能
DAL	Data Access Layer	数据访问层
DBMS	DataBase Management System	数据库管理系统
DCOM	Distributed Component Object Model	分布式组件对象模型
DDN	Digital Data Network	数字数据网
DFD	Data Flow Diagram	数据流图
DIF	Directory Interchange Format	目录交换格式
DL	Description Logics	描述逻辑
DLL	Dynamic Link Library	动态连接库
DM	Data Mining	数据挖掘
DNS	Domain Name System	域名系统
DSS	Decision Support System	辅助决策系统
DTD	Document Type Definition	文档类型定义
DV	Digital Video	数字视频
DVD	Digital Versatile Disk	数字多功能光盘
DWDM	Dense Wavelength Division Multiplexing	密级波分多路复用
EAI	Enterprise Application Integration	企业应用集成
EC2	Elastic Compute Cloud	弹性计算云
EIS	Executive Information System	业务信息系统
EJB	Enterprise JavaBeans	java 企业 bean
ENSO	El Nino-Southern Oscillation	厄尔尼诺与南方涛动(恩索)
E-R	Entity-Relationship Model	实体联系模型
ERP	Enterprise Resource Planning	企业资源计划
ESB	Enterprise Service Bus	企业服务总线
ETL	Extract Transform Load	数据抽取/转换/加载
FDDI	Fiber Distributed Data Interface	光纤分布数据接口
FGDC	Federal Geographical Data Committee	美国联邦地理数据委员会
FIFO	First In and First Out	先进先出
FTP	File Transfer Protocol	文件传输协议
GC	Grid Communication	网格通信
GFS	Google File System	谷歌文件系统
GGF	Global Grid Forum	全球网格论坛
GIS	Geography Information System	地理信息系统
GSH	Grid Service Handle	网格服务句柄
GSR	Grid Service Reference	网格服务引用

GTK	Globus Toolkit	Globus 软件包
GUI		
HDFS	Hadoop Distributed File System	Hadoop 分布式文件系统
HDLC	High-level Data Link Control	高级数据链路控制协议
HDTV	High Density Television	高密度电视
HTML	Hypertext Markup Language	超文本标记语言
HTTP	Hypertext Transfer Protocol	超文本传输协议
IaaS	Infrastructure as a Service	基础设施即服务
ICMP	Internet Control Message Protocol	因特网控制消息协议
IDL	Interface Definition Language	接口定义语言
IDS	Intrusion Detection System	入侵检测系统
IETF	Internet Engineering Task Force	因特网工程任务组
IIOP	Internet Inter-ORB Protocol	互联网内部对象请求代理协议
IP	Internet Protocol	网际协议
ISDN	Integrated Services Digital Network	综合业务数字网
ISO	International Organization for Standardization	国际标准化组织
ITG	IP Telephony Gateway	IP 电话网关
ITU-T	International Telecommunication Union for Telecommunication Standardization Sector	国际电信联盟远程通信标准化组织
J2EE	Java 2 Platform Enterprise Edition	Java 2[平台]企业版
J2ME	Java 2 Platform Micro Edition	Java 2 Micro 版
J2SE	Java 2 Platform Standard Edition	Java 2 标准版
JAAS	Java Authentication and Authorization	Java 验证和授权 API
JAF	JavaBeans Activation Framework	JavaBeans 激活框架
JAXP	Java API for XML Processing	Java XML 处理应用编程接口
JBPM	Java Business Process Management	Java 业务流程管理
JCA	J2EE Connector Architecture	Java 连机器体系
JDBC	Java Database Connectivity	Java 数据库连接
JMS	Java Message Service	Java 消息服务
JNDI	Java Naming and Directory Interface	Java 命名和目录接口
JPEG	Joint Photographic Experts Group	联合图像专家组
JSP	Java Server Pages	Java 服务器页面
JTA	Java Transaction API	Java 事务 API
JTS	Java Transaction Service	Java 事务服务
JVM	Java Virtual Machine	Java 虚拟机
KAOS	Keep All Objectives Satisfied / Knowledge Acquisition in automated Specification of software systems	知识获取规格说明书

KIF	Knowledge Interchange Format	知识交换格式
KPI	Key Performance Indicator	关键性能指标
LAN		
LCD	Liquid Crystal Display	液晶显示器
LPAR	Logic PARtition	逻辑分区
LTP	Lightweight Transport Protocol	轻量级传输协议
MAS	Multi-Agent System	多 Agent 系统
MCU	Multi-Control Unit	多点控制单元
MDB	Message Driven Bean	消息驱动 Bean
MIB	Management Information Base	管理信息库
MIME	Multipurpose Internet Mail Extensions	多功能因特网邮件扩充服务
MIS	Management Information System	管理信息系统
MOLAP	Mutidimension On-line Analysis Processing	多维联机分析处理
MOM	Message-Oriented Middleware	面向消息中间件
MPEG	Motion Picture Experts Group	动态图像专家组
MRC	Modified Relative Element Address Designate Code	改进的相对地址编码
MSMQ	MicroSoft Message Queue	微软消息队列
MVC	Model，View，Controller	模型视图控制模式
NASA	National Aeronautics and Space Administration	(美国)国家航空和宇宙航行局
NCSA	National Center for Supercomputer Applications	国家超级计算应用中心
NDVI	Normalized Difference Vegetation Index	归一化植被指数
NFGIS	National Fundamental Geographic Information System	(中国)国家基础地理信息系统
NMS	Network Management System	网络管理系统
NTSC	National Television Standards Committee	(美国)国家电视标准委员会
OA	Office Automation	办公自动化
OASIS	Organization for the Advancement of Structured Information Standard	结构化信息标准化组织
OCLC	Online Computer Library Center	联机计算机图书馆中心
ODBC	Open Database Connectivity	开放数据库连接
OGSA	Open Grid Service Architecture	开放网格服务体系结构
OGSA-DAI	Open Grid Services Architecture-Data Access and Integration	开放网格服务架构—数据访问集成
OGSI	Open Grid Services Infrastructure	开放网格服务基础设施
OLAP	On-Line Analysis Processing	联机分析处理
OLE DB	Object Linking and Embedding Database	对象链接与嵌入

OLTP	On-Line Transaction Processing	联机事务处理
OMG	Object Management Group	对象管理组织
ORB	Object Request Brokers	对象请求代理
OSI/RM	Open System Interconnection Reference Model	开放式系统互联参考模型
OTN	Optical Transport Network	光传输网络
OWL	Web Ontology Language	Web 本体语言
OCC	Optical Cross-Connect	光交叉连接
P2P	Peer to Peer	对等网
PaaS	Platform as a Service	平台即服务
PAID	Procedures, Applications, Infrastructure, and Data	过程、应用、基础设施和数据
PAL	Phase Alternating Line	逐行倒相(电视广播中色彩编码的一种方法)
PAT	Procession Action Table	过程启动表
PCM	Pulse Code Modulated	脉冲编码调制
PCTE	Portable Common Tool Environment	可移植公共工具环境
PDA	Personal Digital Assistant	个人数字助理或掌上电脑
PDCA	Plan, Do, Check, Action	计划执行检查行动管理模式
PDM	Physical Data Model	物理数据模型
PDU	Protocol Data Unit	协议数据单元
PHP	Hypertext Preprocessor	超级文本预处理语言
POJO	Pure Old Java Object/Plain Ordinary Java Object	普通 Java 对象
PPP	Point-to-Point Protocol	点到点协议
PSTN	Public Switch Telephone Network	公共交换电话网
QoS	Quality of Service	服务质量
RARP	Reverse Address Resolution Protocol	逆向地址解析协议
RAS	Registration, Admission and Status	等级、接纳和状态协议
RDBMS	Relationship Data Base Management System	关系数据库管理系统
RDF	Resource Description Framework	资源描述框架
REST	REpresentational State Transfer	表示状态转换
RMI	Remote Method Invocation	远程方法激发
ROLAP	Relational On-line Analysis Processing	关系型联机分析处理
RPC	Remote Procedure Call	远程过程调用
RTCP	RTP Control Protocol	RTP 控制协议
RTI	Real-Time Innovations	实时激发
RTP	Real-time Transport Protocol	实时传输协议
RUP	Rational Unified Process, Rational	统一过程
SaaS	Software as a Service	软件即服务

SAN	Store Area Network	存储区域网
SAP	Session Announcement Protocol	会话通知协议
SCM	Supply Chain Management	供应链管理
SCSI	Small Computer System Interface	小型计算机系统接口
SDH	Synchronous Digital Hierarchy	同步数字体系
SDLC	Synchronous Data Link Control	同步数据链路控制
SDP	Session Description Protocol	会话描述协议
SECAM	Sequential Colour Memories	按顺序传输彩色与存储
SGML	Standard Generalized Markup Language	标准通用标记语言
SHOE	Simple Html Ontology language	简单 Html 本体语言
SIP	Session Initiation Protocol	会话初始协议
SLIP	Serial Line Internet Protocol	串形线路网际协议
SNMP	Simple Network Management Protocol	简单网络管理协议
SOA	Service Oriented Architecture	面向服务的体系结构
SOAP	Simple Object Access Protocol	简单对象访问协议
SONET	Synchronous Optical Network	同步光纤网
SQL	Structured Query Language	结构化查询语言
SSL	Secure Sockets Layer	安全套接层协议
STD	State Transition Diagram	状态转换表
STS-1	Synchronous Transport Signal-1	同步传送信号 1
TCL	Tool Command Language	工具命令语言
TCO	The Swedish Confederation of Professional Employees	瑞典专业职业联盟
TCP	Transfer Control Protocol	传输控制协议
TCP/IP	Transfer Control Protocol/Internet Protocol	传输控制协议/网际协议
TFTP	Trivial File Transfer Protocol	次要文件传输协议
TPM	Transaction Processing Monitor	事务处理监控器。
UDDI	Universal Description Discovery and Integration	统一描述、发现、集成
UDP	User Datagram Protocol	用户数据报协议
UHF	Ultra-High Frequency	超高频
UML	Unified Modeling Language	统一建模语言
UNI	User-Network Interface	用户网络接口
URI	Uniform Resource Identifier	统一资源标识符
URL	Uniform Resource Locators	统一资源定位符
URN	Uniform Resource Name	统一资源命名
USL	User-Show Layer	用户界面表示层
VBR	Variable Bit Rate	可变比特率
VCS	Veritas Cluster Server	高可用集群系统

VGA	Video Graphics Adaptor	视频图形适配器
VGA	Video Graphics Array	影像阵列
VHF	Very High Frequency	甚高频
VLDB	Very Large Database	大数据库
VOD	Video On Demand	视频点播
W3C	World Wide Web Consortium	万维网联盟
WAE	Wireless Application Environment	无线应用环境
WAP	Wireless Application Protocol	无线应用协议
WCF	Windows Communication Foundation，	windows 通信类
WDM	Wavelength Division Multiplex	波分复用
WDP	Wireless Datagram Protocol	无线数据报协议
WF	Work Flow	工作流
WFMC	Work Flow Management Coalition	工作流管理联盟
WML	Wireless Markup Language	无线标记语言
WMO	World Meteorological Organization	世界气象组织
WSDL	Web Services Definition Language	Web 服务的接口描述语言
WSE	Web Service Enhancement	Web 服务增强包
WS-I	Web Service Interoperability organization	网络协同组织
WSMF	Web Service Management Framework	Web 服务管理框架
WSML	Web Service Modeling Language	Web 服务建模语言
WSMO	Web Service Modeling Ontology	描述 Web 服务的本体语言
WSP	Wireless Session Protocol	无线会话层
WTLS	Wireless Transport Layer Security	无线传输层安全控制
WTP	Wireless Transaction Protocol	无线事物处理
WWW	World Wide Web	万维网
XHTML	eXtended HyperText Markup Language	可扩展超文本标记语言
XML	eXtensible Markup Language	可扩展标记语言
XOL	Xml-based Ontology Exchange Language	基于 XML 的本体交换语言
XSL	eXtensible Style Language	可扩展形式描述语言

参考文献

[1] Kenneth L. 2010. *Management Information System: Managing the Digital Firm*(11Edition, Global Edition). 4-15.

[2] Ralph M Stair, Georeg W Reynolds, 2000. 信息系统原理，张靖，蒋传海等译. 北京：机械工业出版社.

[3] 黄梯云. 2006. 管理信息系统，北京：高等教育出版社，13-15.

[4] 李宇红. 1999. 信息系统原理及解决方案. 北京：电子工业出版社，145-147.

[5] 黄卫东. 2009. 管理信息系统. 北京：人民邮电出版社，5-6.

[6] 储征伟，杨娅丽. 2011. 地理信息系统应用现状及发展趋势. 现代测绘，**34**(1)：19-22.

[7] 吴泉源，史殿习. 2009. 信息系统及其综合集成技术. 计算机工程与科学，**31**(10)：1-4.

[8] 邓苏. 2004. 信息系统集成技术(第二版). 北京：电子工业出版社，161-164.

[9] 国家环境保护总局. 2007. 信息系统集成标准，4-19.

[10] 王伟军，黄杰. 2008. 企业信息资源集成管理. 武汉：华中师范大学出版社，173-176.

[11] 费奇，余明晖. 2001 信息系统集成的现状与未来. 系统工程理论与实践，**21**(3).

[12] 汪昭，刘欣，2010. 信息系统集成方法研究. 计算机与数字工程，**38**(10)：61-64.

[13] 金朝崇. 2007. 现代信息系统理论与实践. 天津：天津大学出版社，213-215.

[14] Phan-Luong V. 2008. A framework for integrating information sources under lattice structure. *Scicnce Direct*, Information Fusion **9**:278,292.

[15] 王慧斌，王建颖. 2006. 信息系统集成与融合技术及其应用. 北京：国防工业出版社.

[16] 先娣，彭智勇，刘君强等. 2006. 信息集成研究综述. 计算机科学，**33**：55-59.

[17] 李凌志，张玉婷. 2008. 基于本体的信息集成研究. 情报杂志，(1)：68-71.

[18] 王慧斌，王建颖. 2006. 信息系统集成与融合技术及其应用. 北京：国防工业出版社，22-25.

[19] 中国软件评测中心编著. 2004. 计算机信息系统集成项目管理基础. 北京：电子工业出版社，141-143.

[20] 杨卫东. 2002. 网络系统集成与工程设计. 北京：科学出版社，39-42.

[21] 徐恪. 吴建平. 徐明伟. 2008. 高等计算机网络(第二版). 北京：机械工业出版社，64-68.

[22] 谢希仁. 2008. 计算机网络(第五版). 北京：电子工业出版社，30-36.

[23] Noran. O 2005. A systematic evaluation of the C^4ISR AF using ISO15704 Annex A(GERAN). *Computers in Industry*, **56**(5)：407-427.

[24] Anil N Joglekar. 2008. Test strategy for Net-Centric C^4ISR system. *The ITEA of Test and Evaluation*, **29**(3)：289-293.

[25] 解飞，赵伟，李萃. 2011. 网络环境下的财务信息管理系统实证研究. 新会计，(1)：67-69.

[26] 李东. 2001. 管理信息系统的理论与应用(第二版). 北京：北京大学出版社，167-176.

[27] Baeklund P. 2004. Introducing New 1T Project Management Practice 5: A Call Study. *Proceedings of the Tenth Americas Conference on Information Systems*, New York. 34.

[28] Barbara H and Walz. Diane. 2005. Using Shared Leadership to Foster Knowledge Sharing in Informa-

tion Systems Development Proiects. *Proceedings of the 38th Hawaii InternationalConference on System Sciences*,192-194.

[29] Chen W and Rudy H. 2004. A paradigmatic end methodological examination of information systems resech from 1991 to 2001. *Information Systems Journal*,**14**:197-235.

[30] DeLone W H and McLean E R. 1992. Information Systems Success:The Quest for the Dependent Vaffable. *Information Systems Research*,**3**(1):60-95.

[31] Kenneth C Laudon, Jane P Laudon. 2001. *Management Information Systems—Organization and Technology in the Networked Enterprise*. 8th ed. Prentice Hall. 396-397.

[32] 沈迎春. 2003. ERP 软件中的业务流程与 BPR 的实现研究. 南京理工大学硕士学位论文,13-17.

[33] 李小东. 浦贵阳. 2004. 一种新型的管理信息系统开发技术研究. 科技进步与对策,(3):120-122.

[34] 邓良松,刘海岩,陆丽娜编. 2000. 软件工程. 西安:西安电子科技大学出版社,36-77.

[35] Manin L shoom. 1983. *Software Engneering: Design, Reliility and Managemen*. McGraw-Hill Book Company,231-240.

[36] 王要武. 2003. 管理信息系统. 北京:电子工业出版社,11-20.

[37] 彭澎等. 2003. 管理信息系统. 北京:机械工业出版社,5-9.

[38] 王宇华,印桂生,何璐,于金峰. 2011. KAOS 方法在流程类业务需求建模中的应用. 计算机应用研究,**28**(4):213-216.

[39] Shao Kun and Liu Zongtian. 2003. DESIRE FKAOS—An Environment for Agent. Orientrd Requirement Analysis. Computer Science and Technology 2003, 2003 May 19-21, Cancun, Mexico. ACTA Press,120-124.

[40] 刘鲁. 2000. 信息系统设计原理与应用. 北京:北京航空航天大学出版社,12-34.

[41] Wendy Boggs,Michael Boggs. 2002. UML 与 Rational Rose 2002,从入门到精通. 邱仲潘译. 北京:电子工业出版社,23-45.

[42] 沈苏彬,冯径,王宏宇,顾冠群. 1998. 基于高性能计算机网络的企业网络. 计算机集成制造系统-CIMS,**4**(3):37-40.

[43] 顾冠群,冯径. 1998. 支持新型应用的计算机网络研究. 东南大学学报,**25**(5):1-7.

[44] 顾冠群,冯径. 1998. 下一代 Internet 对计算机网络研究的挑战. 世界科技研究与发展, **20**(3):17-22.

[45] 沈颂东. 2011. 信息网络融合:理念与规制的创新. 工业技术经济,**24**(4):28-31.

[46] Horn P. 2007. Autonomic Computing: IBM's Perspective on the State of Information Technology. *Computing Systems*,**16**(12):51-54.

[47] Papakonstantinou Y,Garcia-Molina H. 1995. J. Widow Object exchangeacross heterogeneous information sources. *In IEEE ICDE*,251-260.

[48] 姜宁,王忠,迟忠先. 2001. 空间对象模型用于 Web 下数据源集成的研究. 计算机工程与应用,**37**(5):93-95.

[49] 胡东东,孟小峰. 2004. 一种基于树结构的 Web 数据自动抽取方法. 计算机研究与发展,**41**(10):1607-1613.

[50] William H Inmon. 2006. 数据仓库. 王志海等. 北京:机械工业出版社,211-223.

[51] 周根贵. 2004. 数据仓库与数据挖掘. 杭州:浙江大学出版社,236-268.

[52] 向红. 2007. 基于本体的异构数据集成系统的研究与实现. 西安:西安电子科技大学硕士学位论文,45-47.

[53] Mark Sweiger, Mark R. Madsen. 2004. 点击流数据仓库. 邓昌辉,张光剑等译. 北京:电子工业出版社, 264-278.

[54] Yue Zhuge. 1996. Hector Garcia-Molina, and janet. Wiener. The Strobe Algorithms for Multi-Source Warehouse Consistency. *International Conference on Paralled and Distributed Information System*, **14**(15):21-26.

[55] Inmon W H. 1993. Building the Data Warehouse. Jobn wiley&Sons, Inc, 145-148.

[56] Paul Gray, Watson Hugh J. 1998. Present and future directions in data warehousing. *The Database for Advanced in Information System*, **29**(3):151-154.

[57] Sen A, Sinha A P, Ramamurthy K. 2006. Data warehousing process maturity: An exploratory study of factors influencing user perceptions. *IEEE Transactions on Engineering Management*, **53**(3):31-36.

[58] Han J W. 1998. Towards online analytical mining in large databases. (R) *ACM SIGMOD Record*, **27**: 97-107.

[59] Jiawei Han, Micheline Kamber. 2001. 数据挖掘概念与技术. 范明,孟小峰等译. 北京:机械工业出版社, 8-10.

[60] Amann B, Beeri C, Fundulaki I, Scholl M. 2003. Querying XML Sources Using an Ontology-Based Mediator. In proceedings of Coop ISIDOA/ODBASE.

[61] 王珊编著. 1995. 数据仓库技术和联机分析处理. 北京:科学出版社, 168-197.

[62] HaIjinder S. Gill. 1997. The Official Client/Server Computing Guide to Data Warehousing. 北京:清华大学出版社, 226-257.

[63] 秦小麟. 2000. 空间分析数据库的研究方法及技术. 中国图像图形学报, **5**(9):711-715.

[64] Jaewook Lee. 2005. Dacwon Lee. An improvnd cluster Iabeling method for support vectorclustering. *IEEE Transodous on Pattern Analysis and Machine Intelligence*, **27**(3):461-464.

[65] 陈京民. 2002. 数据仓库与数据挖掘技术. 北京:电子工业出版社, 210-235.

[66] 彭木根. 2002. 数据仓库技术与实现. 北京:电子工业出版社, 112-147.

[67] Wang Chin-Bin, Chen Tsung-Yi, Chen Yuh-Min, *et al*. 2005. Design of a meta model for integratin-genterpdse systems. *Computers in Indusa'y*, **56**(3):305-322.

[68] 李保坤. 2009. 数据挖掘教程. 西安:西安财经大学出版社, 45-79.

[69] 林宇. 2002. 数据仓库原理与实践. 北京:人民邮电出版社, 87N115, 7-9, 213-216.

[70] 沈晔. 2011. WebGIS应用性能的优化研究. 南京:解放军理工大学硕士学位论文, 52-59.

[71] Inmon W H. 2001. 数据仓库第二版. 王志海等译. 北京:机械工业出版社, 156-194.

[72] 占小忆. 2011. 教学管理数据仓库中 ETL 的实现. 科技创新导报, (16):17-18.

[73] 宋旭东,闫晓岚,杨莉国等. 2010. 数据仓库 ETL 元模型设计. 计算机仿真, **27**(9):106-108.

[74] 金明. 2010. 企业数据仓库的 ETL 技术. 电力信息化, **9**:86-89.

[75] 郑丹青. 2010. 基于元数据的数据仓库 ETL 系统设计与研究. 吉林师范大学学报(自然科学版), **31**(2):43-45.

[76] Han Jiawei. 2003. OLAP mining: An Integration of OLAP with Data Mining [EB/OL]. http://www-faculty. CS. uiuc. edu/-hanj/.

[77] Golfarelli M, Rizzi S. 1999. Designing the Data Warehouse: Key Steps and Crucial Issues. *Journal of Computer Science and Information Management*, **2**(3).

[78] 吴喜之. 2009. 数据挖掘前沿问题. 北京:中国统计出版社, 167-203.

[79] 邵峰晶，于忠清. 2003. 数据挖掘原理与算法. 北京：中国水利水电出版社，91-115.

[80] 谢邦昌. 2009. 从数据采集到数据挖掘. 北京：中国统计出版社，210-215.

[81] 朱兴统，许波. 2011. 一种基于粗糙集理论的 XML 数据挖掘模型. 科学技术与工程，**11**(20)：4898-4902.

[82] 潘定，沈钧毅. 2007. 时态数据挖掘的相似性发现技术. 软件学报，**18**(2)：246-258.

[83] 马国峰. 2011 数据仓库和数据挖掘在信用社客户关系管理中的应用. 企业导报，(6)：61-62.

[84] 蔡秋茹，柳益君，罗烨等. 2009. 基于 KXEN 的电信客户分群研究. 现代电子技术，**32**(20)：97-99.

[85] 蔡昭权. 2007. 数据挖掘中 SAS 和. NET 系统的集成. 计算机工程与设计，**28**(22)：28-32.

[86] 文伟. 1994. 决策支持系统及其开发. 北京：清华大学出版社，20-30.

[87] 冯径，顾冠群. 1997. 基于域的 CIMS 网络设计方法研究. 计算机集成制造系统，**3**(2)：29-33.

[88] 冯径，沈苏彬，顾冠群. 1998. CIMS 网络需求分析辅助工具的研究与设计. 计算机集成制造系统，**4**(5)：28-31.

[89] 冯径，顾冠群. 1999. 适应多媒体通信的集成服务网络研究. 计算机工程与应用，**35**(11)：5-8.

[90] 冯径，沈苏彬，顾冠群. 1998. 集成化的企业网络需求分析量化模型的研究. 东南大学学报(自然科学版)，**28**(2)：137-141.

[91] 罗威. RDF. 2003. 资源描述框架——Web 数据集成的元数据解决方案. 情报学报，**22**(2)：178-184.

[92] 朱杰. 2009. 多元数据分析方法及应用. 北京：兵器工业出版社，32-98.

[93] http://www.w3.org/TR/daml+oil-reference[EB/OL].

[94] http://www.w3.org/TR/owl-features/[EB/OL].

[95] 王占丰，冯径等. 2006. 语义环境下 Web 服务注册和发现的研究. 计算机工程与科学，**28**(A2)168-169.

[96] 王占丰，冯径等. 2008. 基于 EqualChord 的语义 Web 服务发现模型. 东南大学学报(自然科学版)，**38**：296-300.

[97] 晓宇. 2008. 应用集成与数据集成. 北京：中国水利水电出版社，66-104.

[98] 冯径，顾冠群. 2000. 集成服务中 RSVP 状态模型研究. 第十一届中国计算机网络与数据通信学术会议论文集，114-118.

[99] 王春新，韩儒博，徐孟春. 2006 一种基于 JCA 的数据交换架构. 微计算机信息，**22**(3)：189-192.

[100] 曾登高. 2003.. NET 系统架构与开发. 北京：电子工业出版社，94-136.

[101] 王进. 2009. J2EE 框架深度历险. 南京：东南大学出版社，132-167.

[102] Michael Wooldridge. 2003. 多 agent 系统导论. 石纯译. 北京：电子工业出版社，57-98.

[103] Jeff Davies. 2008. SOA 权威指南. 倪志刚译. 北京：电子工业出版社，86-125.

[104] 张奕，蔡皖东. 2011. SOA 关键型系统 QoS 可感知的服务动态实时组合策略. 计算机应用，**31**(7)：1984-1987.

[105] 朱彬，徐俊刚. 2011. 基于 SOA 架构的异构数据库整合框架. 电子技术，**38**(6)：25-27.

[106] 毛志周. 2011. 基于 SOA 应用平台整合的研究. 铁道通信信号，**47**(6)：65-67.

[107] 桂小林. 2005. 网格技术导论. 北京：北京邮电大学出版社，175-178.

[108] 高宏卿，王新法，黄中州. 2009. OGSA 网格中的信息和数据建模研究. 计算机应用研究，**26**(8).

[109] 王鹏. 2010. 云计算的关键技术与应用实例. 北京：人民邮电出版社，181-185.

[110] 尹国定，卫红. 2003. 云计算——实现概念计算的方法. 东南大学学报(自然科学版)，**33**(4).

[111] 王子卿. 2010. 云计算：互联网发展新方向. 湖南省通信学会第十三届学术年会，132-135.

[112] 王鹏 2009. 走近云计算＝Cloud Computing. 北京：人民邮电出版社，189-193.

[113] 刘枫. 2011. 基于 Google 云计算的 Web 应用与开发. 电脑开发与应用，**24**(5)：502-506.

[114] 张鹏. 2009. IBM 在华践行“蓝云 6＋1”计划. 通讯世界，(20)：35.

[115] 高晋生，郭连水. 2005. 基于工作流技术的管理信息系统研究与开发. 计算机与数字工程，**33**(6)：49-52.

[116] 冯径等. 2003. 基于 SOA 的气象水文综合信息处理平台. 中国高校科技与产业化，262-264.

[117] 孔毅，胡友彬，冯径等. 2010. 气象水文信息网络系统技术手册. 北京：解放军出版社，5-28.

[118] 中国气象局. 2006. QX/T 102-2009 气象资料分类与编码，6-10.

[119] 张江陵，冯丹. 2000. 海量信息存储. 北京：科学出版社，95-107.

[120] Marc Farley. 2001. SAN 存储区域网络. 孙功星等. 北京：机械工业出版社，4-15.

[121] Hernandez R, Kion C, Cole G, *et al*. 2001. IP storage networking: IBM NAS and iSCSI solutions, Redbooks Publications (IBM), SG24-6240-00, 48-55.

[122] Peter W, Robert E, Henry G. 2003. IP SAN—From iSCSI to IP-addressable Ethernet Disks. In: *Proceedings of 20th IEEE/11th NASA Goddard Conference on Mass Storage Systems and Technologies (MSS'03)*. San Diego, California. 189-194.

[123] Garth A. Gibson, R Van Meter. 2000. Network attached storage architecture. *Communications of the ACM. November*, **43**(11)：37-45.

[124] Riedel E, Gibson G. 1996. Understanding customer dissatisfaction with underutilized distributed file servers. In: *Proceedings of the Fifth NASA Goddard Space Flight Center Conference on MSST*. College Park, MD. Sep 17-19, 45-54.

[125] Nagle D, Ganger G, Butler J, *et al*. 1999. Network Support for Network-Attached Storage. In: *Proceedings of the Hot Interconnects'*1999, Boston. August. 78-83.

[126] Hernandez R, Kion C, Cole G. 2001. *IP Storage Networking: IBM NAS and iSCSI Solutions*, Redbooks Publications (IBM): SG24-6240-00. 56-69.

[127] Gibson G. 1997. File systems for Network-Attached Secure Disks. Technical Report CMU-CS97-118, Carnegie-Mellon University. 3-12.

[128] John Wilkes, Richard Golding, Carl Staelin *et al*. 1996. The HP AutoRAID hierarchical storage system. *ACM Transactions on Computer Systems*. **14**(1)：108-136.

[129] Yasushi Saito, Alistair Veitch, Arif Merchant, *et al*. 2004. FAB: Building Distributed Enterprise Disk Arrays from Commodity Components. In: *Proceeding of the 11th International Conference on Architectural Support for Programming Languages and Operating Systems* (ASPLOS). ACM New York, NY, USA. 48-58.

[130] Feng Jing, Kong Yi, Fan Chunhui, Weijun MA. 2004. Research and Implementation of Distributed Data Dissemination. *The proceedings of* 2004 *International Symposium on Distributed Computing and Applications to Business, Engineering and Science*, Wuhan, Hubei, China, September 12-16.

[131] Feng Jing *et al*. 2005. A uniform model of Integrated Network and Services Management for Hybrid Networks. *ICACT*2005. 21-23 February 2005 at Phoenix Park, Korea. 45-49.

[132] Feng Jing, Ma Xiaojun, Gu Guanqun. 2000. A Network Model Adapt to QoS Routing Mechanism. *Proceedings of Conference on Intelligent Information Processing*. 16*th World Computer Congress* 2000. Edited by Zhongzhi Shi, Boi Faltings, Mark Musen. 606-609.

[133] 洪亮,冯径等.2003.基于代理技术的综合网络系统的实现模型研究.2003年全国计算机大会论文集.北京:清华大学出版社,1159-1162.

[134] Feng Jing, Ma Xiaojun, Gu Boxuan, Gu Guanqun. 2000. An Aided Tool for Enterprise Network Design. *Journal of Computer Science and Technology*, **15**(5):491-497.

[135] IBM. 2010. An architectural blueprint for autonomic computing, Fourth Edition. June 2006. [EB/OL]. (2006-6-1)[2010-5-27]. http://www-01. ibm. com/software/tivoli/autonomic/pdfs/AC_Blueprint_White_Paper_4th. pdf.

[136] Feng Jing, Ma Weijun, Liu Dawei, *et al*. 2009. *Policy-Driven Autonomic Network Resource Management for Observation and Detection Data Communication*. 2009 *International Conference on High Performance Computing*, *Networking and Communication Systems* (HPCNCS-09). Orlando, FL, USA, July 13-16:132-138.

[137] Nazim Agoulminel, Sasitharan Balasubramaniam, *et al*. 2006. Challenges for Autonomic Network Management. *Proceedings of 1st Conference on Modelling Autonomic Communication Environment* (MACE), Dublin, Ireland, October:39-52.

[138] Strassner J, Agoulmine N, Lehtihet E. 2006. Focale a Novel Autonomic Networking Architecture. in *Latin American Autonomic Computing Symposium* (LAACS). Campo Grande, MS, Brazil, July 18-19:101-106.

[139] Yagan D, Tham C-K. 2005. Self-Optimizing Architecture for QoS. Provisioning in Differentiated Services. *Proceedings of the Second International Conference on Autonomic Computing* (ICAC'05), Seattle, WA, USA, June. 143-150.

[140] Dressler F, Münz G, Carle G. 2004. CATS—Cooperating Autonomous Detection Systems. *Proceedings of 1st IFIP TC6 WG6. 6 International Workshop on Autonomic Communication* (WAC 2004). Berlin, Germany, October. 99-112.

[141] Clarke D J. Partridge, *et al*. 2005. A Knowledge plane for the Internet. *Proceedings of ACM SIGCOMM*, August. 38-46.

[142] 张杰,高宪军,姚劲勃,张卓.2009.基于神经网络与专家系统的故障诊断技术.吉林大学学报:信息科学版,**27**(2):319-323.

[143] Zhang Jie, Gao Xianjun, Yao Jinbo, Zhang Zhuo. 2009. Technology of Expert System Based on Neural Network. *Journal of Jilin University*: *Information Science Edition*, **27**(2):319-323.

[144] Feng Jing, Ma Weijun, Liu Dawei, Yu Xiaoxing. 2009. Policy-Driven Autonomic Network Resource Management for Observation and Detection Data. 2009 *International Conference on High Performance Computing*, *Networking and Communication Systems* (HPCNCS-09), Orlando, FL, USA, July 13-16: 132-138.

[145] Park Y R, Murray T J and Chen C. 1996, Predicting Sunspots Using a Layered Perception Neural Network. *IEEE Transactions on Neural Networks*, **7**(2):501-505.

[146] Mitar S, Pal S K, Mitar P. 2002, Data Mining in Soft Computing Framework: A Survey. *IEEE Transactions on Neural Networks*, **13**(1):3-14.

[147] Bianco A, Finochietto J M, Giarratana G, *et al*. 2005, Measurement-based Reconfiguration in Optical Ring Metro Networks. *IEEE Journal of Lightwave Technology*, **23**(10): 3156-3166.

[148] Golab W, Boutaba R. 2004, Policy-driven Automated Reconfiguration for Performance Management

in WDM Optical Networks. *IEEE Communications Magazine*, **42**(1): 44-51.

[149] Davy S, Barrett K, *et al*. 2006. Policy-based Architecture to Enable Autonomic Communications a Position Paper. *Proceeding of Workshop in Autonomic Communication at IEEE Consumer Communications and Networking Conference* (CCNC 2006). Las Vegas, Nevada, USA, Jan. 195-204.

[150] Strassner J. 2002. How Policy Empowers Business-Driven Device Management. *Proceedings of the Third International Workshop on Policies for Distributed Systems and Networks* (Policy'02), onterey, California, USA, June. 168-176.

[151] Rennels D A. 1984. Fault-tolerant computing concepts and examples. *IEEE Transaction on Computers*. **33**(12):1116-1129.

[152] Ravishankar K. Iyer, Dong Tang. 1996. *Fault-tolerant computer system design*. Prentice-Hall, Inc. Upper Saddle River, NJ, USA. 282-392.

[153] Guerraoui R, Schiper A. 1997. Software-Based Replication for Fault Tolerance. *IEEE Computer*. **30**(4):68-74.

[154] Hudak J, Suh B, Siewiorek D, *et al*. 1993, Evaluation&Comparison of Fault-Tolerant Software Techniques. *IEEE Transactions on Reliability*, **42**(2):190-204.

[155] Huang Y, Kintala C. 1993. Software Implemented Fault Tolerance: Technologies and Experience. *The 23th International Symposium on Fault Tolerant Computing*, Toulouse, France. IEEE Computer Society Press, 2-9.

[156] K. Pradhan, H. Vaidya. 1994, Roll-Forward Checkpointing Scheme: A Novel Fault-Tolerant Architecture. *IEEE Transactions on Computers*, **43**(10): 1163-1174.

[157] 廖备水,李石坚,姚远等. 2008. 自主计算概念模型与实现方法. 软件学报, **19**(4):779-802.

[158] Seong Woo Kwak, Byung Jae Choi, Byung Kook Kim. 2001. An Optimal Checkpointing-Strategy for Real-Time Control Systems Under Transient Faults. *IEEE Transactions on Reliability*, **50**(3): 293-301.

[159] M. Turmon, R. Granat, D. Katz, *et al*. 2003. Tests and Tolerances for High-Performance Software-Implemented Fault Detection. *IEEE Transactions on Computers*, **52**(5):579-591.

[160] B. Rendell. 1975. Systems structure for Fault tolerance. *IEEE Transactions on Software Engineering*, **1**(2):220-232.

[161] Chandy K, Ramamoorthy C. 1972. Rollback and Recovery Strategies for Computer Programs. *IEEE Transactions on Computers*, **21**(6):546-556.

[162] Bonnie R M, Victoria Y, Kevin D. 2008. Agent learning in the multi-agent contracting system. *Decision Support Systems*, **45**(1):43-53.

[163] 马恒大,蒋建春,陈伟锋. 2000. 基于 Agent 的分布式入侵检测系统模型. 软件学报, **11**(10):76-87.

[164] Elnozahy, E. Zwaenepoel, W. Manetho. 1992. Transparent rollback recovery with low overhead, limited rollback, and fast output commit. *IEEE Transactions on Computers*, **41**(5):526-531.

[165] 段钢. 2003. 加密与解密(第二版). 北京:电子工业出版社, 112-156.

[166] Wong K, Franklin M. 1996. Checkpointing in distributed computing system. *Journal of Parallel Distributed Computing*, **35**(1):67-75.

[167] Silva L M, Silva J G. 1998. System-Level versus User-Defined Checkpointing. *The 17th IEEE Symposium on Reliable Distributed Systems*. Washington, DC, USA, IEEE Computer Society, 68-74.

［168］ 杨路明，肖潇. 2003. 网络安全与防火墙技术. 电脑与信息技术，(3)：49-52.

［169］ 谭汉松，苏文辉. 2000. 防火墙系统及其选型. 微机发展，(3)：8-10.

［170］ 洪宏，张玉清. 2004. 胡予濮. 网络安全扫描技术研究. 计算机工程，**30**(10)：54-56.

［171］ 张恒，邱雪松，孟洛明. 2011. TD-SCDMA 无线接入网自主负载均衡管理方法. 通信学报，**32**(1)：109-118.

［172］ 廖备水. 2008. 一种新的系统管理技术：自主计算. 湖南工业大学学报，**22**(1)：71-76.

［173］ 王晓静. 2010 自主计算研究综述. 辽宁大学学报(自然科学版)，**37**(3)：68-74.

［174］ 杨海明. 2008. 空天信息网络自主管理技术的研究. 沈阳理工大学硕士学位论文，47-49.

［175］ 冯径，马小骏，顾伯萱，沈苏彬，顾冠群. 2000. 面向对象的网络需求分析工具的研究与实现. 小型微型计算机系统，**21**(7)：733-736.

［176］ 冯径，承颜，顾冠群. 2002. 支持适应性路由选择的资源预留协议扩展研究. 计算机集成制造系统，**8**(2)：155-161.

［177］ Feng Jing. 2001. Gerardo RUBINO and Jean-Marie, A QoS Routing Algorithm to Support Different Classes of Service, accepted by ICII 2001, Beijing, China, Oct. 30-Nov. 1：109-113.

［178］ Lindqvist U，Jonsson E. 1997. How to systematically classify computer security intrusions. *IEEE Symposium on Security and Privacy*，154-163.

［179］ William Stallings. 2002. SNMP 网络管理. 胡成松，汪凯译. 北京：中国电力出版社，167-210.

［180］ Kasbekar M, Das C R. 2001. Selective Checkpointing and Rollbacks in Multithreaded Distributed Systems. In：*Proceedings of the 21st international Conference on Distributed Computing Systems*. Washington, DC, USA. *IEEE Computer Society*，39-46.